CHANYE ZHUANLI
FENXI BAOGAO

产业专利分析报告

（第87册）——商业航天装备制造

国家知识产权局学术委员会◎组织编写

知识产权出版社
全国百佳图书出版单位
——北京——

图书在版编目（CIP）数据

产业专利分析报告. 第87册，商业航天装备制造/国家知识产权局学术委员会组织编写. —北京：知识产权出版社，2022.7
ISBN 978 – 7 – 5130 – 8196 – 2

Ⅰ.①产… Ⅱ.①国… Ⅲ.①专利—研究报告—世界②航空装备—制造工业—专利—研究报告—世界 Ⅳ.①G306.71②F416.5

中国版本图书馆 CIP 数据核字（2022）第 095009 号

内容提要

本书围绕商业航天装备制造技术领域的卫星、火箭、飞船、探测器、地面设备重点技术的专利申请趋势、重点申请人、目标市场、关键技术、重点专利等展开分析，并得出相关结论。本书是一部了解该行业技术发展现状并预测未来走向、帮助企业做好专利预警的工具书。

| 责任编辑：卢海鹰　王瑞璞 | 责任校对：潘凤越 |
| 封面设计：杨杨工作室·张　冀 | 责任印制：刘译文 |

产业专利分析报告（第 87 册）
——商业航天装备制造
国家知识产权局学术委员会　组织编写

出版发行：知识产权出版社 有限责任公司	网　　址：http://www.ipph.cn
社　　址：北京市海淀区气象路 50 号院	邮　　编：100081
责编电话：010 – 82000860 转 8116	责编邮箱：wangruipu@cnipr.com
发行电话：010 – 82000860 转 8101/8102	发行传真：010 – 82000893/82005070/82000270
印　　刷：天津嘉恒印务有限公司	经　　销：新华书店、各大网上书店及相关专业书店
开　　本：787mm×1092mm　1/16	印　　张：19.5
版　　次：2022 年 7 月第 1 版	印　　次：2022 年 7 月第 1 次印刷
字　　数：435 千字	定　　价：110.00 元
ISBN 978 – 7 – 5130 – 8196 – 2	

出版权专有　侵权必究
如有印装质量问题，本社负责调换。

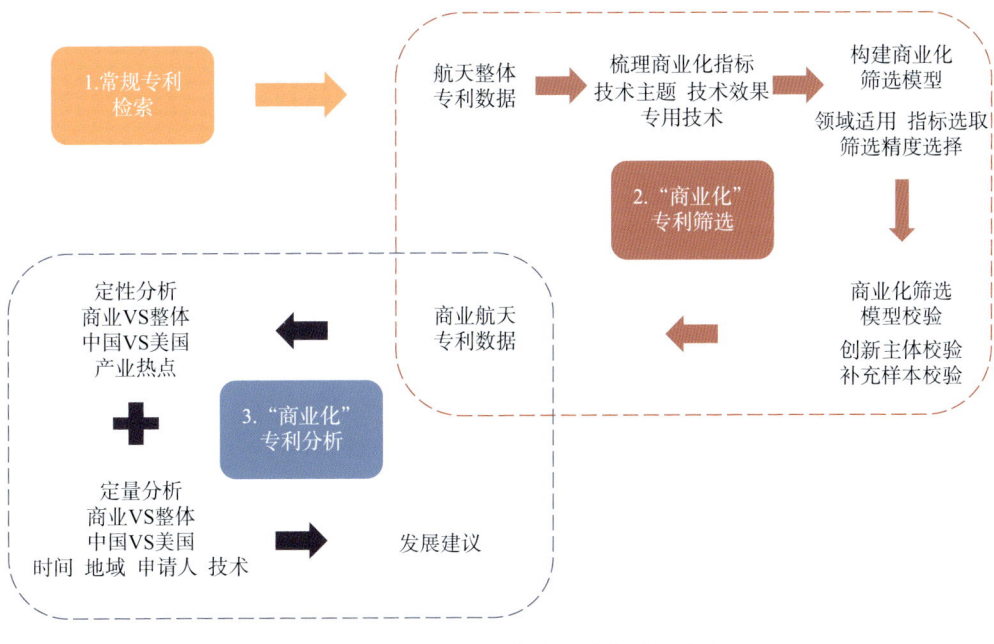

图 2-2-1 "商业化"专利特色分析方法

（正文说明见第 20 页）

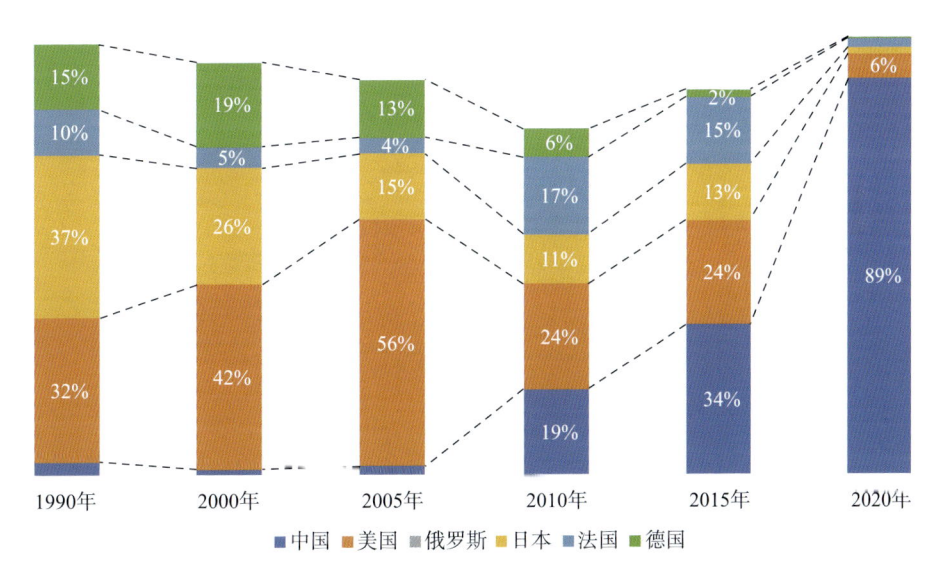

图 3-3-7 商业火箭全球专利申请主要来源地变化趋势

（正文说明见第 74~75 页）

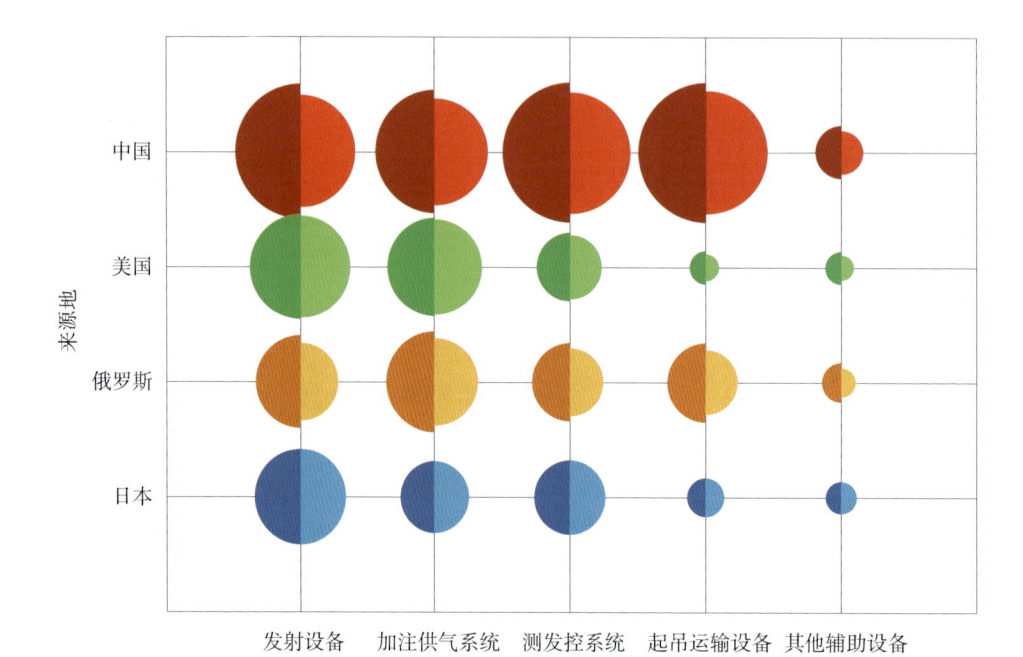

图 3-6-12 地面设备与商业地面设备主要来源地申请技术构成对比

注：气泡大小代表申请量多少。左侧半圆表示地面设备申请量，右侧半圆表示商业地面设备申请量。

（正文说明见第 115~116 页）

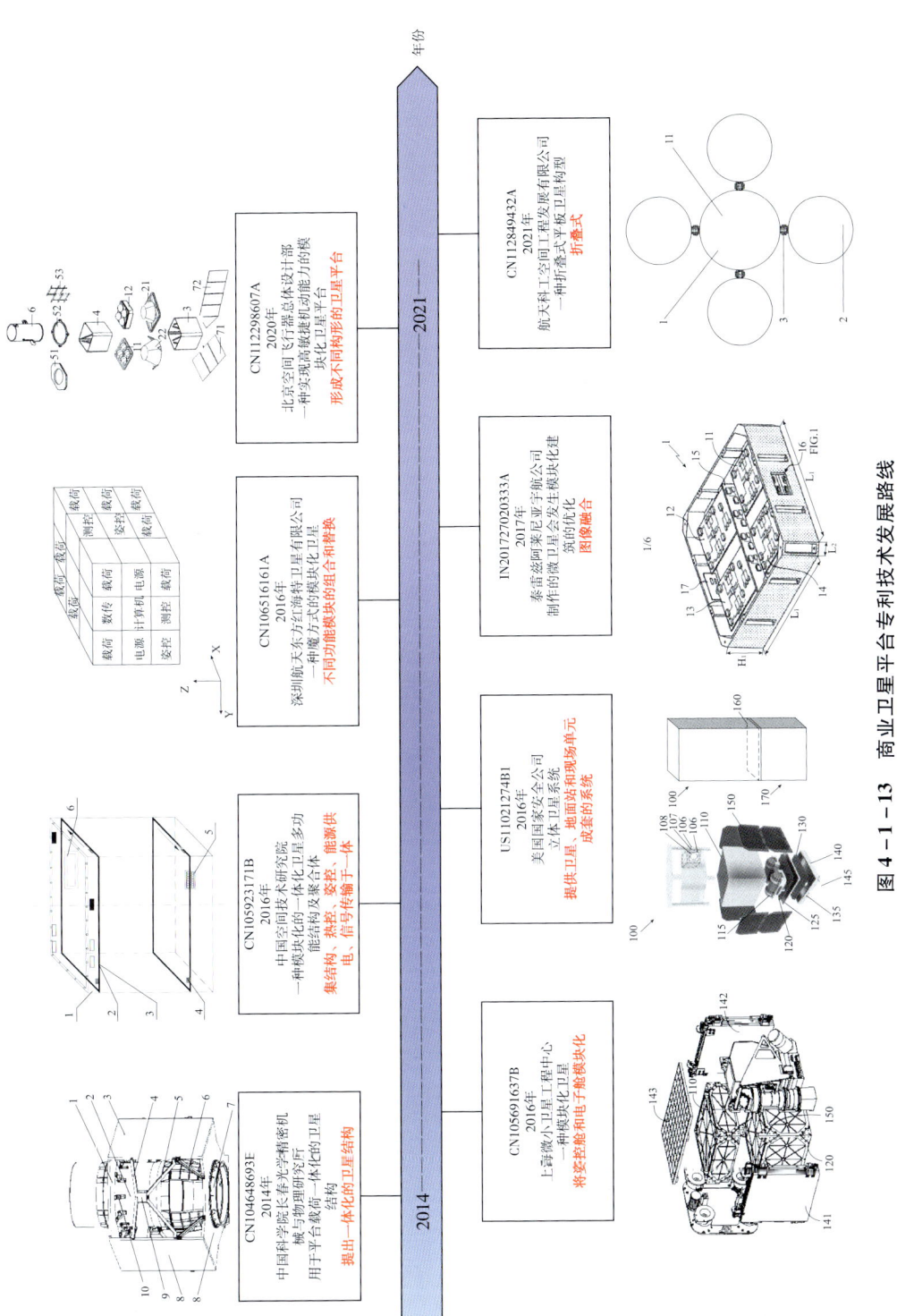

图 4-1-13 商业卫星平台专利技术发展路线

(正文说明见第 139～141 页)

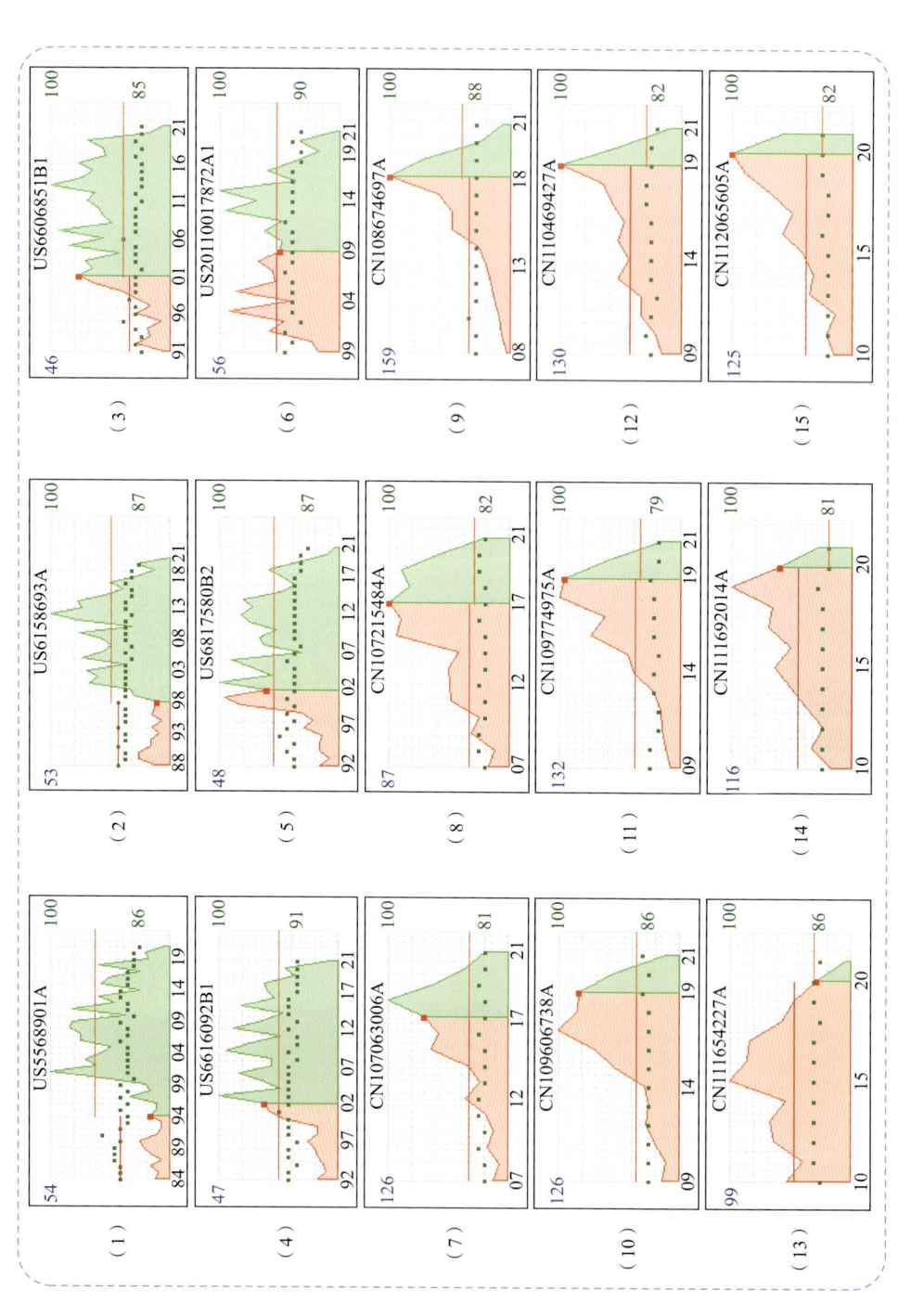

图 5-4-4 动力垂直回收技术中国和美国重点专利价值谱

（正文说明见第 254~258 页）

编委会

主　任：廖　涛

副主任：徐治江　魏保志

编　委：雷春海　吴红秀　岳宗全　孙广秀

　　　　　杨　哲　闫　娜　刘　梅　张小凤

　　　　　孙　琨

前　言

2021年是党和国家历史上具有里程碑意义的一年，对知识产权领域来说同样有着特殊的意义。中共中央、国务院相继印发实施《知识产权强国建设纲要（2021—2035年）》和《"十四五"国家知识产权保护和运用规划》，对知识产权事业未来发展作出重大顶层设计。国家"十四五"规划纲要将每万人口高价值发明专利拥有量写入主要预期性指标，将知识产权工作摆在了更加突出的位置。立足新发展阶段，国家知识产权局学术委员会坚持国家需求导向，紧紧围绕重点产业发展和关键技术突破面临的形势要求，每年组织开展一批专利分析课题研究，出版一批优秀课题成果，不断强化专利分析的研究深度和成果运用的实际效益，以期为提高我国关键核心领域自主知识产权的创造和储备，以及新领域新业态的创新发展提供支撑和指引。

这一年，重点围绕新一代信息技术、新型基础设施建设、新材料、生物医药及医疗器械、高端装备等5个产业领域选取了12个关键技术，组织了25家企事业单位近200名研究人员开展专利分析研究，圆满完成了各项课题研究任务，形成了一批有广度、有深度、有创新、有特色的研究成果。基于成果的推广价值和示范效应，最终选取其中5项成果集结成册，继续以《产业专利分析报告》（第84~88册）系列丛书的形式出版，所涉及的技术领域包括高端光刻机、动力电池检测技术、热交换介质、商业航天装备制造和电动汽车续航技术等。

《产业专利分析报告》（第84~88册）的顺利出版凝聚了各方的智慧和力量，各部门对重点研究方向的确定给予了鼎力支持，各省级、市级知识产权局、行业协会、科研院所等为课题顺利开展给予了必要帮助，近百名行业和技术专家参与其中指导研究。希望读者能充分吸收报告精华，在专利分析方法运用、专利创造和布局策略、技术发展趋势研判、关键技术突破等方面有所启发和借鉴。由于报告中专利文献的数据采集范围和专利分析工具的限制，加之研究人员水平有限，报告的数据、结论和建议仅供社会各界参考。

《产业专利分析报告》丛书编委会
2022 年 6 月

商业航天装备制造专利分析课题研究团队

一、项目管理

国家知识产权局专利局：张小凤　孙　琨

二、课题组

承担单位：国家知识产权局专利局专利审查协作天津中心

课题负责人：岳宗全

课题组组长：刘　琳

统　稿　人：张　雨　杜　峰

主要执笔人：赵　睿　张芸芸　杨　钊　李　玢　王　静　安　杰　张春洁

其他人员：王　颖　刘峰丽　刘　欢　林明昆

课题组成员：岳宗全　刘　琳　张　雨　赵　睿　张芸芸　杨　钊　杜　峰　安　杰　张春洁　李　玢　刘峰丽　刘　欢　王　静　林明昆　王　颖

三、研究分工

数据检索：李　玢　刘峰丽　刘　欢　王　静　林明昆　王　颖

数据清理：安　杰　张春洁　李　玢　刘峰丽　刘　欢　王　静　林明昆　王　颖

数据标引：安　杰　张春洁　李　玢　刘峰丽　刘　欢　王　静　林明昆　王　颖

图表制作：林明昆　张春洁　李　玢　刘峰丽　刘　欢　王　静　安　杰　王　颖

报告执笔：张　雨　杜　峰　赵　睿　张芸芸　杨　钊　安　杰　张春洁　李　玢　刘峰丽　刘　欢　王　静　林明昆　王　颖　夏晓蕾　李　翔　王　宇

报告统稿：张　雨　杜　峰　李　玢　王　颖　王　静　刘峰丽
　　　　　　林明昆　刘　欢

报告编辑：李　玢　林明昆　刘峰丽

报告审校：岳宗全　刘　琳

四、报告撰稿

张芸芸　安　杰：主要执笔第1章和第2章

杨　钊　李　玢　王　颖　夏晓蕾：主要执笔第3章

杜　峰　刘峰丽　李　翔　王　宇：主要执笔第4章

张　雨　王　静　刘　欢　林明昆：主要执笔第2章和第5章

赵　睿　张春洁：主要执笔第6章

目 录

第1章 研究概况 / 1
    1.1 研究背景 / 1
        1.1.1 基本概念 / 2
        1.1.2 商业航天的起源及发展 / 2
        1.1.3 产业发展现状 / 4
        1.1.4 技术发展现状 / 7
    1.2 研究目的 / 11
    1.3 研究方法 / 12
        1.3.1 研究方法 / 12
        1.3.2 技术分解 / 13
    1.4 数据检索和处理 / 15
    1.5 查全查准评估 / 17
    1.6 相关事项和约定 / 17
        1.6.1 术语约定 / 17
        1.6.2 主要申请人名称约定 / 18

第2章 "商业化"专利特色分析方法 / 19
    2.1 本课题专利技术分析的特点 / 19
    2.2 "商业化"专利特色分析方法 / 20
        2.2.1 常规专利检索 / 20
        2.2.2 "商业化"专利筛选 / 21
        2.2.3 "商业化"专利分析 / 30
    2.3 "商业化"专利特色分析方法推广 / 33
    2.4 本章小结 / 34

第3章 商业航天装备制造产业商业化发展进程分析 / 35
    3.1 整体商业化发展进程 / 35
        3.1.1 产业分析 / 35
        3.1.2 全球专利态势 / 38
        3.1.3 全球与中国专利态势对比 / 43

3.1.4 小　结 / 48
3.2 商业卫星技术商业化发展进程 / 49
3.2.1 产业分析 / 49
3.2.2 专利分析 / 58
3.2.3 技术分析 / 65
3.2.4 小　结 / 67
3.3 商业火箭技术商业化发展进程 / 67
3.3.1 产业分析 / 68
3.3.2 专利分析 / 69
3.3.3 技术分析 / 81
3.3.4 小　结 / 87
3.4 商业飞船技术商业化发展进程 / 89
3.4.1 产业分析 / 89
3.4.2 专利分析 / 90
3.4.3 技术分析 / 98
3.4.4 小　结 / 99
3.5 商业探测器技术商业化发展进程 / 100
3.5.1 产业分析 / 100
3.5.2 专利分析 / 101
3.5.3 技术分析 / 104
3.5.4 小　结 / 105
3.6 商业地面设备技术商业化发展进程 / 105
3.6.1 产业分析 / 105
3.6.2 专利分析 / 107
3.6.3 技术分析 / 113
3.6.4 小　结 / 117
3.7 本章小结 / 118

第4章　商业航天装备制造产业重点技术专利分析 / 120
4.1 商业卫星技术重点专利 / 120
4.1.1 申请趋势 / 120
4.1.2 技术构成 / 121
4.1.3 技术来源地及目标市场区域分布 / 122
4.1.4 主要申请人 / 123
4.1.5 技术发展脉络 / 123
4.1.6 关键技术 / 139
4.1.7 小　结 / 145
4.2 商业火箭技术重点专利 / 145

  4.2.1 申请趋势 / 145
  4.2.2 技术构成 / 145
  4.2.3 技术来源地及目标市场区域分布 / 148
  4.2.4 主要申请人 / 148
  4.2.5 技术发展脉络 / 149
  4.2.6 关键技术 / 159
  4.2.7 小　结 / 171
 4.3 地面设备技术重点专利 / 171
  4.3.1 申请趋势 / 171
  4.3.2 技术构成 / 172
  4.3.3 技术来源地及目标市场区域分布 / 173
  4.3.4 主要申请人 / 176
  4.3.5 技术发展脉络 / 176
  4.3.6 关键技术 / 185
  4.3.7 小　结 / 199
 4.4 本章小结 / 199

第5章　商业航天装备制造产业中美专利对比分析 / 205
 5.1 中美专利整体对比 / 205
  5.1.1 美国产业发展现状 / 205
  5.1.2 中国产业发展现状 / 208
  5.1.3 中美商业航天专利对比 / 211
  5.1.4 小　结 / 218
 5.2 重要技术分支中美专利对比 / 219
  5.2.1 卫星空间系统 / 219
  5.2.2 运载火箭 / 224
  5.2.3 飞船及空间站 / 230
  5.2.4 地面设备 / 236
  5.2.5 小　结 / 239
 5.3 中美重要申请人对比 / 240
  5.3.1 重要申请人产业现状 / 240
  5.3.2 知识产权策略 / 244
  5.3.3 小　结 / 249
 5.4 中美火箭动力垂直回收技术分析 / 250
  5.4.1 运载火箭回收技术 / 250
  5.4.2 动力垂直回收技术专利 / 251
  5.4.3 动力垂直回收技术重点专利 / 254
  5.4.4 小　结 / 258

5.5 结论及发展建议 / 258
  5.5.1 本章小结 / 259
  5.5.2 发展建议 / 260

第6章 结论与建议 / 265

6.1 "商业化"专利特色分析方法 / 265
6.2 研究结论 / 266
  6.2.1 专利申请整体态势 / 267
  6.2.2 技术细分领域 / 268
  6.2.3 中美对比 / 271
6.3 发展建议 / 272
  6.3.1 做好航天大国战略顶层设计 / 272
  6.3.2 鼓励技术创新和进步 / 273
  6.3.3 注重自主创新，加强知识产权保护利用 / 277

附录 申请人名称约定表 / 280

图索引 / 284

表索引 / 290

第1章 研究概况

航天产业作为最具挑战性和广泛带动性的高科技领域之一，是国家综合实力的集中体现，主要国家或地区均把航天作为抢占战略制高点的重要领域，予以优先发展，因此航天活动在发展初期均以国家意志行为为主，商业化情况较少。但是随着全球航天活动呈现前所未有的蓬勃发展态势，由国家政府主导的航天活动逐渐开始市场化，产生了商业航天。

本章将介绍商业航天的概念及起源，梳理商业航天产业及技术发展现状，并对本课题的研究目的、研究方法和研究内容进行归纳总结，对本课题中的术语及主要申请人名称进行统一约定，为后续商业航天装备领域专利分析提供依据。

1.1 研究背景

目前全球商业航天蓬勃发展，各国政府为推进商业航天的发展进程，营造良好的发展氛围，纷纷出台了多项政策与法律法规，我国也不例外。在国家相关政策放开、资本与技术的共同驱动下，中国商业航天迎来强劲的发展势头。2021年，党的十九届五中全会通过的《中共中央关于制定国民经济和社会发展第十四个五年规划和二〇三五年远景目标的建议》均提到了要强化发展"空天科技"等前沿领域的建设，加快壮大"航空航天"等战略性新兴产业，扩大战略性新兴产业投资。2019年国家国防科技工业局、中央军委装备部发布的《关于促进商业运载火箭规范有序发展的通知》鼓励商业运载火箭健康有序发展，就商业运载火箭科研、生产、试验、发射、安全和技术管控等作了进一步规定。2018年还通过《民用航天发射项目许可》细化民营航天发射项目许可审批流程。2016年《中国的航天》白皮书中指出鼓励引导民间资本和社会力量有序参与航天科研生产、空间基础设施建设、空间信息产品服务、卫星运营等航天活动。而早在2014年国务院发布的《关于创新重点领域投融资机制鼓励社会投资的指导意见》中就指出鼓励民间资本参与国家民用空间基础设施建设。

随着2020年北斗全球系统组网完成，国家发展和改革委员会将卫星互联网纳入新基建，意味着"十四五"期间有望加大商业航天的政策支持。在国家的规划引导、政策激励和组织协调下，商业航天产业能够充分满足市场需求和发挥技术进步的引导作用，加快产业发展，利用商业航天补充中国航天成为国民经济的先导产业和支柱性产业。

世界商业航天与全球经济、政治、军事和其他相关工业有着密不可分的联系，商业航天领先的国家或地区不仅在经济增长中受益良多，而且能够通过制定行业标准，制约、控制其他竞争者的发展，因而，全球各国或地区均在竞逐商业航天市场。鉴于商业航天的重要地位及意义，课题组旨在通过对全球商业航天专利数据的分析，从技术及知识产权等多个角度进行研究，为我国商业航天技术的研究以及行业发展提供借鉴。

1.1.1 基本概念

本节将对课题中涉及商业航天领域相关专业术语进行阐述和说明。商业航天，目前业界对此并没有明确的定义，课题组通过大量实地调研、咨询业内专家和线上资料调研，最终倾向于将商业航天定义为：商业航天是以市场为主导，采用市场化手段，运用市场机制或按市场规律开展的航天活动。商业航天涵盖运载火箭生产与发射、卫星研发与运营、地面设备制造与服务、新兴航天活动等诸多领域，具有产业链条长、服务领域广、带动作用强等特点。

航天装备，是各类型航天器及其重大装备的总称。航天装备包括并不限于空间、星际飞行的运载火箭、载人飞船、货运飞船、航天飞机、运载器、天地往返系统、空间站、人造卫星、空间探测器和火箭发动机等重大装备。

运载火箭，指的是将人们制造的各种将航天器推向太空的载具。运载火箭一般为2~4级，用于把人造地球卫星、载人飞船、航天站或行星际探测器等送入预定轨道。末级有仪器舱，内装制导与控制系统、遥测系统和发射场安全系统。

人造卫星，是环绕地球在空间轨道上运行的无人航天器，基于天体力学规律环绕星球运动，是发射数量最多、用途最广、发展最快的航天器，一般由有效载荷和保障系统组成。

宇宙飞船，是一种运送航天员、货物到达太空并安全返回的航天器。宇宙飞船可分为一次性使用与可重复使用两种类型。用运载火箭把飞船送入地球卫星轨道运行，然后再入大气层。飞船上除有一般人造卫星基本系统设备外，还有生命维持系统、重返地球的再入系统、回收登陆系统等。

空间站，又称太空站、航天站。是一种在近地轨道长时间运行，可供多名航天员巡访、长期工作和生活的载人航天器。空间站分为单模块空间站和多模块空间站两种。单模块空间站可由航天运载器一次发射入轨，多模块空间站则由航天运载器分批将各模块送入轨道，在太空中将各模块组装而成。

空间探测器，又称深空探测器或宇宙探测器，是对月球和月球以远的天体和空间进行探测的无人航天器，是空间探测的主要工具。空间探测器装载科学探测仪器，由运载火箭送入太空，飞近月球或行星进行近距离观测，对人造卫星进行长期观测，着陆进行实地考察，或采集样品进行研究分析。

1.1.2 商业航天的起源及发展

美国是世界上最早开展航天商业化利用的国家，从20世纪50年代至今，整个商业航天的发展是一个逐步加强、逐步深入的过程。目前，美国在商业航天领域已经建立起健全的政策体系和完整的产业链,产业发展在全球最为成熟,在国际航天市场中占据领先地位。

1.1.2.1 商业航天源于美国兴于美国

以下从政策、资金及技术三个方面分析美国商业航天的发展历程。

(1) 降低政府经济负担、降低成本成为商业航天发展的核心驱动力

航天技术的发展源于国防,发展进程基本为因国家需要先开展军用航天。航天领域需要长期的高投入,依赖于政府政策的推动,涉及产业链长,关联产业多,涉及新材料、新能源、新一代信息技术、高端制造等,并且技术覆盖领域广且复杂,荟萃众多科学成果和高新技术,尤其是对于未知探索,伴随较大风险,且失败后损失严重,这些特点注定航天产业的发展需要巨大经济支撑,并且在前期发展过程中需要国家的大力支持。美国商业航天发展较早,也是全球商业航天的带动者。航天产业在国防建设中得到发展,随着国家航天国防的需要,政府在航天产业的投入逐年增加,军费开支逐年增加,政府既要加快航天领域的发展从而保障国家安全及经济社会发展的需求,又要降低国家财政支出,因此迫切需要开展军民融合发展以缓解国防经济投入压力,由此航天产业引入商业化发展机制,逐渐由军转民,逐渐降低成本,开启了商业化的发展。

(2) 合理政策的指引,加速了商业航天的快速发展

美国航天领域的商业化发展较早,出台了一系列相关法律,建立起了航空航天领域军民融合的发展政策,各类政策大力倡导发展商业航天。2015年5月美国通过了与商业航天发展相关的《美国商业航天发射竞争法案》《关于促进私营航天竞争力、推进创业的法案》等议案,旨在为商业航天营造良好的政策环境。此外美国还制定了《航天现代投资法》《商业航天法》《商业航天发射法》等一系列相应的配套政策,有力推动了美国商业航天的发展。

(3) 公私合作模式助推美国商业航天全球领先

美国航空航天局(NASA)通过公私合作,对航天企业进行资金和技术投入。美国太空探索技术公司(SpaceX)是全世界商业航天领域的佼佼者,这得益于NASA的大力支持。从SpaceX进入商业发射市场以来就不断获得国家大额订单,根据美国联邦航空管理局(FAA)的官方资料统计,2013年到2018年,SpaceX在全球市场的商业发射占有率从13%上升至65%。借鉴美国商业发射的发展历程,可以发现国家、政府同时作为商业发射的规则制定者、推动者和需求方,是所有参与者中最为重要的角色。

通过分析美国商业航天在政策、资金及技术发展过程中政府的相关行为,初步可以总结出,政府可从国家发展战略角度,制定有利商业航天企业发展的政策法规,并且在商业航天企业技术不成熟、资金不到位的情况下,通过合作项目给予技术和资金方面的支持。

1.1.2.2 我国商业航天起源

中国航天产业发展前期同样以国家队为主导,发展路径与美国类似,从国家航天衍生出民营航天,实现商业化航天的发展。

（1）政策驱动我国商业航天发展

我国航天产业的发展首先是政策引导撬动了商业航天发展源头。2014年国务院出台了《关于创新重点领域投融资机制鼓励社会投资的指导意见》，首次提出鼓励民间资本参与国家民用空间基础设施建设。后来国家逐渐完善了商业航天领域的政策，将军民融合战略应用太空领域。在军民融合的国家战略背景下航天装备渐渐由军转向民，航天产业快速商业化发展。着力推进航天领域军民深度融合是国家的战略利益，也是航天自身发展的需求，2015年至今连续出台相关支持鼓励政策，商业航天在此期间强势爆发。

（2）美国商业航天的发展，倒逼我国国内加速商业航天发展

美国商业航天的快速发展不断冲击着传统航天强国，其中著名的商业航天企业蓝色起源、SpaceX凭借可回收利用火箭技术带来的低成本优势迅速抢占国际商业发射市场，陆续在各领域成立了完全由民营资本运作的商业航天企业，并且在一定程度上主导了全球商业航天发展的潮流。尤其是其火箭发射成本的降低，逐步冲击着我国的火箭发射市场，为我国商业航天的发展带来强烈的紧迫感。我国作为传统航天大国，为了紧跟行业发展潮流，为确保我国在新的航天竞赛中不落后，确保国家航天安全，满足国家经济社会发展需求，相关部门鼓励支持民营商业航天发展。美国商业航天企业的快速崛起，倒逼我国从国家航天衍生出民营航天，军民融合加速我国航天商业化。

（3）我国商业化航天企业迅速崛起，多样化发展

2015年开始，国内商业航天企业迅速发展，形成了以国家队为主导、民营企业相继加入的行业格局。近年来，我国成立了众多的商业航天企业，其中包括以星际荣耀、蓝箭航天、星河动力、科工火箭、长征火箭等为代表的商业火箭企业，以及以微纳星空、银河航天（北京）科技有限公司、长沙天仪空间科技研究院有限公司（以下简称"天仪研究院"）等为代表的商业卫星企业。在火箭方面，双曲线、快舟、捷龙系列商业火箭已实现成功入轨发射。在卫星方面，长光卫星技术有限公司（以下简称"长光卫星"）在遥感领域具有较稳定的服务能力，微纳星空拥有卫星整星设计和集成测试能力。大多数民营企业定位差异化发展，与体制内形成互补关系，从而进一步完善了我国航天产业的格局，促进我国航天产业的发展。

1.1.3 产业发展现状

根据《2020—2024年中国商业航天产业深度调研及投资前景预测报告》，近十年来，全球航天产业一直保持稳步向前的态势，政府航天预算与商业市场收入一直保持1:3的比例格局，其中商业航天收入年均复合增长率为7.6%，高于航天产业经济增幅，体现了商业航天在世界航天产业中的重要性不断增加。2018年全球的航天产业业经济规模为4147.5亿美元，其中商业航天经济规模高达3288.6亿美元，而商业航天占比为79.3%，可见全球商业航天的发展势头迅猛。

美国的商业航天发展全球领先。在航天工业方面，美国一直是行业巨头，拥有全

球最尖端的技术产品、最完备的产业链以及一大批经验丰富的人才梯队,这些都为美国商业航天的迅速崛起提供了现实基础。早在1984年时任美国总统里根就签署了《商业太空发射法案》,允许私营企业有偿为政府提供地外货运发射服务,打破了NASA的垄断地位。随后美国政府出台了一系列的法律法规以及资助计划以扶持商业航天的发展。在政府的大力支持下,新兴航天企业大量出现并迅速占领产业链各个环节,目前各环节已形成多家私营企业良性竞争的局面。美国的商业航天发展基本已涉足全部航天产业,业务范围正从传统的商业卫星发射、商业卫星应用向新兴领域拓展,如深空探测、太空旅游等。各领域代表企业参见表1-1-1。

表1-1-1 美国商业航天各领域代表企业

细分领域	代表企业	成立时间	主营业务	主要产品
运载火箭	SpaceX	2002	商业卫星发射	猎鹰9、重型猎鹰
	Orbital ATK	2015	中小型空间运载火箭及商业推进系统	Pegasus、Minotaur、Antares运载火箭
卫星制造	Orbital ATK	2015	开发中小型人造卫星	Star2平台、通信卫星、观测卫星
遥感图像	DigitalGlobe	1992	提供高分辨率商业影像数据及高级地理空间解决方案	Worldview遥感卫星,GBDX大数据平台,30cm图像
	Planet Labs	2010	地球观测成像	Dove卫星星座
卫星数据服务	Orbital Insight	2013	通过分析卫星图像来获取和售卖数据,结合人工智能算法为企业提供数据分析服务	正在建设一个大规模地处理、分析各种地理空间数据的分析平台
	Spire Global	2012	为政府和商业客户采集气象数据	致力于部署一个气象卫星网络
太空旅游	蓝色起源	2000	商业太空飞行	New Shepard飞船
	Virgin Galactic	2004	亚轨道飞行	太空船二号
	XCOR Aerospace	1999	亚轨道太空旅行	Lynx亚轨道飞行器
载人及货运	SpaceX	2002	国际空间站货物补给或载人	龙飞船
	Orbital ATK	2015	为国际空间站提供补给服务	"天鹅座"飞船
深空探测	Planetary Resources	2010	太空探索及太空资源开发,希望实现自动化小行星采矿	太空望远镜Arkyd-100

欧洲注重航天一体化发展，积极追赶。总体上，欧洲商业航天的立法体系、私营企业的创新能力、国际竞争力都明显弱于美国。为扩大航天资源在全球的高效配置，欧洲对外积极寻求国际合作，对内强调航天一体化发展，推进"伽利略"导航卫星系统和"哥白尼"对地观测两大项目建设以及新一代运载火箭发展。法国将研究重点转向卫星，聚焦新一代高分辨率光学对地观测、高低轨先进通信卫星等方向，积极应对美国商业航天快速抢占市场的严峻形势。

俄罗斯挣扎在商业发射市场，努力突破困局。俄罗斯是传统的航天大国，由于受制于微电子技术的发展，在太空通信和卫星平台、航天设备制造这两个航天市场最大的领域，俄罗斯一直被排除在市场之外，主要市场份额由火箭发射服务贡献。但随着SpaceX等一系列等成本火箭发射服务商的兴起，俄罗斯仅有的市场竞争力也逐渐降低。因此，俄罗斯计划组建统一的商业发射服务运营商，针对不同的客户施行灵活的营销政策，以捍卫自己的航天发射市场份额。

日本高度重视，谋求新技术。21世纪以来，日本积极投身商业航天，持续推进航天政策改革，并将增加商业发射频率及扩展商业航天市场份额提升至影响区域领导地位的高度。2015年，日本国产火箭H-2A首次执行并成功完成商业航天发射，但成本并不占优势，日本正积极寻求进一步降低成本的技术，提升国际竞争力。2021年1月24日，日本航空航天局直径5.2米的H3运载火箭芯一级在爱知县的三菱重工Tobishima工厂出厂揭幕。作为替换其老化的旗舰型H-IIA运载火箭的H3运载火箭将被运送到种子岛太空中心，从2021年开始进行一系列测试，随后进行发射测试。H3是日本宇宙航空研究开发机构（JAXA）和三菱重工等共同开发的日本最新型液体运载火箭。H3计划在2023年后完全替代H-2A火箭。

中国形成以国家队主导，民营企业相继进入的行业格局。2014年后，随着我国航天领域的逐渐开放，商业航天产业迎来了快速发展期。我国商业航天的发展模式仍在探索中，目前主要有三种模式：第一种航天商业化，是目前最主要的模式，即将现有的航天基础设施面向社会服务，比如通信卫星、遥感卫星、导航卫星的应用；第二种是政府与市场合作，比如政府与企业共同出资、共同发射，卫星由企业运营，政府采购数据，是一种创新托管模式，可节约政府资金；第三种是纯民营投入，也就是由私营企业提供航天产品、服务或航天活动，这是未来发展的主流方向。

2014年以来，我国成立了100多家商业航天企业，民营企业正在释放市场活力。除了通过政策扶持、资金支持带动产业发展外，大多数创业企业在发展上定位走差异化道路，与体制内形成互补关系，而非竞争关系，从而打开了市场。由于航天是一个技术壁垒相当高的行业，需要大量的技术积累，刚创业的企业如果从零开始研发，则耗时长、成本高，若能建立技术转让的市场机制，可进一步释放市场活力。此外，由于民营企业没有政府背景，不易受国外政策门槛限制，在开展国际合作上更有优势。

目前，商业航天产业链主要分为三个部分：上游为卫星制造，中游为卫星发射及卫星地面设备，下游为卫星应用及运营。

①上游卫星制造：卫星有效载荷种类多、客户需求差异大，因此卫星种类多、数

量少，难以进行批量生产，从而进一步导致卫星制造成本升高。根据重量卫星可划分为大卫星、小卫星、微小卫星、微卫星、纳卫星、皮卫星及飞卫星，商业航天多采用低成本的小卫星。广义的小卫星是指重量低于1000kg的人造卫星，具有研制周期短、发射方式灵活、成本低、应用范围广等特点。

②中游卫星发射：卫星发射是连接卫星制造及卫星应用的中枢环节，卫星需搭载运载火箭发射进入轨道后才能发挥作用。根据能源动力运载火箭可划分为化学火箭、电火箭、核能火箭、太阳能火箭等。我国航天产业主流运载火箭是化学火箭。化学火箭主要包括固体火箭及液体火箭。

运载火箭的产业链主要分为三部分：上游是基础材料和元器件等，包括运载火箭结构、发动机所用的金属材料、复合材料等，以及电子设备所需要的元器件等；中游是分系统研制，包括火箭的箭体结构、发动机、电子设备等，产品为运载火箭的各个分系统；下游是总装集成，一般运载火箭的总装集成与总体设计为同一企业，包括总体设计、总装集成与测试，产品为整箭。

③中游卫星地面设备：包括卫星地面设备和发射地面设备。卫星地面设备包括网络设备与消费设备，其主要与卫星的应用与运营相关，因此本课题的研究范畴主要是发射卫星地面设备。

④卫星应用及运营：卫星导航是商业航天行业下游的主要应用领域之一，是采用导航卫星对物体进行精确导航定位的技术。我国自行研制的北斗卫星导航系统（BDS）是继美国全球定位系统（GPS）及俄罗斯格罗斯纳斯卫星导航系统（GLONASS）后第三个成熟的卫星导航系统。

1.1.4 技术发展现状

航天技术是现代科学技术的结晶，它以基础科学和技术科学为基础，汇集了20世纪许多工程技术的新成就，力学、热力学、材料学、医学、电子技术、光电技术、自动控制、喷气推进、计算机、真空技术、低温技术、半导体技术、制造工艺学等对航天技术的发展起了重要作用。这些科学技术在航天应用中互相交叉和渗透，产生了一些新学科，使航天科学技术形成了完整的体系，同时航天技术不断提出新的要求，又促进了科学技术的进步。

1.1.4.1 全球航天技术总体发展态势

为不断适应市场需求，美国、俄罗斯、欧洲正稳步推进现役火箭的升级换代。未来全球航天技术总体发展趋势是两个方面：一是新型火箭普遍采用液氢/液氧、液氧/煤油、液氧/甲烷等无毒无污染推进剂，并开始采用可重复使用等措施来降低产品发射成本；二是面对高通量、电推进、星座化等带来的卫星产品质量分散化，发射服务逐步由单星发射为主，向单星发射、双星发射、多星拼单发射、小卫星搭载发射等多种形式并存转变。随着近年来小卫星星座项目的兴起，新兴商业航天企业正着力研制运载能力仅几十千克到几百千克的小型和微小型运载火箭。美国和俄罗斯在深空探测和载人探月、探火计划的牵引下进一步加速重型火箭研制进度。

美国和欧洲在民商用通信卫星技术领域仍然保持优势地位,无论是在轨卫星业务体系完备性、卫星产品性能,还是在卫星运营服务产业整体规模方面均领先其他国家。俄罗斯通信卫星产品性能仅次于欧美,但受国家支持力度不足、政策法规制约等因素的影响,其卫星应用产业整体起步较晚,规模也与美国、欧洲国家或地区相去甚远。日本、印度也开发了数目可观的民商用通信卫星系统,并在政府的支持下,不断提升本国通信卫星系统及应用服务能力。卫星遥感观测范围广,基本实现全球覆盖,并可周期性获得地球表面、大气云层、海洋环境和人类活动等多种信息。因此世界各国或地区普遍重视发展遥感卫星系统及应用服务产业。美国体系完备、性能先进,在世界民商遥感卫星领域,尤其是光学成像和地球科学探测领域处于绝对领先地位。俄罗斯、印度、日本遥感卫星系统性能也较为先进,但在轨卫星数量较少,且卫星应用主要集中在本国民用领域,国际市场占有率较低。导航卫星领域,全球共拥有四大全球导航卫星系统和两个区域导航卫星系统,未来利用导航卫星的授时与位置服务、利用卫星导航系统星间/星地链路提供通信服务将成为重要的发展方向。

载人航天将向载人深空探测以及部分可重复使用的新一代载人航天系统发展,以满足载人月球、小行星和火星探测的需求。截至2020年年底,只有美国、俄罗斯、中国具备独立发射载人航天器的能力,欧洲、日本通过参与国际空间站的形式具备一定的实力。当前,国外载人航天主要采取国际合作的形式,围绕国际空间站任务开展活动。未来,载人航天将向载人月球、载人小行星和载人火星探测领域拓展。此外,亚轨道载人航天也是近年来发展热点,以新谢泼德和太空船二号为代表,未来提供服务的前景可期。

月球和行星探测、太阳物理探测和空间天文观测将是未来航天科技发展最前沿和最活跃的领域。就各国发展而言,仅美国实现了对太阳系内重要天体的全面探测,其深空探测系统技术先进、手段多样,处于全面领先的状态;俄罗斯在苏联时期曾实施月球、金星、火星及太阳物理等探测,独立后尚未成功实现深空探测活动,技术水平落后于美国、欧洲;欧洲和日本通过国际合作开展了规模有限的探测活动,但其产品系统性能较为先进;印度实施了月球和火星探测。

美国和俄罗斯这两个传统航天强国的基础设施建设全球领先。美国不仅在发射场数量上有优势,仅卡纳维拉尔角空军基地一处发射场的发射工位,就比中国四个发射场发射工位的总和还要多,而且美国很多发射场仅提供近地轨道发射。此外蓝色起源和 SpaceX 这两个商业航天企业均有属于自己的专用发射场。航天是一个需要实证和技术验证的系统工程,所以这些低轨发射场和专用发射场,对美国本土的航天技术发展大有裨益。

1.1.4.2 我国航天核心技术研究进展

2014年以来,我国在航天核心关键技术、航天专业基础技术、航天技术应用服务等方面的研究取得了重要进展。航天科学技术整体水平实现大幅跃升,部分技术领域实现重大突破。

(1) 航天运载技术

新一代运载火箭相继实现首飞，有效提升了我国进入空间的能力。2015年9月20日，长征六号新一代小型液体运载火箭首飞成功，"一箭20星"飞行任务创造了我国航天一箭多星发射的新纪录，这也是我国新一代运载火箭的首次发射。该火箭首次采用补燃循环液氧煤油发动机及大温差隔热夹层共底储箱等先进技术，发射准备周期7天，700km太阳同步轨道运载能力达100kg。2015年9月25日，长征十一号首飞成功，长征十一号是新一代小型固体运载火箭，是长征系列运载火箭第一型固体运载火箭，具有小时级发射、机动发射、无依托发射、长期贮存等特点，具备海上发射能力，700km太阳同步轨道运载能力达400kg。长征七号火箭是我国载人航天工程为发射货运飞船全新研制的火箭，为新一代中型液体运载火箭，采用全数字化等创新手段研制，近地轨道运载能力达13500kg，长征七号火箭2016年6月25日在海南文昌航天发射场首飞成功。长征五号火箭历时10年完成研制，为新一代大型液体运载火箭，首次采用大推力液氧液氢发动机5m级大直径箭体结构等先进技术，标准地球同步转移轨道运载能力达14000 kg。长征五号火箭及远征二号上面级于2016年11月3日在海南文昌航天发射场首飞，将实践十七号卫星组合体送入预定轨道，任务取得圆满成功，使我国火箭运载能力水平进入国际先进行列，填补了我国大型运载火箭的空白。2019年8月17日，捷龙一号运载火箭成功发射，是利用社会资本推动商业火箭研制模式创新的重要标志。

重型运载火箭动力系统和箭体结构等关键技术取得重要突破。我国从2016年开始深化论证了重型火箭关键技术攻关和方案，完成大直径箭体结构、大推力发动机等原理样机研制；攻克影响总体方案的核心关键技术，具备发动机整机试车条件。我国结合长征系列运载火箭发射任务，搭载进行了助推器伞降测控终端等飞行试验，以实现对运载火箭子级落点精确控制，后续我国运载火箭残骸落点控制将进入工程应用。此外，为攻克运载火箭基础级重复使用关键技术，开展了垂直起降演示验证试验，正在进行多型重复使用发动机研制。未来我国运载火箭基础级将具备垂直返回、重复使用的能力。

(2) 航天器技术

通信卫星平台具备了高承载、大功率、高散热、长寿命、可扩展的技术特点。东方红四号卫星增强型平台应用多项国际先进技术，包括多层通信舱技术、电推进技术、综合电子技术、锂离子电池技术和重叠可展开天线技术等，平台能力和整星技术指标已经达到国外同类卫星平台先进水平。实践十三号卫星是我国自主研发的东方红四号卫星平台全配置首发星，卫星首次使用电推进完成全寿命期内南北位保任务，大幅提升卫星承载比；首次采用Ka频段多波束宽带高通量通信系统，单颗卫星星地系统最高通信容量超过20Gbps；搭载激光通信系统，采用直接探测体制，可实现远距离、高速星地双向通信能力，最高通信速率达24Gbp。东方红五号卫星平台采用了桁架式结构、分舱模块化设计、大功率供配电系统、先进综合电子系统、大推力多模式电推进系统、二维多次展开的半刚性太阳翼、高比能量锂离子电池、可展开热辐射器等多项先进技术，是我国新一代超大容量地球同步轨道公用卫星平台。我国独立自主研制的首颗地球同步轨道移动通信卫星天通一号，首次突破同频多波束整体优化方法，具备多波束覆盖区和功率动态调配能力。在研制过程中其成功解决了大口径多波束天线的地面验证难题，波束形成质量和地面测试、在轨测试精度均达到国际先进水平。

导航卫星性能大幅提升，突破星间链路等一批关键技术。建立了自主创新的全球导航信号体制，信号数量和质量大幅提高，提升信号利用效率和兼容性、互操作性，实现了北斗卫星导航系统多个信号平稳过渡、与国际其他卫星导航系统兼容等。遥感卫星平台与载荷技术取得重要进展，量子成像等前沿技术实现新突破。实现了高、低轨卫星的协同配合使用，解决了高空间分辨率与高时间分辨率观测能力有机结合问题；突破了卫星姿态快速机动、载荷参数自主设置等技术。空间科学与新技术试验卫星在高能宇宙射线测量和量子技术试验等方面取得进步。

（3）载人航天器技术

天宫二号实验室突破航天员中期驻留、人机协同在轨维修等关键技术。建立了集信息管理、手动控制、遥操作和自主控制一体化的人机协同在轨维修系统，形成典型人机协同体制，有效提升了任务目标的成功率和安全性，为后续空间站任务中的人机协同作业奠定了技术基础。实现对空间站流体回路维修技术、典型产品维修技术、系统维修技术、维修工具验证和维修功效学验证五方面的维修需求进行在轨验证，并实现空间站三个关键部件的飞行验证。

神舟十一号载人飞船任务突破面向变高度、变相位的交会及返回轨道设计技术，解决了飞船入轨轨道异常、远程导引变轨超差、空间碎片应急规避等异常情况下需要快速、精确、可靠实施应急轨道控制的难题。天舟一号货运飞船任务突破多功能货运飞船总体设计、推进剂在轨补加等关键技术，解决了空间站物资上行、废弃物下行、组合体支持和拓展试验多重任务要求约束下平台轻量化设计难题，上行货重比达到0.48。解决了补加量精准控制、推进剂高效利用、加注高可靠高安全等技术难题，我国成为继俄罗斯之后第二个掌握航天器间推进剂补加技术并实现在轨应用的国家。

（4）深空探测器技术

嫦娥三号着陆器创造了全球探测器月面工作最长时间纪录，取得了许多重大成果：实现了多学科总体优化设计，突破了软着陆的自主制导、导航和控制技术，复杂推进系统设计和变推力发动机技术、软着陆的着陆缓冲技术及月面移动技术等；首次提出了巡视器运动性能的技术评价体系，对巡视器的移动性能进行了综合评价；突破了月面生存技术，创造性提出了两相流体回路分析方法和地面试验方案，解决了月夜生存难题，丰富了航天器热控制的硬件产品，促进航天器热控制技术产生了新飞跃。

嫦娥四号月球探测器是全球首个在月球背面着陆的探测器，突破了多项关键技术，包括地月L2点中继轨道设计技术、月背崎岖地形软着陆自主控制技术、地月中继通信技术、月夜采温系统技术、巡视器高可靠安全移动与机构控制技术、月背复杂环境巡视器昼夜周期规划技术等多项关键技术。

(5) 小卫星技术

小卫星技术全面发展，形成了体系化布局。我国小卫星全面覆盖通信、对地观测、技术试验、空间科学等领域，呈现进一步细分化发展的趋势，导航领域提出导航增强的发展需求；对地观测领域，成像体制覆盖光学、视频等，谱段范围逐步扩大，规划的能力覆盖全色、多光谱、高光谱等谱段；通信领域提出了低轨移动星座，同时开展海事监控应用、航空监控应用。卫星平台型谱不断丰富，卫星多学科集成综合优化设计、整星耦合集成仿真、大型复杂航天器动力学分析、在轨服务、高精度定量化遥感、深空探测等总体技术取得重要进展，有效提升了卫星平台总体设计、分析、优化及验证水平。

100kg以下微小卫星发展迅猛。以"低成本、模块化、标准化"为核心，开展了低成本、高性能微纳卫星的实践，建立了微纳卫星标准体系，形成了覆盖产品设计、试验、接口、可靠性、元器件选用等方面的系列化标准。现代小卫星的"快、好、省"卫星为多星协同应用奠定了基础，由此带来卫星星座设计的革命。

(6) 航天发射技术

运载火箭海上发射技术取得突破。2019年6月5日，长征十一号在我国黄海海域成功完成"一箭七星"海上发射技术试验。这是我国首次在海上进行航天发射，填补了我国运载火箭海上发射的空白，为我国快速进入太空提供了新的发射方式。

首次针对火箭发射喷流噪声及发射系统热防护问题开发大流量喷水降温降噪技术。实现对火箭及发射系统综合防护，圆满完成多次飞行试验。降噪幅度超过10dB。突破复杂条件运载火箭发射喷水多相燃气流场数值预示技术瓶颈。突破小尺度试验技术瓶颈；完成无喷水条件的燃气流场理论预示及喷水多相燃气流场理论预示。提出小尺度试验依据的关键相似参数及其控制方法。

针对低温连接器自动对接与分离技术进行了持续研究。突破箭地接口自适应低温连接器远控对接技术。通过低温旋转接头、两种自适应对接连接器及水平自适应对接装置、竖直自适应对接装置的研制、试验。基于无人值守的智能化地面供配气技术处于国内领先水平。重型运载活动发射平台总体设计技术攻关取得重要进展。经过持续研究，重型运载火箭活动发射平台完成总体设计技术、高精度终端定位控制技术、多点大功率电驱动控制技术的攻关。发射平台故障诊断与健康管理技术研究持续推进。

1.2 研究目的

"十三五"以来，我国商业航天在产业创新发展和产业生态建设方面发展迅速。但商业航天的发展关键是要"降低成本、保持稳定和成功率"，在将已有航天技术转化为商用过程中，需要对航天产品和装备制造技术不断创新以适应商业需求。

本书的研究对象既包括国有军工和民营航天企业在内的中国商业航天企业，也包括商业航天相关的政府管理部门、商业航天产业联盟、航天科研人员及航天爱好者等。本书首先针对商业航天装备制造产业，特别是卫星、火箭、地面设备、飞船、空间站及深空探测器等关键技术领域，梳理产业国内外发展现状，确定其中的关键技术，对关键技术进行专利分析，并对国内外重要申请人开展专项分析：一方面了解国外商业航天产业的发展和技术发展脉络，为我国商业航天产业发展提供技术支撑；另一方面为我国企业进行专利预警。同时，选取重点领域从多个角度深层次挖掘对比分析中美专利，研究美国重点申请人发展路线，并对其先进技术专题分析。课题组透过现象挖掘本质，通过问题深究原因，最后从政府管理及行业角度、商业航天企业及技术研发角度、知识产权保护角度分别提出适合我国商业航天发展的建议，希望能够为我国商业航天产业的健康快速成长带来有益的参考。

1.3 研究方法

本节将对本书的研究方法、技术分解进行简要概述。

1.3.1 研究方法

目前不同国家对于商业航天的概念有不同的阐释，尚未形成统一定义。考虑商业航天是航天技术发展到一定阶段和航天产业发展到一定规模的产物，课题组从专利技术的角度出发，将以市场为主导、按照市场规律开展的航天活动所涉及的技术定义为商业航天技术，综合考虑技术和产业的限定，将本课题的检索范围限定为截至2020年5月31日（含）前公开公告的涉及卫星、火箭、地面设备、飞船及空间站和探测器结构相关的专利，以上部件的基础材料、加工设备、制造及控制方法将不作为研究对象，并在此基础上将其中符合目前商业发展方向以及不同于国家层面的商业需求、应用的部分专利技术纳入为商业航天技术的研究范畴。本报告主要采用了以下研究方法：

①调查研究法。通过行业调研、专家咨询等多种方式，获取关键技术、热点技术、难点问题以及发展现状。

②"商业化"专利特色分析方法。检索得到某一技术领域整体的专利数据，首先，通过"商业化"专利筛选构建"商业化"专利数据筛选模型；其次，以该商业专利数据为基础，对产业、市场、专利技术进行定性、定量结合分析，分析"商业化"的技术发展特点；最后，聚焦核心技术，给出"商业化"发展建议。

③对比分析法。通过对比分析的形式，对比中美专利，分析我国商业航天产业发展趋势及方向。

④个案研究法。选择一个或两个商业航天主体或某一商业航天专题技术领域，就其专利现状和发展方向进行梳理分析，提出商业航天产业发展关键。

1.3.2 技术分解

课题组针对商业航天涉及的技术领域开展了全面的行业调研，通过文献调研、专家咨询、在研项目跟踪和重要研制单位及机构实地调研等多种途径，收集了涉及商业航天行业发展和技术发展的详细材料，阅读和翻译大量国外文献，参考《中国制造2025——航空航天装备》《2018—2019航天科学技术学科发展报告》《航天发展新动力 商业航天》等专业书籍以及相关行业标准，同时兼顾专利数据检索和标引，制定了商业航天技术分解表，具体参见表1-3-1。

表1-3-1 商业航天技术分解

一级分支	二级分支	三级分支
火箭	箭体结构	整流罩
		贮箱/发动机壳体
		级间段
		尾舱
		仪器舱
		载荷舱
		其他
	推进系统	固体推进系统
		液体推进系统
	测控系统	制导系统
		姿控系统
		测量系统
卫星空间系统	有效载荷	通信卫星载荷
		导航卫星载荷
		遥感卫星载荷
		其他卫星载荷
	结构系统	外壳结构
		承力结构
		仪器安装面结构
		能源结构
		分离结构
		卫星结构平台

续表

一级分支	二级分支	三级分支
卫星空间系统	测控系统	遥测部分
		遥控部分
		跟踪部分
	控制系统	姿控系统
		轨控系统
		热控制系统
		电源系统
飞船及空间站	结构系统	返回舱
		轨道舱
		推进舱
		货运舱
		对接舱
		附加舱
		其他壳体及仪器结构
	测控系统	遥测部分
		遥控部分
		跟踪部分
		通信部分
	控制系统	热控制系统
		电源系统
		姿控系统
		轨控系统
		环控生保系统
深空探测器	科学载荷	遥感测量
		原位测量
	平台	—
地面设备	发射设备	发射平台
		发射车架
		发射塔架
		其他发射设备

续表

一级分支	二级分支	三级分支
地面设备	起吊运输设备	转运起竖设备
		吊装对接设备
		运输设备
	加注供气系统	加注系统
		供配气系统
		气液连接器
	测发控系统	—
	其他辅助设备	地面瞄准设备
		地面供配电系统
		空调净化设备
		地面防护系统
		环境监测设备
		火箭回收设备

1.4 数据检索和处理

课题组检索的专利文献范围为申请日在2021年5月31日（含）以前的专利申请，以incoPat商业数据库为主，以中国专利文摘数据库（CNABS）、中国专利全文文本代码化数据库（CNTXT）、由世界专利文献数据库和德温特世界专利索引数据库（DWPI）组成的虚拟数据库（VEN）为补充开展全面检索。

根据不同一级分支的技术特点，采用"分—总"的检索策略。各一级分支负责小组有针对性地选择不同的专利数据库和不同的检索策略，各技术方向的专利检索分工合作，不需要考虑对其他技术方向和总体的影响，提高检索效率和检索准确性。但考虑到部分领域相同相近、关键词冷僻、分类号不准确等问题，各技术方向检索人员通过定期交流检索思路提高专利检全率。

整个检索过程由初步检索、全面检索和补充检索三个阶段构成。初步检索阶段：初步选择关键词和分类号对该技术主题进行检索，对检索到的专利文献关键词和分类号进行统计分析，并抽样对相关专利文献进行人工阅读，提炼关键词。初步检索阶段还要进行的就是检索策略的调整、反馈，总结各检索要素在检索策略中所处的位置，在上述工作基础上制定全面检索策略。全面检索阶段：选定精确关键词、扩展关键词、精确分类号和扩展分类号作为主要检索要素，合理采用检索策略及其搭配，充分利用截词符和算符，对该技术主题在外文和中文数据库进行全面而准确的检索。补充检索阶段：在全面检索的基础上，统计本领域主要申请人，以申请人为入口进行补充检索，保证重要申请人检索数据的全面和完整。

在完成全部航天装备技术检索后，课题组根据研究主题特点，提出从技术主题、技术功效、专有技术及申请人的角度筛选出了符合本课题研究主题"商业化"航天装备的专利技术。

本书对重点技术分支和重点申请人进行了技术手段、技术效果标引。技术手段是对专利文献中技术方案的提炼和浓缩，以期获得技术方案中核心的技术创新点，通过对技术手段的提炼、加工和分析，可以获得解决技术难题或难点的手段和途径，为产业发展提供指引，为企业开展创新研发提供技术层面的参考或建议。技术效果是发明人为改进现有技术缺陷采取一定技术手段而获得的直接结果，因而是判断发明的技术贡献大小的重要考虑因素之一，通过对技术效果的标引，能够获取实现某一效果的当前的技术研发热点和重点，进一步为企业研发过程中选择研发方向提供参考和帮助。

为了统一标引标准，课题组对各个技术效果的含义做了明确定义，具体参见表 1-4-1。

表 1-4-1 商业航天技术效果定义

标引内容	含义
降成本	降低或节约设计、制造、维护等环节成本
可靠性	提高系统工作的可靠性
体积小轻量化	达到降低重量、体积小型化的效果
结构简化	复杂结构简化、集成化或减少零部件数量
工艺简单（批量生产）	简化工艺、降低生产需求，便于加工装配，实现批量生产
环保无毒	满足环保无毒的技术要求
重复回收	实现部件的重复使用或回收利用
延长寿命	结构耐用，提高使用寿命
运载能力	承载效率高，提升运载能力
提高强度	增强部件的强度或者刚度，抗形变等
密封性	提高系统的密封性
冷却性	提高冷却性能，通过改进冷却系统或者增大热辐射效果或其他手段实现
燃烧效率	提高燃烧效率，充分利用能源或燃料
提高精度	提高计量、测量精度，便于控制
可变推力	推力可调节或者可改变
抗高温性	提高系统承载高温能力
调节性	能够根据需求实现调节功能

1.5 查全查准评估

为了对检索的结果进行评估和验证，采用了查全率和查准率两项指标对本报告的检索结果进行验证。

（1）查准率验证方式

查准率=（检出的符合特征的文献数量/检出的全部文献数量）×100%。

通过检索得到初步检索文献集合 A，数量记为 N。由于检索数据量 N 很大，无法进行逐一核对，因此通过随机方式进行抽样，设抽样集合为 a，数量为 n，人工阅读样本集合，符合特征的检索结果数量为 b，查准率 $p = (b/n) \times 100\%$。

（2）查全率验证方式

通过验证部分结果的查全率来估计初步检索文献集合 A 的查全率。①确定重要申请人。对初步检索结果进行分析能够得到申请人大致的排名，选取排名靠前的非自然人申请人为重要申请人。②确定母样本检索式。利用选取的重要申请人构建母样本检索式，若重要申请人的专利申请只分布在该特定技术领域，则直接用申请人确定母样本数据集，否则，还需要结合上位分类号或关键词来确定母样本数据集。母样本的检索式检索策略需与现有检索式不同，否则查全率不准确。对于一些申请量大且涉及领域广的企业，通过限定一定申请年份获得数量合适的母样本。③人工筛选确定母样本。利用母样本检索式进行检索得到检索结果，通过人工浏览，确定与主题相关的全面的、准确的母样本 t（数量也为 t），并提取出相应的专利公开号或申请号。④确定子样本。用待验证检索式与所提取的 PN 号进行"逻辑与"运算确定子样本，即待验证检索式的检索结果中落在母样本范畴内的专利文献，得到子样本 b（数量也为 b），漏检的专利数量则为 $c = t - b$。⑤计算查全率。查全率 $r = (b/t) \times 100\%$。

1.6 相关事项和约定

本节对相关数据的解释和说明、主要申请人名称进行约定。

1.6.1 术语约定

同族专利：同一项发明在多个国家申请专利而产生的一组内容相同或基本相同的专利文献出版物，称为一个专利族或同族专利。属于同一专利族的多件专利申请可视为同一项技术。在本报告中，针对技术和专利技术原创国进行分析时，对同族专利进行了合并统计；针对专利在国家或地区的公开情况进行分析时，各件专利进行了单独统计。

技术目标国：以专利申请的公开国家或地区来确定。

技术来源国：以专利申请的首次申请优先权国别来确定，没有优先权的专利申请以该申请的最早申请国别来确定。

项：同一项发明可能在多个国家或地区提出专利申请。incoPat 同族数据库将这些相关的多件专利申请作为一条记录收录。在进行专利申请数量统计时,对于数据库中以一族数据的形式出现的一系列专利文献,计算为"1项"。

件:在进行专利申请数量统计时,例如为了分析分析申请人在不同国家、地区或组织所提出的专利申请的分布情况,将同族专利申请分开进行统计时,所得到的结果对应于申请的件数。1项专利申请可能对应于1件或多件专利申请。

日期约定:依照最早优先权日确定每年的专利数量,无优先权日的以最早申请日为准。

图表数据约定:由于2020年和2021年专利公开数据不完整,不能代表专利的整体申请趋势,因此,在与年份有关的趋势图中对2020年和2021年的数据分析仅供参考。

国内申请:我国申请人在中国国家知识产权局的专利申请。

在中国申请:申请人在中国国家知识产权局的专利申请。

1.6.2 主要申请人名称约定

在各专利数据库中由于申请人名称翻译不同、不同数据库标引格式不同、企业名称变更、企业兼并重组、子母公司的因素,导致同一申请人存在多种不同的表述方式。为了正确统计各申请人实际拥有的专利申请或专利权数量,增加数据的准确度,以下对主要申请人的称谓进行统一,以提高规范性和数据准确性。商业航天主要申请人的名称约定参见附录。

第 2 章 "商业化"专利特色分析方法

商业航天是航天产业发展到一定阶段和一定规模的产物,并且在其技术发展过程中呈现出以下特点:一是原有技术发展完全继承至商业航天装备领域;二是通过快速创新将现有航天装备技术发展衍生至商业航天领域。另外,受商业航天技术发展的商业因素影响,会形成完全不同于原有航天装备技术的新的技术方向。基于以上特点,鲜有课题专利分析方法和成果可以参考,因此在航天装备领域的基础上开展"商业航天装备制造"专利研究分析,需要课题组首先针对这一特点提出符合本课题研究特点的思路和方法。

课题组在研究现有专利分析方法并结合本课题研究特点的基础上,提出了一种专门用于在产业发展过程中国家主导技术由于内外因素激发,而加速产业向"商业化"转变时该技术领域的专利特色分析方法。

2.1 本课题专利技术分析的特点

综合各方面因素,商业化属于产业发展到一定阶段的产物,主要体现于经济活动。以商业航天为例,与传统航天的区别更多表现于其经济活动更加市场化,但从技术层面上难以区分出商业化和非商业化,因此商业航天装备专利数据范畴的界定存在一定困难。课题组初期尝试多种思路,考虑通过研究商业航天产业发展的时间脉络,截取一段时间内的航天装备专利数据视为商业航天装备专利数据,但是考虑各国商业航天的时间发展进程不一,并且专利技术公开具有时间不统一和不确定性,这种思路具有一定的片面性;另外,各国具有国家背景的企业、科研院所随着商业航天的快速发展也积极投身至商业航天的发展大潮中,将民营企业专利申请认定为商业航天装备技术,也存在诸多的不合理,因此如何检索出合理的专利数据范畴成为本课题的研究难点。

航天装备经过长时间发展,形成了专利技术的沉淀,并逐渐向商业化演变,具有丰富的发展历程。并且,其"商业"航天的发展过程还受到政策及市场等其他外在因素影响,发展诱因也错综复杂。采用以往的专利分析方法,仅开展趋势分析、关键技术分析、技术热点和技术脉络等分析,无法展示商业航天技术发展全景,亦无法准确揭示"商业化"的真正发展特点。因而,如何开展"商业"航天装备专利技术分析,获得准确的结果,凸显课题研究的商业化特色,以及如何将专利分析结合到产业发展中,为我国航天装备"商业化"发展提供准确、及时、全面的参考,提出合理化的建议成为本课题的研究主线。

2.2 "商业化"专利特色分析方法

在商业化发展过程中,由于要适应市场化的发展需求,其相关领域技术需要继承、发展以及进一步开创性发展,这恰恰又需要技术创新推动产业向着更加深入的市场化方向改变和发展。专利数据文献信息(包括技术信息、法律信息、市场信息和其他信息)具有高度融合性,能够通过特定的研究方法对多维度信息集合考量来实现商业化技术发展分析。因此通过构建出相对合理的数据筛选模型,让专利数据信息与商业和市场发展特点更加吻合,以及更加准确地指向技术发展趋势,成为重要的切入点。课题组经多次的产业调研、专家咨询、行业动态追踪、专利及非专利文献查阅,形成了"商业化"专利特色分析方法。

该分析方法主要包括"商业化"专利筛选和"商业化"专利分析,主要由三个步骤组成:①常规专利检索。常规检索得到某一技术领域整体的专利数据。②"商业化"专利筛选。梳理符合该技术领域商业发展的技术主题、技术效果以及专用技术等商业化指标,通过具体技术指标选取、筛选精度选择和领域适用三个维度构建"商业化"专利数据筛选模型。经随机样本和申请人专利样本双重校验、补充后得到最终的"商业化"专利数据筛选模型,据此模型筛选出符合商业化发展的商业专利数据范畴。③"商业化"专利分析。以上述商业专利数据为基础,对产业、市场、专利技术进行定性、定量分析。定性分析包括整体技术与商业技术的产业及专利多维度对比、我国与国外技术领先国家或地区的产业及专利多维度对比。定量分析包括申请时间、地域、申请人、技术等多维度专利分析,从专利视角研究商业技术发展的特点及商业化进程,分析"商业化"的技术发展特点,聚焦核心技术,给出"商业化"发展建议,如图2-2-1所示(见文前彩色插图第1页)。

2.2.1 常规专利检索

本书的常规专利检索是指对该商业化技术所归属的某一技术领域的所有专利数据进行检索,以获得包括该商业化专利技术在内的全部专利数据。该检索过程与常规专利检索过程相同,根据不同的技术领域特点可采取不同的检索策略和方法。

具体到商业航天,本书在常规检索时采用"分—总"的检索策略,根据各自分支的技术特点,灵活选择专利数据库和检索策略。各一级分支的检索过程均由初步检索、全面检索和补充检索三个阶段构成,具体过程参见第1.3节中介绍的数据检索方法,最终形成各一级分支的检索式,得到检索结果。再将各一级分支的检索结果进行专利合并、去重,得到本课题航天装备领域的全部专利数据,检索结果参见表2-2-1。

表 2-2-1 航天装备检索结果

一级分支	二级分支	检索结果/项
火箭	箭体结构	953
	推进系统	8548
	测控系统	2481
卫星空间系统	有效载荷	2512
	结构系统	1086
	测控系统	4435
	控制系统	2929
飞船及空间站	结构系统	1177
	测控系统	1087
	控制系统	2600
深空探测器	科学载荷	56
	平台	363
地面设备	发射设备	660
	起吊运输设备	359
	加注供气系统	565
	测发控系统	437
	其他辅助设备	85

2.2.2 "商业化"专利筛选

"商业化"专利筛选，实质上是从常规专利检索所获得的归属于某一技术领域的全部专利数据中筛选出该技术领域中符合目前"商业化"发展的专利数据，建立商业化专利数据库，为之后的商业化专利分析奠定基础。本小节首先对"商业化"专利筛选进行了介绍，又通过卫星、火箭技术对该"商业化"专利筛选进行了实证，印证了该"商业化"专利筛选的可行性。最后将航天技术的卫星、火箭技术以及飞船、地面设备、探测器均采用"商业化"专利筛选方法进行了"商业化"专利筛选，获得了商业航天专利数据，作为下一步"商业化"专利分析的基础数据。

2.2.2.1 "商业化"专利筛选介绍

"商业化"专利筛选是指一种能够反映某一技术商业化的目标和特征，并且具有相互关联、相互补充且交织共存的指标群体，通过该指标群体建立合理、完善的筛选模型，根据该模型从某一专利技术领域中筛选出商业专利技术的方法。

首先，通过常规专利分析检索方法检索出相关技术领域全部专利数据，分析产业、市场及技术发展特点，总结"商业化"发展的情况，重点形成在商业化发展过程中的技术主题、技术效果、专有技术等商业化指标。

其次,紧密贴合产业、市场的"商业化"发展,选择符合该技术领域商业化指标的具体技术指标,形成数据的筛选条件。根据不同领域的特点选取不同的筛选精度,初步构建出符合产业发展的商业化筛选模型。

再次,在模型建立初期通过随机筛选少量的专利数据样本、粗筛商业创新主体的专利数据样本分别对模型筛选出的专利数据是否符合"商业化"的情况进行校验和补充。通过多次的验证和迭代,不断修正筛选条件,直到达到相对合理的数据分析范畴,最终形成合理、完善的该技术领域"商业化"筛选模型。

最后,在前述检索完成的全部数据的基础上,通过该"商业化"筛选模型筛选出该技术领域的"商业化"专利数据。

具体而言,该"商业化"专利筛选主要包括:梳理商业化指标、构建商业化筛选模型、商业化筛选模型校验和建立商业专利数据库,如图 2-2-2 所示。

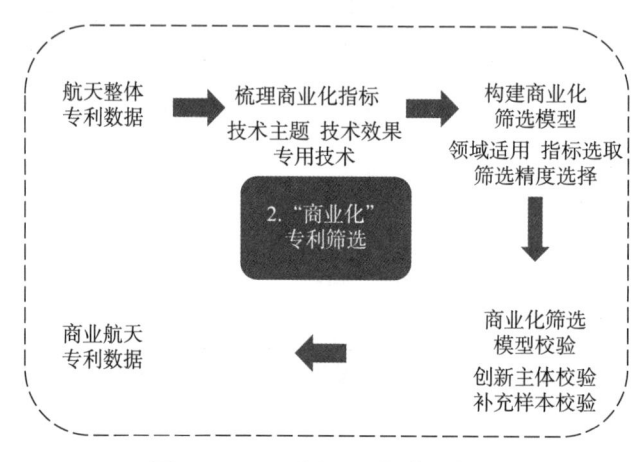

图 2-2-2 "商业化"专利筛选

1. 梳理商业化指标

商业化指标是指能够体现某一技术领域商业化发展特征的不同技术层面指标,技术的商业化发展通常是在受到国家政策激励、市场供应、技术发展程度以及经济利益驱使的条件下促进该传统技术趋于商业化、市场化,并实现经济效益转化的过程。商业化发展目标通常围绕于现有技术主题的商业化应用、具有经济利益的技术需求以及特定的商业专用技术研发三个方面。换言之,其商业化发展主要包括传统技术的某些能够实现商业化应用的技术主题、经济利益最大化的技术效果以及商业化专用技术的发展。因而,该技术主题、技术效果以及专用技术构成了某一技术领域商业化技术筛选的关键指标,各项指标之间具有一定的关联性、互补性,也可能交织共存于某一商业化技术中。此外,由于具体技术领域的不同,其商业化发展方向也会略有差异,对于某些较为特殊的技术商业化发展也可能包含技术主题、技术效果以及专用技术之外的其他商业化指标,本课题并未对其他特殊技术商业化发展进行具体研究,因而未列出其他特殊指标。

以商业航天为例，课题组通过多家国有及民营企业的产业调研走访、专家咨询、行业动态追踪、专利及非专利文献的检索发现符合行业认知的商业航天范畴主要包括：低轨卫星、大推力火箭、地面回收塔等商业发展的技术主题，低成本、小型化等商业发展技术效果，可回收火箭、空中发射、海上发射等商业航天专用技术。简而言之，具有商业化特征的技术主题、技术效果以及专用技术是判断其是否为商业航天技术的关键指标，如图2-2-3所示。

图2-2-3 商业航天商业化指标梳理

2. 构建商业化筛选模型

商业化筛选模型主要包括具体技术指标选取、筛选精度选择、领域适用三个维度，通过多层次、多维度的筛选条件构建完善的商业化筛选模型，以确保筛选结果的准确、完整。上述三个维度可根据技术特点采用不同的筛选精度，进行不同的具体技术指标选取，抑或将该技术再次细分为不同的技术领域分别适用，三者无先后顺序。

（1）具体技术指标选取

具体技术指标为商业化指标的下级细分指标，是指商业化指标所包含的与某一技术领域商业化发展相契合的相关技术、效果或目标。通过商业化指标的梳理，课题组确定了技术主题、技术效果以及专用技术三个商业化指标，但其下级具体技术指标的涵盖的内容较多，例如技术效果通常包括轻量化、低成本、高效率、短周期、长寿命、高强度等多个具体技术指标。理论上，模型包含指标越多，对于商业化专利的筛选越全面、越精准，但也会加大课题研究难度，延长研究周期，可根据实际情况对二者利弊加以衡量，选取恰当的指标数量和适宜的指标难易程度。

（2）筛选精度选择

通过选取的指标涉及的具体专利数量和专利情况的不同可选取不同的筛选精度。例如对于指标特征较为鲜明、专利内容较为明确的专利可采用简单粗筛来确定，专利数量较多但指标特征相对清晰的指标可采用统计、机检等方式进行中筛，对于课题研究重点技术或较为精尖的专用技术可采用人工阅读等方式进行精筛，对于筛选后内容也可采取随机筛选的方式进行抽检和校验。

（3）领域适用

本书所研究的某一技术通常包含多个下级分支，这些下级分支之间可能并无技术关联，甚至存在较大的技术区别。对于此类技术的筛选，需要根据不同的下级领域分支分别选取不同的指标、选择不同的筛选精度。以商业航天为例，该技术包括卫星、火箭、飞船、探测器及地面设备。其中卫星、火箭之间并无较大技术关联，且存在较大的技术区别，因而需要将商业化筛选模型下沉一级，根据不同的下级分支，选取不同的指标、选择不同的筛选精度，分别建立商业化筛选模型，以筛选出更为精准、全面的商业航天专利数据。

具体到商业航天商业化筛选模型的构建，课题组根据不同的适用领域将商业化筛选模型下沉一级，对火箭、卫星、飞船及空间站、深空探测器、地面设备五个一级分支分别建立筛选模型。通过大量调研业界公认的传统航天及商业航天领域重点企业及专家，辅以大量的实证材料调查研究归纳总结不同技术分支的特点，梳理了技术主题、技术效果、专用技术三个商业化指标。选取了商业化指标所涉及的多个符合商业航天发展的具体技术指标，采用中筛、精筛两级筛选精度对常规专利检索所得的航天整体专利数据进行筛选，初步构建出商业航天的商业化筛选模型，如图2-2-4所示。

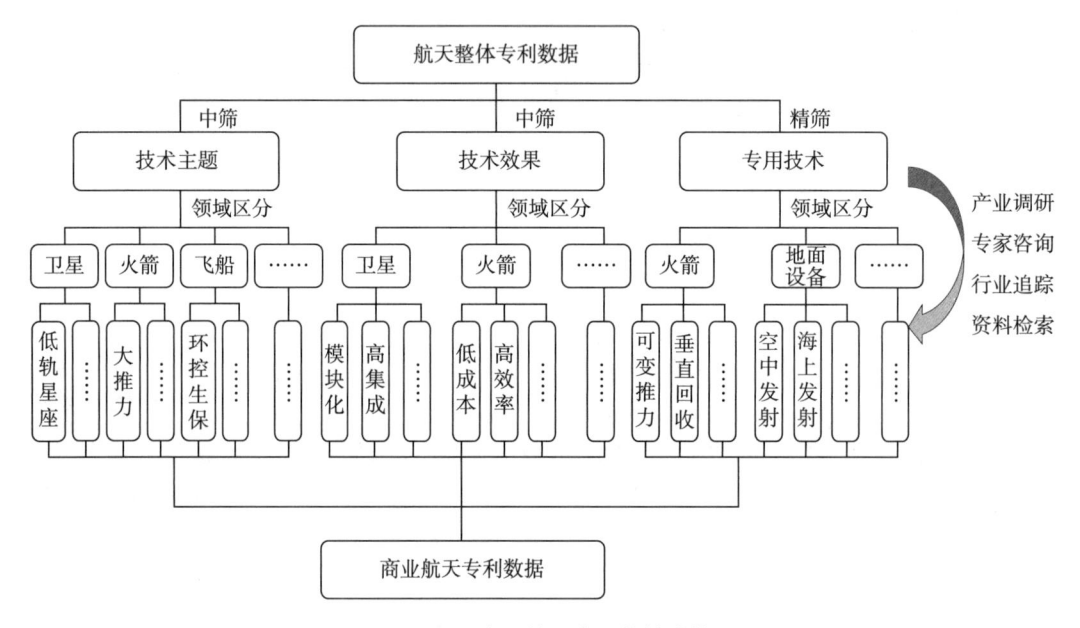

图2-2-4 商业航天商业化筛选模型

3. 商业化筛选模型校验

（1）少量数据样本校验

通过构建商业化筛选模型，对具体技术领域的商业化技术主题、技术效果及专有技术进行不同精度的筛选，初步形成了商业化专利数据库。但该商业化筛选模型筛选的全面性和准确性仍有待验证，因而需要对其随机筛选少量数据样本进行常规模拟校验。通过对初步形成的商业化专利数据库进行随机筛选，并进行人工阅读，能够发现一部分非商业专利。通过分析该部分非商业专利存在的原因，继续调整相应具体技术指标，针对该部分专利数据选择更为细化的筛选精度重新筛选，通过多次的验证和迭代，不断修正筛选条件，直到达到相对合理的数据分析范畴，重新形成本领域"商业化"筛选模型。

（2）商业创新主体校验及补充

课题组在产业调研、专家咨询中还发现某一技术的商业化发展通常会存在一部分商业技术的先驱者，主要为商业技术创新主体。其为航天领域的商业化发展的重要推动者，所研发的专利技术通常具有较强的商业化特征，因而能够作为某一项技术是否为商业技术的评判标准，也能够作为商业化筛选模型的重要校验指标。商业技术创新主体的专利数据可通过粗略筛选得出校验样本，一方面可以对初步筛选所得的商业化专利数据库全面性和准确性进行判定，另一方面还可以对重要申请人的专利数据加以补充，进一步提高商业专利数据库的全面性、准确性。

具体到商业航天，课题组在随机筛选样本进行常规模拟校验的基础上，进一步统计了数位全球较为知名的商业航天创新主体 SpaceX、Virgin Galactic、蓝色起源以及我国商业航天创新主体星际荣耀、蓝箭航天、九天微星等专利数据进行了检索，共同作为校验样本对商业化筛选模型进行了全面的校验和补充，最终完成商业航天商业化筛选模型校验，如图 2-2-5 所示。

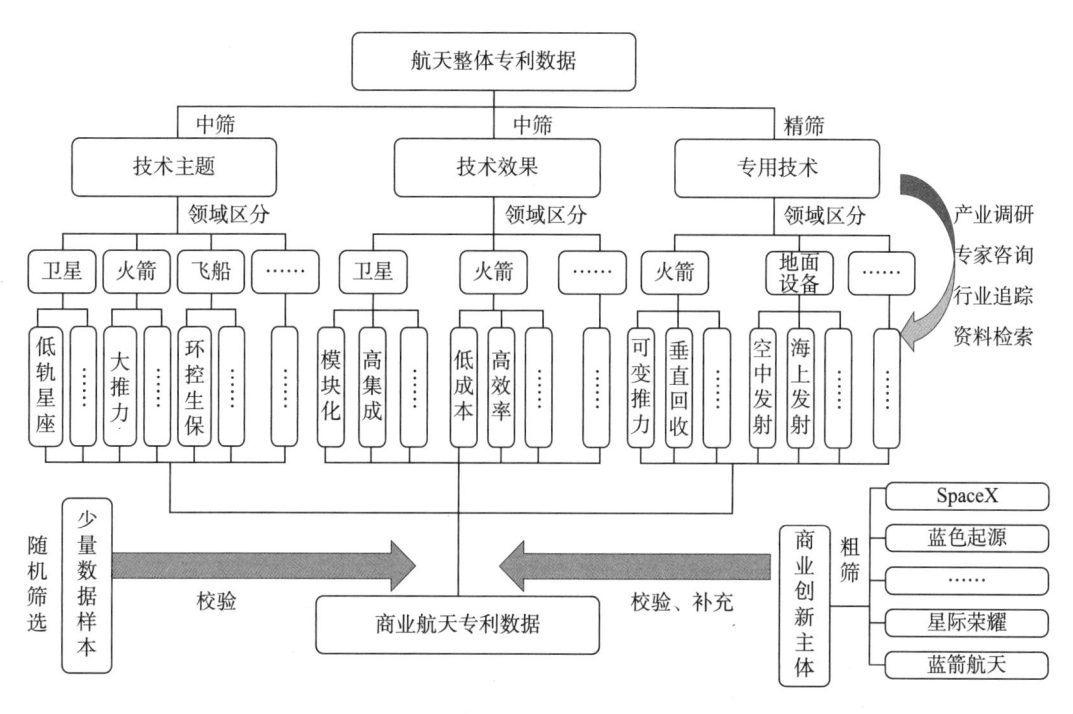

图 2-2-5　商业航天商业化筛选模型校验

2.2.2.2　"商业化"专利筛选实证

根据上一小节所述的"商业化"专利筛选，本小节对卫星、火箭的商业化筛选进行详细的实例验证。

1. 商业卫星的商业化专利筛选验证

（1）卫星专利数据常规专利检索

首先通过常规专利检索检索出卫星领域全部专利数据，全球共 9342 项专利。

（2）梳理商业化指标

通过大量调研传统航天及咨询商业卫星领域业界公认的重点企业及专家，分析产业、市场及技术发展特点，总结卫星"商业化"发展的情况，重点形成了具备商业化发展特征的技术主题、技术效果两个商业化指标。

（3）构建商业化筛选模型

首先，商业卫星的要求之一是研制周期短、成本低廉，且把卫星做的越小、集成度越高，则在成本控制上的优势越明显，低轨小卫星因此成为未来发展空间的第一选择。

因此，立方体卫星、微纳卫星等"小"卫星成为引领商业化卫星发展的潮流。在2000年后，一种标准化、模块化的立方体卫星快速兴起，1U 大小为 10cm × 10cm × 10cm，根据需求可以多个组合形成 3U、6U、12U 甚至 36U 的大型立方星。立方体卫星因其标准化、模块化、低成本优势，广受高校与初创航天公司青睐。现今时代，随着微电子、微光机电和集成电路技术不断发展，卫星小型化趋势不断加速，微纳卫星性能快速提升，成为小卫星领域发展最为活跃的组成部分。尤其是 50kg 以下微纳卫星发展高度活跃，成为航天技术创新和航天应用变革的重要突破点。

其次，商业卫星往往需要多星组网才能够提供持续稳定的服务，因此商业卫星在大多数时候都是以星座的形式出现。国外几大知名卫星星座正由商业航天公司密集开展部署，如 SpaceX 研制的"Starlink"（星链）星座、OneWeb 的互联网卫星星座。国内同样接连不断地提出大量卫星星座计划，"行云工程"计划发射 80 颗行云小卫星；"虹云工程"在距离地面 1000km 的轨道上组网运行，构建一个星载宽带全球移动互联网络；"鸿雁"全球卫星星座通信系统由 300 颗低轨道小卫星及全球数据处理中心组成。

因此，技术主题的具体技术指标选取低轨"星座"、立方体卫星、微卫星、纳卫星、组网卫星等"小"卫星，对应商业化研制周期短、成本低廉的要求以及小卫星对应的技术效果。技术效果的具体技术指标定位为标准化、高集成度、低成本、模块化等。

根据上述分析，对技术主题的筛选中，将技术主题包括小型卫星、低轨卫星、卫星组网、立方体卫星、微卫星、纳卫星、皮卫星等主题的专利进行中度筛选。其中小型卫星得到 1118 项专利，低轨卫星得到 967 项专利，卫星组网得到 39 项专利，立方体卫星专利 196 项，微卫星 302 项、纳卫星 279 项、皮卫星 82 项。对技术效果的筛选中，将技术效果对商业化、复杂度、成本、集成度、重量等方面进行改进的专利进行中度筛选，商业化专利数量 1097 项，对复杂度的改进 1377 项，对成本的改进 129 项，对集成度的改进 1104 项，对于重量的改进 142 项。由于卫星模块化为商业卫星较为重要的技术，因而对卫星模块化进行精确筛选，共得到 549 项专利族。

将筛选出的技术效果、技术主题与商业化相关的专利合并、去重，得到初步筛选、待校验的卫星商业化专利数据。表 2-2-2 展示了对主要技术主题、技术效果筛选得到的专利族数量。

表 2-2-2　卫星具体技术指标筛选

商业化指标	具体技术指标	专利数量/项
技术主题	小型卫星	1118
	低轨卫星	967
	卫星组网	39
	立方体卫星	196
	微卫星	302
	纳卫星	279
	皮卫星	82
技术效果	商业化	1097
	复杂度降低	1377
	成本降低	129
	集成度提高	1104
	重量降低	142
	模块化	549

(4) 商业化筛选模型校验

在模型建立初期，随机筛选专利数据 100 项作为验证样本，通过专利数据验证样本对模型筛选出的专利数据是否符合"商业化"的情况进行校验，并对样本偏差进行分析，通过多次的验证、分析和迭代，不断修正技术主题、技术效果相关的关键词，达到相对合理的数据分析范畴。同时，商业卫星领域还有一批新兴的申请人，一方面可以对筛选出的专利数据全面性和准确性进行初步的判定，另一方面还可以对重要申请人的专利数据进行补充。Space Exploration、oneWeb、零重力实验室、深圳航天东方红海特卫星有限公司、长光卫星、天仪研究院作为商业卫星技术的重要创新主体在技术发展势头迅猛，是航天领域的商业卫星技术的重要推动者。因而根据技术特点，课题组粗筛出 Space Exploration、oneWeb、零重力实验室、深圳航天东方红海特卫星有限公司、长光卫星、天仪研究院等商业卫星申请人，对上述申请人专利的技术领域加以限定，检索出申请人专利校验样本用来校验并补充申请人数据。其中 Space Exploration 补充 2 项专利，深圳航天东方红海特卫星有限公司补充 10 项专利，长光卫星 12 项专利，天仪研究院 5 项专利，具体如表 2-2-3 所示。

表2-2-3 卫星商业化筛选模型校验及补充

校验指标	名称	补充专利数量/项
商业创新主体	Space Exploration	2
	oneWeb	1
	长光卫星	12
	天仪研究院	5
	深圳航天东方红海特卫星有限公司	10
	银河航天（北京）科技有限公司	3
	东方红卫星移动通信有限公司	6

（5）完整的商业化专利数据

在前述数据基础上，通过商业化筛选模型筛选出商业化专利数据，得到商业卫星全球专利申请共计6796项，作为商业卫星专利技术分析的基础数据。

2. 商业火箭的商业化专利筛选验证

（1）构建火箭专利数据库

通过常规专利分析检索方法检索出火箭领域全部专利数据，全球共11638项。

（2）梳理商业化指标

基于对传统航天领域和商业航天领域的大量调研和咨询，紧密贴合火箭产业、市场的商业化发展，综合产业、专利和技术的发展特点，总结出火箭"商业化"发展进程，重点形成在火箭商业化发展进程中的技术主题、技术效果、专有技术三个关键要素，作为商业火箭数据筛选的商业化指标。

（3）构建商业化筛选模型

基于现阶段商业火箭发展状况研究得知，商业卫星规划数量的迅猛增长以及低轨化、小型化、星座规模的扩大直接导致了商业火箭发射频次的陡增，激发了市场需求。而且由于航天器发射成本高昂，其发射成本的降低一直以来都是火箭商业化发展的目标。该市场需求以及低成本的商业发展目标共同驱使了商业火箭向可回收、大推力技术发展。以SpaceX为例，其凭借可回收利用火箭技术带来的低成本优势迅速抢占了国际商业发射市场。对于以可重复使用为目标的发动机来说，推进剂组合需要具有性能好、成本低廉、资源丰富等优点，液体推进剂是可复用商业火箭的较佳选择，尤其以液氧煤油和液氧甲烷最为典型。因此，根据以上分析总结出商业火箭技术主题以可回收、大推力、液体发动机为商业火箭发展热点方向；在技术效果方面，商业火箭技术发展在实现低成本、高效率、重复利用等方面的技术功效尤为重要；可变推力、垂直回收作为专用技术成为商业火箭的重点攻关方向。

通过对火箭领域11638项专利进行技术主题、技术效果和专用技术的筛选。对技术主题的筛选中，对技术主题包括液体发动机、液体火箭、回收、大推力等关键词的专利进行筛选，得到1236项专利；对技术效果的筛选中，将技术效果中含有成本、效率、回收等关键词的专利进行筛选，得到4123项专利；对专用技术的筛选中，将涉及可变推力、垂直回收等技术内容的专利进行筛选，得到374项专利；再对上述筛选出的专利数据合并、去重，最终得到5142项专利，作为待校验的商业火箭专利数据库。

(4) 商业化筛选模型校验

在数据库校验过程中，首先，通过随机浏览少量的专利数据样本对模型筛选出的专利数据是否符合商业化的情况进行校验，修正技术主题、技术效果、专有技术相关的关键词，直到得到相对合理的数据分析范畴。此外，火箭领域的商业创新主体以SpaceX、蓝色起源、蓝箭、星际荣耀等为代表，是火箭领域商业化发展的重要推动者。基于上述商业创新主体的专利数据作为验证指标，检索出上述申请人所申请的专利数据，并对检索出的专利数据的技术领域加以限定，得到311项专利。以此作为校验样本对上述待校验的商业火箭专利数据库的专利数据的完整性和准确性进行校验，得到遗漏的专利数据，将其补充到待校验的商业火箭专利数据库的同时，进一步分析所遗漏的专利数据的共性，提取出关键词补充到筛选关键词中。如此反复进行，直至重要申请人没有遗漏数据。通过上述少量样本验证和申请人验证和补充，共删除非商业数据23项，补充商业数据76项。

(5) 完整的商业化专利数据

经过前述的筛选、验证、补充过程，以及对得到的专利数据进行合并、去重，形成最终的商业火箭专利数据，共涉及商业火箭全球专利申请5195项。

3. 其他领域的"商业化"专利数据的筛选

对于飞船、探测器和地面设备，同样采用上述5个步骤进行商业数据筛选：首先通过常规专利分析检索方法检索出飞船、探测器、地面设备领域全部专利数据，构建飞船、探测器和地面设备专利数据库。其次，梳理商业化指标，分析总结出飞船、探测器、地面设备商业化发展的情况，形成在商业化发展过程中的技术主题、技术效果、专有技术等要素，作为商业化指标。再次，构建商业化筛选模型，飞船及空间站更倾向于载人太空旅游，其载人飞船的娱乐价值、体验感显得更为重要，其商业化技术效果包括娱乐、旅游观光、舒适、低成本等，技术主题为环控生保技术；探测器的商业化技术效果包括便利性、低成本，技术主题包括平台一体化等；地面设备商业化发展在于集成原有技术基础上适应火箭可回收，因而地面回收塔等为重点发展主题，以提高效率、降低成本、结构简化、可靠性为主要效果。在专有技术方面，地面设备以空中发射、海上发射等技术为专有商业发展方向。最后，经少量数据样本以及重点申请人SpaceX、Virgin Galactic、蓝色起源、星际荣耀、蓝箭航天等的专利数据作为校验样本进行校验、补充后，得到完整的商业化专利数据库。

本课题在专利技术常规检索的基础上，结合研究技术商业化发展的特点，通过上述商业化专利筛选，梳理商业化指标、构建商业化筛选模型以及模型校验，得到各一级分支的"商业化"专利数据。再将各一级分支的"商业化"专利数据合并、去重，最终得到符合本课题研究主题的商业航天装备的专利数据，结果如表2-2-4所示。

表 2-2-4 商业航天装备筛选结果

一级分支	二级分支	"商业化"专利/项
火箭	箭体结构	305
	推进系统	4073
	测控系统	817
卫星空间系统	有效载荷	1837
	结构系统	830
	测控系统	3511
	控制系统	1985
飞船及空间站	结构系统	153
	测控系统	118
	控制系统	449
深空探测器	科学载荷	1
	平台	74
地面设备	发射设备	550
	起吊运输设备	293
	加注供气系统	487
	测发控系统	359
	其他辅助设备	54

2.2.3 "商业化"专利分析

专利分析内容一般基于专利文献蕴含的时间、国别、区域、主体、技术等多维信息进行统计归纳，将海量多维信息整合关联，挖掘潜藏在专利中的客观事实，从而对相关产业的国际国内专利技术发展趋势及竞争全景进行全面深入的分析，明晰发展定位及优劣势，前瞻性地研判可能的风险及挑战，明确未来发展方向及可能的发展路径，为企业乃至国家政府制定宏观政策和专利布局战略提供参考。

本课题基于研究主题"商业化"的特点，创新性地提出了"商业化"专利筛选，从航天装备专利数据中筛选出了商业航天装备的专利数据。在后续的专利分析过程中，为了保证紧密贴合商业航天产业、市场及技术的发展，在将筛选后的专利数据作为课题专利分析样本的基础上，还形成了一套"商业化"专利分析方法。以下对课题形成的"商业化"专利分析方法进行详细介绍。

课题组在常规专利分析的基础上，通过定性分析和定量分析的深度结合，形成了独具特色的"商业化"专利分析方法，全面覆盖面、线、点分析内容，层层深入，逐步聚焦。概括来讲，首先，通过深入的调研分析，全面梳理航天装备产业的商业化发展进程以及各技术分支的发展现状和特点；其次，构建商业航天装备专利商业化筛选模型，筛选出商业航天装备及各技术分支的专利数据作为课题专利分析的样本；再次，进行专利定性和定量分析，从产业、市场、专利技术等多个维度分析，从商业航天与航天整体、中国和美国等多个维度对比分析；最后，聚焦商业航天的核心技术以及核心问题，最终提出我国商业航天发展的意见建议，如图2-2-6所示。

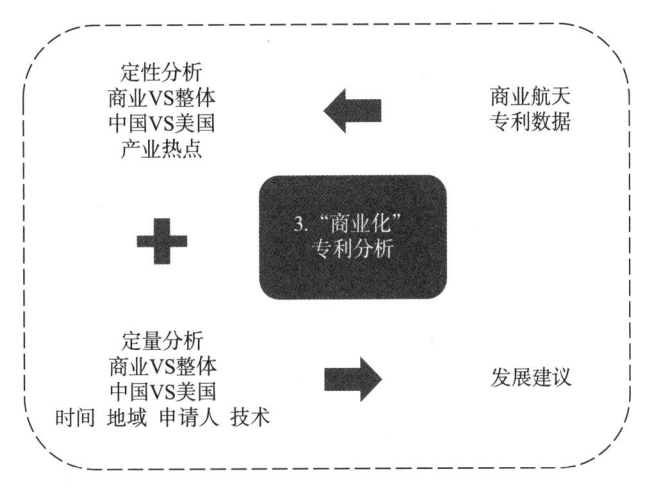

图2-2-6 商业航天"商业化"专利分析

以下分别对"商业化"专利定性分析和"商业化"专利定量分析进行详细介绍。

2.2.3.1 "商业化"专利定性分析

（1）产业调研和专利分析结合，得出商业化发展进程及技术发展热点

通常而言，定性分析着重于对内容的分析，通过对专利文献技术内容进行归纳、演绎、分析、综合，以把握技术发展状况。在对具体产业进行专利分析时，还应结合产业具体情况和特点，适应性进行定向设计和调整。

具体而言，本课题聚焦商业航天装备制造产业，由于航天技术属于高科技型技术，航天工业作为国防科技工业的一部分，在商业化的过程中，仍存在大量无法获知的国防专利、技术秘密等，单一地依托专利进行定性分析并不足以客观、全面、准确地厘清和再现产业技术竞争与发展的基本格局。因此，为确保课题专利分析的准确性、完整性，在"商业化"专利定性分析过程中，采用产业调研和专利分析相结合，以专利为主，辅以产业调研、非专利文献和专家咨询，各个环节围绕专利分析服务，相互佐证，使专利分析真正为产业发展服务。

通过产业调研、非专利文献查阅和专家咨询等渠道深入了解航天装备产业的商业化发展进程及现状，明晰领域所涉及的技术分支及其发展情况。具体地，调研传统航天企业及国内商业航天企业情况，咨询行业内专家意见建议，深刻认知商业航天与传统航天在研发理念、市场定位、技术创新上的异同之处；结合非专利论文、书籍及热点新闻等文献研究，明晰产业发展背景、政策、趋势，找准重点区域和创新主体，将商业航天整体细分为商业卫星、商业火箭、商业飞船、商业探测器、商业地面设备五

大技术分支领域,并据此构建商业航天装备专利商业化筛选模型,筛选出商业航天装备及各技术分支的专利数据作为课题专利分析的样本;在此基础上开展专利定性分析,依托专利文献中技术内容变化来反映技术的发展状况与发展趋势,进一步印证商业航天整体及其各技术分支领域商业化发展进程,挖掘商业化进程中的重要创新主体、研发热点和技术难点等;通过产业调研和专利分析相结合,对各个技术分支领域的重点技术进行梳理,进一步分析得出重点技术的技术发展脉络,为技术发展方向提供依据。

(2) 双重对比,分析产业特定发展方向与产业整体、我国与产业优势国家的发展异同

其一,产业特定发展方向与产业整体的对比分析,指的是航天产业商业化发展方向与航天产业整体的对比分析。商业航天产业自传统航天产业发展而来,是航天产业发展到一定阶段的必然产物。因此,在探究商业航天装备制造产业发展过程中,基于商业航天与航天产业密不可分的关系,课题组并未仅分析筛选出的专利样本,而是分别对各技术分支领域的产业专利内容和商业发展方向的专利内容进行了对比分析。并着重二者之间在趋势、技术、申请人等方面的对比,以此针对商业航天各技术领域发展趋势和当前创新态势展开全景摸查,使产业特定方向分析与产业发展相互匹配、印证。以卫星为例,在商业卫星发展进程研究中,依托卫星专利技术整体数据和所筛选的商业卫星专利数据进行对比分析,挖掘卫星商业化进程发展趋势、主要申请人专利布局情况、各国或地区在卫星商业化中所着重的技术等内容,紧扣产业与专利嵌合分析的主线,以专利对比分析进一步印证产业发展规律,为技术创新布局、改变竞争态势等提供方向指引。

其二,我国与产业优势国家的对比分析,指的是我国和美国两国商业航天装备制造产业的技术竞争形势的分析。不可否认,美国是全球最早开展商业航天活动的国家,也是当前商业航天发展最为成熟的国家。其商业航天企业已具有了从设计、制造、发射和运营航天产品的能力,满足政府、军方、企业、科研机构等用户从市场购买服务的需求。虽然我国商业航天起步晚,但有强大的工业基础作为后盾,近年来呈现蓬勃发展的态势。本课题通过中美商业航天装备制造产业情况和重要申请人专利的对比分析,进一步厘清我国技术的优势与劣势,并通过专利布局策略对比分析,分析我国和美国产业技术生态和竞争格局、产业关键技术发展趋势、龙头企业分布格局及动向、专利布局竞争重点、热点及技术路径发展动向等,并针对性地为国内企业发展提供意见建议,开展专利风险预警。

2.2.3.2 "商业化"专利定量分析

本课题的"商业化"专利定量分析主要体现在多维度定量统计分析专利指标方面。通过对专利样本信息中包含的各指标进行科学计量,用量化的形式分析和预测技术发展趋势,科学评估各个国家或地区的技术研究与发展重点,及时发现潜在竞争对手,判断竞争对手的技术开发动态,获得相关产品、技术和竞争策略等方面的有用信息。

申请趋势维度:包括申请时间趋势,具体专利指标为按申请时间分布的全球及主要国家或地区各时期申请量变化情况。通过趋势分析了解专利整体态势,明确中国专

利占比，厘清产业发展各阶段的变化和特点，从而对产业整体形成宏观认识。

地域维度：包括申请人来源国、国内申请人所在省市、目标市场国，具体专利指标为按时间和数量分布的全球专利技术来源国、主要目标市场分布以及国内申请各省市专利分布等情况。通过地域维度分析了解各国或地区技术储备多寡、重要目标竞争市场国家、国内各省市产业分布特点，从而研判各国或地区竞争实力，确定主要市场区域的产业竞争格局，找出优势国家或地区可借鉴之处。

申请人维度：包括申请主体类型、主要申请人，具体专利指标为按申请数量排名在前的主要申请人及主体类型、主要申请人专利技术布局等情况。通过申请人维度发现全球具有竞争优势创新主体，从而进一步挖掘其技术研发趋势和重点，为国内企业对标发展提供启示和预警。

技术维度：包括技术分支、关键技术、技术发展脉络，具体专利指标为各一级分支、各一级分支下的二级分支所占专利数量及变化趋势，各技术分支下的关键技术所细分的各技术构成所占专利数量及变化趋势、各个关键技术的技术发展脉络等情况。通过对技术维度的分析，使研究热点量化呈现，为明确创新主体的未来发展方向和目标、前瞻性地把握技术机遇及破解制约瓶颈和技术短板提供支撑。

2.3 "商业化"专利特色分析方法推广

常规专利分析项目一般包含明确的技术主题，专利检索边界清晰，随着我国经济的不断高质量发展，越来越多的产业也开始出现新的发展形态。本课题提出"商业化"专利特色分析方法，不仅是对常规专利分析方法的一个有益补充，而且对于具有类似问题的专利分析项目也具有一定的普适性意义。

（1）有助于实现国防科技工业领域涉及商业或商用相关产业的专利分析

党的十八大以来，军民融合发展上升为国家战略，随着《推进装备领域军民融合深度发展的思路举措》《关于推动国防科技工业军民融合深度发展的意见》等一系列重要政策出台，军民融合发展战略逐步进入落地实施阶段。《中华人民共和国国民经济和社会发展第十四个五年规划和2035年远景目标纲要》明确提出"深化军民科技协同创新，加强海洋、空天、网络空间、生物、新能源、人工智能、量子科技等领域军民统筹发展，推动军地科研设施资源共享，推进军地科研成果双向转化应用和重点产业发展"。对于类似这种由国家主导逐渐过渡到军民共同发展的相关产业分析，例如商用航空领域、商用无人机领域、商业船舶领域等，本课题的分析方法具有一定借鉴意义。

（2）有助于厘清特定产业发展方向的技术发展脉络

在产业发展过程中，会出现多方位的发展方向，各个不同的产业发展方向具有不同的发展特色，例如，传统航天更注重于高可靠性、打造精品、解决国家需求，而商业航天更注重低成本、快响应、批量化、解决市场需求，这就造成二者的技术研发方向存在差异性。从航天整体产业发展的角度全方位梳理商业航天产业的发展进程，有助于找准关键技术瓶颈，从而更准确地预测技术研发方向。因此，对于特定发展方向的产业研究，本课题提出的特色分析方法，有助于厘清真正属于特定产业发展方向的技术发展脉络。

（3）有助于提出针对性意见建议

本课题的分析方法在对产业全景分析的基础上，针对课题着重研究的特定产业发展方向，定位评估产业与技术、专利发展的相随性，挖掘不同国家或地区创新主体在产业发展各阶段的布局策略和技术研发侧重点，从而更准确地明晰我国相关创新主体在产业链、技术链、创新链中所处的发展定位及优劣势，前瞻性地识别研判可能的发展风险及挑战，明确未来发展方向及可能的发展路径，更加针对性地提出适应于特定产业发展方向的建议。

2.4 本章小结

本课题针对如何更好地分析出商业航天装备制造产业发展的问题，创新地提出了"商业化"专利特色分析方法。首先，通过常规专利分析检索方法检索出相关技术领域全部专利数据。其次，进行"商业化"专利筛选，梳理符合该技术领域商业发展的技术主题、技术效果以及专用技术等商业化指标，通过具体技术指标选取、筛选精度选择和领域适用三个维度构建"商业化"专利数据筛选模型。经随机样本和申请人专利样本双重校验、补充后得到最终的"商业化"专利数据筛选模型，据此模型筛选出符合商业化发展的准确、完整的商业化专利数据，解决了与商业航天类似的某一类技术在研究其商业化发展时专利数据范畴难以界定的研究难点。最后，在商业化专利数据的基础上利用"商业化"专利分析，从产业、市场、专利技术等多个维度印证分析，从商业航天与航天整体、我国和美国等多个维度对比分析，从专利视角研究商业技术发展的特点及商业化进程，分析"商业化"的技术发展特点，聚焦核心技术，全面覆盖面、线、点分析内容，层层深入，逐步聚焦，最终给出我国商业航天发展的意见建议。依托本课题，对"商业化"专利筛选的可行性和实操性也进行了详细的实例验证，对于"商业化"专利特色分析方法的普适性同样进行了深入探究。

第3章 商业航天装备制造产业商业化发展进程分析

本章将从产业及专利层面介绍商业航天装备制造产业整体的发展进程，并对商业航天装备包括的卫星技术、火箭技术、飞船技术、探测器技术以及地面设备技术的商业化进程进行梳理，对各个技术分支开展专利与产业、技术的关联性分析，结合产业发展现状及专利分析得出相应的结论，进而提出我国发展商业航天不同技术的针对性建议。

3.1 整体商业化发展进程

不同国家或地区对商业航天概念定义略有不同，但总体来看，商业航天是指采用市场化手段、运用市场机制或按市场规律开展的航天活动，涵盖运载火箭生产与发射、卫星研发与运营、地面设备制造与服务、新兴航天活动等诸多领域。商业航天除了具有传统航天高风险、高投入、高技术的特点外，还具有经济性、市场驱动性及约束性特点。

3.1.1 产业分析

2018年，全球航天产业经济规模达到4147.5亿美元，同比增长8.1%继续保持快速增长态势。2009~2018年，全球航天产业经济规模稳步提升，从2382.5亿美元稳步增长至4147.5亿美元，复合增长率达6.3%，远高于全球经济增速。❶ 图3-1-1为2009~2018年全球航天产业经济规模走势。

以2018年为例，政府航天投入总额为858.9亿美元，占航天产业经济规模的比重为20.7%；商业航天经济规模为3288.6亿美元，占航天产业的比重为79.3%。2009~2018年，商业航天经济规模持续增加，从1706.4亿美元逐步增长至3288.6亿美元，年均复合增长率为7.6%，高于航天产业经济增幅，体现了商业航天在整个航天产业中的重要性不断增加。❷ 图3-1-2为2009~2018年全球商业航天经济规模走势。

商业航天产业链上游和中游包括商业卫星制造及商业卫星发射服务，产业链下游则包括卫星广播与通信、卫星导航、商业遥感、地面设备。以2018年为例，前者占商

---

❶❷ 全球商业航天发展态势及对我国商业航天的启示 [EB/OL]. (2020-06-09) [2021-07-09]. https://pw9h8o.smartapps.cn/pages/index/webview?_swebfr=1&pcode=54687012798428&_swebFromHost=baiduboxapp.

业航天产业链的 2.06%，后者占商业航天产业链的 97.94%。2014~2018 年以来，上游和中游产业在商业航天中的占比基本稳定，维持在 2%~3.2%。图 3-1-3 为 2018 年全球商业航天产业链经济规模情况。❶

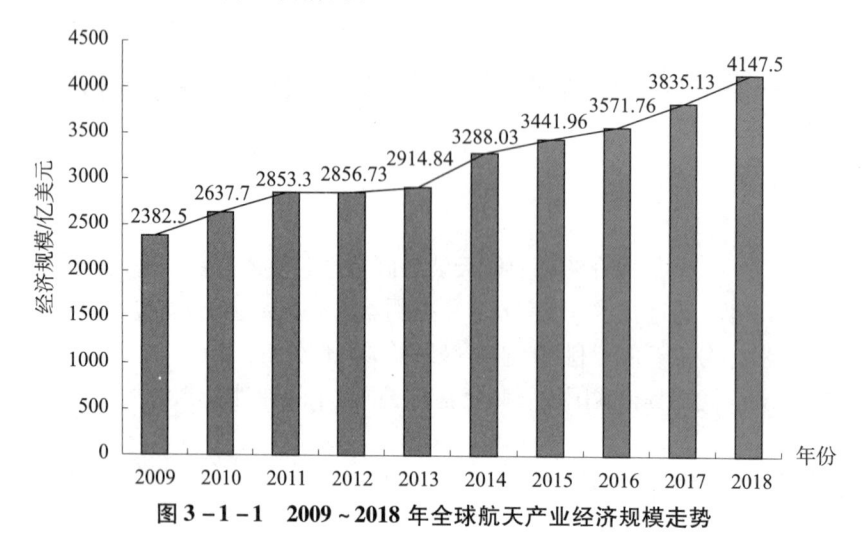

图 3-1-1 2009~2018 年全球航天产业经济规模走势

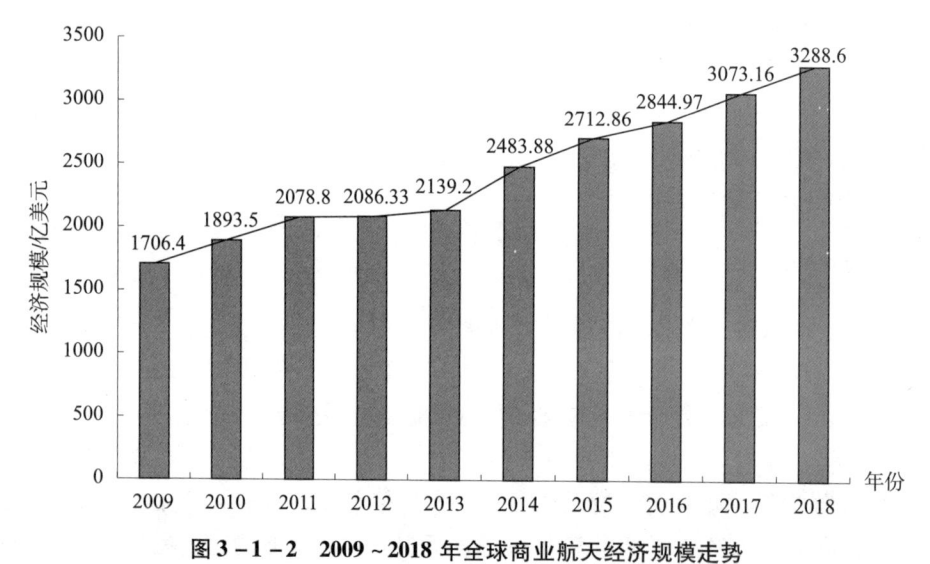

图 3-1-2 2009~2018 年全球商业航天经济规模走势

商业航天的发展历程，即私营力量投入航天研制进行商业化开发的进程，是在整个航天领域能力发展和经验积累的基础上进行的。在各个航天重大能力突破之后，在政策与市场的引导下，私营力量开始在航天领域不断尝试，并最终推动了商业航天产业的历史进程。

---

❶ 全球商业航天发展态势及对我国商业航天的启示 [EB/OL]. (2020-06-09) [2021-07-09]. https://pw9h8o.smartapps.cn/pages/index/webview?_swebfr=1&pcode=54687012798428&_swebFromHost=baiduboxapp.

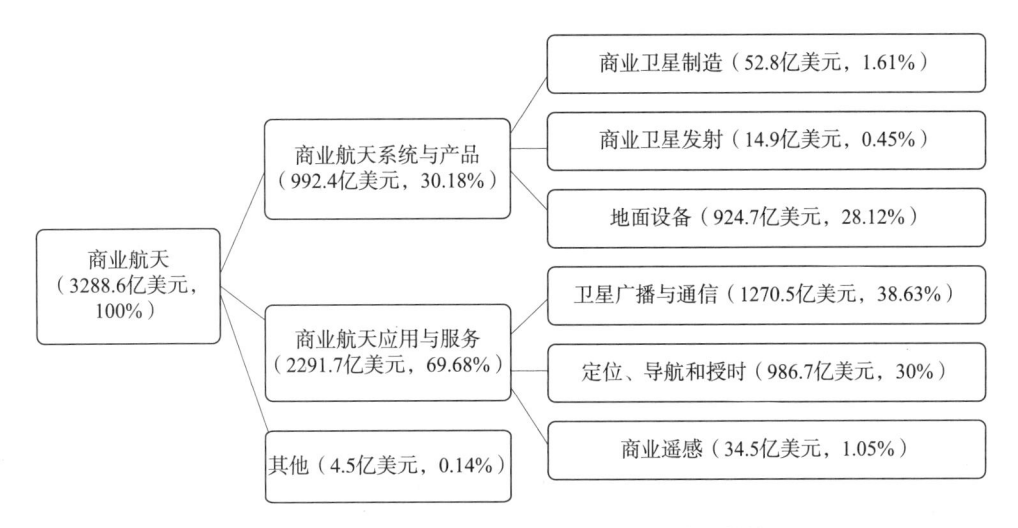

商业航天
(3288.6亿美元, 100%)
├─ 商业航天系统与产品(992.4亿美元, 30.18%)
│   ├─ 商业卫星制造(52.8亿美元, 1.61%)
│   ├─ 商业卫星发射(14.9亿美元, 0.45%)
│   └─ 地面设备(924.7亿美元, 28.12%)
├─ 商业航天应用与服务(2291.7亿美元, 69.68%)
│   ├─ 卫星广播与通信(1270.5亿美元, 38.63%)
│   ├─ 定位、导航和授时(986.7亿美元, 30%)
│   └─ 商业遥感(34.5亿美元, 1.05%)
└─ 其他(4.5亿美元, 0.14%)

图 3-1-3　2018 年全球商业航天产业链经济规模情况

1961 年 12 月，业余卫星通信公司（AMSAI）的 OSCAR1 微小通信卫星搭载雷神火箭飞入太空，实现了第一枚业余卫星发射。1962 年 8 月，美国肯尼迪政府发布《通信卫星法案》（Communication Satellite Act）。该法案打开了通信卫星私营的大门，尽管发射仍需采用国有运载火箭，但商业财团拥有和经营自己的卫星不再受限，法案的提出激活了商业通信领域活力，为通信卫星领域的长足发展提供了政策保障。同一时期，随着阿波罗登月计划的推出，对于人类太空看起来不再遥远，一批私营企业家提出了各自的太空旅游计划，其中最为知名的是希尔顿酒店掌门人巴伦·希尔顿（Barron Hilton）提出的建立太空酒店和月球希尔顿酒店的大胆计划。

在此后的 20 世纪 70 年代，商业航天有了很多大胆的尝试，私人力量开始在亚轨道、轨道、商业开发领域放开手脚。一些专业人士走出体制，从国家级任务中转身成为早期专业的商业航天创业者，这时期私营的开发逐渐退去"业余"，开始走向专业化发展道路。这一时期，航天政策同样有了利于商业航天发展的明确倾向，卡特政府发布民用和下一步国家航天政策，确立了 10 年民用航天行动准则，明确提出鼓励私营部门投资遥感系统，鼓励技术转让，提出注重航天的服务功能，私营开始有了明确的官方准入。1975 年德国航天工程师 Lutz Kayser 创立了 Otrag 项目，是世界最早的纯私人火箭开发项目。

1984 年 10 月，里根政府发布《商业航天发射法案》（Commercial Space Launch Act），成立商业航天运输办公室（Office of Commercial Space Transportation），专门用于商业航天管理，并于 1989 年 3 月 29 日完成第一次商业航天运输办公室授权发射，将 Starfire 送入太空。同一时期，商业太空舱先行者 SpaceHab 成立，由私人资金支持开发航天飞船货运舱，并在 1990 年获得 NASA 合约，其为和平号空间站及国际空间站进行过服务。轨道科学公司（Orbital Sciences Corporation，OSC）也在这一时期成立，其由 3 位哈佛商学院同学一同建立，自成立后 OSC 一路披荆斩棘，实现众多突破，成为世界航天发展的重要力量。

20世纪90年代是私人航天力量异常活跃的时代，随着一系列向低地球轨道投送卫星星座项目的上线，在巨大需求的推动下，一批创业企业纷纷成立。与此同时，随着苏联的解体，国际航天竞争对抗态势格局改变，国际航天资源政治色彩弱化，开始在私营资本的推动下有共享的探索。在这段时期，由轨道科学公司和赫尔克里士宇航公司（Hercules Aerospace Co.）共同开发研制的飞马座（Pegasus）运载火箭搭载小飞马座Pegsat卫星成功发射。美国亿万富豪安德鲁·比尔（Andrew Beal）成立比尔宇宙（Beal Aerospace），平民宇宙公司（Civilian Astronaut Corps）发起众筹，英国萨里大学组建萨里卫星技术公司（Surrey Space Technology Limited）等。但在这一时期，许多企业由于资金原因而最终破产消失。

商业航天开始真正被世人关注开始于2000年，在这一时期，小布什政府对于商业航天细分领域提出多项针对性鼓励政策，颁布商业遥感政策、航天探索新构想、航天运输政策、国家航天政策等，确立政府部门最大限度使用商业航天服务，鼓励商业航天竞争。2004年11月小布什签署《2004年航天商业发射法案》（*Commercial Space Launch Amendments Act of 2004*），第一次提出"学习期"概念，通过FAA向私营航天创业者开辟单独保护期，保护私营力量健康发展。2010年，奥巴马政府在《美国法典》中新增第51卷"国家与商业太空项目"，将商业航天立法推向高潮。2015年推出《2015年关于促进私营航天竞争力、推进创业的法案》（*Space Act of 2015*）大幅放宽商业航天管制，对于商业航天发射引发的第三方损失，法案约定政府补偿至2025年，大大降低私营企业风险，明确减轻监管对企业造成的负担。2015年推出《太空资源开采与利用法》更是赋予公民利用太空资源的合法权，突破了联合国《外空条约》约束，第一次赋予私人太空采矿合法权。2000年6月，丹尼斯·蒂托搭乘联盟－TM32号进入国际空间站，完成了8天的私人太空旅游，成为第一个太空游客，自此也开创了一个新领域——太空旅游。

3.1.2 全球专利态势

本小节以检索到的航天装备的全部专利申请为研究对象，对航天装备相关技术在全球专利申请状况、技术来源地、主要市场分布、主要技术构成以及主要申请人进行宏观统计和定量分析，分析该领域整体态势的发展状况，为后续分析商业航天装备商业化特点提供依据。

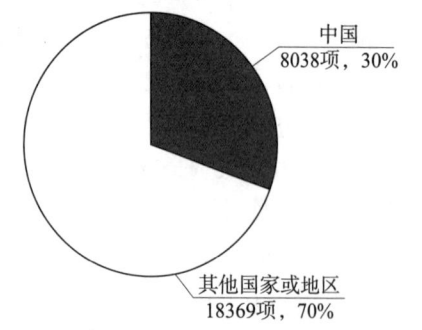

图3-1-4 航天装备全球专利申请量占比

中国 8038项，30%
其他国家或地区 18369项，70%

3.1.2.1 专利申请趋势

由图3-1-4可知，涉及航天装备的全球专利申请共计26407项，在中国的申请量为8038项，占比30%。对全球申请量趋势进行分析，航天装备发展过程可以分为以下几个阶段，参见图3-1-5。

1990年以前（图中未示），各国航天技术不成熟或者将其作为军事机密等原因，全球专利申请量增长比较缓慢。

1990~2008年，各国或地区加快发展航天活动，全球四大导航系统均在这一阶段建立，通信卫星、遥感卫星、导航卫星均有所发展，全球专利申请量稳步增长。

2009年开始，以美国为代表的多个国家开始开放航天市场，大量跨国公司、私营企业和风险投资商相继入市，抢占市场。2012年10月，SpaceX龙飞船将货物送到国际空间站，开启商业航天新时代。我国也从2012年开始陆续出台了相关指导意见和发展规划，明确鼓励民间资本和社会力量参与航天事业。在传统航天的基础上，开展了以市场为导向的航天装备技术创新研发，商用卫星应用的广度和深度也在飞速扩展，申请量进入快速增长阶段，全球航天装备呈现高速蓬勃发展。

全球航天申请量整体呈现增长的过程有过两次明显的下跌时段，分别是2004~2005年和2015年，探究其原因，与航天产业发展的风险有密切关联。航天一直都是高技术、高投入、高风险的事业，2003年2月1日，美国"哥伦比亚"号航天飞机在得克萨斯州北部上空解体坠毁，7名宇航员全部遇难。此后2年美国专利申请量连续下跌，对全球专利申请量也产生了影响。2014年10月29日，美国轨道科学公司的"安塔瑞斯"火箭搭载"天鹅座"飞船发射升空后约6秒发生爆炸，船箭尽毁并严重破坏了地面发射设施。2014年11月1日，英国维珍银河公司的白骑士太空船商业载人亚轨道飞船在美国试飞时出现异常，导致2名飞行员一死一伤。2015年6月28日，美国太空探索技术公司的猎鹰9火箭在执行国际空间站货运补给任务时发射失败。连续的风险事故使航天的发展进一步受到外界质疑，专利申请量也出现下滑和波动。

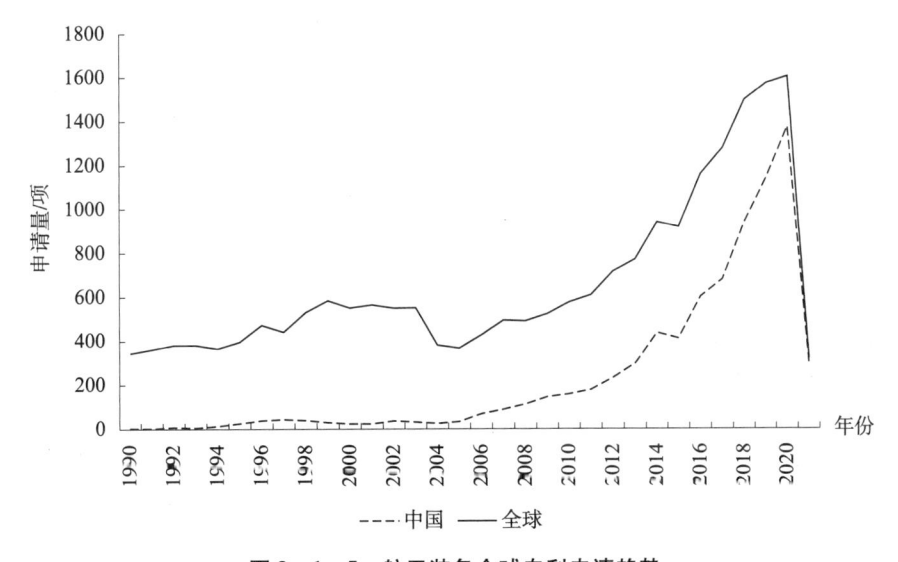

图3-1-5 航天装备全球专利申请趋势

进一步对近几年全球商业航天申请量趋势进行分析。如图3-1-6所示，在2005年以前，处于技术萌芽期，申请量较少。从2005年至2013年申请量稳步增长，从2014年开始，申请整体上呈快速增长趋势，尤其是2017年至2019年，商业航天的增长率明显加快。2015 年是商业航天发展的关键时期，这一时期在政策红利的鼓励和引导下，商业航天发展迎来"风口"，尤其是军民融合政策支持下，商业航天发挥民营效率优势，技术发展呈现爆发式增长。考虑 2020 年及 2021 年部分专利未公开，预期商业航天专利占比也将呈继续上升趋势。

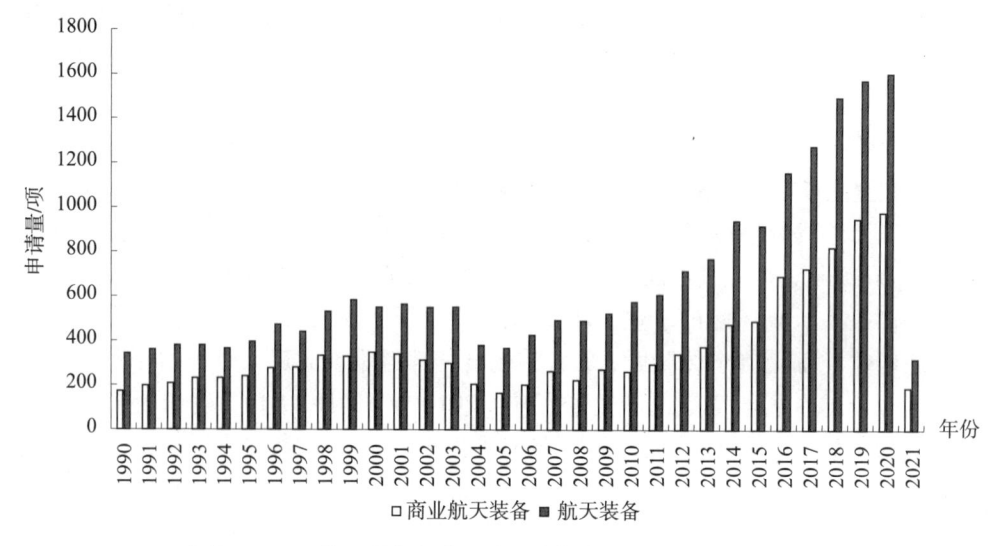

图 3-1-6 航天装备与商业航天装备专利全球专利申请趋势

对比航天装备与商业航天装备专利申请量，分析商业航天占比变化情况，2010 年商业航天装备占比为 45%，之后占比逐年升高，2019 年和 2020 年分别达到 60%、61%。可以看出，商业航天装备的发展在航天装备领域逐步占据主导地位，商业化发展是目前航天装备发展的重要方向。

3.1.2.2 技术来源地分布

对专利申请的来源国家或地区分布进行分析，如图 3-1-7 所示，美国和中国处于主导地位，俄罗斯、日本紧随其后，均占比 12%。技术来源分布与产业调查的结果一致，美国是行业巨头，俄罗斯是传统的航天大国，美俄均是航天装备的主要输出国。而欧洲注重航天一体化发展，德国、法国、英国合作开展航天装备研发。日本依托美国的支持和帮助，一直积极研发新技术。中国申请量虽然多，但是绝大部分是在 2010 年以后的专利申请，其他国家或地区，特别是美国呈现出长年积累、稳步增长的申请态势，由此可以从侧面反映中国与美国相比存在差距。

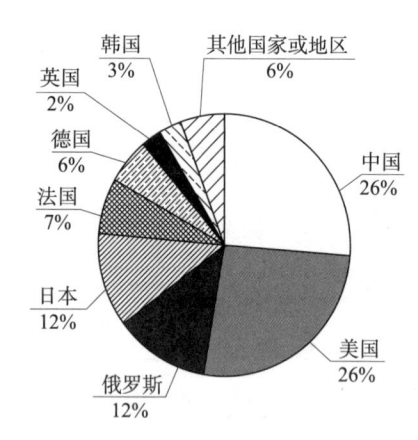

图 3-1-7 航天装备全球技术来源国家或地区分布

3.1.2.3 主要目标市场区域分布

纵观全球航天市场，美国以 9122 项专利居于首位，中国紧随其后，达到 8038 项。

日本位列第三，专利公开量达到了5646项，欧洲、俄罗斯、德国紧随其后，均达到3000项以上。如图3-1-8所示。

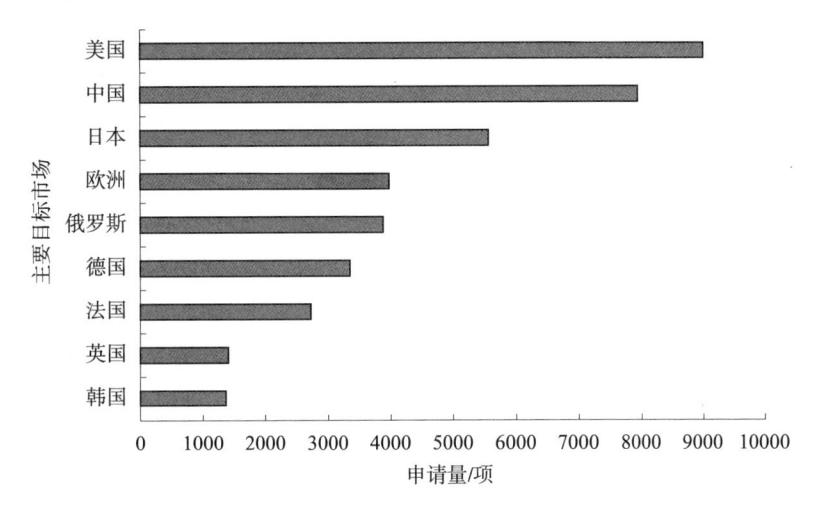

图3-1-8 航天装备全球专利申请主要目标市场区域分布

排名前五位的国家或地区，除了日本，其余四位均拥有自己的全球卫星导航系统，分别是美国的GPS、中国的北斗卫星导航系统、俄罗斯的格洛纳斯和欧洲的伽利略。随着商业卫星应用的扩大，各方均充分认识到商业航天的巨大应用价值，主要目标市场申请国家或地区的商业航天市场竞争越来越激烈。

3.1.2.4 技术构成

对全球航天装备分布进行分析，如图3-1-9所示，运载火箭和卫星空间系统构成了申请的主体，占到了申请量的75%，其中运载火箭占比最高，达到44%。申请量排在第三位的技术分支是飞船及空间站，占比15%，其专利申请处于稳步增长阶段。地面设备申请量排在第四，占比8%。深空探测器技术复杂，研发投入大，多为国家主导项目，目前商业化程度不高。进一步分析各分支变化趋势，如图3-1-10所示，2007年以前，运载火箭与卫星空间系统的专利申请量交替上升。2007～2014年这一阶段，多家美国商业航天企业在政府政策、资金和技术的支持下，突破火箭关键技术，研制多个商业火箭型号，实现成功发射，带动了全球火箭技术的发展。卫星空间系统在这一阶段也呈现高速发展态势，但专利申请量一直低于运载火箭。

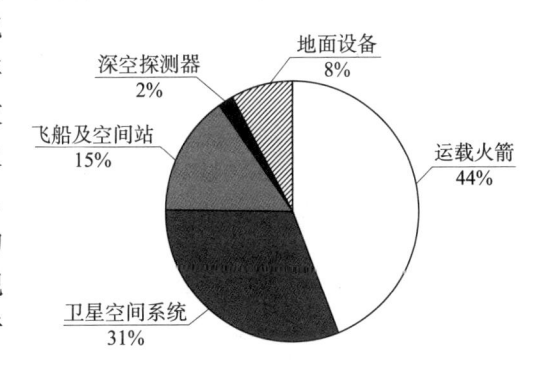

图3-1-9 航天装备各技术专利申请占比

3.1.2.5 主要申请人

如图3-1-11所示，排名前十位的申请人中6位来自中国，其中包含3所高校，分别是北京航空航天大学、西北工业大学和哈尔滨工业大学，均是国防及航空航天领域优势院校，1家科研院所上海卫星工程研究所。其余两位一家是我国航天领域的龙头中国航空科技集团有限公司（以下简称"中国航天"），另一家是民营航天公司蓝箭航天。日本占据2席，分别是三菱和日本电气，排名分别是第一位和第四位，由此可见日本在航天领域投入的研发力度很大。排在第五位的是美国波音公司，在全球前十的申请人中美国仅占据1席，主要是因为其技术领先其他国家或地区，其目前还是以国家机密或商业秘密的方式对技术进行封锁。

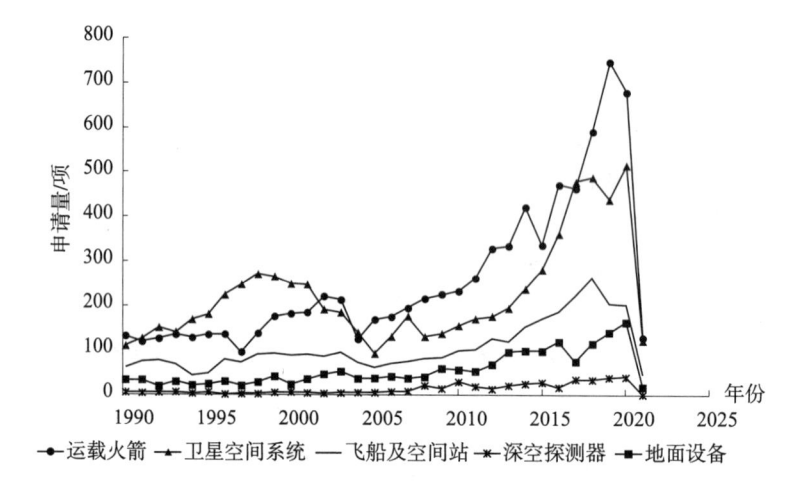

图3-1-10 航天装备各技术分支专利申请趋势

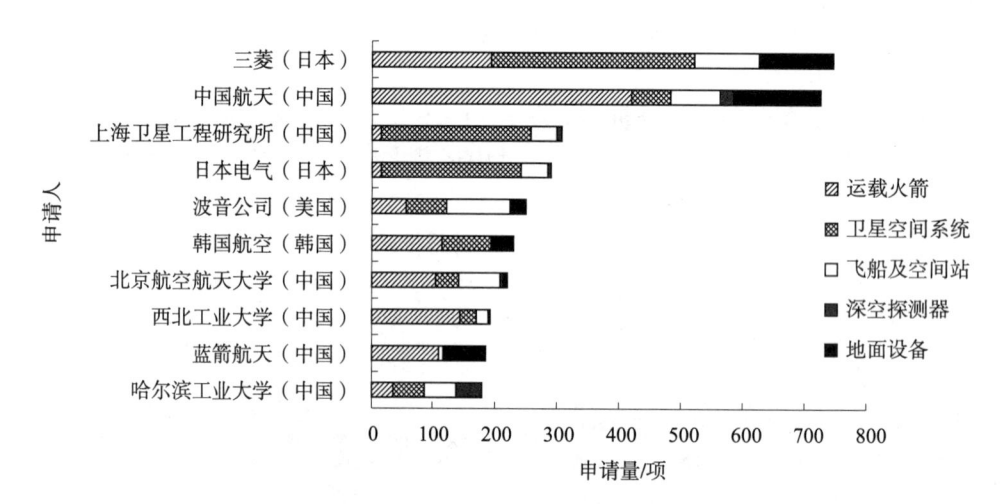

图3-1-11 航天装备全球主要专利申请人

进一步分析各主要申请人的申请领域，日本三菱、中国航天、美国波音公司三家企业在各个领域均有所涉猎，技术研发覆盖的领域较广。北京航空航天大学和哈尔滨工业大学的研究领域也基本覆盖了全部一级技术分支。相比来看，西北工业大学在运载火箭领域研究更多，属于其重点研究方向。上海卫星工程研究所和日本电气两位申请人主要研究领域是卫星空间系统。蓝箭航天是从事火箭研制和运营的民营企业，因此其专利申请主要与运载火箭和地面发射设备相关。

全球主要专利申请人中的 6 家企业中除了蓝箭航天是新兴商业航天企业，其余 5 家中有 3 家均是本国内的领域巨头，日本的三菱也是重工业起家，说明航天产业与航空产业、重工业、汽车等产业联系紧密，技术上存在关联。国内申请人在技术研发或是制造生产方面可以考虑相互合作、整合资源，实现快速发展。

3.1.3 全球与中国专利态势对比

本小节以检索到的商业航天装备的全部专利申请为研究对象，对商业航天装备相关技术在全球及中国的专利申请状况、技术来源地、主要目标市场区域分布、主要技术构成以及主要申请人进行宏观统计和分析比对，从而得到该领域全球及中国专利态势的整体状况，并且分析全球商业航天装备在航天装备中的占比情况，得到该领域商业化发展的整体态势状况，为后续进一步分析商业航天装备商业化情况提供支撑。

3.1.3.1 专利申请趋势

涉及商业航天装备的全球专利申请共计 14467 项，占航天装备申请总量的 54.78%，由图 3-1-12 可知，中国的商业航天装备申请量为 4689 项，占比 32%。

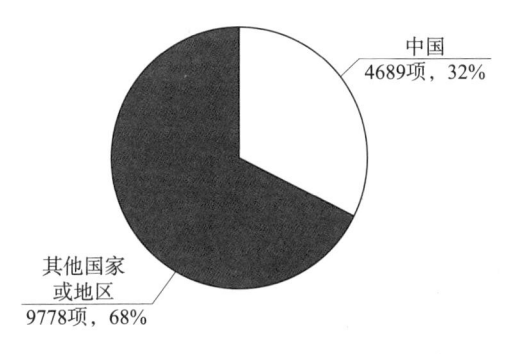

图 3-1-12 商业航天装备全球专利申请占比

结合图 3-1-13 对商业航天全球申请量趋势进行分析，其与航天技术的申请量变化情况基本一致。1990 年以前专利申请量增长缓慢（未显示）；1990~2008 年稳步增长，伴随着航天装备的发展，商业航天也同步快速发展；2008 年以后商业航天进入快速增长阶段，各国或地区相继出台相关政策，引导航天向市场化发展，技术得到了快速的发展。

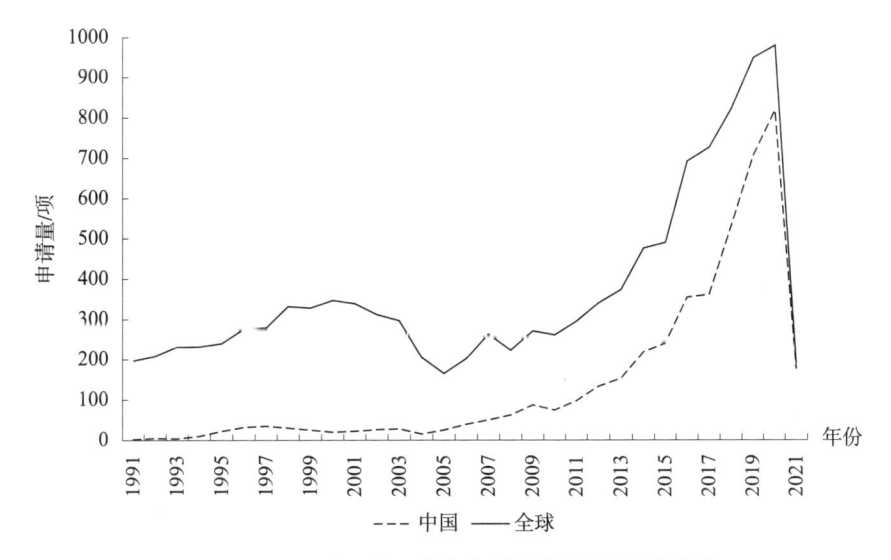

图 3-1-13 商业航天装备全球及中国专利申请趋势

3.1.3.2 技术来源地及主要目标市场区域分布

对商业航天专利申请的来源国家或地区分布进行分析,如图3-1-14所示,来自美国的申请为4569项,占比32%;中国申请量3979项,占比28%。美国在商业航天技术方面优势明显。日本位列第三,占比13%,其次是法国、德国。俄罗斯虽然为传统航天强国,主要市场份额由火箭发射服务贡献,但其在商业航天技术发展上并未继续凸显其优势地位,一方面与其在国际上一直被排除在市场之外有一定关系,另一方面与SpaceX等一系列成本火箭发射服务商的兴起抢占了其主要市场也有一定关系。

如图3-1-15所示,纵观全球商业航天专利市场布局,美国以6089项专利申请居于首位,中国以4689项位列第二。日本位列第三,专利量达到了3751项,欧洲、德国、法国紧随其后,均达到1000项以上。对比中国与美国技术来源地与主要目标市场区域布局情况可以看出,相比我国美国在商业航天领域要更为活跃,这与中国的商业航天产业发展晚较晚,且市场开放程度较低有关。

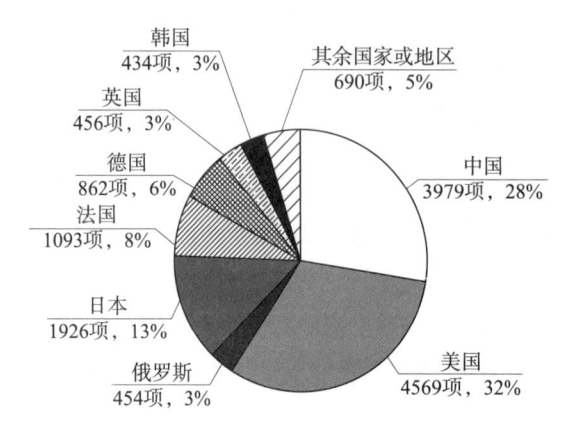

图3-1-14 商业航天装备专利申请全球技术来源国家或地区分布

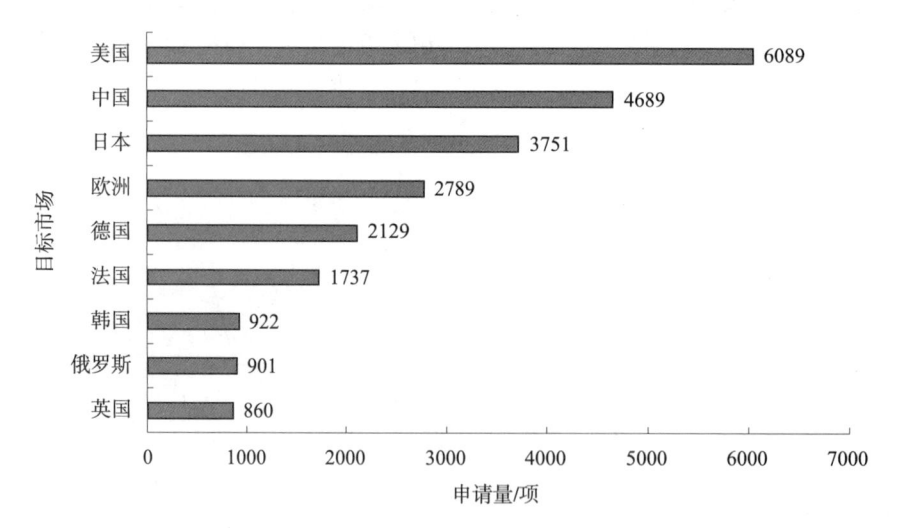

图3-1-15 商业航天装备全球专利申请主要目标市场区域分布

图3-1-16表示商业航天装备中国专利申请主要技术来源地分布情况。分析中国、美国、法国、德国、日本、英国、韩国、俄罗斯这几个国家的商业航天装备在中国的申请分布情况,可以看出,商业航天中国专利申请以国内申请为主,占比达

82.94%，美国占 9.74%，法国占 3.53%，德国占 1.59%，日本占 1.51%，英国占 0.48%，韩国占 0.17%。

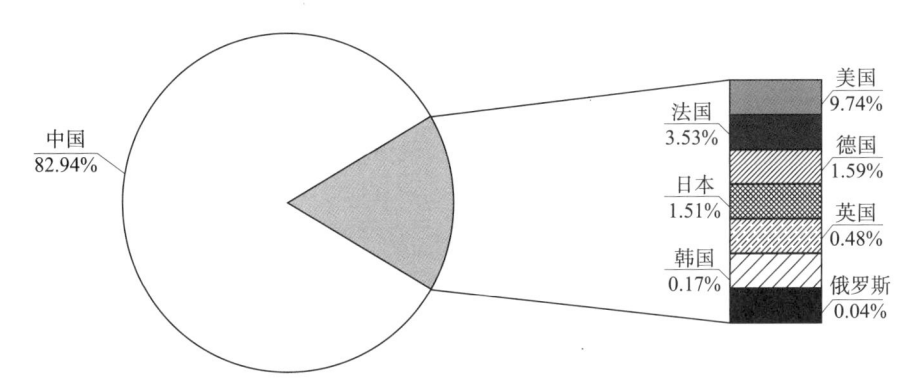

图 3-1-16 商业航天装备中国专利申请主要技术来源地分布

3.1.3.3 技术构成

结合图 3-1-17 对全球商业航天技术分布进行分析，运载火箭和卫星空间系统的申请占比较大，占到了申请量的 83%，其中卫星空间系统申请量超过运载火箭，占比最高，达到 47%。2007～2014 年这一阶段，多家美国商业航天企业在政府政策、资金和技术的支持下，突破火箭关键技术，研制多个商业火箭型号，实现成功发射，带动了全球火箭技术的发展，卫星空间系统在这一阶段也呈现高速发展态势，商业化应用通信、导航、遥感带动卫星快速发展。地面设备申请占到 12%，飞船及空间站和深空探测器的专利申请量及占比较低，说明其商业化程度还比较低，目前处于一个商业化起步阶段。对中国商业航天技术构成进行分析，可以看出中国在商业航天运载火箭领域和卫星空间系统领域占比较高，分别占比 39% 和 34%。

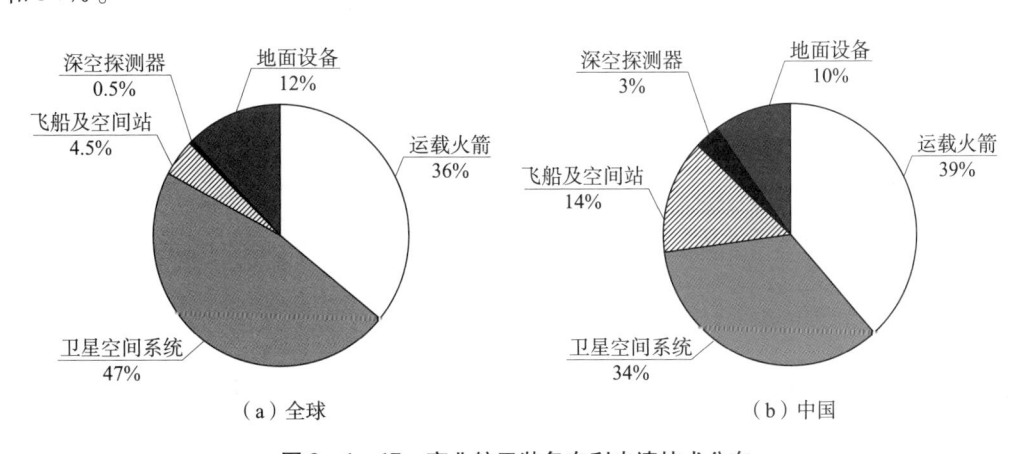

图 3-1-17 商业航天装备专利申请技术分布
（a）全球　（b）中国

进一步分析各技术分支申请趋势变化，如图 3-1-18 所示，从全球看，卫星空间系统专利申请量一直高于运载火箭，2010 年以后，卫星空间系统和运载火箭的专利申请量都呈现快速增长态势，说明是卫星空间系统领域和运载火箭领域为商业航天的热点和重点技术。其中卫星空间系统因为其技术相对成熟，商业化程度最高，市场竞争最为激烈。地面设备大部分沿用的是已有设备，并且多为政府主导研发及建设。运载火箭商业化逐步凸显，正处于快速发展阶段。飞船及空间站以及深空探测器多为国家主导，商业化程度低，目前国内民营航天暂无相关实践。中国方面，运载火箭与卫星空间系统领域呈现爆发式增长趋势。2015年运载火箭领域申请出现小幅的下落，这与当时航天领域出现几次事故有一定关系。

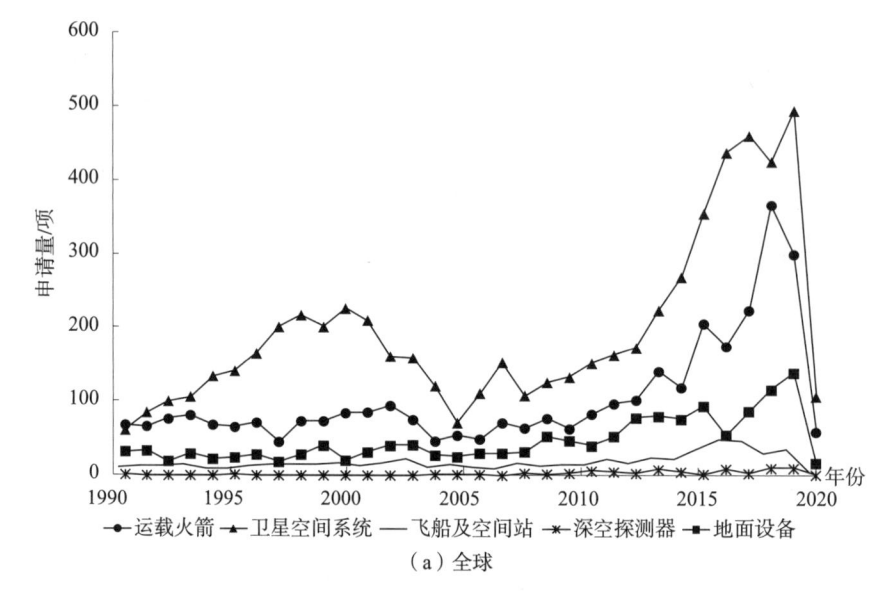

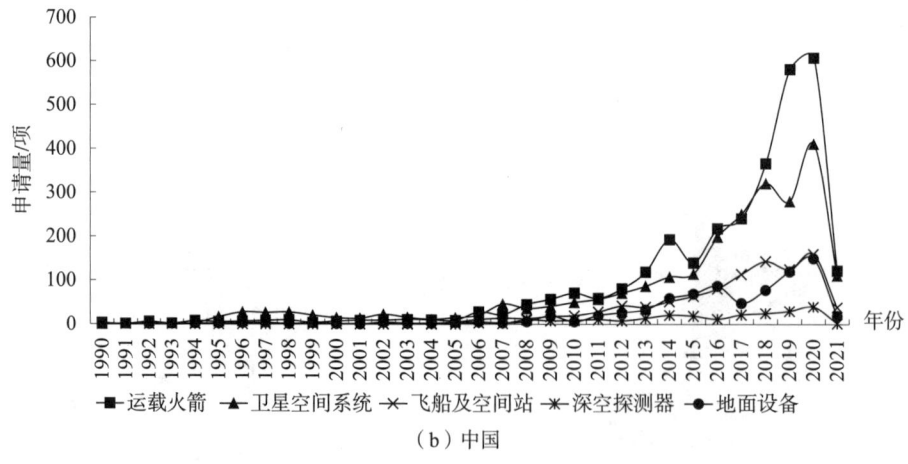

图 3-1-18 商业航天装备全球和中国各技术分支申请趋势

如图 3-1-19 所示，对比全球各技术分支商业航天装备占比情况，可以看出，地面设备和卫星空间系统的商业占比最高，分别为 83% 和 73%。其中地面设备大部分沿用的是已有设备，技术通用性强，大部分设备可以直接用于商业化，所以商业占比也最高。卫星空间系统属于最早开展商业化的技术领域，商业化程度也相对较高。运载火箭商业占比为45%，其技术相对卫星空间系统及地面设备技术门槛更高，新兴创新主体需要长期进行技术的积累，正处于快速发展阶段。而飞船及空间站以及深空探测器多为国家主导，以科学研究探索为主，商业化程度低。民营航天暂无相关实践，其商业占比仅为15%左右。

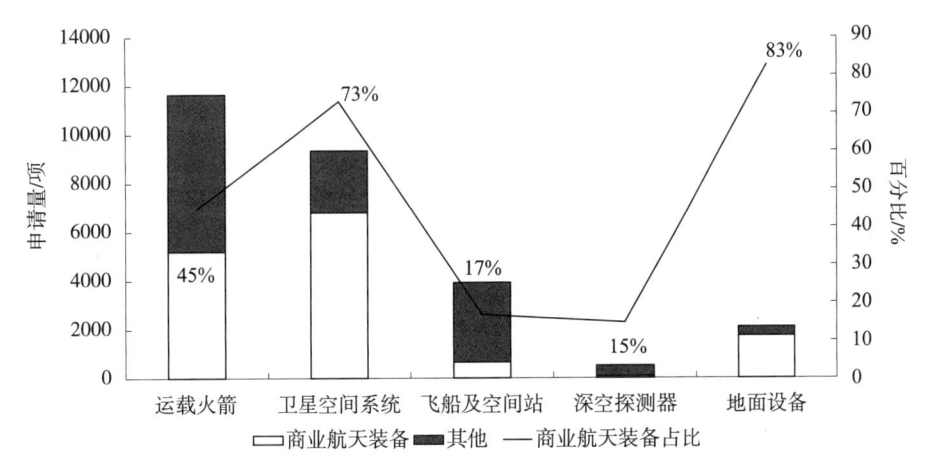

图3-1-19 商业航天装备全球各技术分支商业占比

根据商业航天装备各个技术分支的商业化程度的不同，我国商业航天企业在涉足不同领域时也可以考虑采用不同的专利策略进行保护。

3.1.3.4 主要申请人

如图3-1-20所示，从全球来看，商业航天装备排名前十位的申请人中的3位来自日本，分别是三菱、日本电气和日产；3位来自美国，分别是休斯电子、波音公司和天合汽车；4位来自中国，分别是上海卫星工程研究所、中国航天、蓝箭航天和星际荣耀；另外一家是法国的赛峰集团。虽然日本整体专利数据排名第三，但是其在前十位申请人占有3席，其技术相对集中，头部企业效应明显。

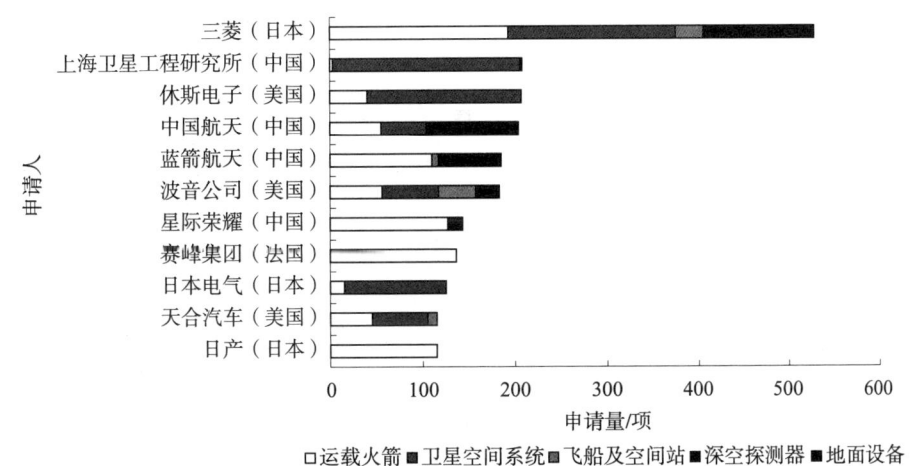

图3-1-20 商业航天装备全球主要专利申请人专利申请排名

全球商业航天主要申请人以企业为主，10 位申请人中有 9 家是企业，只有 1 家是科研院所，因为企业是市场的主体，只有将技术转化为产品，才能真正推动商业航天快速发展。其中，日本的日产和美国的天合汽车均是汽车企业出身，它们的申请领域主要涉及运载火箭和深空探测器，可以看出航天装备在某些领域存在较强的关联性。分析主要申请人在各个技术分支的申请情况，国外申请人大多数会在多个领域发展，国内申请人较为集中的研究某一技术领域。

图 3-1-21 显示了国内申请人专利申请地区分布情况，可以看出中国商业航天领域申请量区域较为集中，主要集中在北京、上海和陕西，一方面与这些区域为我国航天装备领域的主要研发区域有关，另一方面表明高校院所较为集中在这些区域，为商业航天的发展提供了人才支撑。

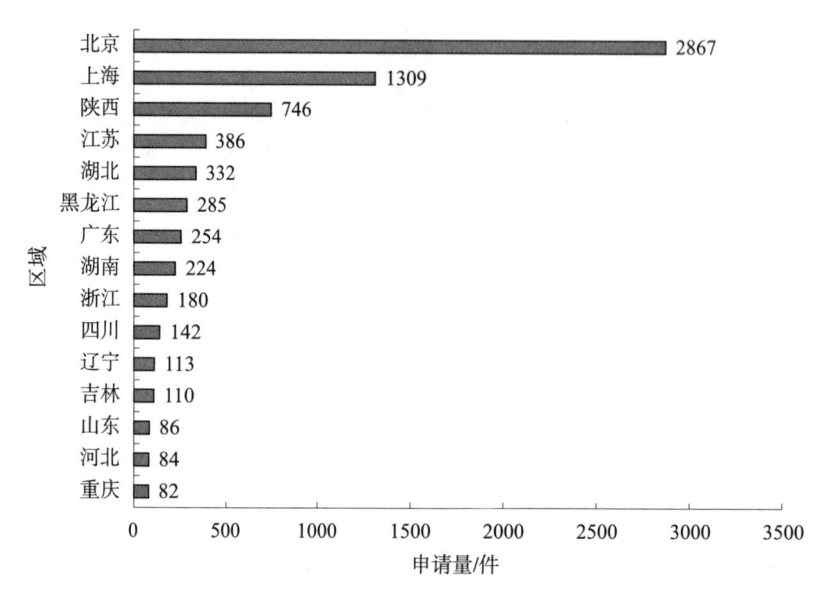

区域	申请量/件
北京	2867
上海	1309
陕西	746
江苏	386
湖北	332
黑龙江	285
广东	254
湖南	224
浙江	180
四川	142
辽宁	113
吉林	110
山东	86
河北	84
重庆	82

图 3-1-21 商业航天装备中国专利申请量区域分布

3.1.4 小 结

航天装备领域发展初期以国家军工、国家安全属性突出，航天装备技术掌握在国家为主导的企业及研究院所，依赖政策引导。2003 年美国"哥伦比亚"号航天飞机以及 2014 年与 2015 年的风险事故，对航天领域技术的发展产生明显的影响。

目前航天装备技术发展整体进入快速发展期，其增长率逐年提升，尤其以卫星空间系统和运载火箭领域两个领域最为突出。全球主要申请人中，美国和日本的商业航天主体均为民营企业，中国以国企和研究院所为主；日本虽然在申请量上整体不占据优势，但是其主要创新主体三菱和日本电气的申请量排名全球的第一和第四，说明其在航天装备领域已经逐渐向全球第一梯队靠拢，且其主要申请人为具有商业化的成熟综合性企业，因此其在商业航天装备领域的发展值得我们重点关注。

全球商业航天装备占比逐年提高，近几年达到 60% 以上，说明商业航天装备在航天装备领域已经逐渐占据主导地位。各技术分支领域中，卫星空间系统和地面设备商业占比较大，卫星空间系统以最早开展商业化以及技术更加通用为优势；运载火箭因其技术门槛较高，且前期主要以国家为主导，商业占比略低于50%，但近几年随着航天领域商业化发展加速，运载火箭作为进入太空最主要的运载工具，呈现快速的发展。我国商业航天装备以运载火箭和卫星空间系统发展最为突出，运载火箭占比较高，这与我国在航天领域火箭一直保持快速发展有一定的关系；我国商业航天领域技术主要聚集于北京、上海和陕西，该些区域聚焦了大量的高校和科研院所，为商业航天领域的发展提供技术、人才土壤；美国和欧洲持续关注我国专利布局情况，我国商业航天领域企业应高度重视。

更多的企业进入商业航天装备领域，比如中国的蓝箭航天、星际荣耀，美国的天合汽车，日本的日产，都表明商业航天装备的发展正逐步迈向新的发展阶段。

3.2 商业卫星技术商业化发展进程

商业航天在20世纪70年代开始萌芽，涵盖了五大方向，主要包括运载火箭、卫星、载人航天、深空探测以及空间站。卫星指在空间轨道上环绕地球运行的无人航天器，提供通信、导航、观测等多方面的服务，其可以按照应用领域、轨道、重量等分为不同的类型。本节将从卫星的产业现状、专利情况以及技术等角度对商业卫星商业化进程进行分析。

3.2.1 产业分析

本小节结合卫星相关的产业报告分析了卫星的商业化发展进程，包括卫星的产业结构以及美国、中国、俄罗斯三个不同国家的卫星数量及其功能占比。

3.2.1.1 商业卫星概况

卫星指在空间轨道上环绕地球运行的无人航天器，为经济社会各领域用户提供通信广播、导航定位授时、地球综合观测及其他产品与服务的天地一体化设施。卫星的分类方式较多，按照应用领域分类，主要分为通信卫星、导航卫星以及遥感卫星，其他还包括一些教育、科研用卫星等。也可以按照所处轨道、重量、应用领域进行分类，按照卫星的重量，可分为大卫星、中卫星、微小卫星等。

商业卫星是在多星组网、立方星、体积、重量、空间、成本等方面进行改进的卫星。商业卫星是通过向客户提供服务实现价值兑换和盈利，这就意味着来自卫星的服务不可避免的需要在价格、品质和用户体验三个维度和其他的解决方案进行竞争。比如在遥感领域，卫星遥感需要和飞机（包括无人机）在成像分辨率、数据获取成本、覆盖区域等一系列维度竞争。首先，商业卫星往往需要多星组网才能够提供持续稳定的服务，因此商业卫星在大多数时候都是以星座的形式出现。其次，随着微电子、微光机电和集成电路技术不断发展，卫星小型化趋势不断加速。微纳卫星性能快速提升，成为小卫星领域发展最为活跃的组成部分，尤其是50kg以下微纳卫星的发展高度活跃，成为航天技术创新和航天应用变革的重要突破点。对于同样的功能与性能而言，把卫星做的越小、集成度越高，则在成本控制上的优势越明显，技术难度也越大。2000年后，一种标准化、模块化的立方体卫星快速兴起，1U大小为10cm×10cm×10cm，根据需求可以多个组合形成3U、6U、12U甚至36U的大型立方星。立方体卫星因其标准化、模块化、低成本优势而广受高校与初创航天企业青睐。

作为通信、遥感、导航等卫星应用重要领域，卫星通信是率先实现商业化发展的领域，比如卫星电视直播、宽带卫星业务以及移动卫星业务。经过半个多世纪的快速发展，商业航天日渐繁荣。

3.2.1.2 全球卫星产业统计

卫星产业可以分为卫星服务业、卫星制造业、发射服务业和地面设备制造业四个部分。卫星服务业包括大众通信消费服务、卫星固定通信服务、卫星移动通信服务和对地观测服务。其中，大众通信消费服务包括卫星电视、卫星广播、卫星宽带业务；卫星固定通信服务包括转发器租赁协议、网络管理服务（包括机载服务）。卫星制造业包括卫星制造以及部组件和分系统制造，比如平台制造与有效载荷制造。发射服务业包括发射服务和运载火箭服务。地面设备制造业包括网络设备和大众消费设备。其中，网络设备主要包括信关站、网络运营中心（NOCs）、卫星新闻采集系统（SNG）、甚小孔径终端（VSAT）；大众消费设备主要包括卫星电视天线、卫星无线电设备、卫星宽带天线、卫星电话和移动卫星终端、卫星导航单机硬件等。其中消费设备比如卫星电视、宽带、无线电与移动通信终端等也是卫星应用的重要方面，运营服务主要有遥感业务、航天飞行管理、卫星移动服务、以及消费服务如卫星电视、卫星宽带和卫星音频广播。

通过对美国卫星产业协会十年的卫星产业报告相关数据的统计，分别从在轨运行卫星数量、全球卫星产业收入、卫星产业各分支收入等方面进行分析。如图3-2-1所示，近十年在轨活跃卫星数量从2010年的953颗增长到2019年的2460颗，增长近3倍。

图3-2-1 在轨活跃卫星数量

图3-2-2为近十年全球航天产业与全球卫星产业收入，以每年百亿美元速度稳步上升。

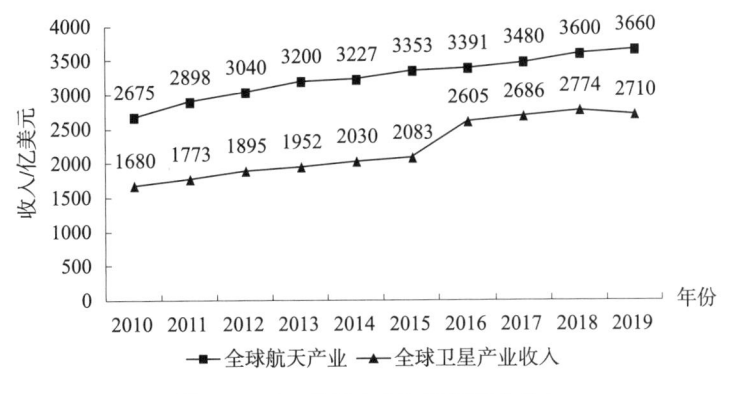

图 3-2-2 航天产业和卫星产业收入

图 3-2-3 是全球卫星产业收入在全球航天产业中的占比。2015 年之前，占比在 60% 左右，2016 开始，占比将近 80%，可见卫星产业占据了大半江山。

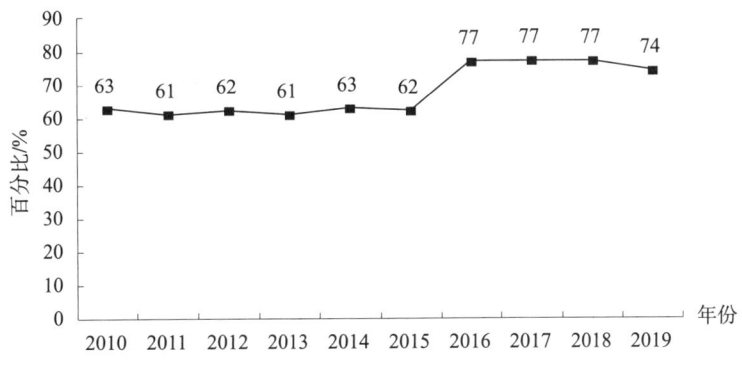

图 3-2-3 卫星产业收入在航天产业收入的占比

综合图 3-2-4 和图 3-2-5 可以看出，卫星服务业一直是卫星产业的主要收入来源。其中的大众消费业务如卫星电视、卫星广播、卫星宽带等业务均发展的相当成熟，再加之与大众生活息息相关，因此成为整个卫星产业的主要驱动力。发射服务业和卫星制造业更偏重基础设施构建，更多在于对卫星产业硬件设施的维护与服务。此外，随着地面设备制造业的崛起，其在整个卫星产业中所占比重将近 50%，这也与卫星通信、卫星电视等大众消费类设备的生产密不可分。

3.2.1.3 全球各国或地区卫星产业发展

据 UCS 卫星数据库统计，截至 2021 年 5 月 1 日，美国在轨卫星数量为 2520 颗，中国 431 颗，俄罗斯 169 颗，其他国家或地区共 980 颗。图 3-2-6 展示了在轨卫星总量以及主要国家或地区在轨卫星数量。

从图 3-2-7 可以看出，按功能划分，目前在轨运行的 4084 颗卫星中，通信卫星数量占比 61%，对地观测卫星数量占比为 23%，导航/定位卫星数量占比为 4%，科学卫星占比为 3%，其他卫星占比为 9%。在 2493 颗通信卫星中，美国以 1836 颗占据绝对优势，我国仅有 55 颗通信卫星，在庞大的通信卫星中略显薄弱。

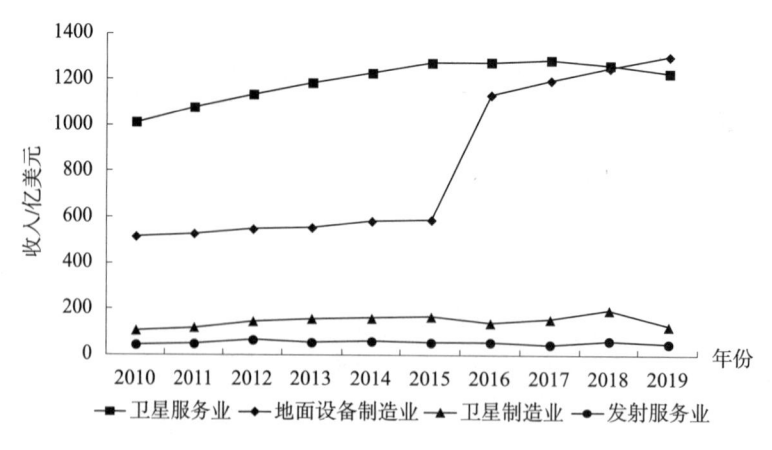

图 3-2-4 卫星产业各技术分支收入年度变化趋势

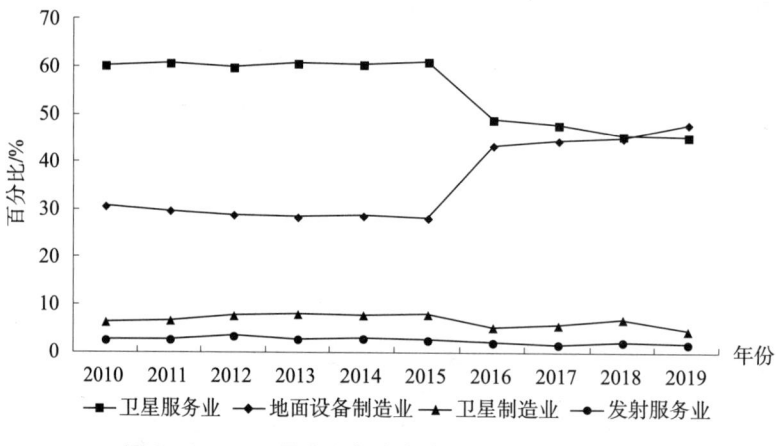

图 3-2-5 卫星产业各分支收入占比年度变化趋势

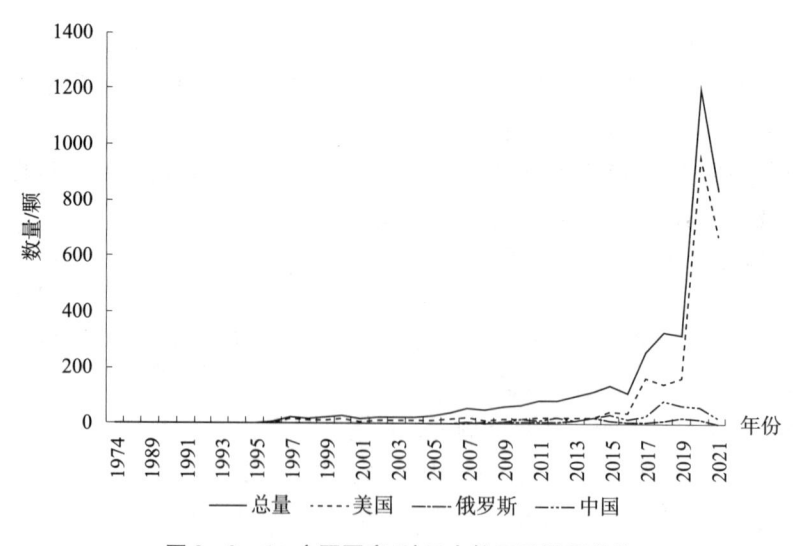

图 3-2-6 主要国家/地区在轨卫星数量趋势

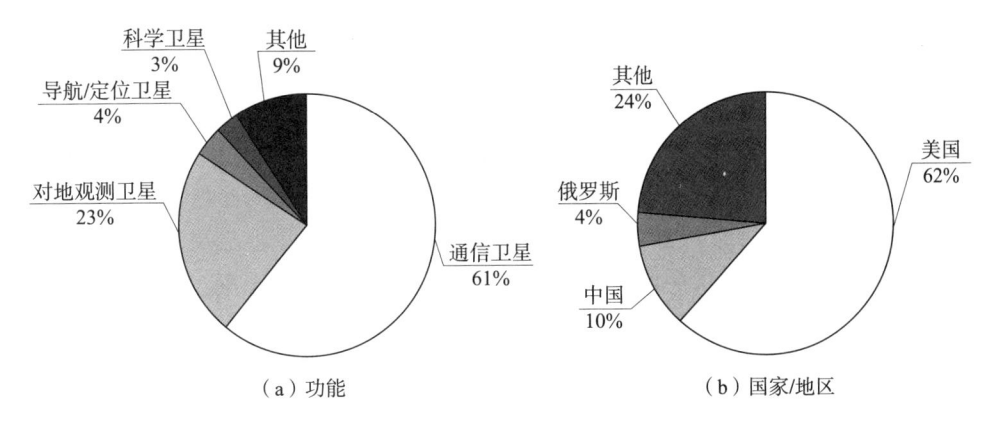

图 3-2-7 主要国家或地区拥有不同功能卫星数量占比

从图 3-2-8 可以看出，美国总卫星数量遥遥领先，然而在导航/定位类卫星中，中国以 49 颗的数量占总数的 32%，这也是我国所拥有的不同功能卫星中唯一一种超过美国的卫星种类，这与我国自 2000 年 10 月 31 日起大力发展北斗卫星导航系统密不可分。

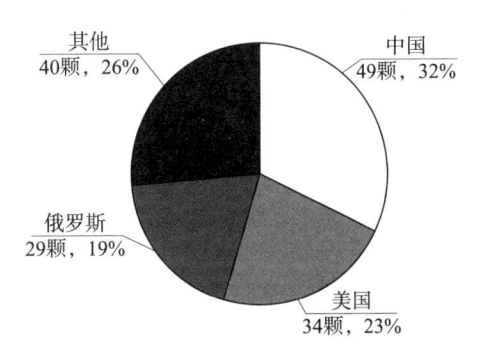

图 3-2-8 导航/定位卫星主要国家或地区占比

按不同轨道统计，发射和早期的轨道（LEO）占 3328 颗，中地球轨道（MEO）占 139 颗，Elliptical 占 57 颗，静止地球轨道（GEO）占 560 颗。此外，轨道资源也是各国或地区争相争取的重要太空资源，从美国的"Stalink"到我国正在酝酿的"GW"星网计划，都是想要占据更多的轨道资源。从图 3-2-9 中主要国家或地区占据的轨道资源来看，美国在各个轨道均有卫星分布，且 LEO 是其主要发展方向。我国的北斗卫星导航系统共有三种轨道的卫星组网，分别在 GEO 和 MEO 轨道中均有部署。此外，我国高度重视的"风云"系列气象卫星属于对地观测卫星，大多运行在 GEO。

(1) 美国

美国的 2520 颗卫星中，其中独立发射 2485 颗，与其他国家或地区合作发射 35 颗。如图 3-2-10 所示，在 2520 颗卫星中，通信卫星 1836 颗，对地观测卫星 455 颗，科学卫星 41 颗，导航/定位卫星 34 颗。通信卫星如此之多也跟美国由来已久的卫星产业发展有关，自1953年艾森豪威尔政府期间，美国就确立了在弹道导弹与卫星对比中优先发展卫星，确定军民双轨天战略。20世纪80年代美国推进陆地卫星的商业化，通过商业化运作减少政府投资，降低卫星的运营成本。遥感图像是商业化最初应用，1994年美国颁布商业遥感政策，1999年发射第一颗商用高分辨率遥感卫星伊科诺斯，推动了卫星遥感图片的发展。在"轨道革命"推动下，小卫星发展日渐活跃，主要集中与遥感和技术试验卫星领域，美国多家企业发展大规模商业小卫星星座。美国天空盒子成像公司计划部署由24颗微卫星组成的大规模商业星座系统，目前已有2颗天空卫星在轨。

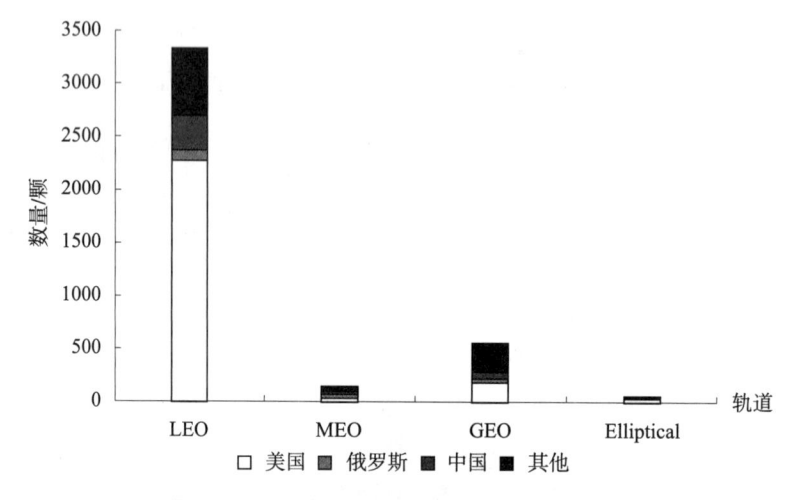

图3-2-9 主要国家或地区占据的轨道资源

图3-2-10 美国不同功能卫星数量

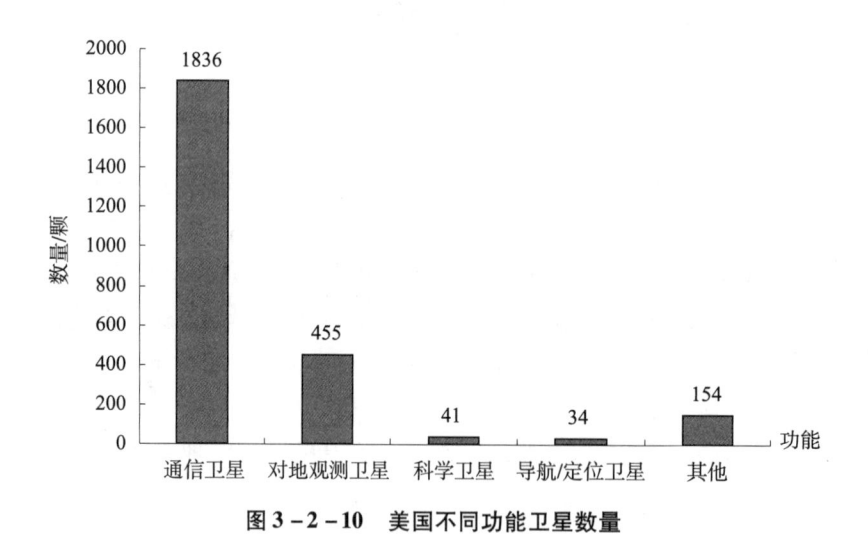

图3-2-11展示了目前美国在轨运行卫星所属不同轨道的情况。在2520颗卫星中，其中，LEO占据了2273颗，MEO占据了36颗，GEO占据183颗，Elliptical占据28颗。根据轨道占用情况可以看出，不同轨道资源的争取是宗旨，根据各类轨道可容

纳卫星数以及各卫星功能所需的轨道资源的不同，在 LEO 中部署卫星最多，运行在 LEO 的卫星可能也是应用最为广泛的一类。此外，美国还积极在争取提前申请争夺太空资源，如 SpaceX 的"Starlink"计划通过 12000 颗近地轨道卫星组成卫星星座向全球提供互联网服务，星座庞大的数量将占据巨大的轨道资源。

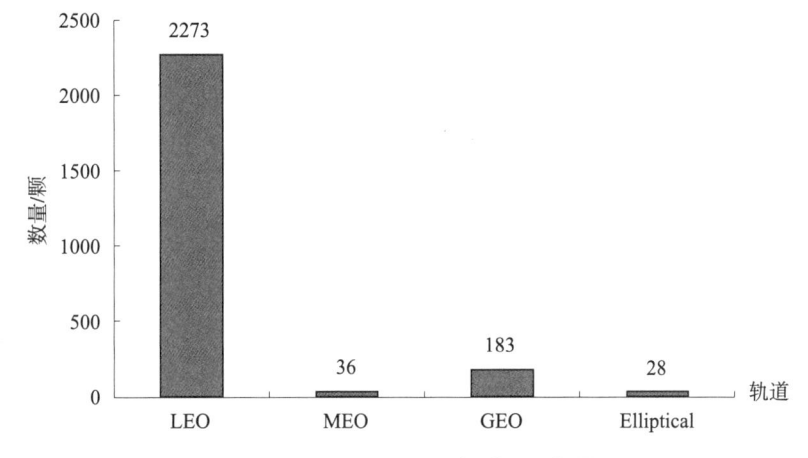

图 3-2-11 美国不同轨道卫星数量

美国商业航天产业繁荣，首先，美国商业航天有企业多、要素全、人才多和配套全等特点。尤其是近几年，美国初创航天企业数量增多，微型领域以应用为背景，一大批卫星制造、卫星应用企业异常活跃，尤其以微小卫星建设为突破造就了一批行业新领袖。天空盒子、行星实验室、尖顶公司等在遥感领域掀起一股热潮，OneWeb、O3b 等在通信卫星领域开辟了新模式，一批企业在带动下参与到了卫星研制与数据应用领域。其次，商业航天得以繁荣发展离不开齐全的要素，比如，在发动机等成熟技术支撑下，美国众多企业可以提供多种发动机选择，这也成为拉开发展差距的重要因素。美国多年的人才积累以及培养，塑造了一大批航天高级技术人才，成为商业航天繁荣的中流砥柱。最后，航天产品的研制并不足以推动产品应用，因此，通信服务、导航服务等一系列配套是航天产品商业化的前提。

（2）中国

中国的卫星事业起步于 1970 年，"东方红一号"卫星发射使我国成为第 5 个发射卫星的国家。1975 年，首颗返回式卫星发射成功并于 3 天后顺利返回，我国成为世界上第三个掌握卫星返回技术的国家。目前我国已经形成"箭、弹、星、船、器"的完整航天体系，在轨运行卫星达到了 431 颗。卫星导航、卫星通信、卫星遥感在多个领域广泛应用。

图 3-1-12 给出了中国不同功能的卫星数量，在 431 颗卫星中，通信卫星 55 颗，对地观测卫星 218 颗，科学卫星 22 颗，导航/定位卫星 49 颗，目前应用最成功的是对地观测卫星。2020 年是风云气象卫星事业 50 周年，我国高度重视和支持气象卫星，从"风云一号"到"风云四号"，气象卫星持续发展。"风云一号"突破寿命难关引发了国际关注；"风云二号"卫星数据也已经被世界多国接收，美国专门建

立"风云二号"接收系统;"风云三号"是极轨卫星,星载有效载荷数量、单机活动部件数量和气象卫星观测供均是第一,为北京奥运会提供了精细化的气象服务。此外,我国还制定了《"十一五"和2020年前我国气象卫星发展规划》,基于这个规划,"风云四号"首次获得彩色的卫星云图,并已经用于中央电视台的气象预报。

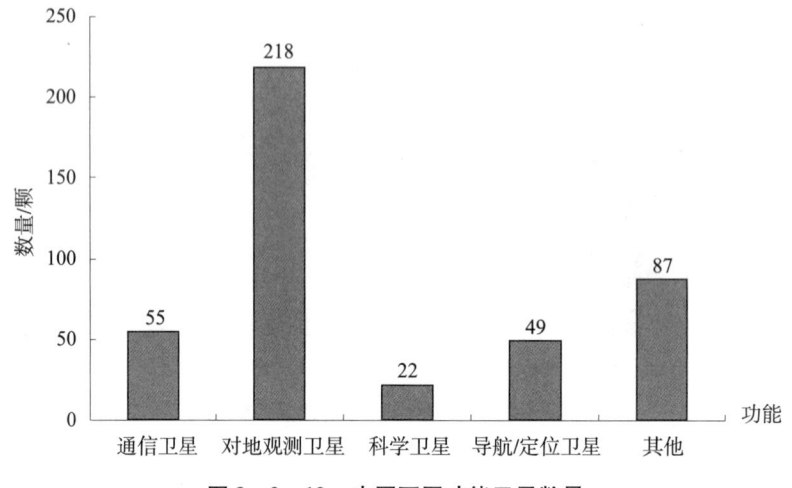

图 3-2-12　中国不同功能卫星数量

图 3-2-13 展示了中国目前在轨运行卫星所属不同轨道的情况。在 431 颗卫星中,其中 LEO 331 颗,MEO 29 颗,GEO 69 颗,Elliptical 2 颗。中国的卫星事业虽然起步晚于其他国家,但是在积极争取太空资源方面也付出了诸多努力,从用于导航的北斗卫星导航系统、用于气象的风云、用于窄带物联网的行云,以及尚在初步阶段的鸿雁和鸿云和刚刚提交国际电信联盟(ITU)的"GW"巨型星座计划,均显示出我国在争取轨道资源方面作出的努力,以及产业落地应用的成就。

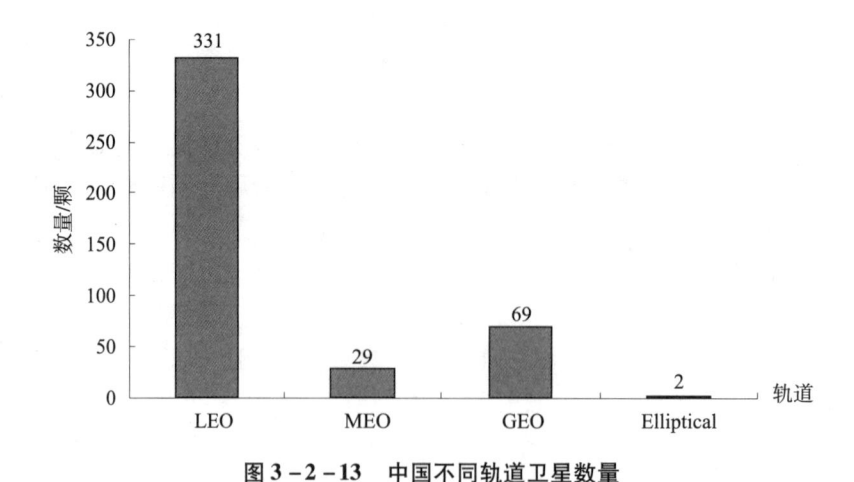

图 3-2-13　中国不同轨道卫星数量

（3）俄罗斯

苏联作为世界上第一个把航天员送入太空的国家，1957年就发射了世界上第一颗人造地球卫星，并发射了7颗卫星，在太空竞赛初期就拿下了辉煌的成功，技术持续迭代革新。20世纪90年代苏联解体后，俄罗斯经济衰退，航天工业整体水平开始下降，2001年俄罗斯90颗在轨卫星中68颗已趋于寿命年限，在轨卫星老化且数量减少使俄罗斯航天实力严重受损。进入21世纪后，为了重新树立俄罗斯大国地位，俄罗斯政府多次将航天技术及其运用作为国家优先发展领域。为确保在航天技术领域的领先优势，俄罗斯在其《俄罗斯联邦空间活动法》中，把航天活动规定为"国家最高等级的优先发展项目"，并制定了多个太空发展规划。

图3-2-14给出了俄罗斯不同功能的卫星数量。在169颗卫星中，通信卫星89颗，对地观测卫星31颗，科学卫星12颗，导航/定位卫星29颗。

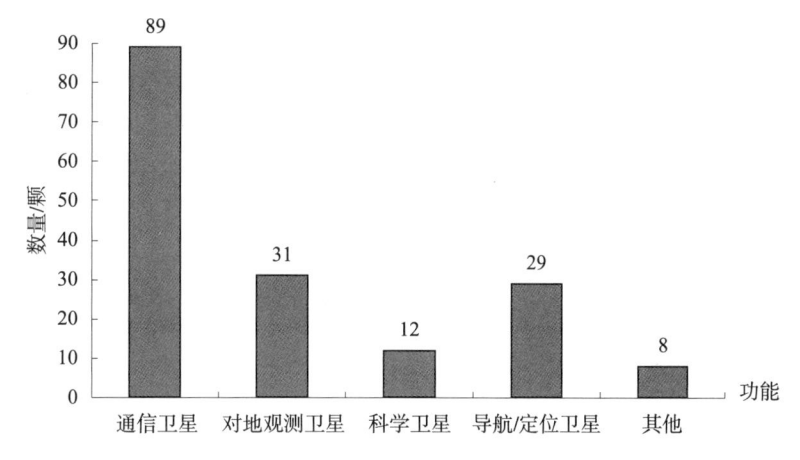

图3-2-14 俄罗斯不同功能卫星数量

图3-2-15展示了目前俄罗斯国在轨运行卫星所属不同轨道的情况，在169颗卫星中，其中LEO 95颗，MEO 30颗，GEO 32颗，Elliptical 12颗。

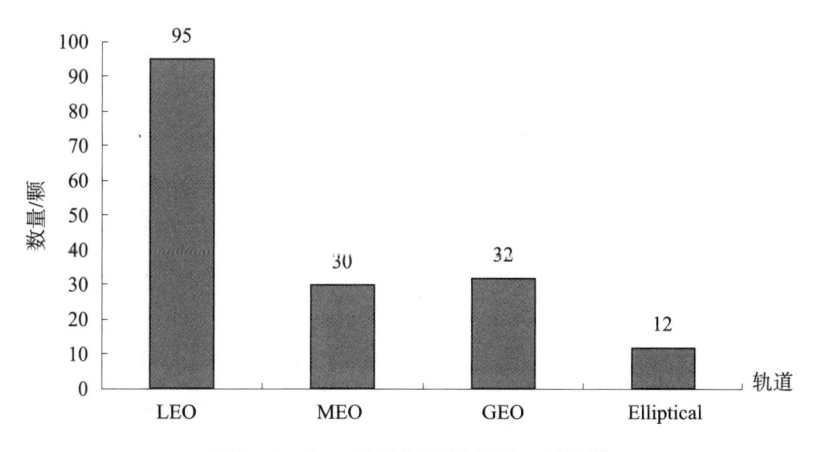

图3-2-15 俄罗斯不同轨道卫星数量

3.2.2 专利分析

数据提取截至 2021 年 5 月 31 日，涉及卫星的全球专利申请共计 9342 项，经专利筛选，得到商业卫星全球专利申请共计 6796 项。本小节以 9342 项卫星全球专利申请和 6796 项商业卫星全球专利申请为样本，从专利角度分析商业卫星的商业化发展进程。

表 3-2-1 展示了本专利分析所采用的卫星技术分解表。一套完整的卫星系统由功能配套、长期持续稳定运行的卫星空间系统与地面系统组成。本专利分析主要对卫星空间系统部分进行研究。卫星空间系统一般均由有效载荷和保障系统两大类分系统构成。本专利分析中的卫星空间系统下设四个二级分支，分别为：有效载荷、结构系统、控制系统、测控系统。其中，有效载荷用于直接完成特定的航天飞行任务，根据任务不同可以分为通信卫星、导航卫星、遥感卫星和其他卫星。保障系统用于保障卫星从火箭起飞到工作寿命终止，其中，各种卫星的保障系统基本均由结构系统、控制系统及测控系统等构成。其中，结构系统用于支撑和固定卫星上的各种仪器设备，使它们构成一个整体，以承受地面运输、运输器发射和空间运行时各种力学环境和空间运行环境，分为整体结构、密封舱结构、共用舱结构、有效载荷舱结构和展开结构。控制系统包括用来保持或改变卫星运行姿态的姿控系统，用来保持或改变运行的运行轨道的轨控系统，用于保障各种仪器设备在负载的环境中处于允许的温度范围内的热控制系统，以及用来为卫星所有仪器设备提供所需电能的电源系统。测控系统包括遥测部分、遥控部分和跟踪部分，遥测部分用于接收、解调从目标上下发的遥测信号，获取目标的工作状态参数和环境数据；遥控部分用于对卫星的轨道控制、姿态控制以及卫星上仪器、设备的工作状态控制，向目标上的计算机注入数据；跟踪部分用于获取轨道参数和物理特性参数，拍摄和记录目标的飞行状态（含姿态）图像。

表 3-2-1 卫星空间系统各组成部分功能及分类

一级分支	二级分支	具体功能	具体分类及构成
卫星空间系统	有效载荷	用于直接完成特定的航天飞行任务	通信卫星：转发器及天线
			导航卫星：低轨测速导航系统，全球导航定位系统，全球同步卫星无线电测定系统
			遥感卫星：各类遥感器，合成孔径雷达及数据传输设备等
			其他卫星：如教育、科研用卫星等

续表

一级分支	二级分支	具体功能	具体分类及构成
卫星空间系统	结构系统	用于支撑和固定卫星上的各种仪器设备，使它们构成一个整体，以承受地面运输、运输器发射和空间运行时各种力学环境和空间运行环境	整体结构、密封舱结构、共用舱结构、有效载荷舱结构和展开结构
	控制系统	姿控系统	用来保持或改变卫星的运行姿态
		轨控系统	用来保持或改变运行的运行轨道
		热控制系统	用于保障各种仪器设备在负载的环境中处于允许的温度范围内
		电源系统	用来为卫星所有仪器设备提供所需电能
	测控系统	遥测部分	用于接收、解调从目标上下发的遥测信号，获取目标的工作状态参数和环境数据
		遥控部分	用于对卫星的轨道控制、姿态控制以及卫星上仪器、设备的工作状态控制，向目标上的计算机注入数据
		跟踪部分	用于获取轨道参数和物理特性参数，拍摄和记录目标的飞行状态（含姿态）图像

3.2.2.1 全球专利申请量趋势

图 3-2-16 显示了卫星和商业卫星全球专利申请量随年份的变化趋势，可以看出，两者的整体趋势一致。

商业卫星发展过程可以分为以下几个阶段。

（1）技术萌芽期

1957 年，世界上第一个人造地球卫星 Sputnik 由苏联发射成功。1980 年，通信卫星、地球观测卫星、气象卫星开始萌芽，卫星全球专利申请量增长比较缓慢。商业卫星同样起源于 1957 年苏联发射的第一颗人造地球卫星 Sputnik，开启了人类卫星发射和卫星使用的历史。第一批卫星受限于运载能力及卫星设计能力，是小卫星。20 世纪 70 年代后，火箭有效载荷能力有了大幅提升，卫星大型化成为需要和可能，大卫星成为发展主流，军民用卫星全面进入应用阶段，并向侦察、通信、导航、预警、气象、测地、海洋和地球资源等专门化方向发展，同时各类卫星亦向多用途、长寿命、高可靠性和低成本方向发展。

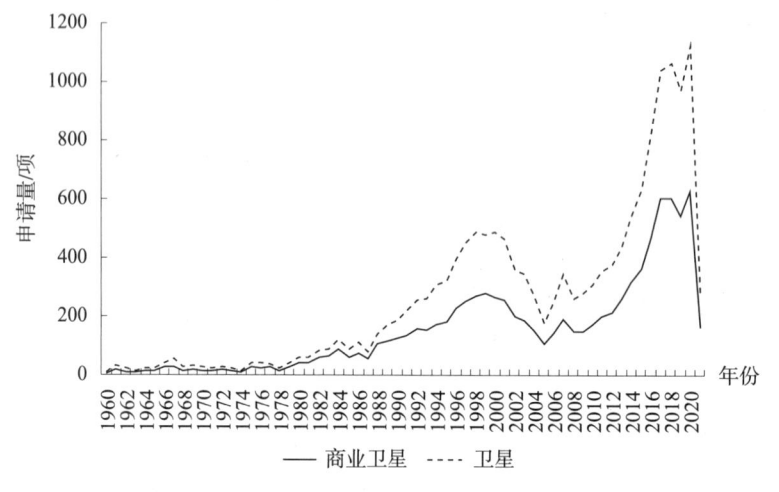

图 3-2-16 卫星/商业卫星全球专利申请量趋势

（2）技术发展期

1987 年至 2005 年属于商业卫星技术发展期，20 世纪 80 年代后期兴起的单一功能的微型化、小型化卫星成为卫星发展的新动向，这类卫星重量轻、成本低、研制周期短、见效快，除美、俄外，中国、欧洲航天局、日本、印度、加拿大、巴西、印度尼西亚、巴基斯坦等都拥有自己研制的卫星，因而，1987 年至 2003 年这一时期商业卫星专利申请量大幅增加。2003 年，受"哥伦比亚"号航天飞机失事事件的影响，美国航天飞机发射暂停，卫星的发展也受到影响，因此 2004~2005 年的专利申请量呈下降趋势。

（3）高速发展期

2006 年至 2020 年属于商业卫星高速发展期，全球宽带互联，各种应用卫星技术开始蓬勃发展，该阶段的发展重点在于对地面设备的补充和延伸，这一时期的专利申请量大幅增加。自美国航天飞机时代画上终止符以后，美国航天的新策略逐渐明晰：将近地轨道交给商业航天。2008 年 SpaceX 获得 NASA 正式合同，从此开启商业航天的新时代。随着小型火箭、低成本火箭进入市场，微小卫星发射有了可靠廉价途径，加之卫星应用的拓展，微小卫星技术的进步，微小卫星得以快速发展，尤其是遥感、通信等领域的微小卫星全面进入大规模应用阶段。

图 3-2-17 显示了商业卫星全球和中国申请量随年份变化趋势，可以看出，全球商业卫星与中国商业卫星主要技术的专利申请量总体均呈上升趋势。中国商业卫星的

起步要晚于全球其他领先国家或地区，但在2014年后，随着国家政策的开放和支持中国进入商业卫星的快速发展期。

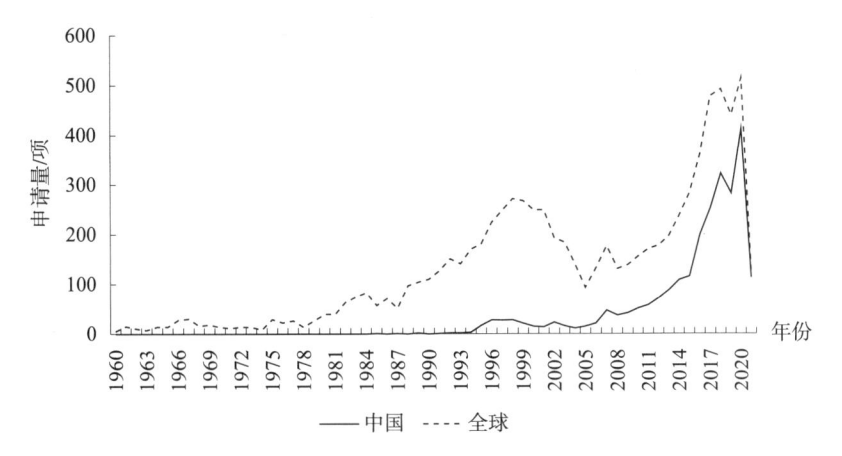

图3-2-17 商业卫星全球和中国专利申请量趋势

图3-2-18为卫星和商业卫星申请量逐年对比以及商业卫星的数量在卫星数量占比的逐年变化情况。1990年，商业卫星的数量在卫星数量的占比为49%。随着商业卫星的发展、各个国家/地区商业航天市场的逐渐开放，对商业航天越来越重视，2000年商业卫星的占比达到了85%。之后，卫星商业化占比均保持在70%以上，这与卫星产业的发展密不可分，大众通信消费业务带动了卫星服务业等快速发展，更快的吞吐量和更大的数据容量等技术创新为卫星通信提供了保证。

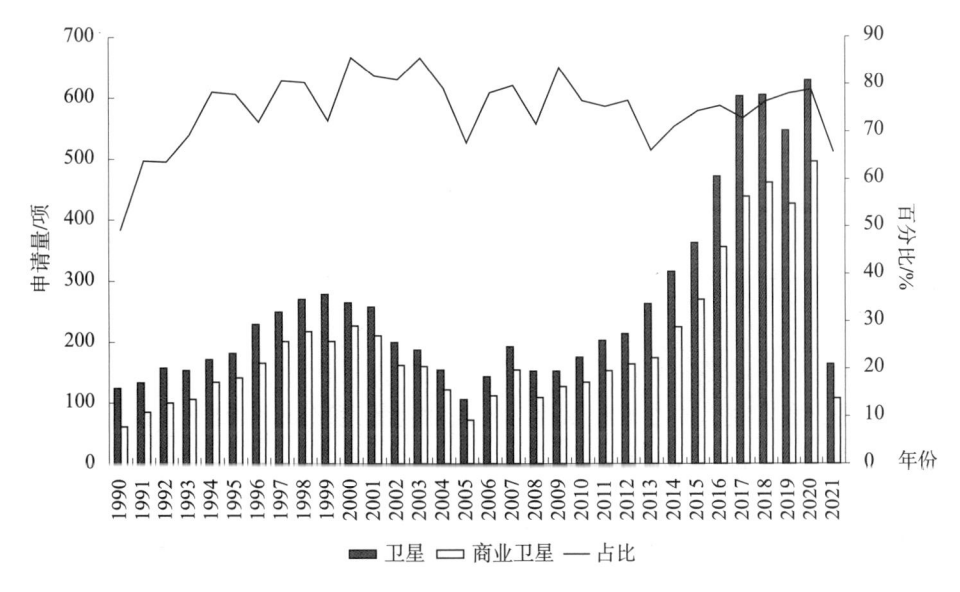

图3-2-18 商业卫星专利申请量及商业卫星数量占比随年份变化趋势

3.2.2.2 专利技术来源地分布

图3-2-19展示了目前卫星与商业卫星全球专利申请的主要来源地，美国、中

国、日本是卫星的三大专利申请来源地。美国作为最早实施航天商业化的国家，其商业卫星专利申请量2292项，占比34%，排名第一；中国后来居上，总量位居第二，达2015项，占比30%，可能与我国目前大力发展导航卫星和气象卫星等应用类卫星有关。目前我国北斗卫星导航系统、风云和墨子号等均已处于世界领先水平，而且随着"GW"巨型星座的实施，中国航天也将占据一定的地位。加之中国作为传统大国，对于卫星服务产业的需求也较大，因此中国在卫星领域的专利申请量较大。排在第三位的是日本，其商业卫星专利申请量有828项，占比12%。日本自21世纪以来积极投身商业航天，持续推进航天政策改革，其中借助三菱和日本电气已经在商业航天领域占据一席之地。

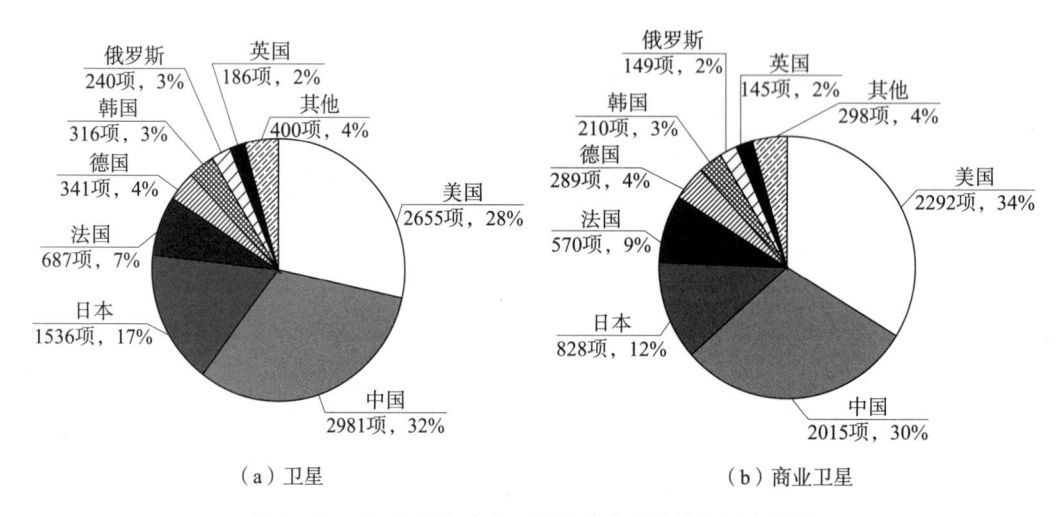

（a）卫星

（b）商业卫星

图3-2-19　卫星和商业卫星全球专利申请主要来源地

图3-3-20显示了主要国家或地区商业化占比以及技术分支分布情况，可以看出，各主要国家或地区在卫星领域的商业化程度不同。美国各个分支的商业化程度都很高，这也跟其商业化起步最早有关，作为全球商业航天的带动者，1998年克林顿政府就出台《商业航天法案》，对导航卫星、遥感卫星等以法律形式提出具体政策，20世纪80年代推进陆地卫星的商业化，通过商业化运作减少政府投资，降低卫星的运营成本。

结构系统在中国卫星中商业化程度最高，我国航天产业发展得益于政策支撑，将军民融合扩展到太空领域。法国的测控系统商业化程度略低于中国，日本商业化程度目前还比较薄弱。

3.2.2.3　主要目标市场区域分布

图3-2-21给出了卫星和商业卫星全球主要目标市场区域分布情况，纵观全球卫星市场，中国以3648项专利申请居首位，美国紧随其后，达到3593项，日本位居第三，申请量达到了2728项，欧洲也有2000余项申请，其他国家或地区多数在千项以内。这可能是由于国外部分专利申请处于已申请但尚未被公开阶段，且有部分国外企业可能以商业秘密的形式保护相关技术有关。而全球商业卫星市场与卫星市场也类似，

美国以3044项专利申请位居首位，中国紧随其后，达到2570项，占据20%；日本、欧洲等也拥有上千项专利申请，由此可见，商业卫星在全球的发展较为均衡。

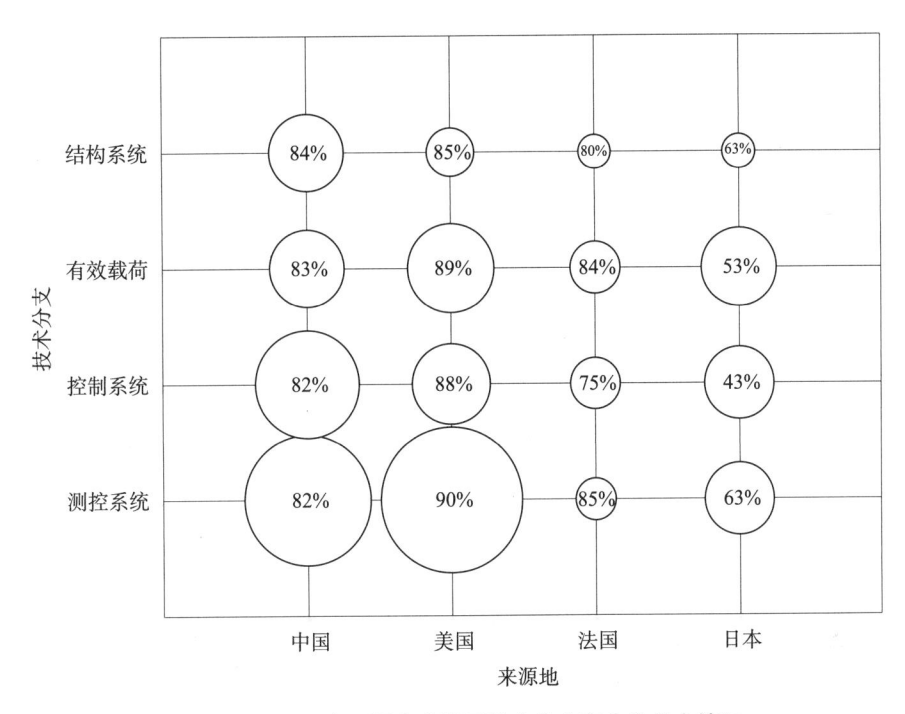

图 3-2-20 主要国家或地区技术分支商业化分布情况

注：气泡大小代表申请量多少，百分比代表主要国家或地区该技术分支的商业化占比。

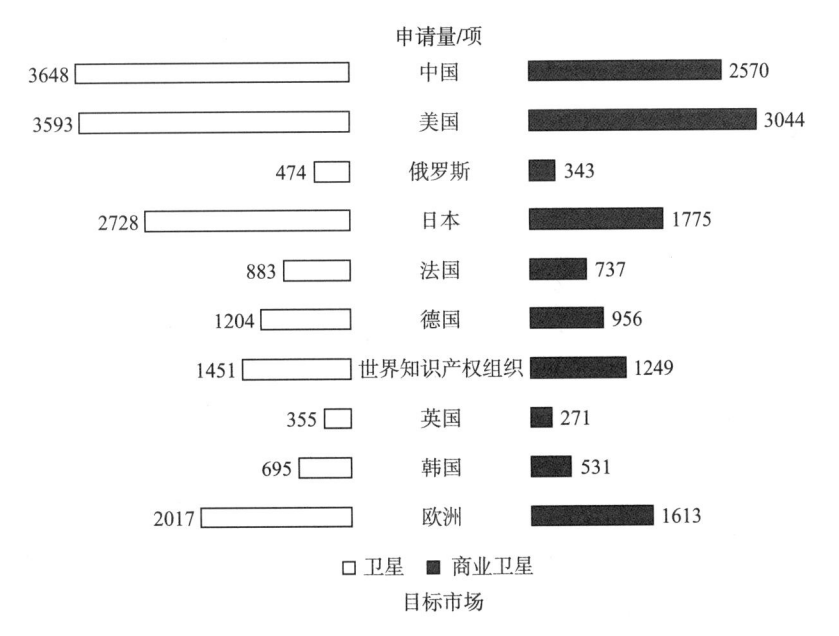

图 3-2-21 卫星与商业卫星全球主要目标市场区域分布

图3-2-22展示了卫星市场主要国家或地区的技术流向，可以看出，主要国家或地区的市场主要还是布局在本国或地区。美国、法国在本国布局的同时也注重全球布局，而中国主要还是针对本国市场进行专利申请，在国外的专利布局意识较差，随着国外申请人的大量涌入，将会带来更多的竞争，需要加强对专利布局的重视。

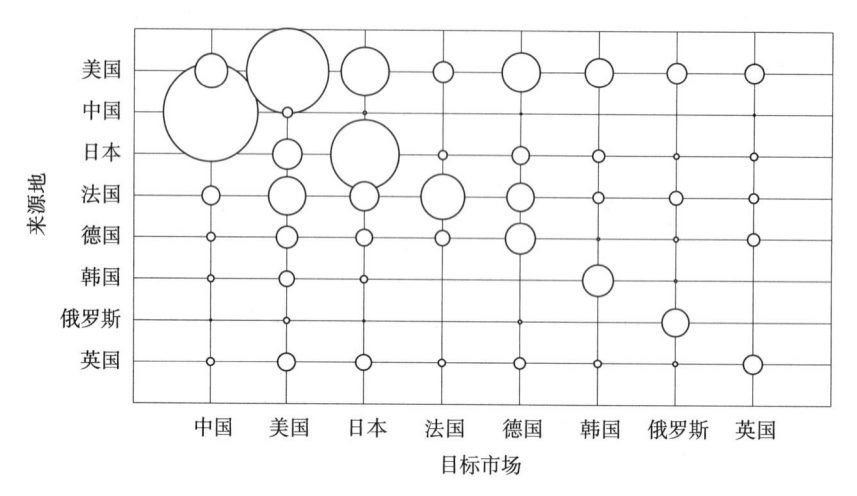

图3-2-22　卫星市场主要来源地和目标地技术流向

注：气泡大小代表申请量多少。

3.2.2.4　主要申请人分析

图3-2-23显示了卫星和商业卫星申请人数量随年份变化情况，可以看出，从1987年至2001年，申请人数量有小幅增长，卫星全球申请人数量达到近500人；2003年，申请人数量减少，到2005年跌至谷底，这也是受到2003年"哥伦比亚"号航天飞机失事事件的影响，航天飞机发射暂停，卫星的发展因此也受到波及。自2006年起，随着商业航天的不断发展，商业卫星领域的申请人数量也出现了大幅度的增长，尤其在2020年申请人数量达到了峰值，商业卫星和卫星申请人数量分别为641人和498人，这表明，越来越多的创新主体开始关注并进军到这一领域。这与目前快速发展的小卫星技术和低成本运载技术有关，该技术降低了进入空间和利用空间的成本门槛，越来越多的国家或地区能够借助小卫星参与空间活动中，引发了一场"轨道革命"。

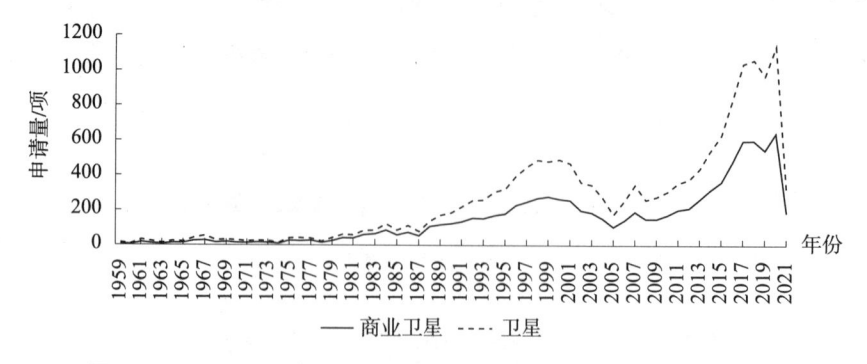

图3-2-23　卫星/商业卫星主要申请人专利申请数量年度变化情况

图 3-2-24 和图 3-2-25 分别展示了卫星和商业卫星全球申请人，通过对比可以看出，排名前十的申请人中有 6 个是相同的，如上海卫星工程研究所、日本三菱、上海微小卫星工程中心、日本电气、摩托罗拉等，在商业卫星成功进入前十的还有中国科学院微小卫星创新研究院和北京空间飞行器总体设计部，其中中国科学院微小卫星创新研究院主要从事微小卫星及相关技术的科学研究、实验应用等，匹配商业卫星的需求。

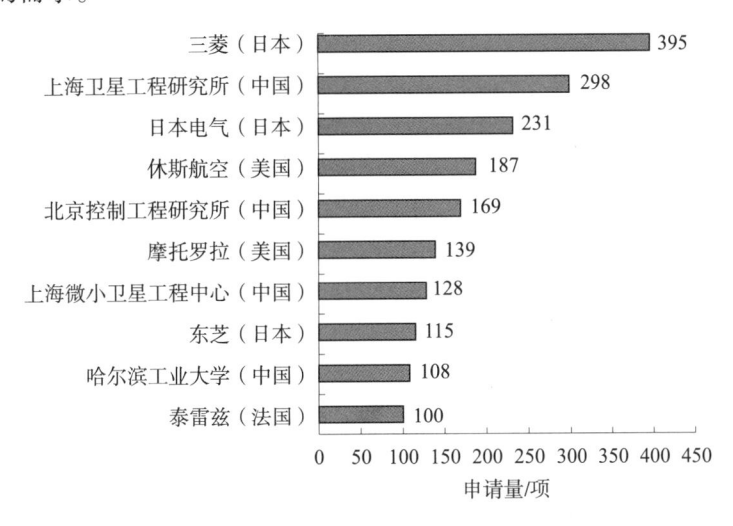

申请人	申请量/项
三菱（日本）	395
上海卫星工程研究所（中国）	298
日本电气（日本）	231
休斯航空（美国）	187
北京控制工程研究所（中国）	169
摩托罗拉（美国）	139
上海微小卫星工程中心（中国）	128
东芝（日本）	115
哈尔滨工业大学（中国）	108
泰雷兹（法国）	100

图 3-2-24 卫星全球主要申请人专利申请排名

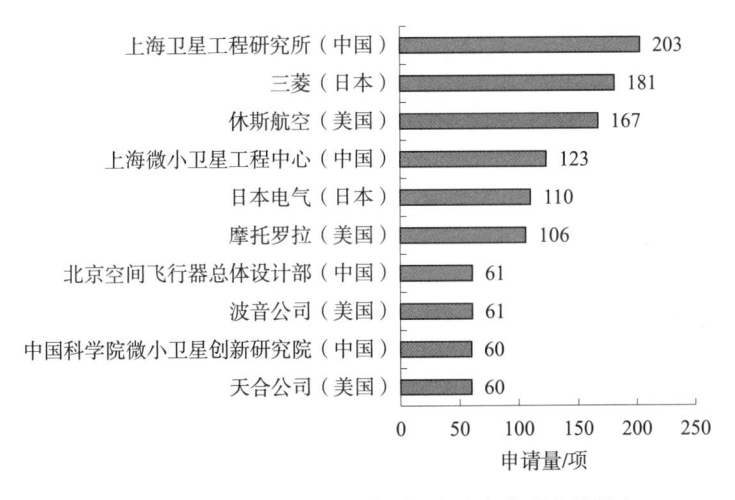

申请人	申请量/项
上海卫星工程研究所（中国）	203
三菱（日本）	181
休斯航空（美国）	167
上海微小卫星工程中心（中国）	123
日本电气（日本）	110
摩托罗拉（美国）	106
北京空间飞行器总体设计部（中国）	61
波音公司（美国）	61
中国科学院微小卫星创新研究院（中国）	60
天合公司（美国）	60

图 3-2-25 商业卫星全球主要申请人专利申请排名

3.2.3 技术分析

根据卫星空间系统的组成，二级分支主要分为有效载荷、结构系统、控制系统和测控系统。如图 3-2-26 所示，从商业卫星全球专利申请的技术构成分布来看，测控系统是本领域的研究热点，申请量 3511 项，占比 43%，其次是控制系统、有效载荷，

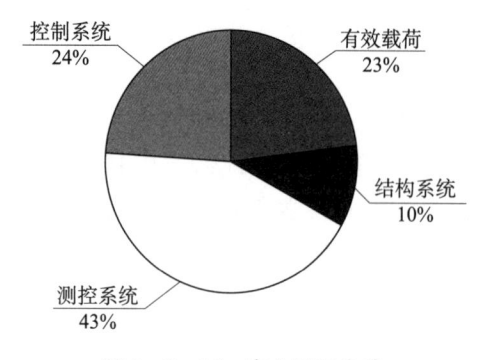

图 3-2-26 商业卫星全球专利申请技术构成

分别占比 24%、23%，结构系统占比最少，仅有 10%。

进一步分析商业卫星各技术分支随年份变化情况，可以看出，如图 3-2-27 所示，控制系统近几年增幅最大，说明其是近年的研究热点和重点。测控系统增幅略小于控制系统。

图 3-2-28 显示了主要国家或地区商业化占比以及技术分支分布情况，可以看出，主要国家在卫星领域的商业化程度不同。美国各个分支的商业化占比都达到了 85% 以上，商业化程度最高的是测控系统，已经达到了 90%。这也跟其商业化起步最早有关，作为全球商业航天的带动者，1998 年克林顿政府就出台《商业航天法案》，对导航卫星、遥感卫星等以法律形式提出具体政策，从 20 世纪 80 年代又推进陆地卫星的商业化，通过商业化运作减少政府投资，降低卫星的运营成本。自此之后，美国进一步强化商业航天规划、细化细分领域政策，明确将增强航天活动中的经济竞争力作为商业航天政策目标，最大程度使用商业航天服务，推动商业航天竞争性发展。

中国航天产业发展得益于政策支撑，将军民融合扩展到太空领域。卫星商业化程度最高的是结构系统，达到了 84%，其他分支也达到了 82% 以上。法国的商业化程度略低于中国，日本商业化程度目前还比较薄弱。

如图 3-2-29 所示，商业卫星各二级分支商业化占比均在 68% 以上，其中测控系统达到了 79%，控制系统的商业化程度略低。

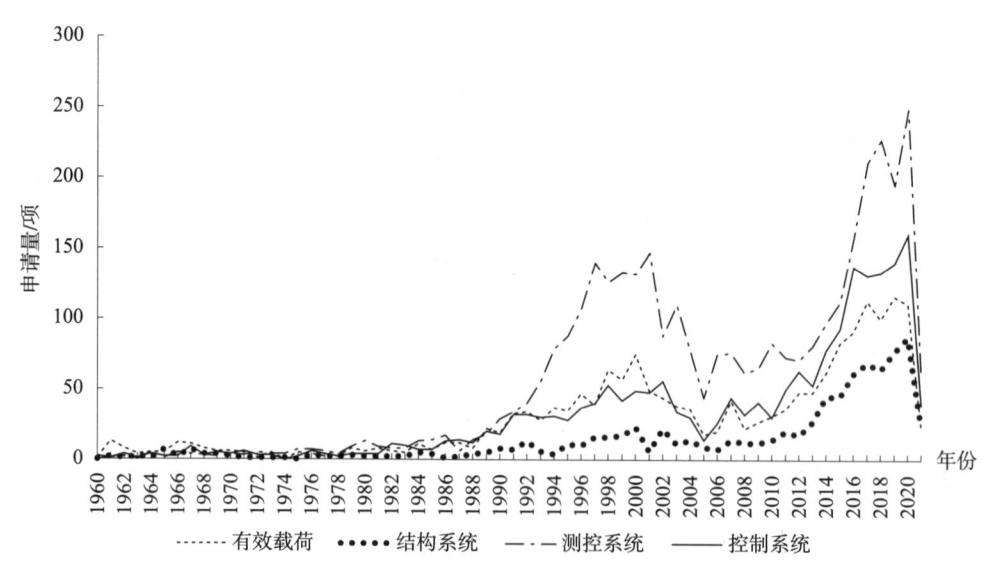

图 3-2-27 商业卫星各技术分支申请趋势

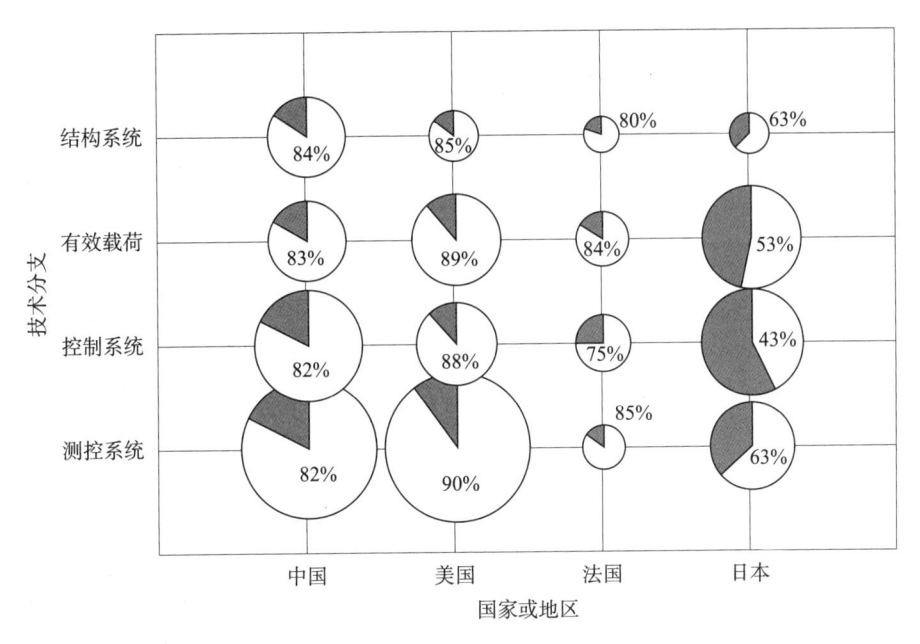

图 3-2-28 主要国家或地区技术分支商业化专利申请分布

注：气泡大小代表申请量多少，百分比代表各国该技术领域商业化占比。

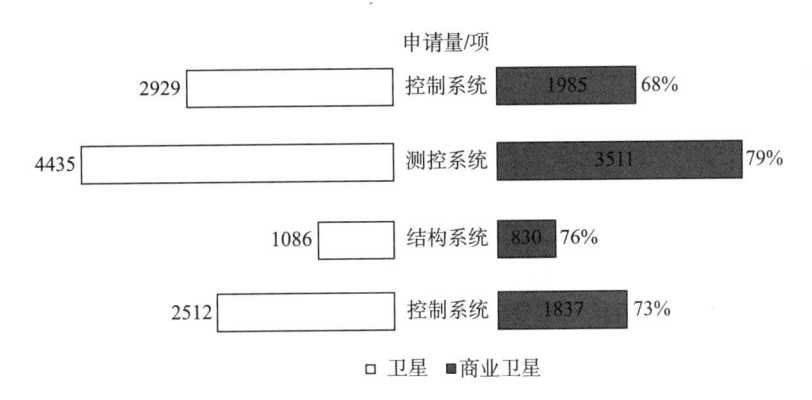

图 3-2-29 商业卫星各二级技术分支商业化专利申请占比

注：百分比代表二级技术分支商业化占比。

3.2.4 小　结

全球卫星产业十年来发展良好，在轨运行卫星数量和卫星产业收入均大幅增长。美国占据全球在轨运行卫星61.7%，我国拥有在轨运行卫星占据11%，其中导航/定位类卫星发展势头迅猛。测控系统和结构系统属于商业化较高的技术分支，测控系统申请量大，是目前的研究热点，而结构系统申请量虽少但逐年上升，可能是潜在研究热点。

3.3　商业火箭技术商业化发展进程

火箭是依靠火箭发动机喷射工作介质产生的反作用力向前推进的飞行器，按照火箭用途主要包含运载火箭及探空火箭两种。在航天产业中得到较多应用的是运载火箭，是能够将人造卫星、载人飞船、空间站或空间探测器等有效载荷送入预定轨道的航天运输工具，由单级或多级火箭组成。本节将从火箭的产业现状、专利情况以及技术等角度对商业火箭商业化进程进行分析。

3.3.1 产业分析

这里的火箭均指运载火箭，以下均简称为"火箭"。火箭的主要技术指标为运载能力、入轨精度和可靠性等，其中，运载能力代表了可以送入预定轨道的有效载荷的重量；入轨精度代表了有效载荷实际运行轨道与预定轨道的偏差，是火箭控制系统的重要指标；可靠性是衡量火箭系统工作过程中可能出现故障概率的重要指标。按照载荷区分，火箭包括小、中、大及重型运载火箭。

大量的商业卫星发射需求激发了火箭商业化发展进程。由于我国的火箭研发生产长期处于定制化和任务专业化的模式，并且主要用于空间基础设施建设的重要任务，因此"国家队"火箭不足以满足航天商业化进程的需求。归纳起来主要有三点原因：一是"主战场"火箭发射繁忙，二是火箭的产能不足，三是生产周期比较长。因此，大量的民营企业进入到商业火箭领域。

在商业火箭方面，2019年7月25日星际荣耀的双曲线一号火箭发射成功，这是民企火箭的首次成功入轨。同时，航天科工和航天科技集团也都部署了相应的小型火箭。在运载能力方面，除了快舟11号火箭运载能力达到1吨外，其他的都是小型或者微纳火箭，从几十千克到200多千克，应该说这些火箭距离未来星座组网需要的运载能力来说还相差甚远。

多家商业火箭企业都有相同的发展套路：以小型固体火箭起步，同时，液体火箭探索以液氧甲烷为代表的液体动力。普遍来说，这些火箭的运载能力都比较小，成本控制也相对困难。但是从航天产业整体发展来看，未来商业航天市场绝对不是低成本的比拼和低水平的重复，而是一个技术创新的嬗变过程，靠技术创新来降低成本，也可以称之为"低成本的设计技术"。

如图3-3-1所示，影响火箭商业化的第一个关键问题就是技术创新问题，技术创新问题有几大方面的问题要解决：一是要解决基础科研对工程技术创新发展的瓶颈；二是要解决传统体制限制技术的创新应用，这方面商业航天企业的设计方式更加灵活，新技术的应用限制相对要小；三是要形成核心技术和产品，特别是在产品的通用化、标准化、货架化等方面存在严重不足。此外还要解决低成本以及大量应用先进设计方法和技术手段进行设计和质量管控等问题。

影响火箭商业化的第二个关键问题是产业链问题。传统的科研体系相对封闭，体系庞大、自我封闭，缺失合理的价值链和利益分配，产业链环节也不完整。目前很多民营企业在自建试车台、总装测试厂房，但会有几个问题，一是造价很高，二是周期很长，三是有安全、政策等的限制，最终将导致企业产品研发受限，成本提高。因此，国家的这些设施可以在适当的时候在某个时期内对外开放，避免了重复投资和资源浪费，也有利于盘活国有资产。

影响火箭商业化的第三个问题就是发展理念问题，商业航天更加关注细分的领域和价值的创造，具有高度的商业化，使产业相关环节和领域的技术能得到相对比较快的成熟和发展。商业航天企业注重市场的调节作用和培养自身的核心竞争力，用市场和价值规律来引导产业链的细分和组合，优化产业链、缩短周期、降低成本，以巩固企业在行业中的竞争优势。

由此可见，技术的持续创新、融合与应用是航天发展的动力，也是火箭商业化发展的重点。下一小节将针对火箭领域开展专利与产业、技术的关联性分析，探讨火箭商业化发展进程中专利的相关作用。

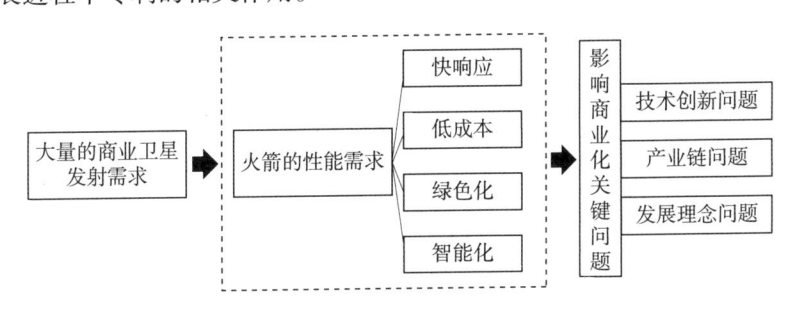

图 3-3-1 火箭商业化发展关键问题

3.3.2 专利分析

根据火箭的组成分为三个二级分支，分别是箭体结构、推进系统和测控系统。按照二级分支的结构和功能又进一步分为了 12 个三级分支，具体参见表 3-1-1。推进系统是火箭中一个非常重要的组成部分，无论是体积和重量，还是成本均占据了很大一部分。为了实现火箭的重量轻、体积小、低成本、性能高和寿命长的特点，特别是满足火箭商业化的需求，必须研制相应的先进推进系统。推进系统进一步细分为固体推进系统和液体推进系统，其中液体推进系统又是商业火箭研究的重中之重，课题组将其进行了四级和五级分支的技术分解。

表 3-3-1 火箭技术分解表

一级分支	二级分支	三级分支	四级分支	五级分支
火箭	箭体结构	整流罩	—	—
		贮箱/发动机壳体	—	—
		级间段	—	—
		尾舱	—	—
		仪器舱	—	—
		载荷舱	—	—
		其他	—	—

续表

一级分支	二级分支	三级分支	四级分支	五级分支
火箭	推进系统	固体推进系统	—	—
		液体推进系统	增压输送系统	涡轮泵
				输送管路
				流量调节
				气压调节
			推力室	喷注器
				燃烧室
				点火机构
				喷管
				冷却结构
			整体结构	—
	测控系统	制导系统	—	—
		姿控系统	—	—
		测量系统	—	—

本小节以11638项全球火箭专利申请为样本，分析了火箭领域国内外申请现状和趋势，根据商业火箭创新主体及专利技术效果划分商业火箭研究范畴，进一步开展对比分析，明晰火箭商业化进程中的专利作用。

3.3.2.1 全球专利申请量趋势

数据提取截至2021年5月31日，如图3-3-2所示，涉及火箭的全球申请量共计11638项，来自中国的专利申请3092项，占27%。

从火箭全球专利申请量趋势来看，1957年以前专利申请量较少（图中未示），该时期航天领域由政府严格管控，航天技术包括火箭技术不以专利形式公开。1957年至2007年专利申请量保持平稳，属于技术积累期。全球航天产业在美国的带领下逐渐系统化和规模化，特别是从20世纪80年代中后期开始，美国政府制定了一系列政策法规鼓励并积极引导商业航天的发展，并通过技术支持和资金投入，扶植了一批具有国际竞争力的商业航天企业。

2008年以后，全球专利申请量快速增长，尤其是2019年专利申请量达到了748项。从上述趋势可以看出，进入2000年以后，随着航天发展格局突发变革，以SpaceX为代表的航天力量突然进入大众视野，第一次民营火箭进入轨道，航天企业如雨后春笋般突然冒出，火箭技术得到了迅速发展，专利申请量大幅增长，火箭全球申请量进入了快速发展期。

相对于全球而言，中国起步较晚，2006年开始才有10项以上的专利申请。2014年出现一个小高峰，可能是因为2014年国务院发布了《国务院关于创新重点领域投融资机制鼓励社会投资的指导意见》，推出鼓励民营企业、民营资本参与国家民用空间技术基础建设的相关政策后，中国航天向社会资本打开大门，中国航天开始步入高速发展的快车道。从2016年开始，中国火箭专利申请量呈逐年增长趋势。一方面，国家持续推出政策支持航天发展；另一方面，商业航天企业数量持续增长，企业融资势头强劲并且融资规模逐年增加，各企业加大研发新产品、新技术，促进了包括火箭在内的相关航天技术的专利申请量增加。从图中还可以看出，中国申请占比从2006年16.57%增长至2020年的89.56%，在火箭领域专利申请呈现起步晚、发展快的态势。

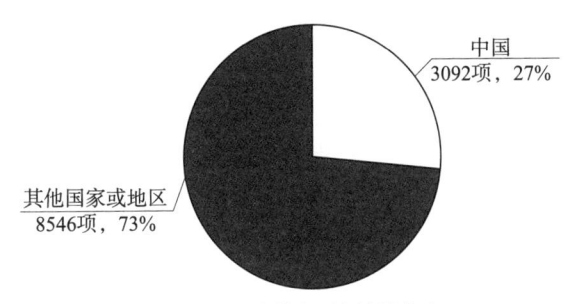

（a）火箭中国申请量占比

（b）火箭全球和中国申请量年度变化情况

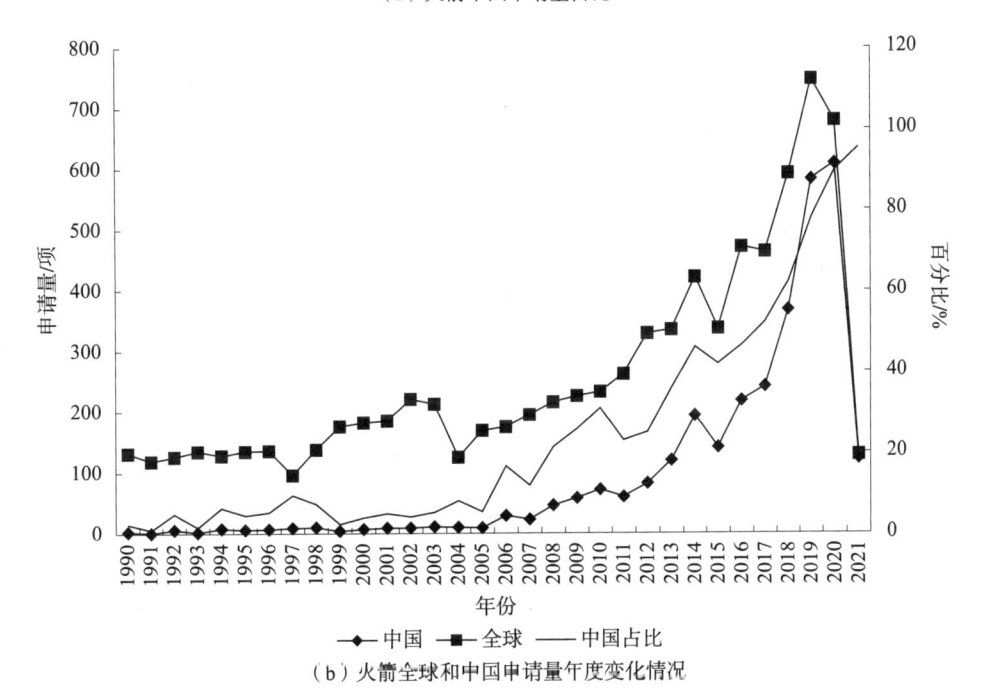

图3-3-2 火箭全球和中国申请量情况

如图3-3-3所示，进一步对比商业火箭全球申请量占比变化情况，可以看出，1990年至2006年商业火箭申请占比从51.52%下降至28.00%，这主要是由于在20世纪90年代时，火箭尚未产业化，绝大多数技术属于各国保密信息，并不会申请专利，能够申请专利的申请人只能是民营企业，因此商业占比较大。而随着军用技术的民用化，保密技术大量解密，原先拥有这些技术的国有企业或是科研院所也开始大量申请专利，使得商业占比逐渐降低。

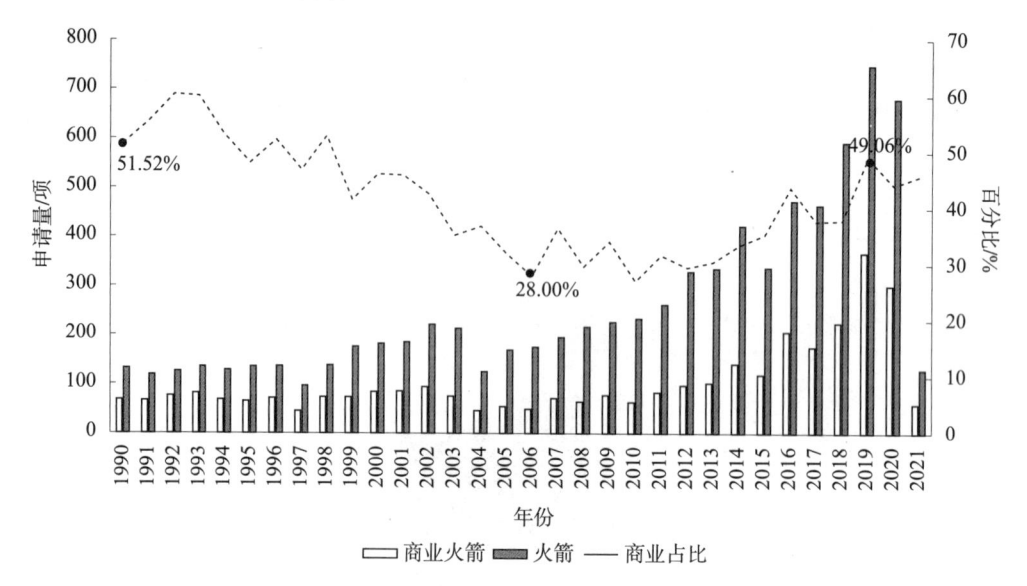

图 3-3-3　商业火箭全球申请量占比随年份变化趋势

2006 年以后，大量的商业航天企业涌入市场，商业运载火箭的技术快速发展，专利申请量大幅增长，商业占比也逐步开始增加，2019 年商业运载火箭申请占比达到了49.06%，与传统火箭的专利申请基本各占总量的一半。

从图 3-3-4 可以看出，中国商业火箭的专利申请占比低于火箭占比 3 个百分点，说明中国火箭商业化进程相对全球水平稍显落后。从申请趋势来看，我国商业火箭专利申请量 2014 年以后开始大幅增长，这与我国商业火箭的产业发展趋势相吻合，特别是 2017 年以后申请量增长率连续两年超过 100%，2019 年中国商业火箭专利申请量达到了 310 项。

而根据《2019 年全球航天发射活动分析报告》，在 103 次航天发射活动中，有 74 次是国家政府/企业组织，有 29 次是民营企业组织，虽然民营企业占总发射次数的 28.2%，与国家政府/企业的发射活动次数相差甚远，但成功送入航天器数量为 279 个，多于国家政府/企业送入的 244 个航天器；6 家民营企业中，有 3 家美国企业、2 家中国企业、1 家美新合资企业，其中 SpaceX 组织发射活动 13 次，几乎占到了所有民营企业数量的一半；送入太空航天器 161 个，超过民营企业送入太空的一半。从国家对比角度，我国民营企业仅发射 2 次，与国外民营企业组织发射的 27 次相比有较大的差距。

由此可见，全球火箭的商业化进程正逐步加大，特别是以美国 SpaceX 为代表的国外商业航天企业，正逐步抢占火箭发射市场。从专利视角来看，国外商业火箭专利申请量基本稳定在全年 100 项左右。而我国商业火箭产业发展虽然处于起步阶段，但是近两年的专利申请量却呈现井喷式增长。原因可能有三点：一是国外企业申请专利的策略通常是"早申请、晚公开"。经分析其他国家或地区的专利从申请日至公开日的平均年限为2.5年,中国仅为0.5年。其他国家或地区2018年以后的专利申请尚未公开,导致目前检索到的其他国家或地区的专利申请量相较于实际申请量偏少。二是国外企业不通过专利形式进行技术保护,以SpaceX为例,其"猎鹰9"火箭已经具备成熟的回收技术,但是其并未有任何火箭领域的专利申请,可见其仍然以商业秘密的形式对相关技术进行保护。三是我国民营火箭企业在发展过程中不仅将专利作为知识产权保护,而且在国家相关政策的鼓励下,将知识产权作为企业资产以吸引更多社会资本获得相关资质认证,用以更好地辅助企业发展。

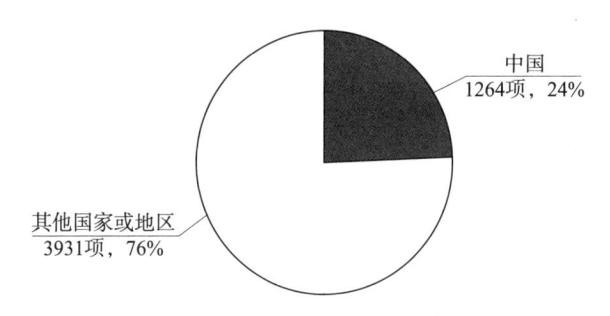

(a) 商业火箭中国申请量占比

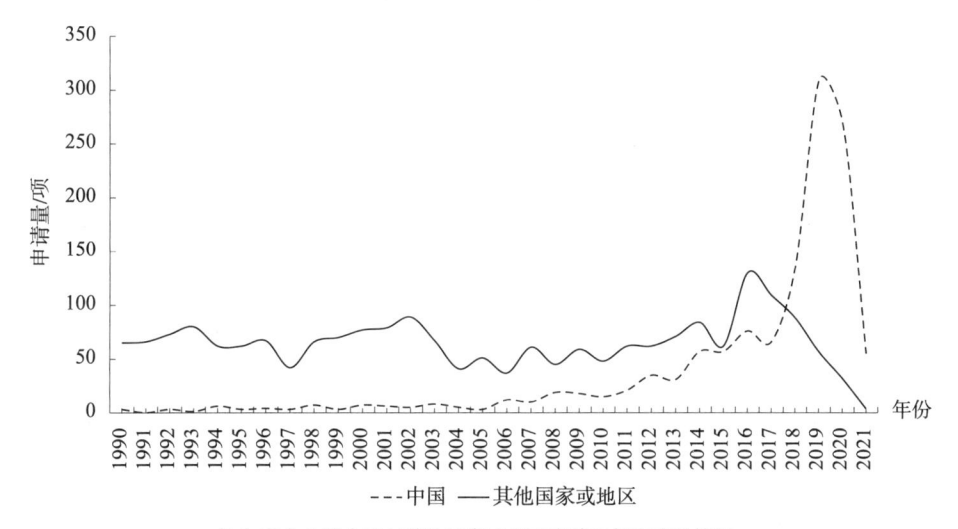

(b) 商业火箭中国与其他国家或地区申请量年度变化情况

图 3-3-4　商业火箭中国与其他国家或地区申请情况

3.3.2.2　专利技术来源地分布

世界上的航天大国主要有美国、俄罗斯和中国。从图3-3-5可以看出,运载火箭专利技术来源地基本与当前的航天产业格局一致,中国的申请量与美国基本相同,均是2800余项,占比24%。俄罗斯由于近年来研发经费的紧张,专利申请总量位居第三。日本得益于美国初期的技术支持,火箭技术不断发展,具有较大潜力,排在第四位。

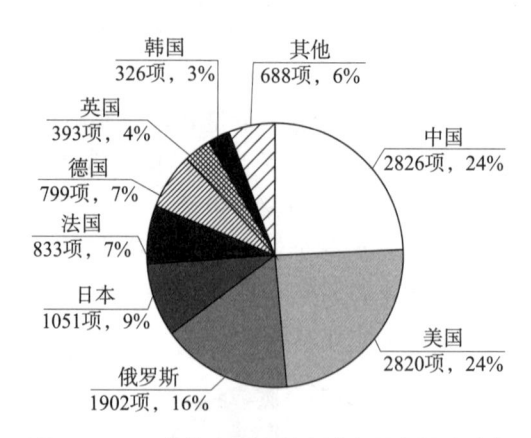

图 3-3-5 火箭全球专利申请主要来源地分布

如图 3-3-6 所示,从商业火箭全球专利申请主要来源地分布情况来看,美国是最早实施航天商业化的国家,其商业火箭专利申请量 1907 项,占比 37%,排在第一位。中国航天的商业化起步虽晚,但是发展较快,申请量仅次于美国,随后是日本、法国、德国。

(a) 商业火箭　　　　　　　　　　　(b) 火箭

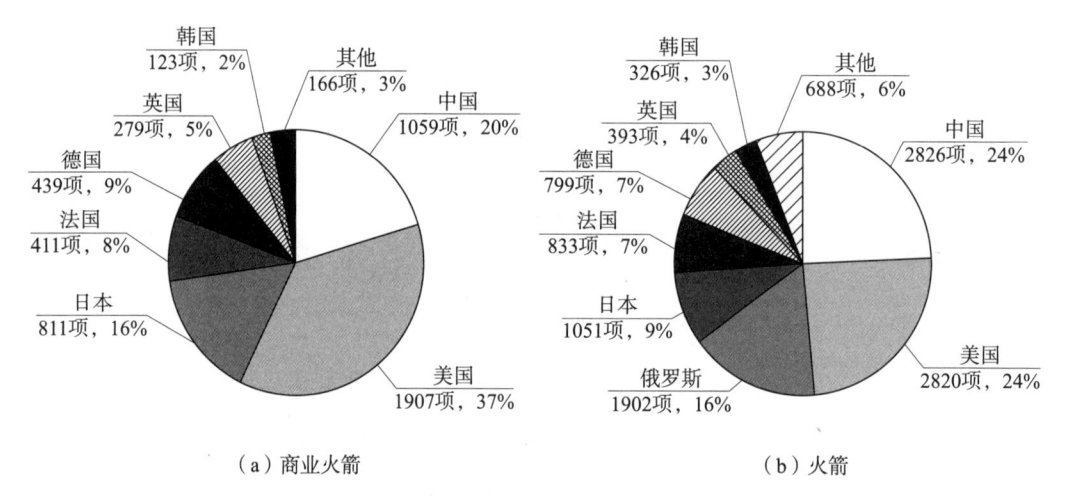

图 3-3-6 商业火箭与火箭全球专利申请主要来源地对比

进一步从时间维度来看商业火箭全球专利申请主要来源地变化趋势,参见图 3-3-7（见文前彩色插图第 1 页）。20 世纪 90 年代,商业火箭领域的两大主要技术来源地是日本和美国,其专利申请主要是对军用技术的转化,1990 年申请量的 1/3 涉及与导弹技术关联性极强的火箭固体推进系统。另外两个主要申请国是法国和德国,均是当时的军事技术强国。这一时期的主要申请人也是主要国家军工制造和生产的主力军。从 2000 年开始,美国逐渐凸显在商业火箭领域的主导地位,一方面是其大量开放了长期积累的军用航天技术,另一方面以美国洛克希德和波音公司为代表的航天装备制造厂商开始进行相关专利布局,2005 年美国的商业航天技术来源占比已经达到 56%。

从 2010 年开始,中国逐渐开始开放商业火箭市场,2015 年的申请占比已经达到

34%，超过美国跃居第一位。虽然中国专利申请量近五年来中国始终处于第一，但是国外的商业火箭技术是经过了长达 30 多年的积累和沉淀，因此，中国与航天强国尤其是美国比较，商业火箭性价比优势不明显，火箭可靠性、运载能力及综合性能与航天强国的差距目前还在加大。

3.3.2.3 主要目标市场区域分布

纵观全球火箭市场，如图 3-3-8 所示，美国以 3691 项专利申请居首位，中国紧随其后，也在 3000 项以上，俄罗斯位居第三，申请量达到了 2233 余项，日本排在其后，申请量 1885 项。

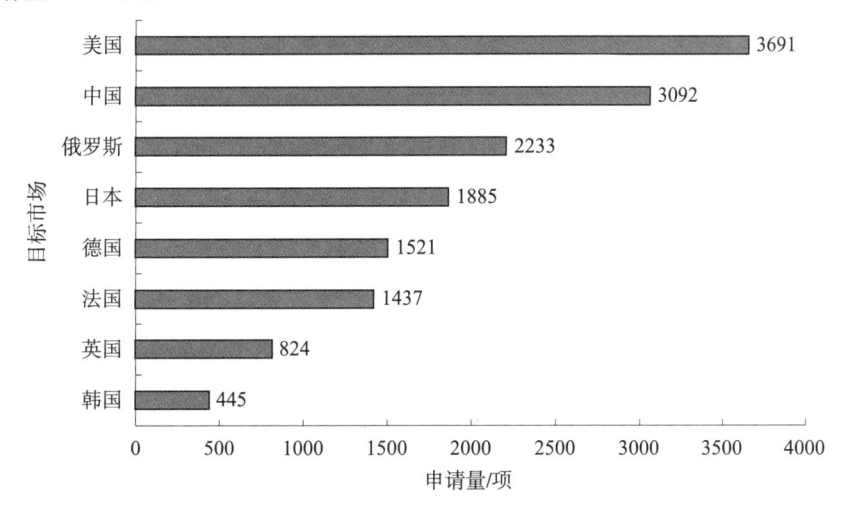

目标市场	申请量/项
美国	3691
中国	3092
俄罗斯	2233
日本	1885
德国	1521
法国	1437
英国	824
韩国	445

图 3-3-8 火箭全球主要目标市场区域专利申请分布

进一步分析商业火箭全球市场分布，如图 3-3-9 所示，美国以 2393 项专利公开申请居首位，日本以 1447 项专利申请排在第二，中国位居第三，申请量达到了 1264 项，由此看出在商业火箭领域，中国明显落后于美国，专利申请量也低于日本。随后是德国、法国、英国等欧洲国家。在商业火箭领域，美国毫无疑问是全球最受重视的市场，这与美国航天商业化进程最快、技术最为先进密不可分。通过专利分析等手段了解美国申请的现状、重点企业专利布局和技术空白点有益于我国创新主体确定重点研发主题以及研发角度。

为了进一步分析商业火箭专利运用的情况，对转让专利进行了专项分析。如图 3-3-10 所示，全球 5195 项商业火箭专利申请中，938 项有过转让记录，转让占比为 18%；全球 11638 项火箭专利申请中，1499 项有过转让记录，转让占比 12.9%，这说明商业火箭对于专利技术的运用更加积极。通过对转让专利及占比变化趋势的分析，可以看出，2003 年转让占比达到了历史高峰，为 50.67%，超过了当年专利申请量的一半。2003~2004 年商业火箭专利申请量受到航天事故的影响明显下降，但转让专利量反而有所上涨，转让占比大幅增加。专利转让的原因多种多样，其中最重要的原因就是将具有高技术含量的专利转化为产品，发挥经济价值，满足商业化市场的需求。

参见图 3-3-11，对商业火箭全球转让专利占比分布及变化趋势分析可以看出，美国的转让专利为604项，占全部转让专利量的65%；排在第二位的日本，转让专利量115项，占比12%，其次是法国、德国。而中国转让专利仅有46项，占我国商业火箭申请总量的3.6%，而美国转让专利占其申请总量的31.7%。虽然不能单纯从转让专利数量和占比来判断各国或地区商业火箭的商业化程度，但是能够从转让专利的变化趋势中看出对商业火箭专利运用的发展过程以及技术转化的不同阶段。

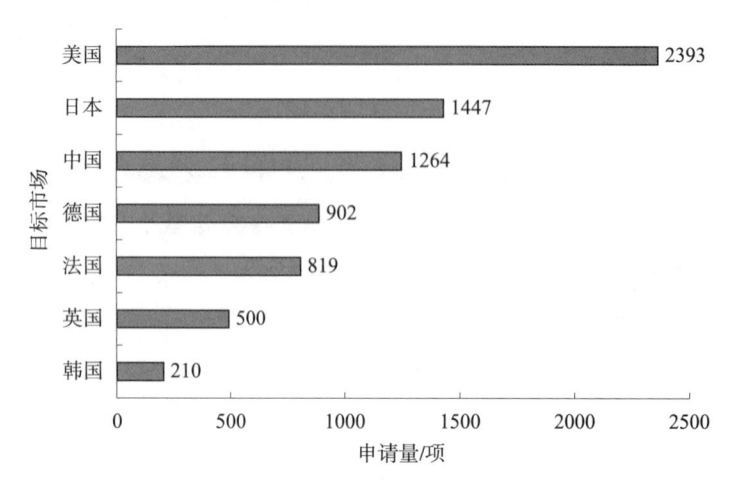

图 3-3-9　商业火箭全球主要目标市场区域专利申请分布

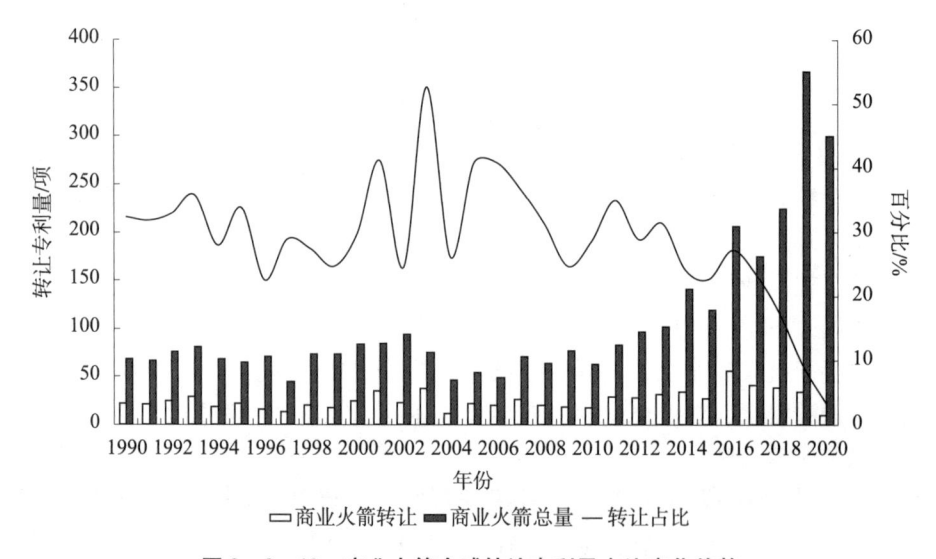

图 3-3-10　商业火箭全球转让专利及占比变化趋势

从图 3-3-11 可以看出，第一次专利转让的高潮是 1989~1993 年，美国和日本是商业火箭专利转让的主要技术来源地，这一阶段的年均转让专利约为 30 项/年，一方面是由于企业的合并重组产生了大量的专利转让，另一方面也说明各企业开始重视专利技术储备，火箭商业化进程拉开序幕。2000~2003 年间，美国转让专利数量大幅增长，带动了全球商业火箭专利技术转化，这是第二次专利转让数量的小高潮。第三次高潮发生在 2016 年，全年的转让专利数量近 60 项，达到历史高峰。

(a) 转让占比

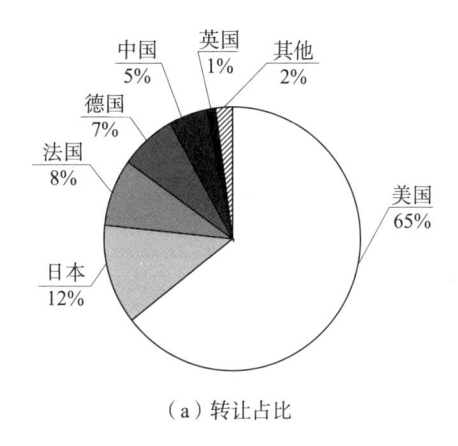

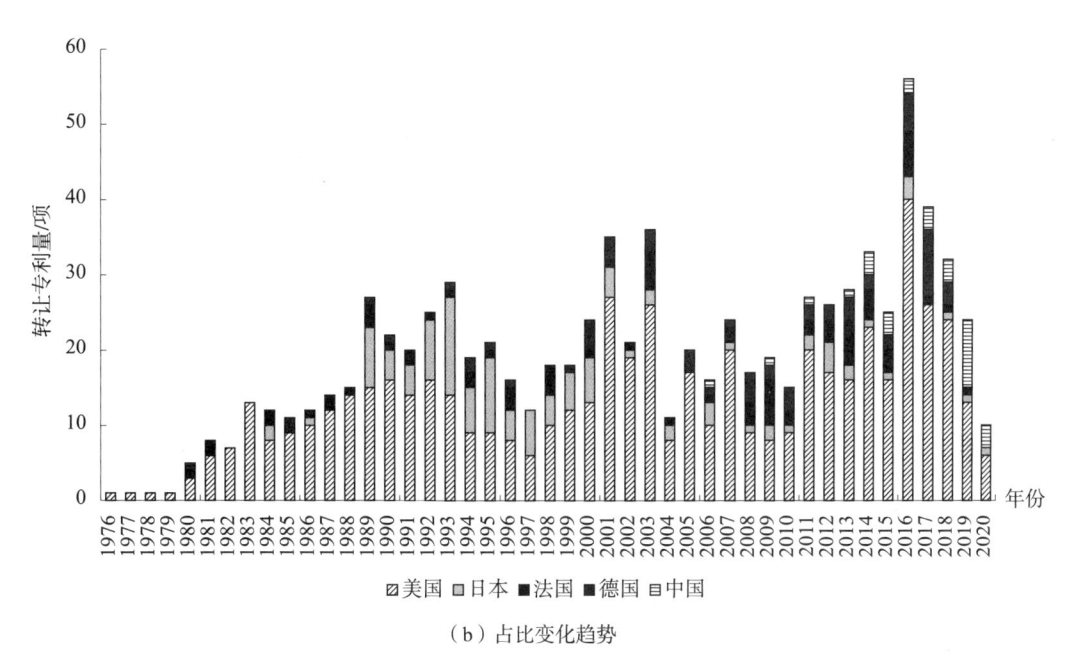

(b) 占比变化趋势

图 3-3-11 商业火箭全球转让专利占比分布与变化趋势

由于专利转让人较为分散，暂无明显规律，课题组重点分析了全球重要的专利受让人。表 3-3-2 列出了全球商业火箭排名前十位的专利受让人，从表中看出，除了 1 家法国企业和 1 家日本企业以外，其余 8 家全部为美国企业。从受让人的特点来看，几乎全是航天领域的巨头企业，特别是老牌传统军工企业，包括诺斯洛普格拉曼、洛克希德·马丁公司、三菱等，进一步佐证了航天技术包括火箭技术来源于军工技术。

表 3-3-3 列出了筛选的典型转让专利，由于美国专利法偏向于保护发明人的利益，大量转让专利是由个人转为企业，另外还有一些企业因更名原因产生的专利转让，上述专利不作为重点研究对象。课题组主要选取了具有实质技术转让性质或者产业发展关联性强的专利进行分析。

表3-3-2 商业火箭重要专利受让人汇总

排名	受让人	受让专利量/项
1	波音公司（BOEING，美国）	60
2	阿里安航天公司（ARIANE GROUP，法国）	57
3	洛克达因航太控股公司（AEROJET ROCKETDYNE，美国）	53
4	诺斯洛普格拉曼（NORTHROP GRUMMAN，美国）	50
5	联合技术公司（UNITED TECHNOLOGIES，美国）	44
6	洛克希德·马丁公司（LOCKHEED MARTIN，美国）	39
7	雷神（RAYTHEON，美国）	37
8	罗克韦尔公司（ROCKWELL，美国）	20
9	通用电气（GENERAL ELECTRIC，美国）	16
10	三菱（MITSUBISHI HEAVY，日本）	10

通过分析可以看出，商业火箭专利转让产生的原因主要包括：技术合作、企业合并、融资质押、收购以及资产转卖。美国对专利转让的运用是极其丰富和成熟的。

普拉特·惠特尼集团公司（PRATT & WHITNEY Group，以下简称"普·惠公司"）是全球最重要的军民用航空发动机及空间推进装置设计、制造和维护商之一，是美国联合技术公司的一个分支。其与波音公司合作共同承担NASA的发动机研制项目，因此早在2003～2006年就有多件波音公司与普·惠公司的关于火箭发动机的专利转让事件（例如：EP1422018A1），可以看出，美国企业在该阶段已经开始火箭的专利市场布局，并以此作为项目和技术合作的途径。

2010年以后，商业火箭市场竞争激烈，多家企业的合并或者收购也带来大量的专利转让，例如2019年雷神与联合技术公司合并成为雷神技术公司，雷神是美国的大型国防合约商，而联合技术公司是全球多元化制造企业之一，合并后的雷神技术公司，横跨航空航天业和国防工业两个领域，排名仅次于波音公司。在其合并过程中，原先隶属于联合技术公司或者雷神的专利均转让至新公司雷神技术公司（例如：EP3006714A1）。2018年军火巨头诺斯洛普格拉曼以92亿美元并购轨道ATK公司，轨道ATK公司主要生产火箭推进器、运载火箭和光电防护系统，并与NASA和美国军方签订巨额合同。收购后，轨道ATK公司的全部专利技术均转至诺斯洛普格拉曼（例如：US20180135562A1）。

除了老牌工业企业的并购和收购会激发专利转让量增长，大量的初创新兴商业航天企业会通过将专利技术质押的方式获取资本以支撑企业发展，这些初创企业会将自己拥有的专利转让至银行机构或者投资企业，例如Space System/Loral LLC，通过专利质押的方式获取融资（US10214303B1）。美国著名的商业航天企业SpaceX也曾在2018年将其所拥有的US10486389B2、US20180241122A1和US7503511B2专利办理权利质押手续，与其2018年达成7.5亿美元的贷款协议的时间吻合。

表3-3-3 商业火箭典型转让专利

专利公开号	申请日	发明名称	专利附图	转让人	受让人	转让日期	转让原因分析
EP1422018A1	2003.11.13	火箭发动机燃烧室具有多个拱形喉部支撑 Rocket engine combustion chamber having multiple conformal throat supports		波音公司 THE BOEING COMPANY	PRATT & WHITNEY ROCKETDYNE INC.	2006.4.12	技术合作：波音公司与普惠公司在航空航天发动机领域合作紧密
EP3006714A1	2015.8.6	脉冲爆震燃烧器 Verbrennungsanlage mit gepulster detonation		UNITED TECHNOLOGIES CORPORATION	RAYTHEON TECHNOLOGIES CORPORATION	2021.3.24	企业合并：2019年雷神与联合技术公司合并成为雷神技术公司
US10214303B1	2016.9.27	低成本运载火箭整流罩 Low cost launch vehicle fairing		SPACE SYSTEMS/LORAL LLC	WILMINGTON TRUST, NATIONAL ASSOCIATION, AS ATERAL AGENT	2020.9.22	融资质押：将专利质押给信托或者银行机构获取资金
US20180135562A1	2016.11.14	液体火箭发动机组件和相关方法 Liquid rocket engine assemblies and related methods		ORBITAL ATK INC	NORTHROP GRUMMAN INNOVATION SYSTEMS INC	2018.6.6	收购：2018年年末诺斯洛普格拉曼以92亿美元并购轨道ATK公司
US10495028B1	2018.2.4	热电火箭推进剂罐加压系统 Thermoelectric rocket propellant tank pressurization system		GARVEY SPACECRAFT CORPORATION/VECTOR LAUNCH INC	LOCKHEED MARTIN CORPORATION	2020.3.4	资产转卖：2019年矢量发射公司破产，相关卫星项目资产出售

近年来，在商业火箭领域也开始有专利诉讼事件的发生。2019 年 4 月美国微型卫星发射服务提供商——矢量发射公司（VECTOR LAUNCH INC）在美国起诉洛克希德·马丁公司专利侵权（819cv00656），涉及的专利是矢量发射公司于 2017 年 3 月申请的"支持虚拟化的卫星平台"专利（US9876563B1），该诉讼于 2019 年 7 月以双方和解的方式迅速终结。同年 11 月，该涉诉专利被洛克希德·马丁公司收购，同年 12 月，矢量发射公司向美国法院提出了破产申请，并将公司的相关卫星项目资产卖给了洛克希德·马丁公司，也包括部分火箭专利申请（例如：US10495028B1）。

从专利转让量的变化和各国或地区占比可以看出，商业火箭，特别是美国的商业航天发射市场竞争非常激烈。专利转让背后往往有更深层次的原因，有些转让是在抵御专利诉讼，有些转让标志企业发展的新业务，或者是在进行项目合作或收购、重组等商业活动的重要契机。企业间的市场竞争、法律诉讼和企业破产收购等商业活动，建立了优胜劣汰的商业化火箭发射市场。

3.3.2.4 主要申请人分析

如图 3-3-12 所示，从火箭和商业火箭全球专利申请人数量随时间变化趋势可以看出，从 1990 年后火箭领域的申请人数量就开始逐渐大幅增长，而商业火箭申请人数量在 2010 年以前始终保持较平稳状态，2010 年以后申请人数量才开始快速增长。这与商业火箭产业发展趋势相一致，说明申请人数量的变化是衡量火箭领域商业化发展的重要因素或指标。

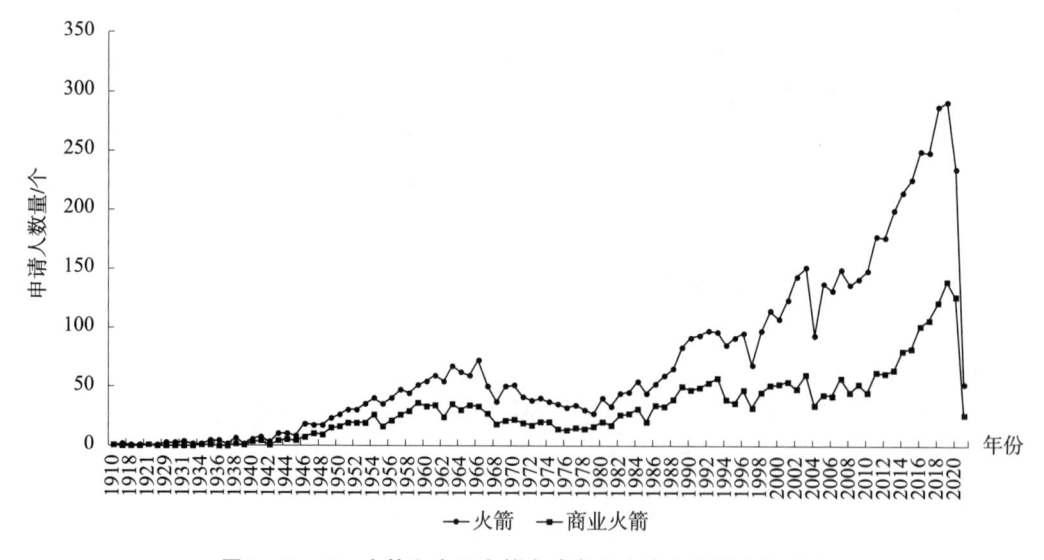

图 3-3-12 火箭和商业火箭全球专利申请人数量变化对比

图 3-3-13 所示排名前十位的火箭专利申请人里中国占据了 5 席，其中包括中国航天——我国最大的国有航天集团以及 2 家民营企业星际荣耀和蓝箭航天，另 2 家都是航天优势高校：西北工业大学和北京航空航天大学。日本的 2 家也均是企业，分别是三菱和日产。法国的赛峰集团申请量排在第四位，也是领域内的龙头企业。另外 2 家分别来自美国和韩国。

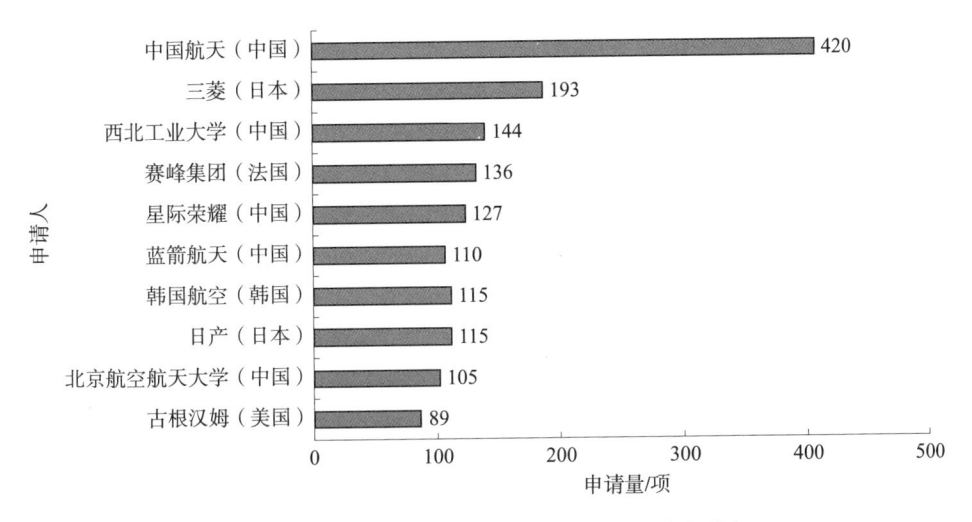

第3章 商业航天装备制造产业商业化发展进程分析

申请人	申请量/项
中国航天（中国）	420
三菱（日本）	193
西北工业大学（中国）	144
赛峰集团（法国）	136
星际荣耀（中国）	127
蓝箭航天（中国）	110
韩国航空（韩国）	115
日产（日本）	115
北京航空航天大学（中国）	105
古根汉姆（美国）	89

图 3-3-13 火箭全球主要申请人专利申请量排名

图 3-3-14 所示的是商业运载火箭排名前十位的申请人，美国有 4 个申请人，包括莫顿塞奥科公司、古根汉姆，还有波音公司和通用电气。我国的两家民营商业航天企业星际荣耀和蓝箭航天申请量也分别排在第三位和第五位。另外还有 3 家日本企业上榜，分别是三菱、日产和石川岛航天。

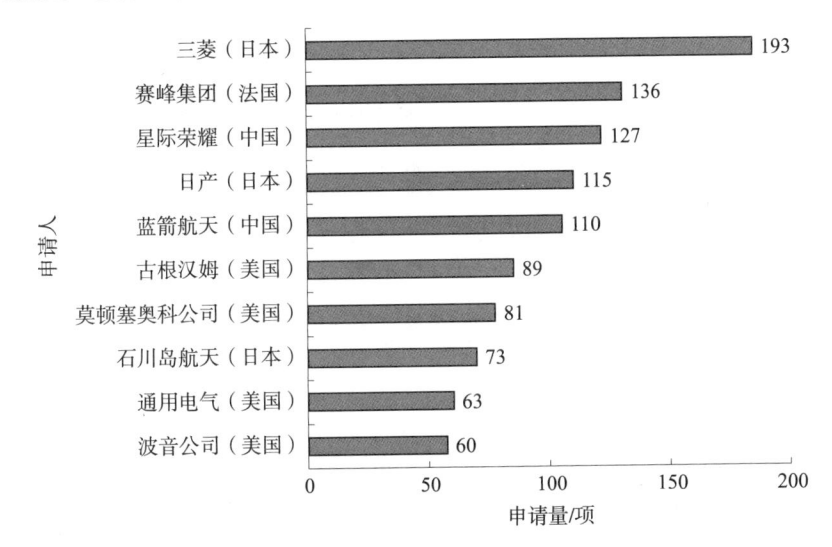

申请人	申请量/项
三菱（日本）	193
赛峰集团（法国）	136
星际荣耀（中国）	127
日产（日本）	115
蓝箭航天（中国）	110
古根汉姆（美国）	89
莫顿塞奥科公司（美国）	81
石川岛航天（日本）	73
通用电气（美国）	63
波音公司（美国）	60

图 3-3-14 商业火箭全球主要申请人专利申请量排名

3.3.3 技术分析

根据火箭的组成，二级分支主要分为箭体结构、推进系统和测控系统。其中箭体结构又可以分为整流罩、贮箱、级间段、尾舱、仪器舱和载荷舱等分支；推进系统根据工作介质的不同主要分为固体推进系统和液体推进系统；而测控系统又可以分为制导系统、姿控系统和测量系统。从全球申请的技术构成分布来看，如图 3-3-15、

图 3-3-16 所示，推进系统是研究热点，申请量 8351 项，申请占比 72%，其次是测控系统，箭体结构申请量最少，占比 7%。

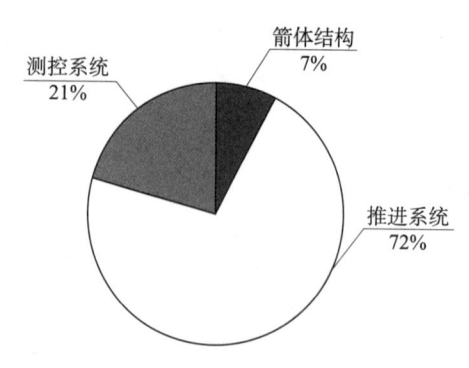

图 3-3-15 火箭全球专利申请技术构成

如图 3-3-16 所示，对比火箭主要来源地申请技术构成情况，可以看出，主要国家或地区的研发热点均是推进系统。其中美国、日本格外重视该领域的研究，美国推进系统领域的申请占其总申请量的 84%，日本是 82%，中国推进系统占比仅 55%。在箭体结构方面，俄罗斯在该领域的申请占比最大，占其总申请量的 18%，说明俄罗斯在箭体结构方面投入较多研发资源。中国在测控系统的研发投入较大，占总申请量的 38%，主要国家或地区的研发重点各有偏重。

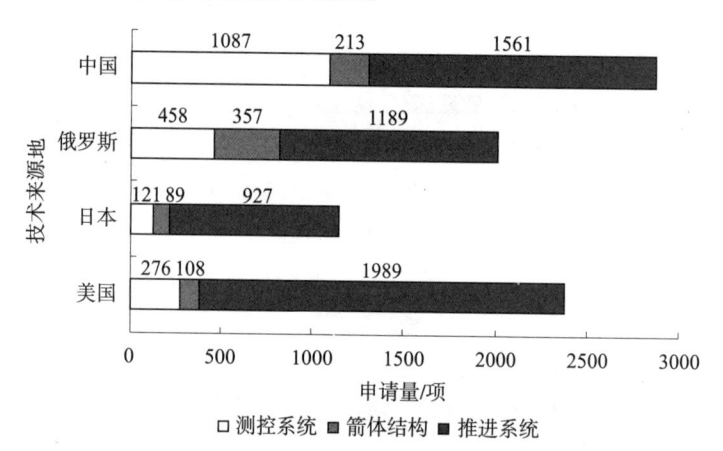

图 3-3-16 火箭主要来源地专利申请技术构成对比

如图 3-3-17 所示，从各技术分支申请趋势变化来看，推进系统和测控系统申请量都呈增长趋势，特别是推进系统，2016 年后增长幅度较大，速度较快，是近年的研究热点和重点。而箭体结构一直处于平稳增长，可能是由于技术相对成熟。

商业火箭的全球申请技术构成基本与运载火箭的技术分布一致，如图 3-3-18 所示，推进系统是研究热点，申请量 4073 项，申请占商业火箭申请总量的 78%，其次是测控系统，箭体结构申请量最少。在商业领域，推进系统的占比进一步增大，说明推进系统也是商业化市场的关键研发技术。

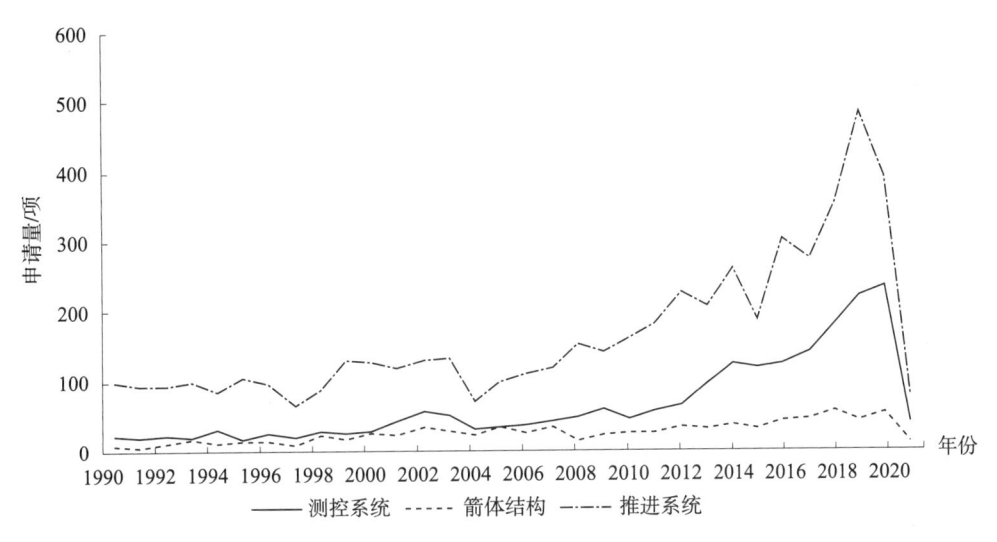

图 3-3-17 火箭各技术分支专利申请趋势

如图 3-3-19 所示，对比商业火箭主要来源地申请技术构成情况，可以看出，主要国家或地区的研发热点也均是推进系统，主要国家或地区箭体结构的申请占比均有所下降，说明其更多是沿用已有技术。

如图 3-3-20 所示，进一步分析商业运载火箭各技术分支随年份变化情况可以看出，各技术分支均呈现逐年增长趋势，推进系统和测控系统的专利申请量增长幅度更大、增长速度更快。

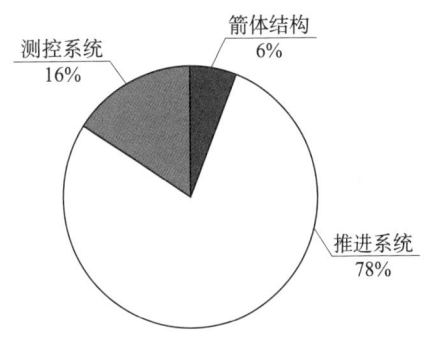

图 3-3-18 商业火箭全球专利申请技术构成

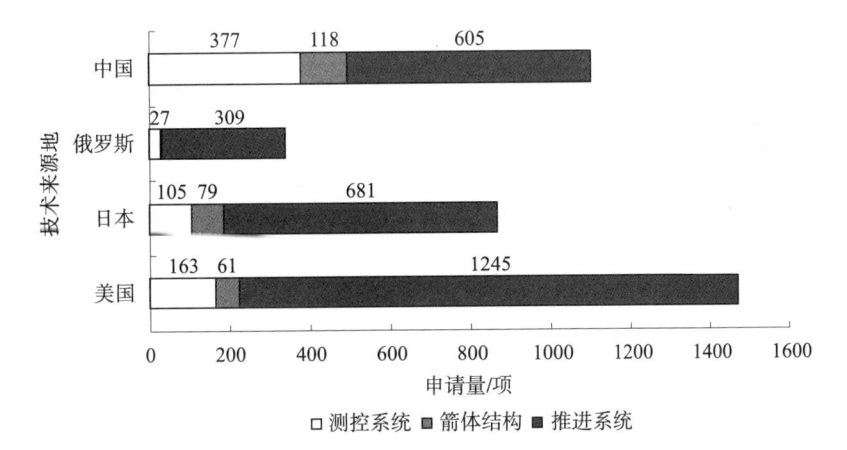

图 3-3-19 商业火箭主要来源地申请技术构成对比

83

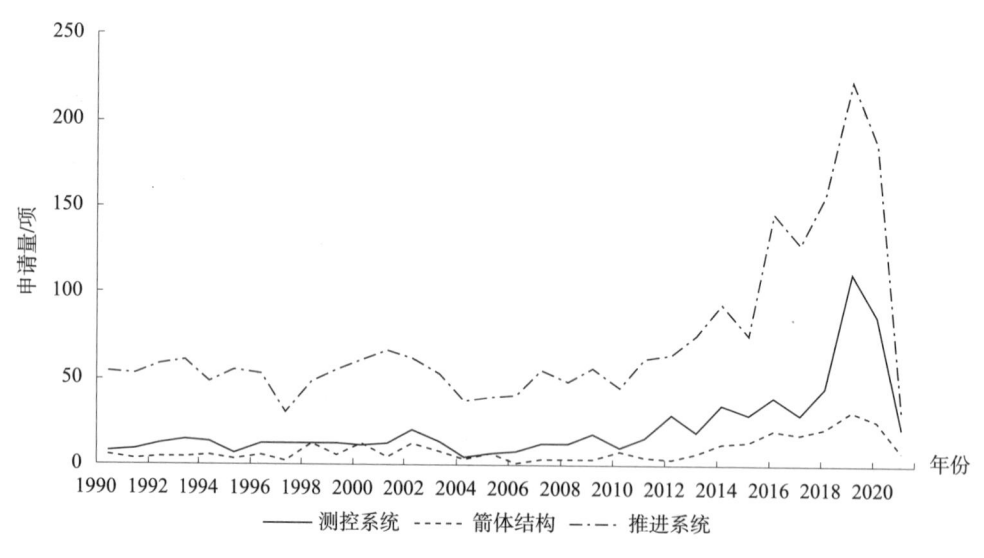

图 3-3-20 商业火箭各技术分支专利申请趋势

推进系统是火箭中一个非常重要的组成部分,无论是体积和重量,还是成本均占据了很大一部分。为了实现火箭的重量轻、体积小、低成本、性能高和寿命长的特点,特别是满足火箭商业化的需求,必须研制相应的先进的推进系统。通过专利分析也可以看出,推进系统尤其是液体推进系统是商业火箭的关键技术。液体推进技术也是各国或地区火箭产品的重头戏和产品成败的关键,结合各企业的专利情况,针对当前全球的主要商业火箭产品进行重点分析,具体参见表 3-3-4。

表 3-3-4 全球主要中型商业火箭产品对比(一)

型号	猎鹰 9（SpaceX,美国）	新格伦（蓝色起源,美国）	阿里安 5（欧空局,欧洲）
运载能力（t）	LEO 22.8	LEO 45	LEO 21
回收复用能力	一级可回收	一级可回收	固体辅助可回收,不重复使用
推进剂	液氧煤油	液氧甲烷	液氢液氧
芯一级发动机	9 台梅林 1D 液氧煤油发动机	7 台 BE-4 液氧甲烷发动机	VULCAIN2 发动机
首飞时间	2010 年	推迟至 2022 年	2008
专利情况	US7503511B2（梅林发动机）	US8678321（海上降落）	EP3246558A1 DE102013018146A1 EP3581782A1 ……

SpaceX 的梅林发动机主要源于 NASA 的 Fastrac 发动机技术。而蓝色起源是从购买其他企业发动机起步的,但是最终走上了自主研发发动机的道路,从 BE-1（过氧化

氢)、BE-2(过氧化氢煤油)、BE-3(液氧/液氢)、到 BE-4(液氧/甲烷)独立体系的过渡,发动机技术功底非常扎实。

与美国初创商业企业的知识产权策略不同,欧空局进行了较多的商业火箭专利布局。赛峰集团是阿里安火箭推进系统的主承包商,其关于商业火箭的专利申请多达136件,但是目前欧洲的火箭产品尚未实现重复回收的功能。

阿里安公司于1984年成立,由欧洲多家制造商、欧洲银行和法国国家空间研究中心创办,公司注册资本约1500万美元,其中法国占59.25%的股份。从1984年5月开始,阿里安火箭进入了商业飞行阶段,由阿里安公司负责商业发射服务业务。空客公司是阿里安5火箭的主承包商,其宇航防务业务主要由空客防务与航天事业部负责。赛峰集团是阿里安5火箭推进系统的主承包商,该集团所属的斯奈克玛公司和赫拉克勒斯公司承担了阿里安5火箭的液体和固体发动机制造任务。2014年底,为了完成阿里安5ME和阿里安6运载火箭研制任务,空客公司防务与航天事业部与赛峰集团合资成立了"空客-赛峰"公司(各占50%股份)。合资公司计划尝试对阿里安航天公司控股,希望承担从运载火箭研制、运输到发射全流程的任务,通过结构调整和资源整合来降低产品研制成本,提高产品的市场竞争力。

图3-3-21、图3-3-22展示了欧空局针对阿里安系列运载火箭产品的专利布局情况,从图中可以看出:推进系统的专利申请占比最高,达到了92%,可以说阿里安系列火箭产品的绝大多数专利申请均是关于推进系统,其中又以液体推进系统为主。从时间轴来看,针对阿里安产品的专利布局数量逐年上升,尤其是在推进系统领域的专利数量大幅增长。从阿里安产品的专利布局概况来看,2000年以前关于推进系统的专利申请主要涉及单个部件的结构改进;随着技术的发展,2000年以后专利申请针对多发动机的火箭推进器、共振阻尼、结构系统等领域的申请逐渐增多;2010年以后,PCT国际申请量逐渐增加,2010年以前欧空局在火箭领域仅有9项PCT申请,2010至今已公布的PCT申请就多达30项,且在中国的专利申请布局明显增多,可见欧空局高度重视中国商业火箭市场。

此外,研究发现,目前小型商业火箭市场的竞争较为激烈,且各个企业采用的技术特点不同,参见表3-3-5,例如矢量发射公司的技术特色在于采用3D打印喷注器技术且大量使用碳纤维材料,火箭实验室的电子号火箭其发动机也采用了3D打印技术;而ASTRA公司的产品正相反,其坚持使用铝材料,并采用传统机械加工手段进行产品加工。而维珍轨道其使用"飞机+火箭"的发射方式,目前也是全球唯一使用该技术的企业。在推进剂燃料选用方面,纵向看从蓝色起源的研发历史,可以发现,其选用的燃料包括过氧化氢、过氧化氢煤油、液氧液氢、液氧甲烷等。横向对比多家商业火箭的研发技术可以看出,矢量发射公司的火箭燃料尝试过液氧-丙烯(US20170096967A1)、SpaceX的猎鹰9选用液氧煤油,而欧洲的阿里安系列火箭选用液氢液氧,中国商业火箭企业的产品采用液氧甲烷居多,专利信息显示对于氧化亚氮基燃料的研究也较为重视。由此可见,目前商业火箭产业正处于快速发展阶段,全球企业正处于不断探索和尝试新型火箭燃料的过程中。

（a）技术分布

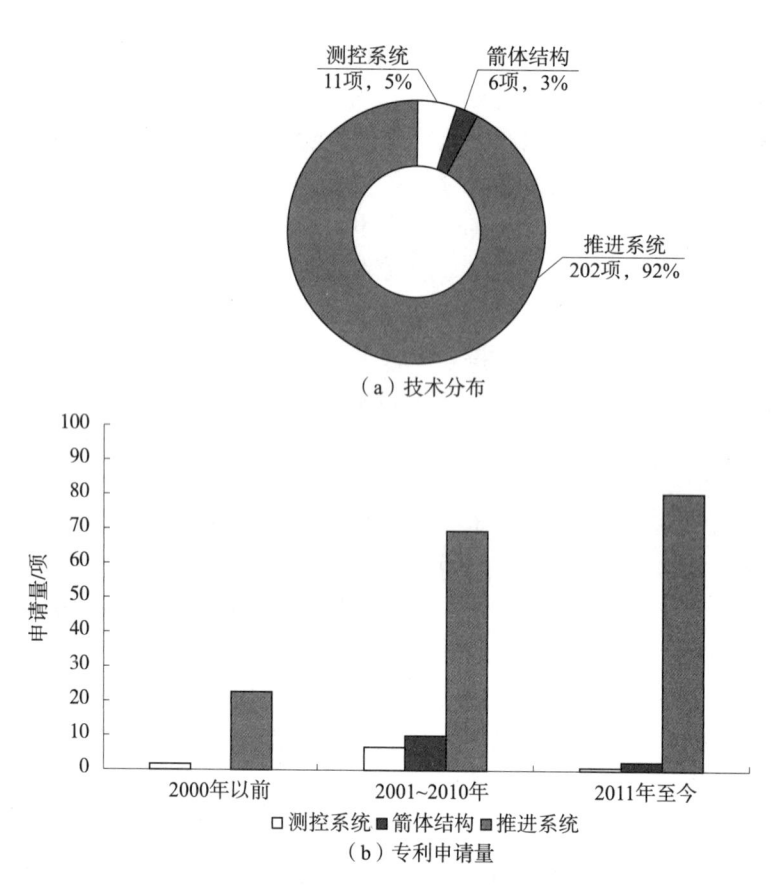

（b）专利申请量

图3-3-21 阿里安系列运载火箭产品的专利申请分布

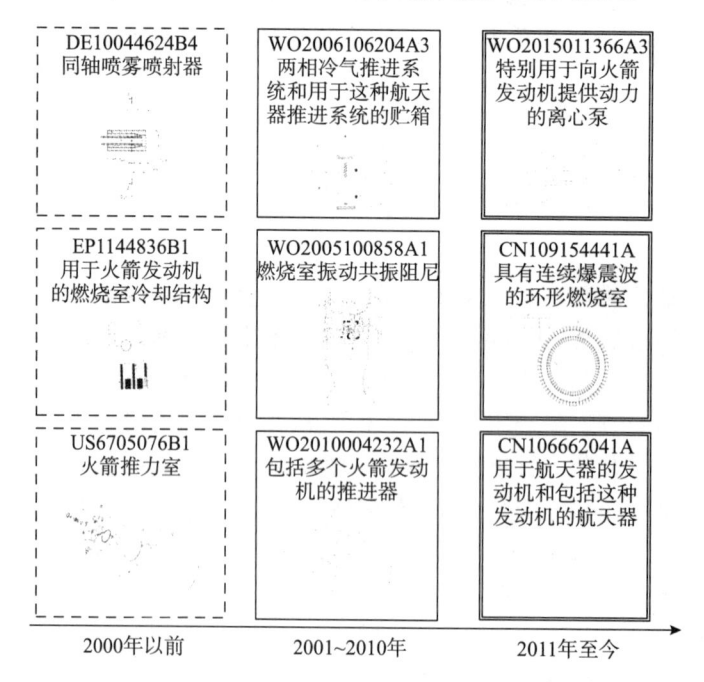

图3-3-22 阿里安系列运载火箭产品的专利布局概况

表 3-3-5　全球主要小型商业火箭产品对比（二）

型号	矢量 R（矢量发射公司，美国）	ASTRA 3.0（ASTRA 公司，美国）	电子号（ROCKET LAB，美国）	火箭型号（LAUN CHERONE 公司，美国）
特色技术	3D 打印喷注器（与 NASA 合作）碳纤维材料	专注于可批量生产火箭（尚未成功）	"卢瑟福"发动机为 3D 打印产品	"飞机 + 火箭"发射方式
专利情况	US20170096967A1（增强型液氧 - 丙烯火箭发动机）US10495028B1（热电火箭推进剂罐加压系统）WO2020101730A1（用于发射系统的增强整流罩机构）	暂无	US10527003B（液体推进系统）	暂无

从当前的商业火箭技术发展来看，即便是初创新兴的商业企业多依赖于政府或者传统企业的技术支持进行技术研发，后期也通过反复尝试和改进研制商业化发展技术，其中重点在于对发动机技术的研发。目前商业火箭还处于多种技术并存、各自探索发展阶段，尚未形成公认的"主流"发展路线。传统航天企业也在大量技术积累的基础上，通过并购新兴企业、购买项目技术、并购合作或者技术合作的方式，改进火箭技术，以适应低成本、高可靠的市场发射需求。

3.3.4　小　结

大量的商业卫星发射需求激发了火箭商业化发展进程。我国由于"国家队"火箭不足以满足航天商业化进程的需求，大量的民营企业进入商业火箭领域。民营企业大都有相同的发展套路：以小型固体火箭起步，同时液体火箭探索以液氧甲烷为代表的液体动力。影响火箭商业化的一个关键问题就是技术创新的问题。

从专利视角来看，早期的航天技术包括火箭技术不以专利形式公开，从 20 世纪 80 年代中后期开始，随着军用技术的开放以及政策的激励，全球专利申请量逐步增长，特别是 2008 年以后，以 SpaceX 为代表的航天力量突然进入大众视野，火箭全球申请量进入了快速发展期。相对于火箭全球专利申请趋势，中国则起步较晚，2006 年开始才有 10 件以上的专利申请，但中国申请发展速度极快。

美国是最早实施航天商业化的国家，其商业火箭专利申请量占全球申请量的 37%，排在第一位。中国航天的商业化起步虽晚，但是发展较快，申请量仅次于美国，随后是日本、法国、德国。但从时间维度来看商业火箭全球专利申请主要来源地变化趋势，国外火箭技术通过长期技术积累和沉淀，申请量呈现稳步增长态势，推动技术革新和产业发展。而我国专利申请量从2015年开始激增，但与航天强国，尤其是美国比较，商业火箭性价比优势不明显，火箭可靠性、运载能力及综合性能与航天强国的差距目前还在加大。

在商业火箭领域，美国毫无疑问是全球最受重视的市场，以3691项专利申请居首位，这与美国航天商业化进程最快、技术最为先进密不可分。中国紧随其后，专利申请量也在3000项以上。进一步分析商业火箭专利转让情况，通过分析可以看出，商业火箭专利转让产生的原因主要包括：技术合作、企业合并、融资质押、收购以及资产转卖。美国对专利转让的运用方式是极其丰富和成熟的。中国的专利转让仅有46项，占我国商业火箭申请总量的3.6%，商业火箭领域的专利运用尚不充分。

火箭领域的申请人数量从1990年后就开始逐渐大幅增长，而商业火箭申请人数量在2010年以前始终保持较平稳状态，2010年以后申请人数量开始快速增长，这与商业火箭产业发展趋势相一致。商业运载火箭排名前十位的申请人，美国有4位申请人，我国的两家民营商业航天企业星际荣耀和蓝箭航天也位列前十，另外还有3家日本企业上榜，这些申请人均是航天领域的传统老牌企业或者知名初创企业。

推进系统是火箭中一个非常重要的组成部分，无论是体积和重量，还是成本均占据了很大一部分，而为了实现火箭的重量轻、体积小、低成本、性能高和寿命长的特点，特别是满足火箭商业化的需求，必须研制相应的先进推进系统。通过专利分析可以看出，推进系统尤其是液体推进系统是商业火箭的关键技术。商业火箭的全球申请技术构成基本与运载火箭的技术分布一致，推进系统是研究热点，申请量4073项，申请占商业火箭申请总量的78%，其次是测控系统，箭体结构申请量最少。在商业领域，推进系统的占比进一步增大，进一步佐证推进系统领域是商业化市场中的关键研发技术。

在专利布局方面，美国初创企业的专利申请较少，偏向以商业秘密的形式进行技术保护；而欧空局则重视对火箭领域的专利布局，特别是近来PCT国际申请量逐渐增加，且在我国的专利布局明显增多，可见欧空局高度重视中国商业火箭市场。

从当前的商业火箭技术发展来看，即便是初创新兴的商业企业多依赖于政府或者传统企业的技术支持进行技术研发，后期也通过反复的尝试和改进研制商业化发展技术，其中重点在于对发动机技术的研发。无论是火箭的制造生产方式还是发射方式以及在推进剂燃料选用方面，目前商业火箭产业正处于快速发展阶段，全球企业正处于不断探索和尝试新型火箭燃料的过程中，尝试的燃料包括过氧化氢、过氧化氢煤油、液氧液氢、液氧甲烷、液氧-丙烯、液氧煤油、液氢液氧等。目前商业火箭还处于多种技术并存、各自探索发展阶段，尚未形成公认的"主流"发展路线。传统航天企业也在大量技术积累的基础上，通过并购新兴企业、购买项目技术、并购合作或者技术合作的方式，改进火箭技术，以适应低成本、高可靠的市场发射需求。

3.4 商业飞船技术商业化发展进程

飞船是人类进入太空乘坐的空间飞行器、在太空进行各种科学研究活动的实验平台和进行空间开发与军事活动的飞行平台。当前全球主要使用的飞船主要分为载人飞船及空间站两类。

(1) 载人飞船

载人飞船是一种用运载火箭发射到近地轨道作短期飞行,执行特定航天任务后再返回地面的载人航天器,通常是一次性使用的航天器。载人飞船的主要构成类似卫星空间系统中的保障系统、包括结构系统、热控制系统、电源系统、姿控系统、轨控系统及测控系统,除此以外,载人飞船还需要环境控制和生命保障系统,为座舱内提供足够的氧气、一定的压力和适当的温度等。

当前,载人飞船一般由轨道舱、服务舱及返回舱三个主要舱段构成。其中返回舱是飞船的核心部分,是整个飞船的控制中心,供宇航员在上升和返回时乘坐;轨道舱是宇航员在轨道上的工作场所,安装有各种实验仪器设备;服务舱通常安装电源系统、生命保障系统等。

(2) 空间站

空间站则是一种在近地轨道长时间运行,可供多名航天员在其中生活和工作的载人飞行平台。小型空间站一般可一次发射完成,大型空间站通常分批发射组件,在太空中进行组装。空间站设有不同用途的舱段,如工作实验舱、科学仪器舱等。空间站外部装有太阳能电池板和对接舱口,保证站内电能供应和实现与其他航天器的对接。空间站的核心子系统包含电力系统、热控系统、环境控制与保障系统以及姿态与轨道控制系统。

本节将从空间飞船的产业现状、专利情况以及技术等角度对商业飞船商业化进程进行分析。

3.4.1 产业分析

自美国航天飞机 2011 年退役后,美国向国际空间站运送人员和货物均需依靠俄罗斯。为改变这种状况,NASA 鼓励私营企业开发往返空间站和地面的"太空巴士"。

全球太空项目大多由国家政府资助,纯商业运作的民营企业凤毛麟角。2009 年奥巴马就任美国总统后,决意鼓励美国民营企业进军太空市场,推动太空活动商业化,希望太空飞行由政府控制转为商业运作。在白宫授意下,NASA 加大了对太空民营企业的扶持力度。"天龙号"飞船得到了 NASA 的大力支持,NASA 还与 SpaceX 签订了一份价值 16 亿美元的合同,未来"天龙号"将至少为 NASA 执行 12 次无人飞行任务,并为太空站运送补给物资。

2012 年 5 月 22 日,"龙"号飞船搭乘"猎鹰 9"号火箭从佛罗里达州卡纳维拉尔角发射升空。国际空间站因此迎来首个私营企业制造的航天器,这也是航天飞机退役后，美国首次向国际空间站运送物资。此次发射开启了私营企业进入航天领域的新时代。

2011年4月18日，美国NASA宣布了第二轮商业乘员开发项目（CCDev-2），以帮助私企研制出可替代美国Space Shuttle的载人航天系统。

美国美东时间2020年5月30日下午3时22分，NASA商业载人航空计划的首次载人试航发射成功。美国宇航员道格拉斯·赫尔利（道格）和罗伯特·本肯（鲍勃）搭乘SpaceX的载人"龙"飞船，由"猎鹰9号"火箭于从佛罗里达州肯尼迪航天中心39A发射台升入太空，并计划于美东时间5月31日下午2时27分与国际空间站对接。2020年8月2日，搭载两名美国宇航员的SpaceX"龙"飞船返回地球，溅落在美国东南部佛罗里达州海岸附近，完成首次载人试飞任务。2020年11月15日，搭载4名宇航员的SpaceX"龙"飞船由一枚"猎鹰9"火箭从佛罗里达州肯尼迪航天中心发射升空。

当地时间2021年4月23日5时50分左右，载有4名宇航员的SpaceX"龙"飞船在肯尼迪航天中心发射升空，飞船将飞往国际空间站。这4名乘客分别是NASA宇航员沙恩·金布罗和梅根·麦克阿瑟，以及日本宇宙航空研究开发机构宇航员星出彰彦、欧洲航天局宇航员托马斯·佩斯奎特。2021年5月2日凌晨，飞船返回地球，降落在美国东南部佛罗里达州海岸附近，完成常规商业载人航天任务。2021年9月15日，SpaceX利用"龙"飞船和"猎鹰9号"火箭执行了首次纯商业载人太空飞行任务，第一次将四名普通人送入太空。

3.4.2 专利分析

数据提取截至2021年5月31日，涉及空间飞船技术的全球专利申请3925项。经专利筛选，得到商业飞船技术全球专利申请658项。本节以3925项飞船技术全球专利申请和658项商业飞船技术全球专利申请为样本，从专利角度分析了商业飞船技术的商业化发展进程。

3.4.2.1 全球专利申请量趋势

1. 飞船整体专利趋势情况

截至检索日，公开的涉及空间飞船技术的全球专利申请量共3925项。图3-4-1显示了空间飞船技术领域全球专利申请的年申请量发展趋势。从该图中可以看出，飞船技术的全球专利申请量随时间的增加趋势明显，而且2013年之后增速也在逐年增加。空间飞船技术的发展可被划分为如下几个阶段：

第一阶段是1974年以前，属于空间飞船技术发展初级阶段。人类驾驶和乘坐载人航天器在太空中从事各种探测、研究、试验、生产和军事应用的往返飞行活动，飞船是主要的载体。载人航天起始于1961年4月12日苏联加加林乘坐东方1号飞船进入地球轨道。随后1961年5月5日，美国第一位进行亚轨道飞行的航天员艾伦·B.谢泼德驾驶美国"水星"MR3飞船进行首次载人亚轨道飞行，美国成为继苏联之后世界上第二个具有载人航天能力的国家。美国与苏联双方将目标放在了太空之中，形成了相互对立的局面,在加加林成功进入太空之后,谁先登上月球就变得尤为重要。但是在该时期虽然飞船技术得到一定发展但是都以国防军工为主,属于国家绝对机密,鲜有专利技术的公开,处于起步阶段。

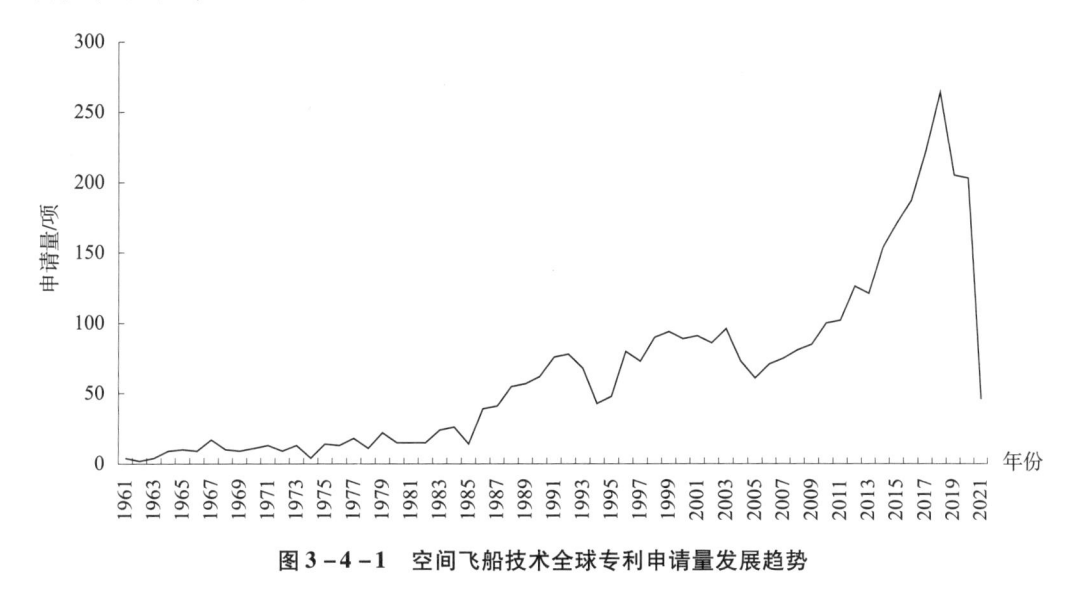

图 3-4-1 空间飞船技术全球专利申请量发展趋势

第二阶段是 1974~1985 年,缓慢发展期。随着越来越多的国家与企业参与到太空探索中,航天技术得到初步的发展,相对前一阶段年专利申请量有了稳定的增长。

第三阶段是 1986~2005 年,稳定发展期。更多的国家或地区掌握了航天飞船及空间站技术,企业在该领域越来越活跃,申请量稳步增长。

第四阶段是 2006 年至今,快速增长期。航天处于空前的活跃期,空间飞船技术年专利申请量出现了激增。

2. 商业飞船专利趋势情况

随着国际空间站的寿命延长,由于从航天飞机退役到国际空间站寿命结束之前存在"断档期",美国决定由私营企业开发新一代的载人航天系统,来承担地球低轨道的运输服务,这是美国载人航天史上最大的一次转型,自此,商业载人航天开始起步发展,并同时带动全球商业空间飞船技术的发展。目前,国外尤其是以美国 SpaceX 为首的商业航天企业已经完成了载人飞行任务,而中国仅处于企业融资阶段,商业化进程刚刚起步。

由于空间飞船项目多数为国家行为,政府投入经费并将市场大部分用于研制过程,因此,空间飞船技术整体市场化程度较弱,商业化程度较低,目前空间飞船在全球范围内的整体商业化程度不高。根据文献查阅、企业调研等,飞船及空间站的商业化发展是必然趋势,其商业化发展方向仍旧值得我们去研究。究其根源,飞船及空间站商业化发展的追求目标以及经营目的无非是在于确保人身安全和设备可靠性的基础上最大额度地创造企业利润。与国家层面的科研目的相比,商业应用更倾向于载人太空旅游,其载人飞船的娱乐价值、体验感显得更为重要。

为了研究商业范畴的飞船及空间站的技术发展，课题组对采集的1960~2021年全球范围内的专利申请数据按时间序列进行统计。

图3-4-2显示了商业空间飞船技术领域全球专利申请的申请量发展趋势。如图所示，全球商业飞船及空间站技术的专利申请量总体呈上升趋势，截至2020年，最高年申请量也仅为49项，商业化发展程度不足，其发展过程可以分为以下两个阶段。

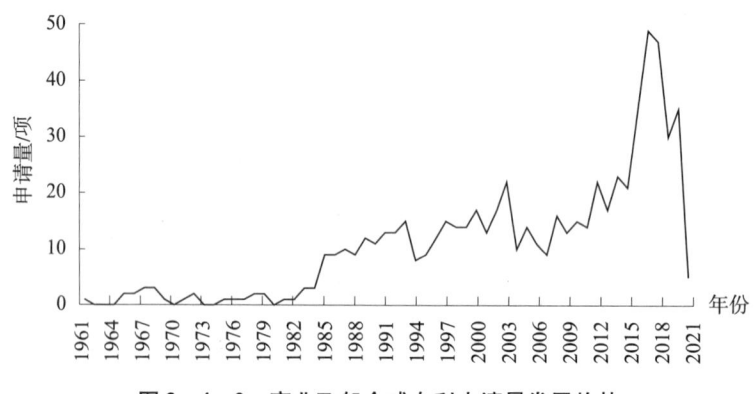

图3-4-2 商业飞船全球专利申请量发展趋势

（1）技术萌芽期（1960~2015年）

1987年之前全球专利申请量仅为个位数，属于技术萌芽期。此时国家层面的飞船技术发展也仅掌握在苏联和美国手中，分别是苏联的东方号、上升号、联盟号载人飞船以及美国的水星号、双子星座号、阿波罗载人飞船，此阶段的飞船研究方向在于不计成本的安全性和高可靠性，因而满足商业化发展的专利申请量十分稀少。此时全球的专利申请量主要依托于美国，因而其专利申请态势与美国大致相符。中国的《专利法》1985年才开始颁布实施，1987年才出现第一项专利申请，相对于美国技术发展较晚。

1988~2015年，全球专利申请量成波浪状式缓慢增长趋势，每年申请量处于10~30项之间，年均申请量也仅为14.25项。该阶段日本、德国、法国、俄罗斯等也逐步开始申请专利。此时中国也逐步开始了专利申请，并于2008年之后专利申请量小幅增长，缩小甚至追平了中美申请量差距。从飞船及空间中的商业化发展角度而言，2012年SpaceX"龙"飞船将货物送到了国际空间站，正式实现了飞船的商业化应用，开启了商业航天的新时代。

（2）技术积累期（2016~2020年）

2016~2020年，全球专利申请量2017年大幅攀升后于2019年有所回落，但整体年均申请量也已达39.2项，相较于技术萌芽期有较大增长。2017之后年申请量的快速回落主要归因于2017年长征五号遥二运载火箭发射失利导致了之后几年申请量下降，且对美国技术发展也产生了一定的影响，两国的申请量增长和下降的叠加导致了全球专利申请的快速回落。但在失利原因查明之后，商业飞船及空间站专利申请2020年又有一定升温。

整体而言，全球以及中、美专利申请量均处于50项以下，商业化程度仍旧存在广阔的发展空间。2020年5月NASA商业载人航空计划的首次载人试航发射成功；2021年4月23日，SpaceX的搭载4名宇航员的载人龙飞船成功发射并于5月2日返回地球。英国维珍银河也于2021年5月22日在美国新墨西哥州成功实现了首次载人火箭飞行试飞，2021年7月11日维珍银河创始人成功进入地球亚轨道并顺利返回，维珍银河已有计划在2022年开展商业载人航空运营。国外的载人航天的商业化进程正在紧锣密鼓地进行中，而中国的商业化刚刚开始起步，商业化发展还具有广阔的发展前景。

3. 空间飞船技术商业化进展情况

为了对比空间飞船技术商业化进展情况，课题组对空间飞船技术以及商业空间飞船技术专利申请量进行了对比，如图3-4-3所示。

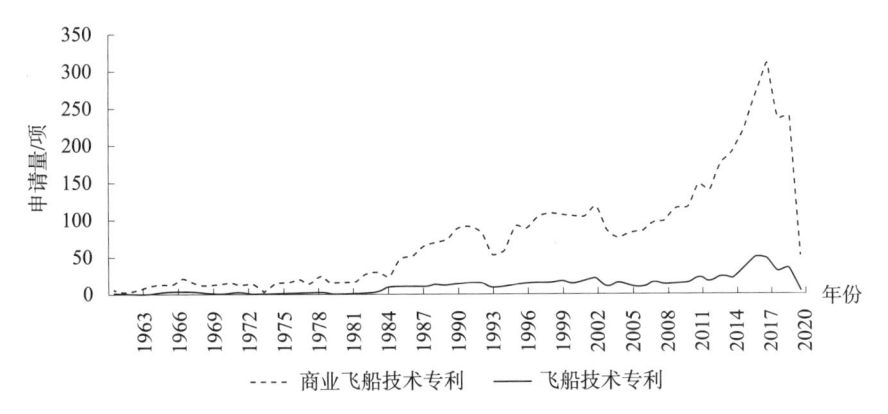

图3-4-3 商业飞船技术和空间飞船技术申请量趋势对比

由图中可以看出，虽然空间飞船技术整体近年来发展迅速，但商业飞船技术仍然发展缓慢，其主要原因在于无论载人飞船还是空间站技术都是高难度系统工程，面临的技术问题多且极为复杂，往往需要相当规模的资金投入，因此商业化进程较慢。

根据图3-4-4进一步对比飞船申请量占比变化情况，可以看出，自1988年商业申请量相对稳定之后，其商业申请量占比基本维持在10%至25%之间，飞船技术的商业化发展的不足；2016年之后，虽然飞船技术整体专利申请量以及商业飞船专利申请量均有较大幅度的增长，但其商业占比仍旧未突破25%，目前商业化发展仍旧处于启蒙阶段。

3.4.2.2 专利技术来源地分布

通过对飞船技术领域的专利申请来源地的分析，可以了解全球主要国家或地区空间飞船技术的实力的强弱。图3-4-5对飞船技术全球专利申请的来源地进行了统计和分析。

由图中可以看出，飞船技术全球专利申请的来源地主要是美国、中国、俄罗斯、日本、德国。中国、美国、俄罗斯三个国家的专利申请总量占据全球专利申请量的71%，超过2/3，集中性较为明显，可见该3个国家对该领域具有绝对的主导地位。其中美国专利申请排在第一位，占全球的29%，成为飞船技术的主要来源地，中国申请量占全球总量的25%，排在第二位；俄罗斯申请量占全球的17%，排在第三位。这三个国家属于航天领域的传统三强。排在第四位的是日本，其飞船技术专利申请量占比9%，仅次于俄罗斯。德国飞船技术专利申请量占比6%，位列全球第五。

从图3-4-6中可以看出，全球商业飞船技术专利申请来源国家或地区主要集中于美国、中国、俄罗斯、日本、德国，美国以绝对优势排名第一。美国的申请量占据了商业专利申请总量的43%，具有绝对优势。中国专利申请位居第二，占总申请量的19%，仅次于美国。俄罗斯第三，占总申请量的11%，之后分别是日本、德国排名分列第四、第五位，申请量分别占总申请量的10%和7%。

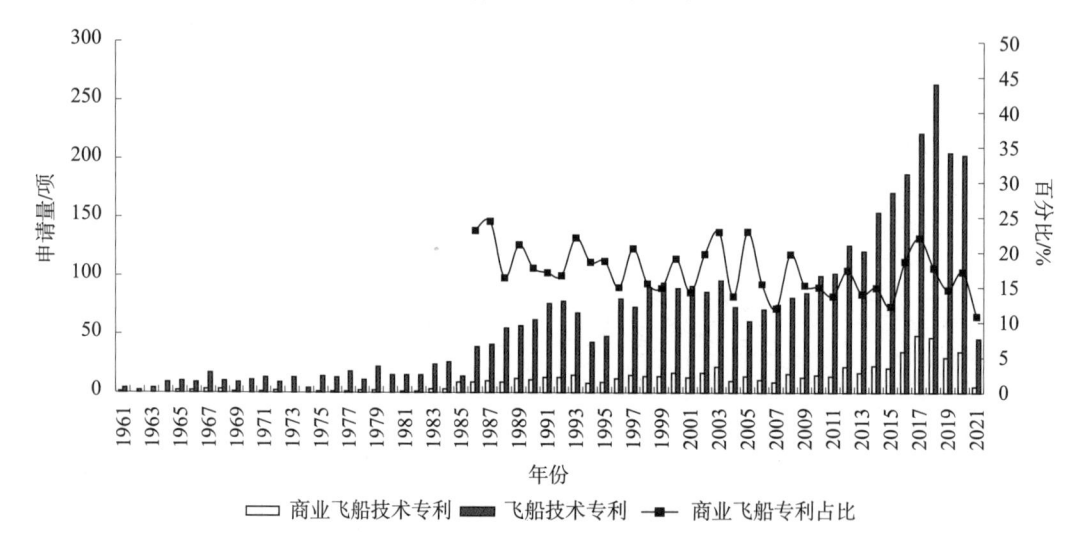

图3-4-4 商业飞船技术申请量占比随年份变化趋势

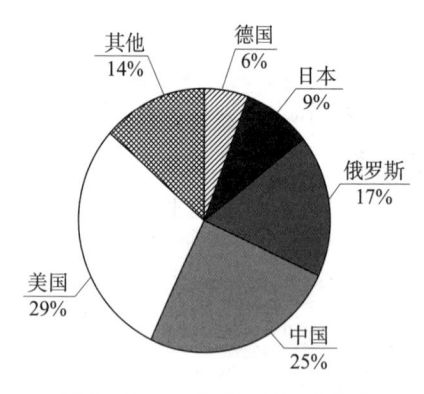

图3-4-5 空间飞船技术全球专利申请来源地分布情况

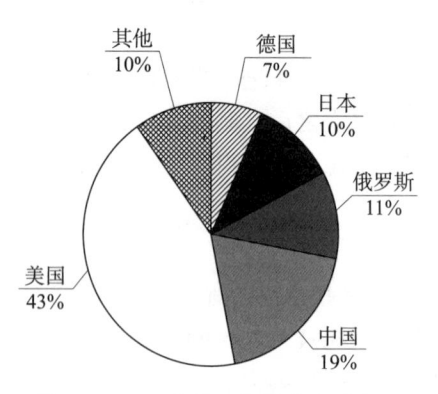

图3-4-6 商业飞船技术全球专利申请来源地分布情况

通过对比飞船技术和商业飞船技术专利来源国占比，可以得知美国在商业领域占比均最大，其中，中国和俄罗斯两国在整体飞船技术专利申请中占比较大，但商业申请量相对较少；美国和日本在商业中占比较大，但在整体飞船占比相对较小，说明了美国和日本相对于中国和俄罗斯更注重飞船技术商业化方向的发展，也从一定程度反映了目前的飞船技术商业化发展现状。

图3-4-7显示了飞船和商业飞船申请人数量随年份变化情况，可以看出，从1960年至1986年，申请人数量有小幅增长，飞船全球申请人数量累计200余个；1986年至2004年申请人数量稳步增长，2004年以后，申请人数量迅速增加。而商业飞船的申请人增长一直处于低位，再次说明飞船领域商业化进程缓慢。

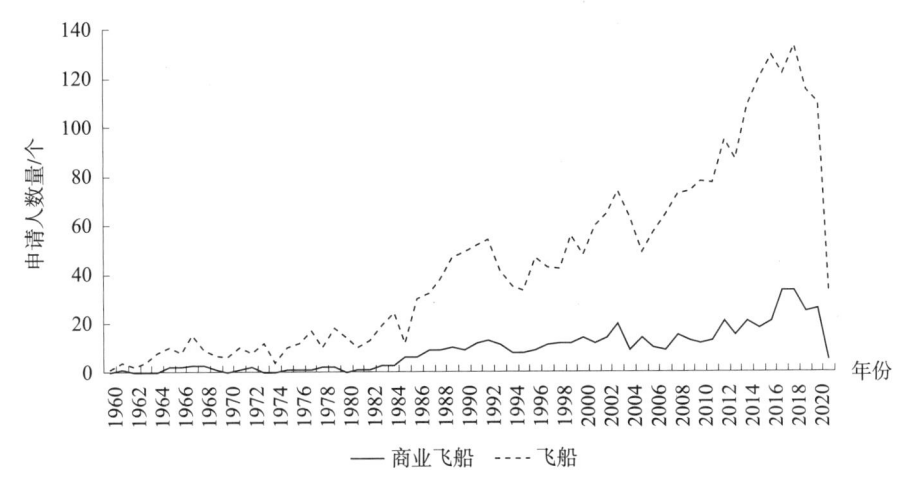

图3-4-7　飞船和商业飞船申请人数量随年份变化情况

3.4.2.3　主要目标市场区域分布

通过对飞船技术领域的专利申请布局国家或地区的分析，可以了解全球主要国家或地区飞船技术市场的活跃情况。

图3-4-8对飞船全球专利申请的布局国家或地区进行了统计和分析，可以看出，美国、中国、俄罗斯、日本是航天飞船布局的重点国家，其中美国以1422项专利申请量排名第一位，美国既是专利申请主要来源地，也是专利布局的主要目标市场区域，可见美国在该领域的市场竞争更加充分和激烈。中国1132项排名第二位，俄罗斯811项排名第三位，日本783项排名第四位。

进一步对商业飞船技术目标市场进行分析。

由图3-4-9可以看出，中国、俄罗斯均集中于本土专利布局，其他区域布局十分稀少，其他国家在各区域布局相对均匀，美国在各区域申请量均较高，具有较大的国际市场竞争优势。各国或地区主要目标市场均为国内市场，全球排名前六位的技术来源地分别为美国、日本、中国、俄罗斯、德国、法国。美国在欧洲、日本的专利申请量最大，说明其更注重欧洲和日本的市场竞争。并且，美国在日本、德国、韩国的专利申请量占比较大，甚至超过了这些本土的专利申请量，说明了美国具有较强的国际市场竞争力。上述国家或地区的申请在一定程度上代表了商业飞船技术的主要目标市场。

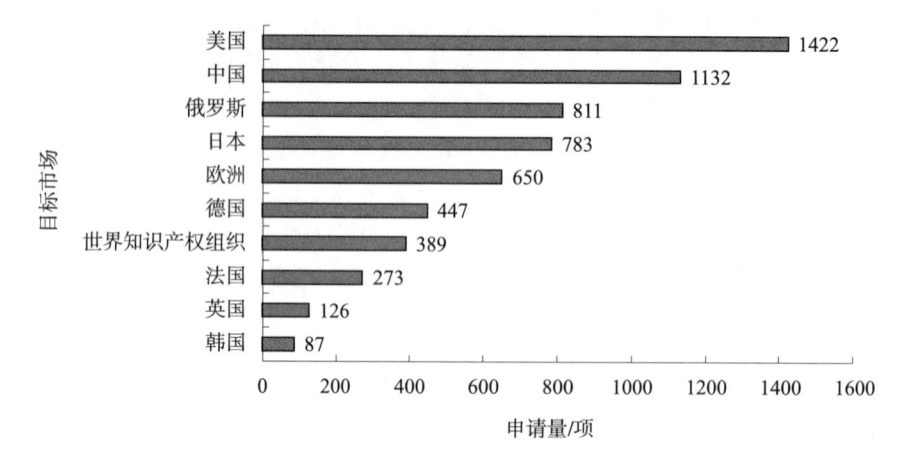

目标市场	申请量/项
美国	1422
中国	1132
俄罗斯	811
日本	783
欧洲	650
德国	447
世界知识产权组织	389
法国	273
英国	126
韩国	87

图 3-4-8 飞船全球专利申请主要目标市场区域分布

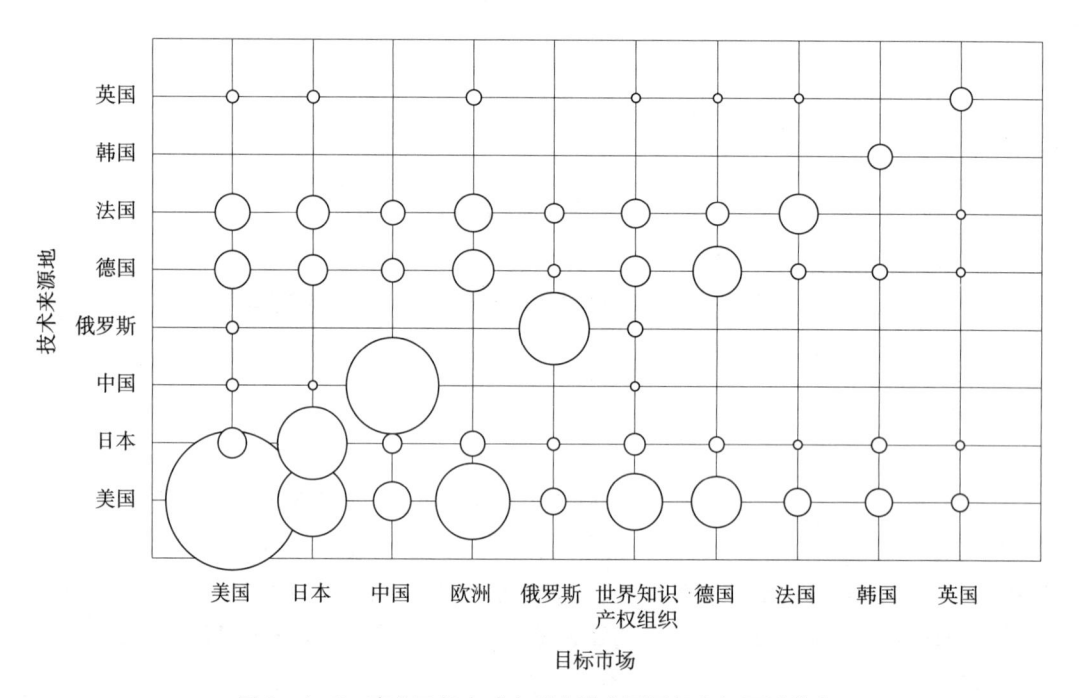

图 3-4-9 商业飞船全球专利申请主要目标市场区域分布

注：气泡大小代表申请量多少。

此外，通过对前五位目标市场区域申请量对比发现，其商业占比与技术来源地的情况大致相同，美国在整体空间飞船技术领域或商业领域占比均最大。其中，中国和俄罗斯在飞船技术领域中占比较大，商业飞船技术领域申请量相对较少；日本在商业飞船技术领域中占比较大，而在全部飞船技术领域中占比相对较小。这也说明了商业飞船技术更倾向于流向美国和日本两国市场，具体参见图 3-4-10。

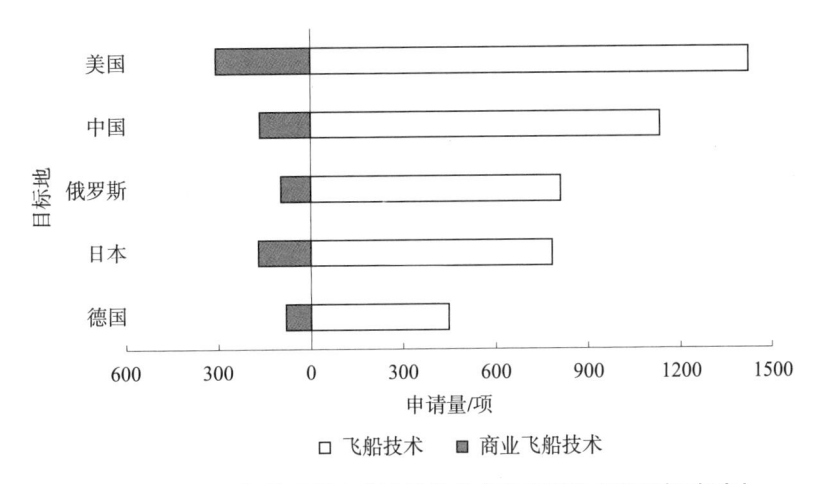

图 3-4-10 飞船技术及商业飞船技术全球专利的主要目标地对比

3.4.2.4 主要申请人分析

图 3-4-11 为飞船技术领域按照专利申请量统计排名的前十位申请人。从图中可以看出来,日本的三菱和日本电气分别排名第一位和第十位,可以看出虽然日本总的申请量并不靠前,但是其专利申请量较为集中,竞争力较强。美国的波音公司、休斯航空和洛克希德分别排名第二位、第四位和第七位,实力强劲,中国的中国航天、北京航空航天大学、北京空间飞行器总体设计部、哈尔滨工业大学分别排在第三位、第五位、第六位和第八位,表明我国高校院所在飞船领域占有一定的分量,但是企业的专利申请量上与美国和日本存在一定的差距。

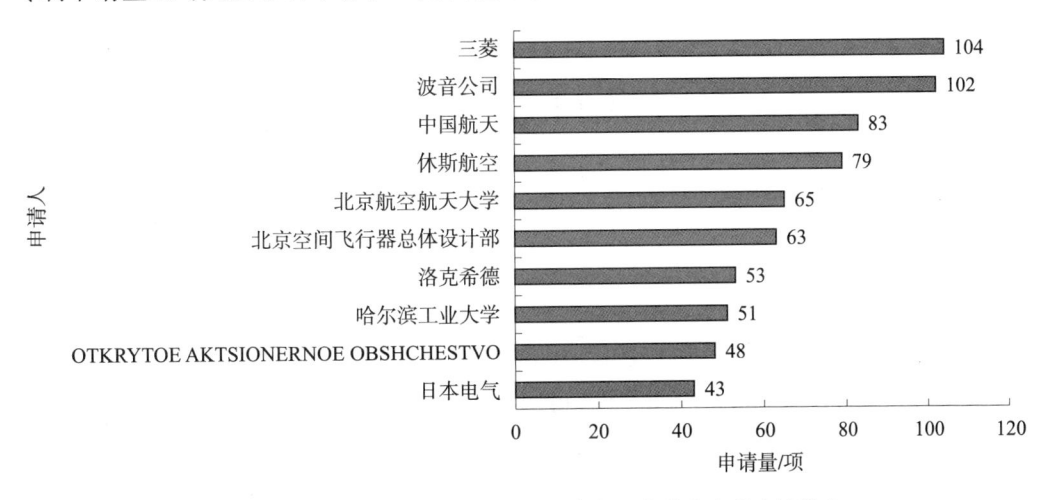

图 3-4-11 航天飞船及空间站全球主要申请人专利申请排名

如图 3-4-12 所示,商业飞船领域的全球专利主要申请人均来自美国、日本、中国、俄罗斯,美国波音公司、日本三菱以绝对优势占据了全球专利申请人排名的第一和第二位,中国北京空间技术研制试验中心位列第三。从全球范围的专利申请人数量排名来看,大致分为两个梯队,美国波音公司、日本三菱为第一梯队,其专利申请量分别为 40 项和 31 项，大大超过了其他申请人，是全球产业竞争中的优势企业；中国北京空间技术研制试验中心以及其他申请人的专利申请量均为 10 项左右，相差不大，属于第二梯队。前十名申请人中，美国有 5 位申请人，占据了半壁江山。中国、日本均包括两位申请人，俄罗斯包括 1 位申请人。中国申请人北京空间技术研制试验中心和北京空间飞行器总体设计部的申请量虽然与美国波音公司和日本三菱所有差距，但也说明了近年来中国空间飞船技术具有了一定商业化发展的基础。此外，通过对商业化的申请人专利检索发现，国外能够实现载人飞行的创新主体 SpaceX、蓝色起源、俄罗斯联盟号等并未涉足飞船及空间站方面的专利申请，其相关技术目前属于商业机密。

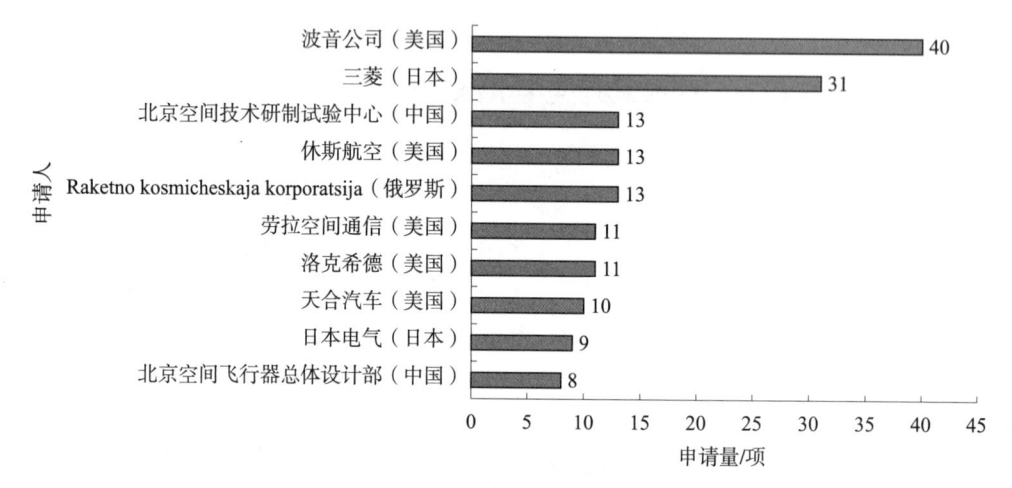

图 3-4-12　商业飞船全球主要申请人专利申请排名

如图 3-4-13 所示，通过对比主要申请人在整体飞船技术以及商业飞船技术的申请量，可以发现，美国波音公司、北京空间技术研制试验中心更注重商业发展方向的技术研究，商业化占比分别为 39.2%、32.5%。日本三菱在航天装备方向的申请量最大，但商业方向的申请量小于美国波音，相对美国波音其商业化发展的研究重视程度较弱。

3.4.3　技术分析

通过分析商业飞船的专利数据，可以看到，其技术主要集中在控制系统的改进，具体参见图 3-4-14。

具体对占比较大的控制系统专利进行分析，其中环境控制与生命保障系统在控制系统申请中占比最大，为 44%，姿态控制、轨道控制、电源控制均占比 15%，热控制系统占比 11%，具体参见图 3-4-15。

目前，商业飞船技术相对于火箭、卫星而言商业化程度较低，其主要原因除了商业应用需求之外，也存在一定的技术难题，飞船需要确保可靠的环境控制与生命保障技术和安全返回技术来实现载人航天。其中安全返回技术可以在目前的火箭、卫星回收中得到一些技术支持，而环境控制与生命保障技术则是用于营造宇航员的太空生活环境，影响载人航天、太空旅游的舒适性、娱乐性和体验感，属于飞船及空间站技术独有的关键技术，对商业飞船及空间站商业化的发展至关重要。

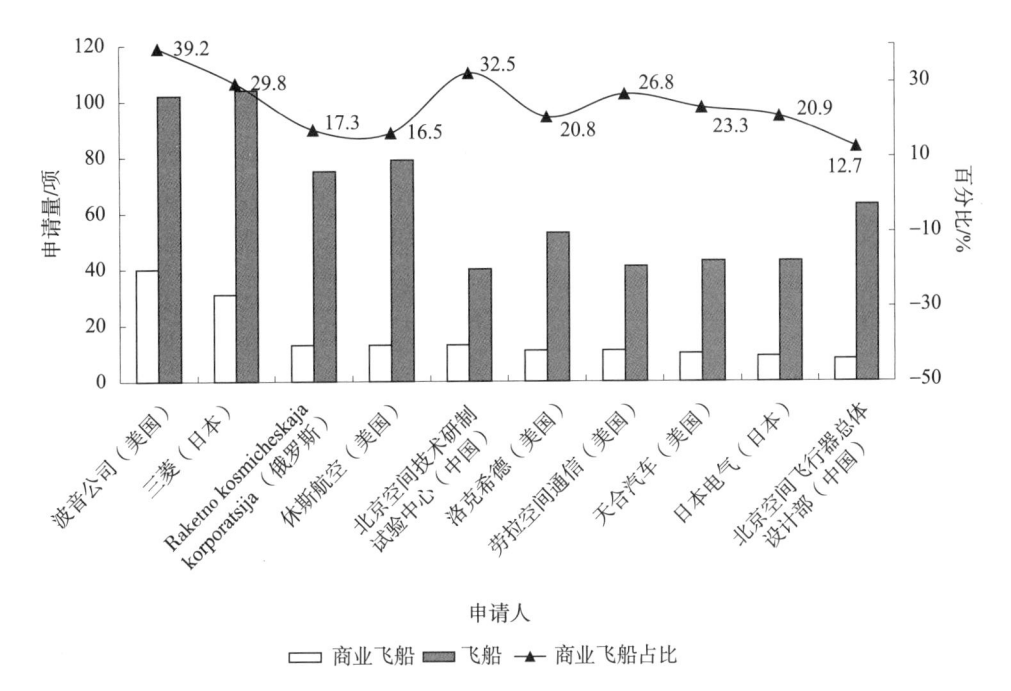

图3-4-13 商业飞船主要申请人商业化专利申请占比

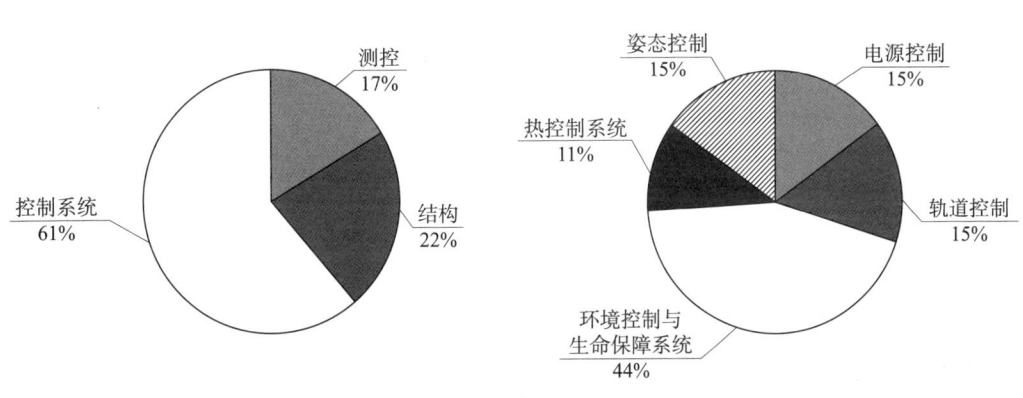

图3-4-14 商业空间飞船技术专利技术构成

图3-4-15 商业空间飞船控制系统专利技术构成

3.4.4 小　　结

本节基于专利以及相关文献，从产业、专利、技术三个角度对飞船商业化进程进行了分析。随着载人航天技术的不断发展，飞船的商业化、产业化进程也逐步开启，但由于技术门槛、资金需求等方面的限制，目前飞船的商业化仍处于起步阶段。

从技术来源地来看，飞船技术全球专利申请的来源地主要是中国、美国、俄罗斯三个国家，其专利申请达到2824项，占据全球专利申请量的72%，超过2/3，集中性较为明显。商业飞船技术专利申请来源地主要集中于美国、中国、俄罗斯、日本、德国，美国以绝对优势排名第一。

从专利市场分布来看，中国、俄罗斯均集中于本土布局，其他国家或地区在全球布局相对均匀。美国在各国申请量均较高，具有较大的国际市场竞争优势。

从主要申请人来看，商业飞船领域的全球专利主要申请人均来自美国、日本、中国、俄罗斯，美国波音公司、日本三菱以绝对优势占据了全球专利申请人排名的第一和第二位，中国北京空间技术研制试验中心位列第三。此外，通过对商业化的申请人专利检索发现，国外能够实现载人飞行的创新主体SpaceX、蓝色起源、俄罗斯联盟号等并未涉足飞船及空间站方面的专利申请，其相关技术目前属于商业机密。

3.5 商业探测器技术商业化发展进程

深空探测器是对月球及以远的天体和空间环境进行探测的无人航天器，按探测目标具体可以将深空探测器分为月球探测器、太阳探测器、行星及行星际探测器等。目前，深空探测器项目多数由政府投入经费并将市场大部分用于研制过程，市场化程度较弱。但依据对企业的走访、调研，课题组通过符合行业认知的商业化发展需求筛选出了少量的专利申请，希望能够为未来的商业化发展及相关技术研究提供参考和指引。筛选主要分为两个方面：一是依据商业经营的营利性目的，筛选了符合低成本性能的相关专利；二是为了利于商业探测器的普适性应用，选用了商家较为关注的提高便利性的相关专利。

3.5.1 产业分析

深空探测器一般由科学载荷及平台构成，探测器的科学载荷一般由探测器的观察目标及探测任务决定。探测器的平台与地球轨道上的卫星系统空间段的保障系统相似，由推进系统、电源系统、通信系统、导航控制系统、指令和数据处理系统、结构及热控制系统等构成，参见表3-5-1。

表3-5-1 探测器技术分解

一级分支	二级分支	三级分支
深空探测器	科学载荷	遥感测量
		原位测量
	平台	—

而深空探测器的测量方式存在两类,即遥感测量和原位测量。遥感测量不受目标和探测器之间介质的影响,早期遥感测量采用成像测量法,现在则主要采用高光谱测量。通过图像和光谱测量,深空探测器能提供在地球轨道上无法得到的精度和试点的观测结果。

原位测量则注重于测量探测器的环境条件,环境的变化会导致探测器特性发生显著变化,这种测量包括电磁场及其波动测量、高能粒子、等离子体、中性粒子等环境测量。

3.5.2 专利分析

截至2021年5月31日,经检索、筛选、去重、去噪以及人工标引后,得到具有符合商业范畴的探测器的专利申请共计75项,以此作为以下专利分析的基础数据。

3.5.2.1 全球专利申请量趋势

如图3-5-1所示,全球商业探测器的专利申请量呈波浪式上升趋势,且全球专利申请主要来自中国专利申请,美国及其他国家或地区申请量十分稀少。截至2021年,每年全球最高申请量也仅为10项,商业化发展程度较弱,尚处于萌芽阶段。

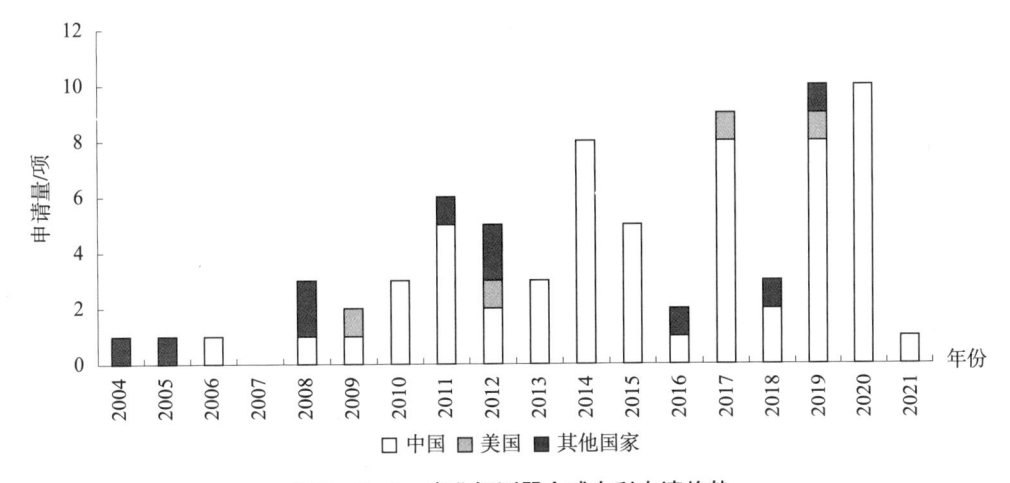

图3-5-1 商业探测器全球专利申请趋势

2004年之后商业探测器技术专利申请才开始起步,因而主要对2005年之后的专利申请进行商业化对比。对探测器及商业探测器技术专利申请趋势进行对比分析,自2004年至今商业探测器技术年申请量均未超过10项,探测器技术专利申请也均在41项以下,探测器以及商业探测器专利申请均较少。相较于探测器全部专利申请,商业探测器的占比仅为15%,且2004年之后每年的商业化占比也均在25%以下,商业化程度较弱,具体参见图3-5-2。

3.5.2.2 专利技术来源地分布

如图3-5-3所示,全球商业探测器专利申请来源地主要集中于中国,美国仅有2项申请。中国以58项的申请量占据了商业专利申请总量的77%,且申请量远超他国;俄罗斯、日本位居第二、第三,但专利申请量仅为7项和3项;美国作为航天领域强国在该领域也仅有 2 项专利申请。这也验证了商业探测器技术尚处于国家研究层面，且属于商业机密。

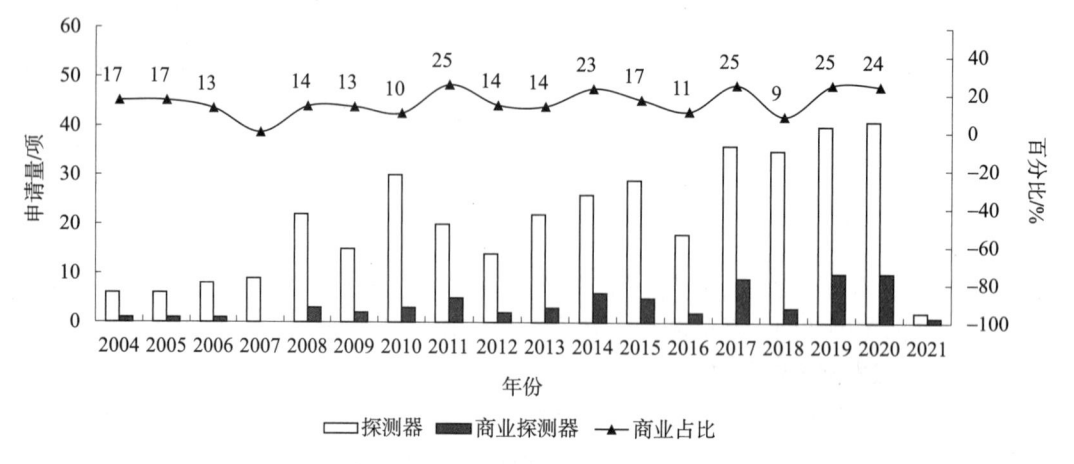

图 3-5-2 探测器及商业探测器全球专利申请趋势对比

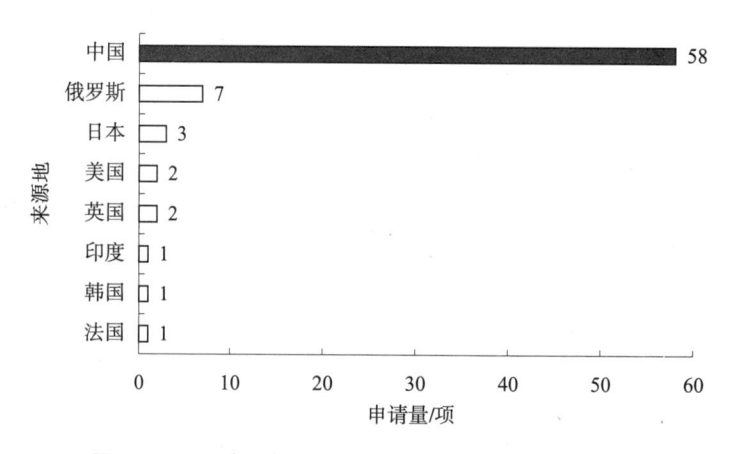

图 3-5-3 商业探测器全球专利主要来源地申请排名

如图 3-5-4 所示，中国在两个领域中占比均最大，美国在商业领域占比较小。通过对比探测器及商业探测器来源地占比，可以得知中国在商业领域的占比大于探测器整体领域，而美国作为商业航天发展最为发达的国家在商业探测器领域专利布局十分稀少，可见商业探测器的技术研究目前刚刚起步或作为商业秘密尚未公开。

3.5.2.3 主要目标市场区域分布

在全球目标市场区域分布中，中国、俄罗斯几乎全部集中在国内专利布局，其余国家或地区申请量均为个位数。通过探测器及商业探测器领域对比发现，中国在两个领域中占比均最大；美国在商业领域占比较小，与全球来源地情况大体一致；但在目标市场区域中俄罗斯商业探测器占比相对探测器整体较大，说明俄罗斯较为倾向探测器商业化方向的技术研究，具体参见图 3-5-5 和图 3-5-6。

（a）探测器

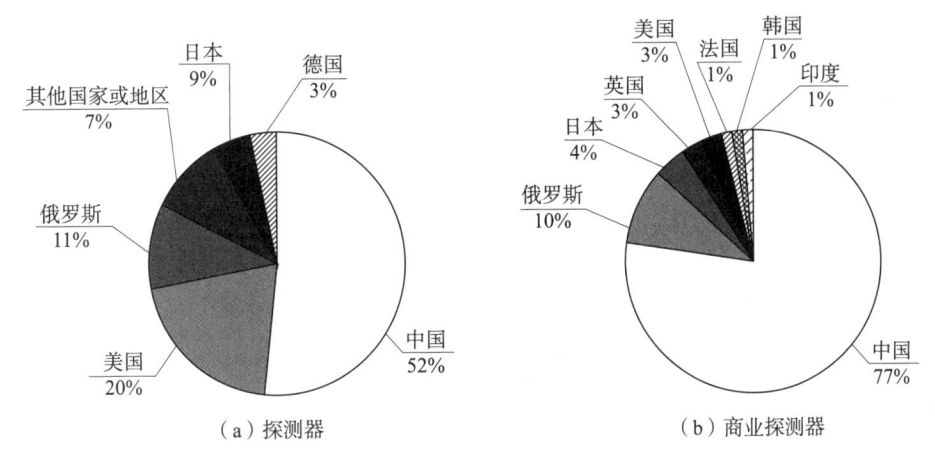

（b）商业探测器

图 3-5-4　探测器和商业探测器全球专利主要来源地申请分布对比

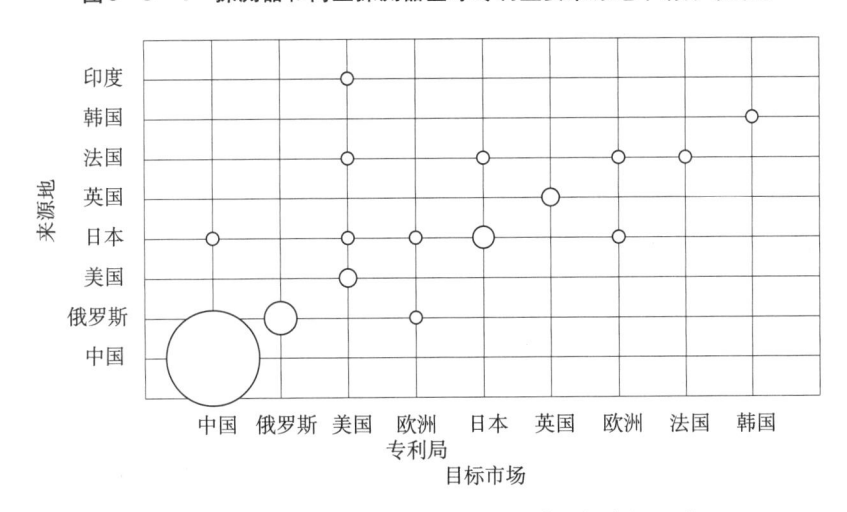

图 3-5-5　商业探测器全球专利申请目标市场区域

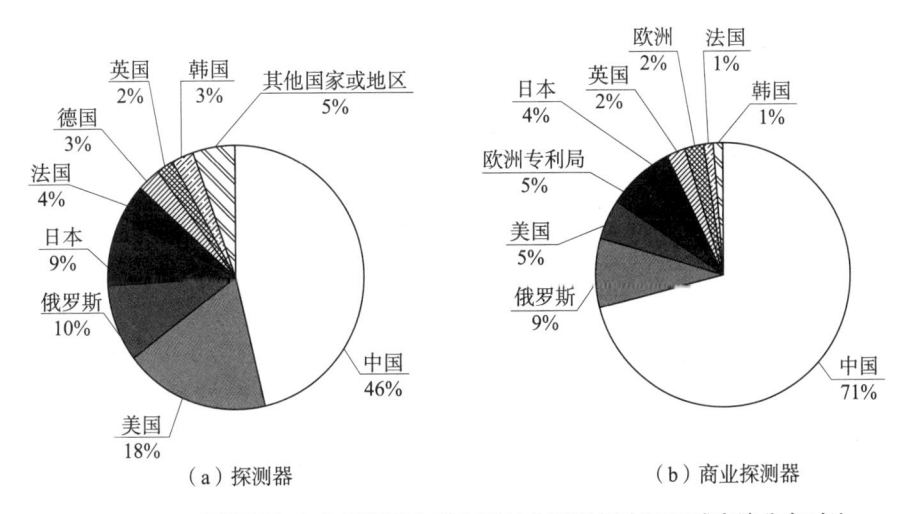

注：气泡大小代表申请量多少。

（a）探测器

（b）商业探测器

图 3-5-6　探测器和商业探测器全球专利的主要目标市场区域申请分布对比

103

3.5.2.4 主要申请人分析

如图3-5-7所示，全球排名前五位商业探测器申请人来自中国本土，且通过探测器及商业探测器对比分析（参见图3-5-8），得知哈尔滨工业大学、中国航天为两个领域内申请量最多的申请人。

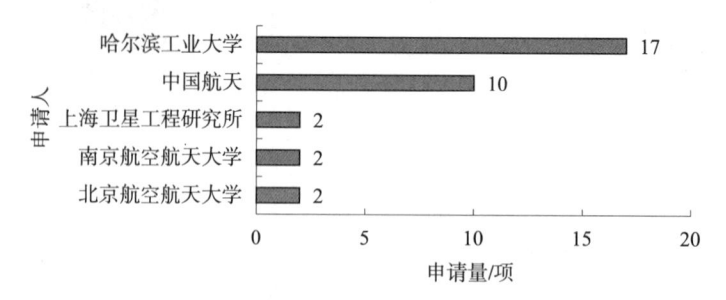

图 3-5-7 商业探测器全球主要专利申请人专利申请排名

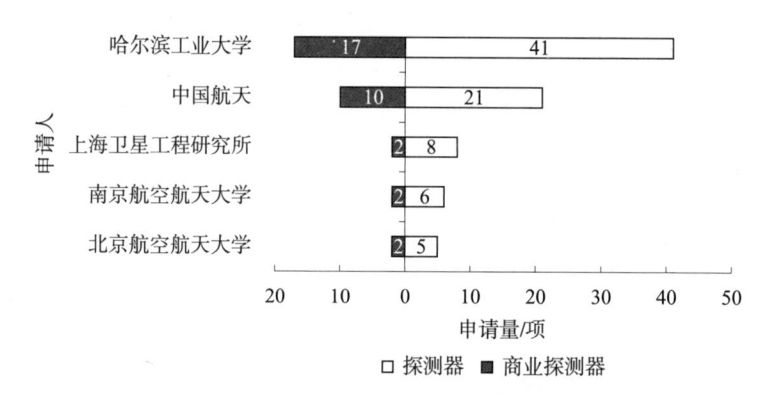

图 3-5-8 商业探测器全球主要专利申请人商业化专利占比

由于全球商业探测器专利申请绝大部分源于中国，且目前数量较少，探测器商业化发展尚处于萌芽阶段，因此本章不再对中国商业探测器以及探测器关键技术进行分析研究。

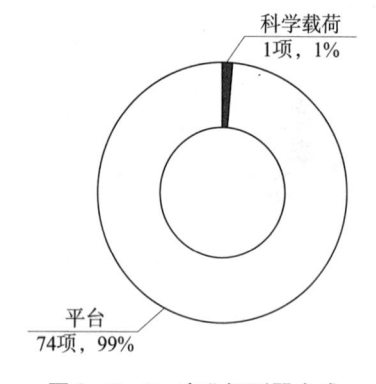

图 3-5-9 商业探测器全球技术分支专利申请占比

3.5.3 技术分析

如图3-5-9所示，商业探测器的专利申请几乎全部来源于平台，科学载荷仅有1项，为西安电子科技大学于2019年3月提出的一种用于系外行星探测的合成孔径光学成像试验系统，其通过利用可控孔径阵列引入等效的子孔径空间运动，有效降低了加工周期和经济成本。其余74项均为平台技术的专利申请，且多涉及月球或火星探测车的技术研究，技术难度相对较低。

3.5.4 小　　结

目前，深空探测器项目多数由政府投入经费并将市场大部分用于研制过程，市场化程度较弱。全球商业探测器的专利申请量呈波浪式上升趋势，尚处于萌芽阶段。相较于探测器全部专利申请，商业探测器的占比仅为15%，商业化程度较弱。中国在商业领域的专利占比大于探测器整体领域。美国作为商业航天最为发达的国家在商业探测器领域专利布局十分稀少，可见该商业探测器的技术研究目前刚刚起步或作为商业秘密尚未公开。

3.6　商业地面设备技术商业化发展进程

在航天领域，"地面设备"一词的含义不尽相同，广义上的地面设备涵盖了卫星应用地面设备和航天发射地面设备。卫星应用地面设备主要是指卫星测控设备及卫星服务终端，航天发射地面设备主要是指航天发射过程所涉及的地面设备，包括各种形式的发射设备、起吊运输设备、加注供气系统、测发控系统及其他辅助设备等。

本课题所研究的地面设备主要是指航天发射地面设备。航天发射地面设备是实施火箭发射准备与发射以及其他技术准备的系统设备，与火箭共同组成航天运载系统，主要为卫星等航天器提供发射服务。

本节将从产业、专利以及技术等角度对地面设备商业化发展进程进行分析。

3.6.1　产业分析

航天技术的发展源于国防，从1937年德国在佩内明德建立世界上第一个导弹试验靶场开始，世界上相继建成了各具特色的航天发射场和发射设施。

地面设备在商业化发展进程中主要受到航天活动的国家责任逻辑体系和各国或地区发射许可审批尺度变化的影响，初期的商业发射市场比较局限，且主要依托于传统地面设备的继承和应用。

虽然初期的商业发射采用的是国有运载火箭，但地面设备提供商业发射服务的过程是以市场为主导，采用市场手段，运用市场机制，按照市场规律开展航天活动，因此，可以称之为地面设备的商业化应用。

地面设备的商业化起始较早，伴随着各航天大国传统军用航天发射场提供商业发射服务开始。20世纪80年代，作为传统航天大国，美国为了缓解经济压力最先引入航天商业化发展机制，并开始提供商业发射服务。1984年10月，里根政府发布《商业航天发射法案》，成立商业航天运输办公室，并于1989年3月29日完成第一次商业航天运输办公室授权发射，将Starfire送入太空。1985年10月，我国正式宣布长征系列运载火箭投入国际市场承揽国内外用户发射卫星业务，并于1990年4月7日在西昌卫星发射中心成功发射由美国休斯公司研制、香港亚洲卫星公司运营的"亚洲一号"卫星，从此正式进入世界商业航天市场。20世纪90年代，随着苏联解体，深陷经济危机的俄罗斯，面对航天活动的巨额开支，不得不将家底技术拿出来变现，通过商业化反哺国民经济。1992年，俄罗斯航天局成立后，即制定了俄罗斯2000年前国家航天计划，强调俄罗斯太空开发一定要与用户需求相适应，明确表示发展商业航天是四大任务之一。

商业地面设备的第一次发展归因于国际航天竞争对抗格局的改变以及一系列低地球轨道卫星星座项目的上线。1991年，苏联的解体使国际航天竞争对抗格局改变，国际航天资源政治色彩弱化。同时，随着一系列低地球轨道卫星星座项目的上线，在巨大市场需求的推动下，私人航天力量异常活跃，虽然许多企业由于资金原因而最终破产消失，但在这段时期，商业地面设备得到了一定程度的发展，由美国轨道科学公司和赫尔克里士宇航公司共同开发研制的飞马座运载火箭成功实现空中发射。

商业地面设备的第二次发展归因于商业火箭市场的逐步开放。2000年前后，以美国为首的航天大国在经济和市场的诱导下，对于商业航天细分领域提出许多针对性鼓励政策，逐步打开了商业火箭的民营市场，以SpaceX为代表的航天力量进入了大众视野。2014年以后，中国商业航天的政策逐步开放，许多民营火箭企业相继成立，火箭技术的发展和商业发射市场的进一步扩展促进了商业地面设备的快速发展。2019年6月5日，我国长征十一号以"一箭七星"方式成功完成我国首次海上商业发射，填补了我国运载火箭海上发射的空白，也标志着我国具备了微小卫星快速组网能力。新型运载火箭系列化、组合化、无毒无污染等发展特点，极大地刺激了地面设备新的发展需求，促使发射场不断进行现代化改造。

随着商业发射的比重越来越大，发射场管理体制逐渐走向军事、民用和商业化管理模式并存的格局，出现了军、民、商航天发射场共存的局面。

美国拥有世界上最多的发射场，除了发射场数量上有优势，发射工位也很多，仅卡纳维拉尔角空军基地一处发射场的发射工位，就比中国四个发射场发射工位的总和还要多。美国的私营航天企业主要以廉价租用军方发射场的发射工位来实现商业发射，也有少数私营航天企业拥有自己的私营航天发射场，如SpaceX、火箭实验室（Rocket Lab）和相对论空间公司（Relativity Space）等，其他发射服务企业均使用卡纳维拉尔角空军基地以及范登堡空军基地两个发射场的设施和服务。其中火箭测试主要由火箭承包商负责，发射场操作和测控通过与NASA及美国军方签署长期发射场设施租赁和测控服务合同实现，美国军方免费或以直接成本价为民用发射任务提供发射测控以及后勤保障等服务。

俄罗斯拥有现役发射场5个，包括其长期租用的哈萨克斯坦境内的拜科努尔航天发射场以及东方航天发射场，其中，拜科努尔发射场由俄罗斯联邦航天局和航天兵部队共同管理，国内发射场由航天兵部队管理，属于政府公共设施。此外，俄罗斯S7集团（S7 Airlines）正在启用建于20世纪90年代的"奥德赛"（Odyssey）海上发射平台。俄罗斯作为传统航天强国，其商业航天的发展主要依赖提供商业发射服务，而随着SpaceX发射成本上的优势越来越明显，俄罗斯商业发射的市场份额持续下降。2020年SpaceX载人发射成功，俄罗斯不再是唯一能够将宇航员运送到国际空间站的国家，失去了多年以来的垄断地位。除了载人航天，俄罗斯的太空货物运输也风光不再。

中国航天发射场从无到有、不断壮大，已形成布局相对合理、设施基本完善、功能比较齐全的发射格局。我国共有三大传统航天发射场，分别是酒泉、太原和西昌发射场。同时随着新一代运载火箭的发射需要及商业航天的发展，进一步规划建设了海南文昌发射场。目前中国主要以国家发射场资源维持现有管理模式，开放军民融合发射工位或区域，允许社会资本参与共建的方式来应对商业发射需求，如蓝箭航天在酒泉发射场建造了国内第一个商业航天发射工位。此外，我国在现有航天发射场的基础上，陆续规划了山东海阳海上发射场和宁波国际商业航天发射中心，发射场资源基本能够满足我国当前的发射需求，并且正在向逐步建立更加灵活的商业航天任务计划协调机制的方向发展。

在商业航天发射市场的激烈竞争中，只有获取更多的商业发射机会，才能谋取更多的利益。现阶段高昂的进入空间成本、每年有限的发射次数，使发射服务端成为整个商业航天产业的瓶颈，极大地限制了空间应用的进一步发展，"高质量、低成本、快速响应"成为整个航天产业对发射服务端的核心诉求。地面设备领域，应通过改进优化发射流程，提高标准化、自动化程度以降低成本，缩短发射周期，提高发射能力。

3.6.2 专利分析

数据提取截至2021年5月31日，涉及地面设备的全球专利申请共计2106项。经专利筛选，得到商业地面设备全球专利申请共计1743项。本小节以2106项地面设备全球专利申请和1743项商业地面设备全球专利申请为样本，从专利角度分析商业地面设备技术的商业化发展进程。

3.6.2.1 全球专利申请量趋势

图3-6-1显示了商业地面设备全球和中国专利申请量随年份变化趋势对比情况。

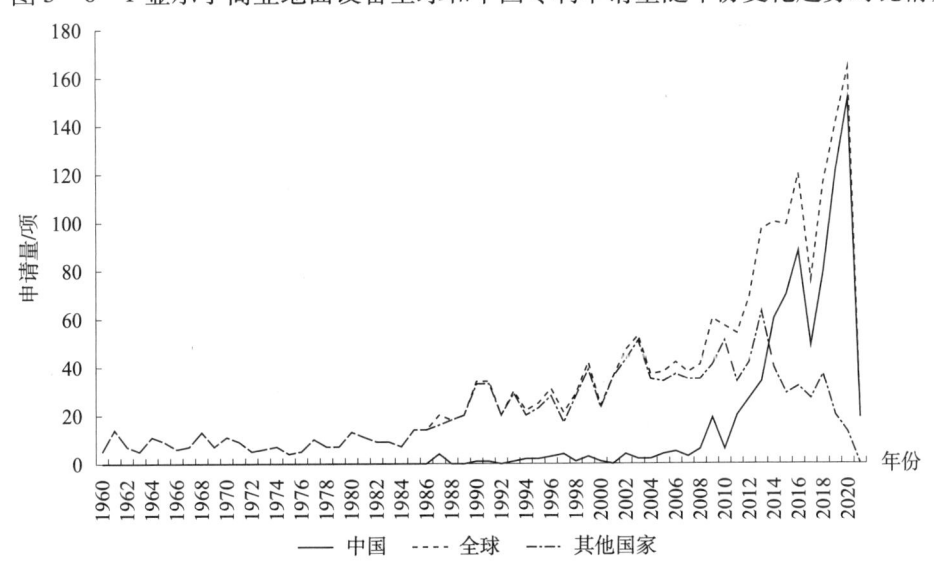

图3-6-1 商业地面设备全球和中国专利申请量随年份变化趋势对比

从商业地面设备全球专利申请量趋势来看，1960年以前专利申请量较少（图中未示）。该时期航天领域由政府严格管控，航天技术尤其是发射场及其地面设备属于各国或地区的绝对机密，鲜有专利技术的公开。

1960~1985年这一时间段内地面设备领域的全球专利申请量较少，处于技术积累期。1957年苏联用卫星号运载火箭发射了第一颗人造地球卫星，自此，全球航天从各种航天器的探索实验开始向以战略应用为主的完善实用性系统过渡，载人航天及空间飞船开始进入实验阶段并逐渐成熟。该阶段执行发射任务主要依赖已有的发射场及其地面设备，且几乎没有商业发射任务，对地面设备领域的技术更新没有迫切的需求。

1986~2000年这一时间段内地面设备领域的年均专利申请量呈现平稳增长的趋势，进入了第一发展期。1984年美国发布《商业航天发射法案》，1991年苏联解体，同时一系列低地球轨道卫星星座项目上线，1993年美国导航星全球定位系统GPS部署完毕。该阶段，商业发射需求小幅增长，商业发射对地面设备的技术更新提出了新的需求，使商业地面设备得到了一定程度的发展，年均专利申请量出现了第一次阶梯式增长。其间，全球的专利申请量几乎全部由中国以外的其他国家或地区贡献，中国在该阶段虽然已经开始承揽商业发射服务，但是并没有对相关技术进行专利保护。

2000年以后，随着航天发展格局的变革，全球商业地面设备的专利申请量逐步进入了第二发展期。2000~2014年，在经济和市场的诱导下，美国对于商业航天细分领域提出许多针对性鼓励政策，逐步打开了商业火箭的民营市场，以SpaceX为代表的航天力量进入大众视野，同时商业发射服务所涉及的层面更加多元化，进一步促进了商业地面设备的技术更新，全球专利申请量出现了第二次阶梯式增长。在地期间，全球的专利申请仍主要由中国以外的其他国家或地区贡献。2014年后，伴随着中国商业航天政策的逐步开放，许多民营火箭企业相继成立，火箭技术的发展和商业发射市场的扩展促进了商业地面设备的快速发展，中国在商业地面设备领域的专利申请开始出现大幅度增长，全球专利申请量受到中国专利申请量增长的影响而出现了第三次阶梯式增长。但与此同时，其他国家或地区在商业地面设备领域的专利申请则呈现出了阶梯式下降的发展趋势。分析原因可能是国外在地面设备领域的技术积累期时间较长，技术发展更快更先进，及至该阶段，国外在地面设备领域的技术积累已经足以满足当前的发射需求。而中国由于航天发展初期受技术、经济等方面的限制，延续至今的地面设备已经较难满足当前发射服务的需求。例如我国发射场的发射工位较少，发射场资源利用不够充分，所采用的发射设备和发射方式也难以满足低成本、高效率的商业发射的要求，因而对地面设备的技术更新升级需求较大。其中，2017年，全球专利申请量出现了明显的下滑趋势，考虑原因可能是受到中国长征五号火箭发射失利的影响。

图3-6-2进一步对比了商业地面设备的申请量占比变化情况。可以看出，从2000年开始，商业地面设备在地面设备专利申请中的占比虽然有一定程度的波动，但

整体始终维持在80%上下。经分析，这与地面设备的商业化性质有关，因为对于传统航天和商业航天来说，地面设备具有较强的通用性和继承性，各航天大国均主要以共享传统航天发射地面设备的方式实施商业发射，即已有地面设备在开展国家航天任务的同时也承接商业订单，且地面设备领域不存在较大的技术壁垒，因此，商业地面设备专利申请量占比较大且随年份变化不大。

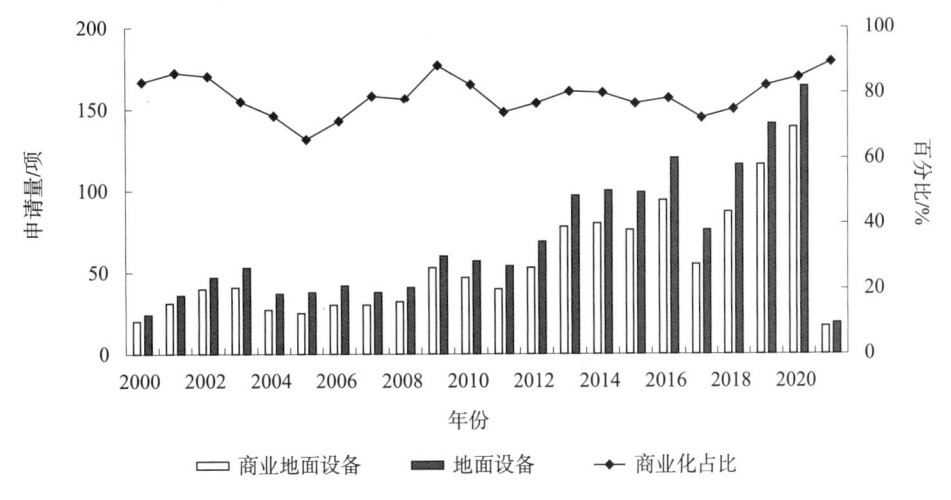

图3-6-2 商业地面设备专利申请量在地面设备中的占比随年份变化趋势

3.6.2.2 专利技术来源地分布

如图3-6-3所示，中国、美国、俄罗斯、日本是商业地面设备的四大专利申请来源地。

中国专利申请后来居上，总量最多，占比32%。分析原因是航天领域的地面设备属于基础性设施，不存在较大的技术壁垒，且中国传统航天发展初期受经济技术条件的限制，航天发射地面设备的技术基础较为薄弱，发射场资源利用不够充分，随着近几年商业航天的快速发展，发射需求大幅度增长，对早期较为落后的地面设备的技术更新升级需求较大，尤其在2014年以后中国在地面设备领域的专利申请激增，因此，导致我国商业地面设备专利总申请量较大。

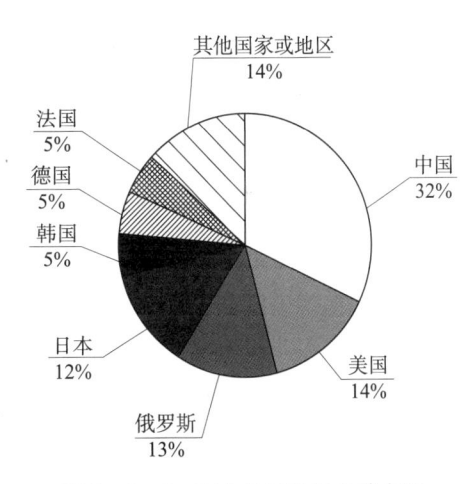

图3-6-3 商业地面设备全球专利申请主要来源地分布

美国作为最早实施航天商业化的国家，其商业地面设备专利申请量占比14%，排名第二。分析原因，美国虽然是航天强国，但其研发重点主要集中火箭卫星等技术领域，其目前的地面设备领域的技术水平已经能够满足当前的发射服务需求。

俄罗斯仅次于美国，其商业地面设备专利申请量占比13%。俄罗斯虽然在火箭的研制上尚未实现商业化，但早在1992年，俄罗斯联邦航天局就提出了发展商业航天的计划，试图通过技术变现解决其经济问题。在很长一段时间内，全球发射服务市场中的俄罗斯的市场份额占比最大，且在载人航天领域具有垄断地位。直到美国商业航天的迅猛发展，2017年才开始逐渐打破了这一局面。因此，截至目前，俄罗斯在商业地面设备全球专利申请数量仍拥有相当的优势。

排在第四位的是日本，其商业地面设备专利申请量占比12%，仅次于俄罗斯。

图3-6-4展示了商业地面设备专利主要来源地申请量年份变化趋势，可以看出，在商业地面设备领域，中国的专利申请从2014年以后开始大幅度增长，2017年受长征五号发射失利影响出现低点，后来持续大幅度攀升。原因可能在于中国传统航天发射地面设备技术基础薄弱，面对激增的商业发射需求，极大地刺激了地面设备的技术更新。美国的专利申请始终表现出较为平稳的状态，年均专利申请量变化幅度不大，2000年前后出现一个专利申请的小高峰。原因可能是2000年蓝色起源成立、2002年SpaceX成立，促进了商业航天的发展。俄罗斯的专利申请始于1992年，正值俄罗斯2000年前国家航天计划的实施，2010年之前，俄罗斯在地面设备领域的专利申请量得到持续稳定的积累，2010年以后，俄罗斯在地面设备领域的专利申请整体呈现出下降的趋势。分析原因可能是，2010年随着普京总统强势出手，大量私有化的军工单位重新收归国有，但这一波国有化浪潮很快被内部的低效和腐败拖累导致。日本的专利申请主要集中在1985~2000年商业航天的发展。

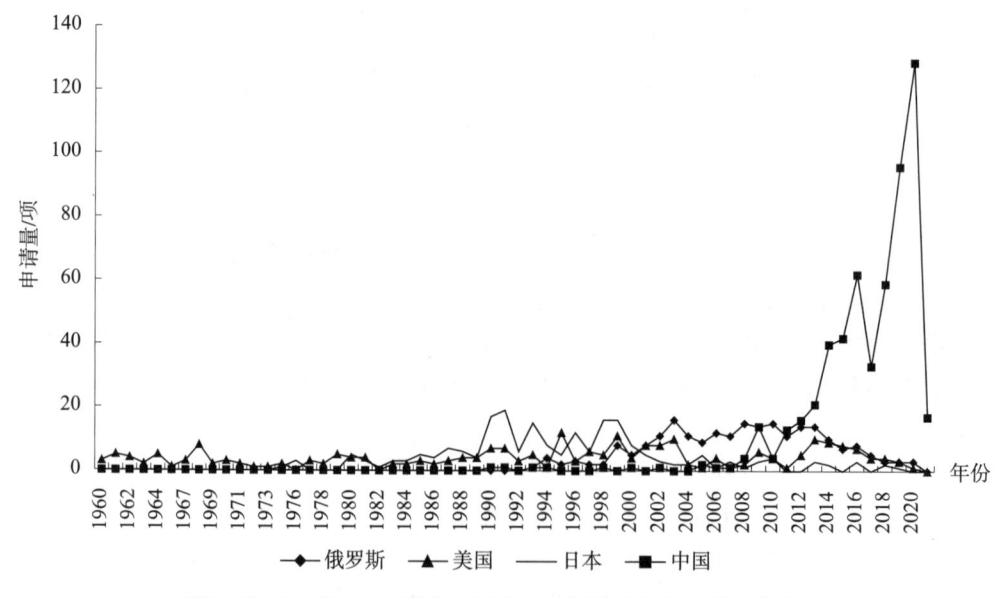

图3-6-4 商业地面设备专利主要来源地申请量年份变化趋势

3.6.2.3 主要目标市场区域分布

图3-6-5显示了商业地面设备全球主要目标市场区域分布情况。纵观全球商业

地面设备市场，中国以 631 项专利申请的绝对优势位居首位，日本、美国、俄罗斯位居其后，其专利申请仅为中国半数左右，这说明我国是商业地面设备领域最为活跃的市场。但进一步分析可知，我国的专利申请主要以本国申请人为主，专利申请时间较晚，技术含量较低，表明前期的技术积累不足。

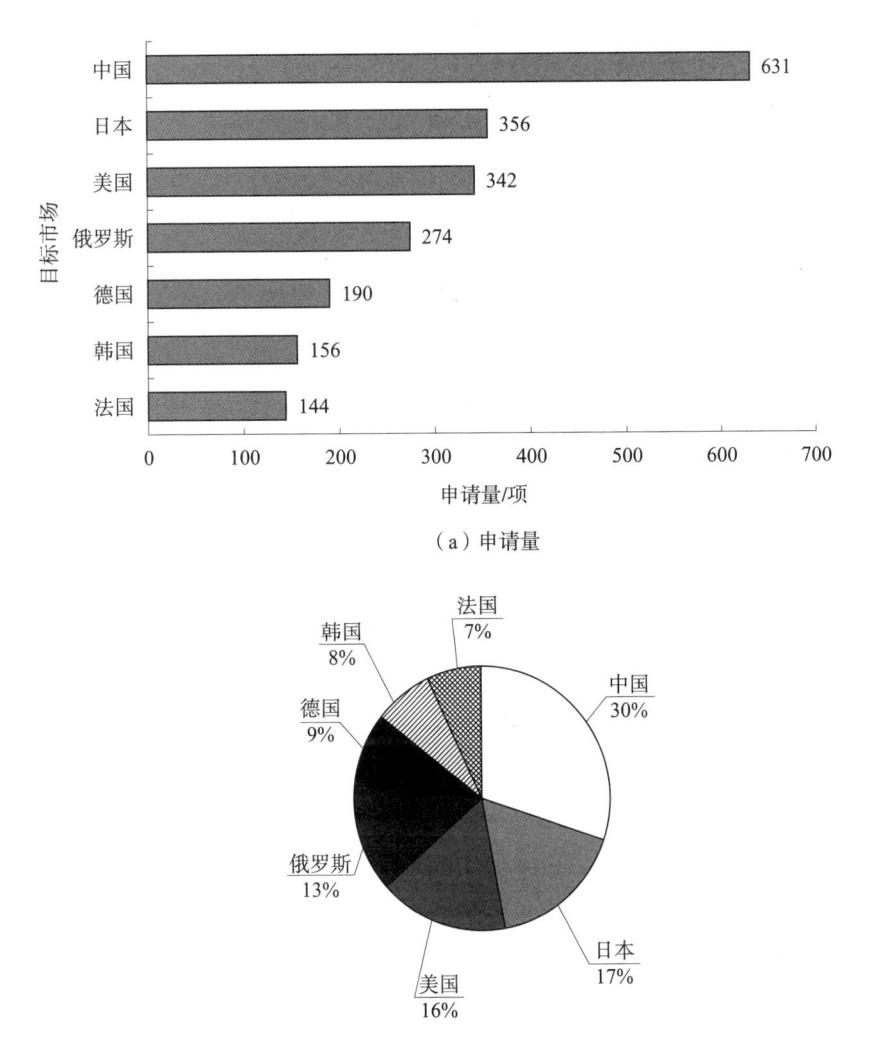

（a）申请量

（b）主要国家或地区申请量占比

图 3-6-5 商业地面设备全球主要目标市场区域专利申请分布

在专利布局方面，中国国内的申请人主要还是针对本国市场进行专利申请，在国外进行专利布局的意识较差。美国相对重视国外专利布局，尤其重视日本、德国市场。俄罗斯、日本的专利申请亦集中在本国，国外布局意识也不强，具体参见图 3-6-6。

图 3-6-7 展示了地面设备与商业地面设备全球主要目标市场区域分布对比情况。可以看出，日本在地面设备领域的商业化比例很高，使其超越美国成为商业地面设备第二大市场国。

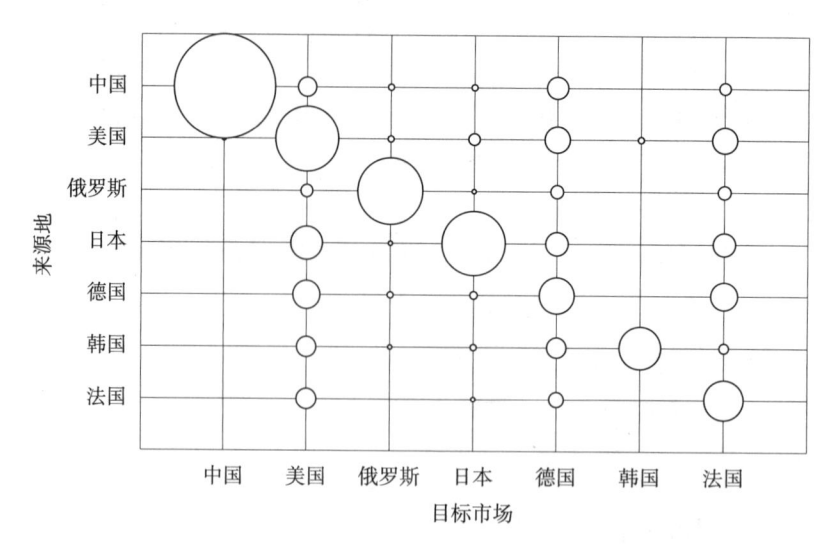

图3-6-6 地面设备全球主要技术来源地和目标市场专利申请流向

注：气泡大小代表申请量多少。

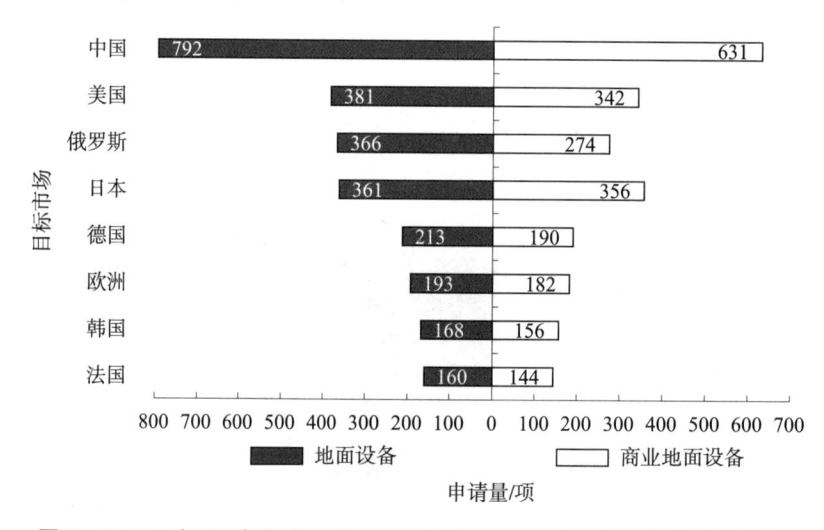

图3-6-7 地面设备与商业地面设备全球主要目标市场区域专利申请对比

3.6.2.4 主要申请人分析

图3-6-8显示了地面设备和商业地面设备申请人数量随年份变化情况。可以看出，2000年以后，随着商业航天的强势崛起，地面设备和商业地面设备领域的申请人数量均出现了较大幅度的增长。尤其在2013年，商业地面设备领域申请人数量达到了峰值109，这表明，随着以美国和中国为主的航天大国商业航天的发展，越来越多的创新主体开始关注商业航天以及商业地面设备的商业价值，并进军商业地面设备这一航天基础设施领域。

如图3-6-9所示，在商业地面设备主要申请人中，中国申请人占8家，以航天院所为主，前三位的中国申请人分别是中国运载火箭技术研究院、北京航天发射技术研究所和蓝箭航天。其中，前 2 家是我国国有航天集团，蓝箭航天则是我国民营商业航天的龙头企业。此外，日本的三菱、韩国宇航研究院、俄罗斯的卡拉列夫航天火箭公司和美国的波音公司在地面设备领域也有较大的申请量。

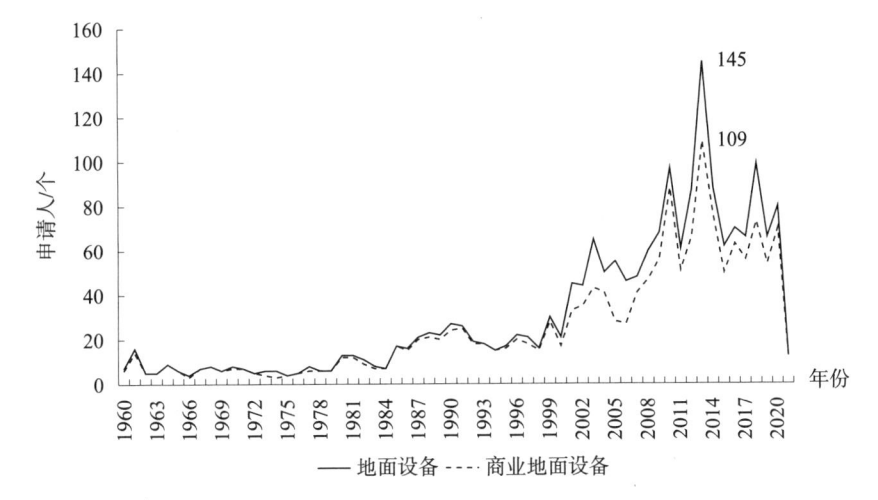

图 3-6-8 地面设备/商业地面设备申请人数量随年份变化情况

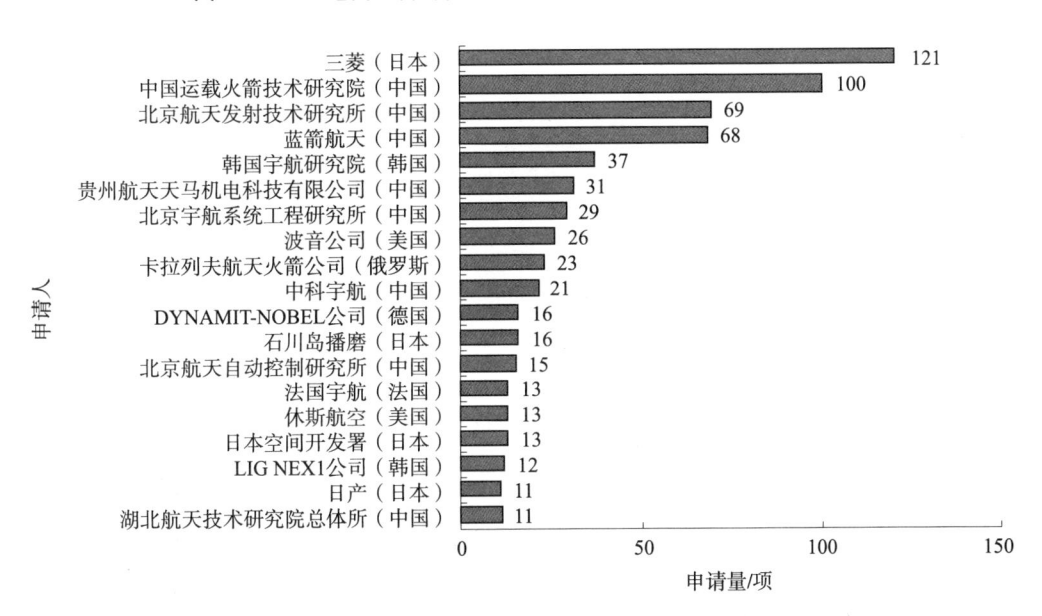

图 3-6-9 商业地面设备全球主要申请人专利申请量排名

3.6.3 技术分析

表 3-6-1 展示了本节专利分析所采用的地面设备技术分解表。根据地面设备的主要技术构成，本节中的地面设备下设 5 个二级分支，分别为：发射设备、起吊运输设备、加注供气系统、测发控系统和其他辅助设备。其中，发射设备是地面设备最基本的设备，用于火箭的支撑和发射。根据发射方式的不同，发射设备可以进一步细分

113

为塔架发射、车架发射、空中发射和海上发射以及其他发射设备等。起吊运输设备根据功能的不同主要分为转运起竖设备、吊装对接设备和运输设备。加注供气系统根据功能不同可以分为加注系统和供配气系统,以及加注供气和配气过程中的重要部件,如各种气液连接器。测发控系统用于在发射准备阶段及发射过程中对火箭各系统进行测试检查及发射控制。其他辅助设备主要涉及地面瞄准设备、供配电系统、空调净化设备、地面防护系统和环境监测设备等。

表3-6-1 地面设备技术分解

一级分支	二级分支	三级分支
地面设备	发射设备	塔架发射
		车架发射
		空中发射
		海上发射
		其他发射设备
地面设备	起吊运输设备	转运起竖设备
		吊装对接设备
		运输设备
	加注供气系统	加注系统
		供配气系统
		气液连接器
	测发控系统	—
	其他辅助设备	地面瞄准设备
		供配电系统
		空调净化设备
		环境监测设备
		地面防护系统

如图3-6-10所示,从商业地面设备全球专利申请的技术构成分布来看,发射设备申请量占比最大,申请量550项,占比31%,其次是加注供气系统、测发控系统和起吊运输设备,分别占比28%、21%、17%,其他辅助设备申请量较少,仅占3%。

进一步分析商业地面设备各技术分支随年份变化情况,从图3-6-11可以看出,发射设备专利申请总量最大,技术积累的时间也较久。从20世纪90年代开始,发射设备的年均申请量就达到了较高的水平,且2010年以后又出现了一定幅度的增长,可见发射设备是地面设备领域的研究热点。

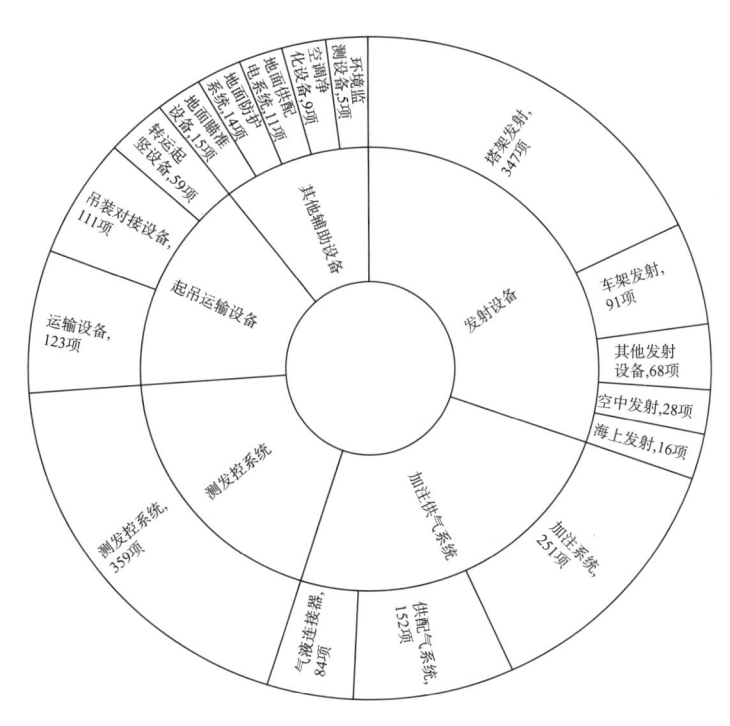

图 3-6-10 商业地面设备全球专利申请技术构成分布

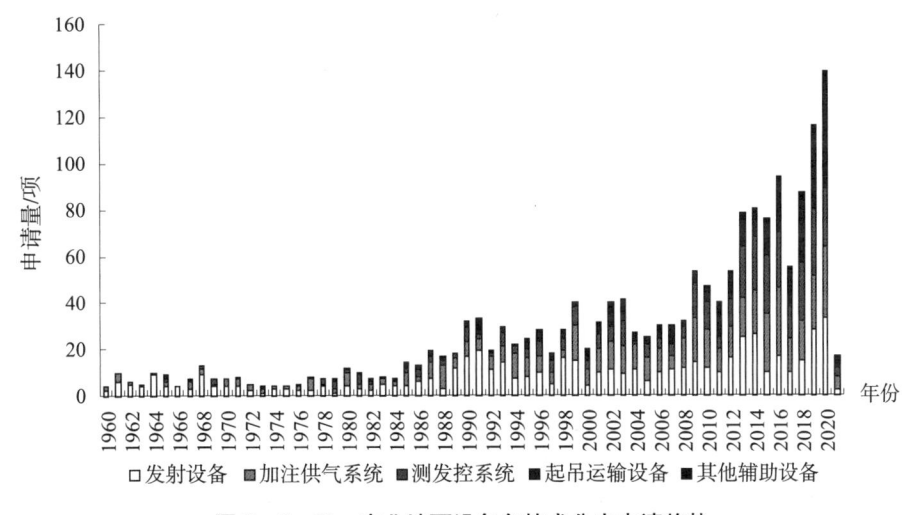

图 3-6-11 商业地面设备各技术分支申请趋势

此外，起吊运输设备、加注供气系统、测发控系统的专利申请量在近些年也都呈现较为明显的增长趋势，表明地面设备领域的各个技术分支均得到了一定程度的发展。

图 3-6-12（见文前彩色插图第 2 页）展示了地面设备与商业地面设备主要来源地申请技术构成情况，其中，左侧半圆表示地面设备申请量，右侧半圆表示商业地面设备申请量。对比主要来源地专利申请技术构成情况，可以看出，主要国家或地区的

研发热点不尽相同。其中，中国在地面设备五个二级分支的研发较为均衡，美国、日本则是对发射设备的研发投入较多，俄罗斯较为重视加注供气系统的研究。总体来看，在发射设备方面，主要国家或地区均投入较多研发资源，进一步印证了发射设备是地面设备领域的研究热点。

如图3-6-13所示，在商业地面设备的五个二级分支中，除其他辅助设备的商业化占比较低，发射设备、加注供气系统、测发控系统和起吊运输设备的商业化占比情况相差不大，均在80%以上。

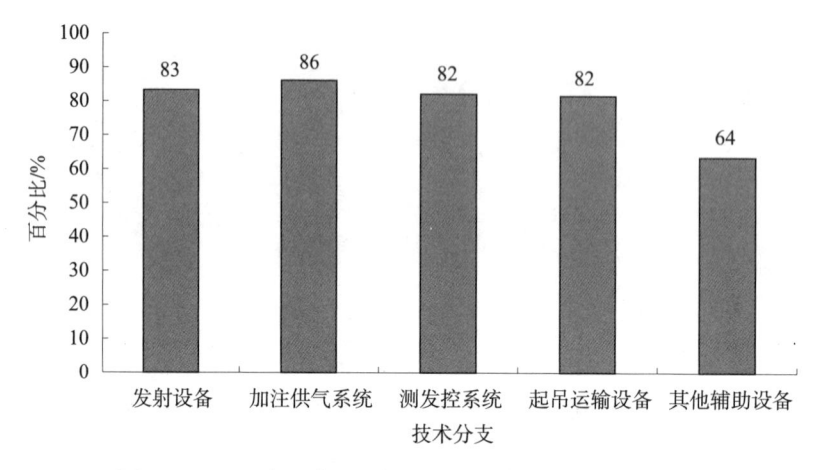

图3-6-13 商业地面设备二级分支商业化专利申请占比

图3-6-14显示了主要国家或地区商业地面设备占比以及技术分支分布情况，气泡图中外圈表示商业地面设备，内圈表示市场化商业地面设备，大小圈重合程度可表示商业化程度。可以看出，各主要国家或地区地面设备领域的商业化程度不同，美国、日本的商业化程度很高，中国、俄罗斯的商业化程度较低。

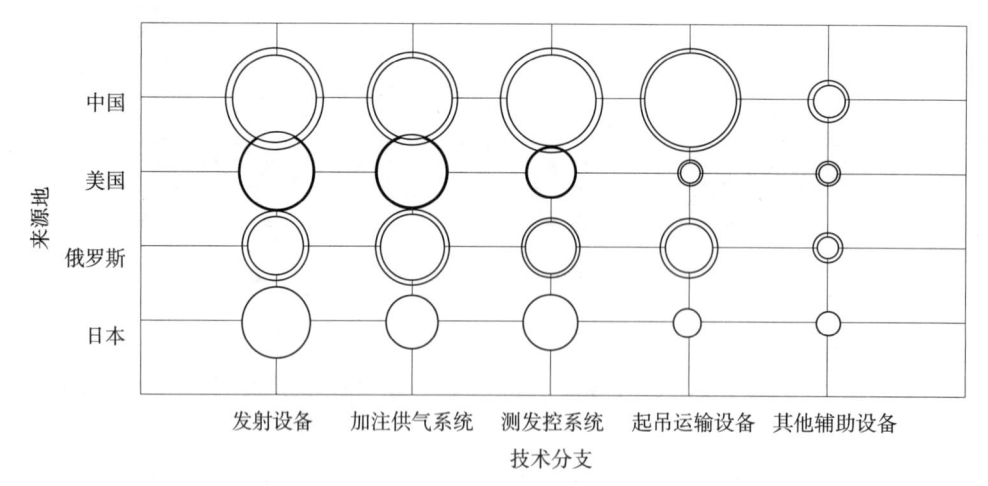

图3-6-14 主要国家或地区商业地面设备占比以及技术分支专利申请分布情况
注：气泡大小代表申请量多少。

3.6.4 小　　结

从产业上来看，伴随航天大国传统军用航天发射场开始提供商业发射服务，地面设备逐步开始商业化。20 世纪 80 年代，美国作为传统航天大国，为了缓解经济压力最先引入航天商业化发展机制，并开始提供商业发射服务。1990 年，我国在西昌卫星发射中心成功发射"亚洲一号"卫星，从此正式进入世界商业航天市场。初期的商业发射市场较为局限，且主要依托传统地面设备的继承和应用。随着商业卫星的发展和商业火箭的发展，商业发射市场需求不断增大的同时变得更加多元化，从而持续激发商业地面设备新的发展需求。"高质量，低成本，快速响应"成为现阶段整个航天产业对发射服务端的核心诉求。在发射场管理体制不断改革的同时，地面基础设施的更新升级、各种发射方式的探索发展以及新的发射场的建设实施均是地面设备领域应对商业发射需求的方式。

从专利角度来看，20 世纪 80 年代以前，地面设备领域的全球专利申请量较少，处于技术积累期。其后，随着航天大国开始引入航天商业化发展机制，提供商业发射服务，并逐步进行立法激励以及发展商业卫星项目，地面设备领域的年均专利申请量呈现平稳增长的趋势，进入了第一发展期，其间，全球的专利申请量几乎全部由中国以外的其他国家或地区贡献，中国在该阶段虽然已经开始承揽商业发射服务，但是并没有对相关技术进行专利保护。2000 年以后，随着航天发展格局的变革，以美国和中国民营火箭市场的发展为节点，全球商业地面设备的年均专利申请量出现了两次阶梯式增长。国外在地面设备领域的技术积累时间较长，技术发展程度已经足以满足当前的发射需求。而中国由于航天发展初期受技术经济等方面的限制，地面设备技术积累不足，为应对快速发展的发射需求，其技术更新升级需求较大。因此，2014 年以后中国商业地面设备领域的专利申请量呈现快速增长的趋势，但其他国家在商业地面设备领域的专利申请量则呈现下降的发展趋势。

在专利技术来源地方面，中国、美国和俄罗斯是商业地面设备领域的优势大国。中国申请后来居上，总量最多，占比 32%，2014 年以后中国地面设备领域的专利申请激增。美国作为最早实施航天商业化的国家，其商业地面设备专利申请量占比 14%，排名第二。俄罗斯仅次于美国，其商业地面设备专利申请量占比 13%。

在专利目标市场区域分布方面，中国以申请数量最多，位居首位，日本、美国、俄罗斯位居其后，其专利申请仅为中国半数左右，这说明我国是商业地面设备领域最为活跃的市场。但我国的专利申请主要以本国申请人为主，专利申请时间较晚，技术含量较低，表明前期的技术积累不足。

在申请人方面，2000 年以后，随着以美国和中国为主的航天大国的商业航天政策的促进，商业航天强势崛起，地面设备和商业地面设备领域的申请人数量均出现了较大幅度的增长，越来越多的创新主体开始关注商业航天以及商业地面设备的商业价值，并进军商业地面设备这一航天基础设施领域。在商业地面设备领域排名前二十的申请人中，中国申请人占 9 家，以航天院所为主，前 3 位的中国申请人分别是中国运载火箭技术研究院、北京航天发射技术研究所和蓝箭航天，日本的三菱、韩国宇航研究院、俄罗斯的卡拉列夫航天火箭公司和美国的波音公司在地面设备领域也有较大的申请量。

从地面设备的技术发展来看，在所有技术分支中，发射设备是地面设备最基本的设备，其各种发射方式的创新应用为发射成本的控制提供了更多选择和途径。发射设备是商业地面设备领域的研究热点，无论是在航天大国研发投入的比重上还是时间维度的专利技术积累上，均能体现出其重要性。因此，依托发射设备的技术创新来满足高质量、低成本、高效率、快响应的商业发射要求成为地面设备领域的主要发展趋势。

3.7 本章小结

本章从产业、专利和技术等多个角度对商业航天装备制造产业整体及其各技术分支的商业化发展进程进行了分析讨论，在明晰了商业航天整体及其各技术分支产业发展现状的基础上，重点开展了专利与产业、技术的关联性分析，并具体得出如下结论和建议。

（1）商业航天整体

卫星的商业化进程起始最早，商业航天的发展起源于商业卫星的发展，20世纪60年代就出现了商业通信卫星。同时传统航天发射地面设备开始了商业化的应用，早期单一功能的微型化、小型化卫星促进了商业航天产业的第一次技术发展，商业火箭也随之产生。但这一阶段的核心技术大多并未以专利的形式进行保护，年均专利申请量较少。20世纪90年代，随着苏联解体，国际航天竞争对抗态势格局改变，国际航天资源政治色彩弱化。同时，一系列低地球轨道卫星星座项目上线，私人航天力量异常活跃，开始在私营资本的推动下探索共享。但在这一时期，许多企业由于资金原因而最终破产消失。从专利角度看，商业航天各领域的创新主体数量也出现了一次小高峰。之后随着全球宽带互联，各种应用卫星技术开始蓬勃发展，商业发射需求大幅增长。2000年前后，以美国为首的航天大国在经济和市场的诱导下，对于商业航天细分领域提出许多针对性鼓励政策，逐步打开了商业火箭的民营市场，以SpaceX为代表的航天力量突然进入大众视野，第一次民营火箭进入轨道，火箭技术得到了迅速发展，火箭领域的专利申请量大幅增长。2010年以后，随着国家政策的开放和支持，中国航天逐步向社会资本打开大门，许多航天企业如雨后春笋般冒出，进一步促进了商业航天以及航天发射地面设备的快速发展。从专利角度看，这一阶段创新主体的数量也明显增长，中国商业航天各领域的专利申请量均出现了大幅度增长。与此同时，随着小型火箭、低成本火箭进入市场，微小卫星发射有了可靠廉价途径，加之卫星应用的拓展、微小卫星技术的进步，使微小卫星得以快速发展，我国逐步进入商业航天的快速发展期。

（2）卫星领域

从产业上，卫星商业化已经处于较高水平，我国的卫星体系较为完善，覆盖了通信卫星、对地观测卫星、导航/定位卫星和科学卫星以及其他卫星。对地观测卫星和导航/定位卫星是目前我国大力发展的卫星体系,也是目前最成功的应用卫星。此外,我国仅有 55 颗通信卫星,在庞大的通信卫星体系中略显薄弱。卫星发射的前提是拥有相应的轨道资源与频率资源,太空频轨资源是"先到先得",一是抓紧抢占,二是提前申请。为了争夺太空资源,我国 2020 年 9 月向 ITU 提交了"GW"互联网星网计划,分别规划了极地轨道和近地轨道资源,这一计划将于 2027 年 11 月 9 日之前完成信号验证和卫星发射。这为我国大力推进卫星事业提供了助力。通过规划部署不同功能不同轨道的卫星,一方面可持续推进对地观测卫星和导航/定位卫星保持领先地位,另一方面可弥补空缺,加快通信卫星的研发进度,使我国卫星事业百花齐放。

(3) 火箭领域

我国火箭取得了辉煌成就、成果丰硕。商业火箭起步晚,目前国内主要创新主体仍在技术创新积累阶段。推进系统是火箭中非常重要的组成部分,无论是体积和重量,还是成本均占据了很大一部分,为了实现火箭的重量轻、体积小、低成本、性能高和寿命长的特点,特别是满足火箭商业化的需求,先进的推进系统是当前的重要发展方向。结合专利分析可以看出,推进系统是火箭商业化市场的关键研发技术,其申请量占火箭总申请量的近 80%,全球主要申请人的主要专利布局领域也是推进系统。我国的专利申请主要是在 2014 年以后逐渐增长,目前国内几家著名的商业航天企业专利申请量已进入领域前十名。但国内企业的专利申请偏向于对外围技术的保护,涉及推进系统核心技术的专利申请较少。课题组建议国内航天企业进行专利资源整合,按照燃料、制造生产、重要零部件、集成系统等重点技术领域,通过购买或者技术合作的方式建立专利池,以防范来自欧美企业的专利风险。此外,商业火箭企业之间应当避免重复性研发工作,形成产业链联动,共同把商业航天产业做好。

(4) 地面设备领域

我国传统航天发展初期受到经济技术条件的限制,航天发射地面设备的技术基础较差,技术积累和创新不足,发射场资源利用不够充分,目前处于技术更新升级阶段。随着商业发射需求的增加,对低成本、高效率的发射服务提出了更高的要求,因此发射服务端成为整个商业航天产业的瓶颈。在产业方面,我国地面设备领域主要依托完善现有航天发射场系统设备、建立实施新的发射场/发射方式,以及开放军民融合发射工位允许社会资本参与共建,逐步建立更加灵活的商业航天任务计划协调机制等手段来应对新形势下的商业发射需求。在专利技术研发方面,由于发射设备是地面设备中最基本的设备,且发射设备中各种发射方式的创新应用为发射成本的控制提供了更多选择和途径。因此,各航天大国均在发射设备的研发上投入较多,依托发射设备的技术创新来满足高质量、低成本、高效率、快响应的商业发射要求成为地面设备领域的主要发展趋势。

此外,由于技术门槛、资金需求等方面的限制,目前飞船和探测器的商业化仍处于起步阶段。

第4章 商业航天装备制造产业重点技术专利分析

本章在第3章的基础上,对商业航天装备制造产业重点技术——商业卫星的结构系统、商业火箭的推进系统、地面设备的发射设备进行深入分析,梳理商业卫星结构系统的结构平台、分离结构之多星适配器、分离结构之分离机构、能源结构等,商业火箭推进系统的推力室、喷注器、燃烧室、涡轮泵、流量调节等,地面设备发射设备的塔架发射、空中发射、海上发射等相关技术的技术脉络,并结合我国商业航天发展目标、方向以及存在的技术薄弱点,查找关键技术,给出我国相关技术的发展建议。

4.1 商业卫星技术重点专利

通过前面的分析可以看出,结构系统是卫星空间系统领域的研究热点。本节选取商业卫星结构系统671项全球有效专利申请为样本,通过分解技术构成,剖析技术手段和功效的相关性,分析本领域主要申请趋势、技术构成、技术来源及地域分布、申请人和关键技术等。

4.1.1 申请趋势

(1) 技术累积期

对商业卫星结构系统专利申请量趋势进行分析,1960~2007年处于技术积累期。这一时期商业卫星结构系统专利申请量增长较为缓慢,每年申请量不超过20项,20世纪60年代苏联和美国发射了大量科学实验卫星,70年代军民卫星全面进入应用阶段,并向侦察、通信、导航、预警、气象、测地、海洋和地球资源等专门化方向发展,80年代后期兴起了单一功能的微型化、小型化卫星。从图4-1-1中可以看出,在与此对应的每个阶段中商业卫星结构系统的专利数量均有一个小幅增长并回落的过程。这说明结构系统的技术处于探索、积累到稳定的过程,由于这一阶段卫星并未形成产业化,因而专利数量并不多。

(2) 高速发展期

2008年至今属于高速发展期,这一时期的专利申请量呈大幅增长趋势。受各国或地区先后开放商业航天政策的影响,全球开启商业航天的新时代,以oneWeb为代表的商业卫星公司纷纷加入商业卫星的赛道。与此同时,低轨卫星互联网星座的兴起也加快了商业卫星发展的步伐,这一时期的卫星朝着小型化、轻量化、低成本的方向发展,因而,为了适应商业卫星的新需求,结构系统的技术改进较大,研发投入较多,结构系统的专利数量呈井喷式增长。

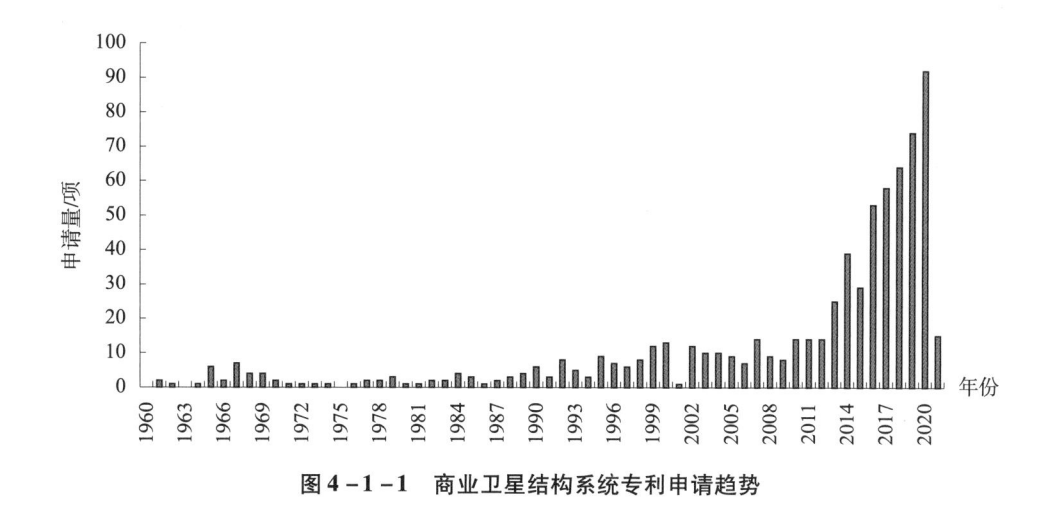

图 4-1-1 商业卫星结构系统专利申请趋势

4.1.2 技术构成

通过对卫星的结构系统进行细分,进一步将结构系统分为外壳结构、承力结构、仪器安装面结构、能源结构、分离结构和卫星结构平台。

4.1.2.1 技术构成

卫星的结构系统分类和标引后的各技术分支数量如表 4-1-1 所示。可以看出,卫星结构平台的专利数量最多,说明卫星结构平台的技术改进最为活跃。

表 4-1-1 商业卫星结构系统技术分支

名称	技术分支	申请量/项
结构系统	外壳结构	45
	承力结构	47
	仪器安装面结构	54
	能源结构	128
	分离结构	124
	卫星结构平台	273

4.1.2.2 重点技术功效及主要性能

将涉及卫星结构系统的专利申请在技术手段和技术效果两个维度上进行标引归纳,可以得到相应的技术功效矩阵。在技术手段上将卫星的结构系统分为外壳结构、承力结构、仪器安装面结构、能源结构、分离结构和卫星结构平台六部分;在技术效果方面,基于对现有技术的掌握及对所有相关专利的归纳总结,将其分为小型化、轻量化、高集成度、提高可靠性、提高承载力、提高精度、提高效率、低成本、多用途和速度快十类。

从图 4-1-2 中可以看出,涉及卫星结构平台的专利数量最多,其主要注重可靠性的提高,其次注重提高卫星结构平台的精度及轻量化、小型化和高集成度。分离结构同样注重可靠性的提高,其次注重轻量化和低成本。除可靠性外,能源结构更加注重能源转化效率的提高和小型化。外壳结构更关注可靠性的提高和轻量化。仪器安装面结构注重可靠性及安装精度的提高。承力结构则注重轻量化和提高承载力。

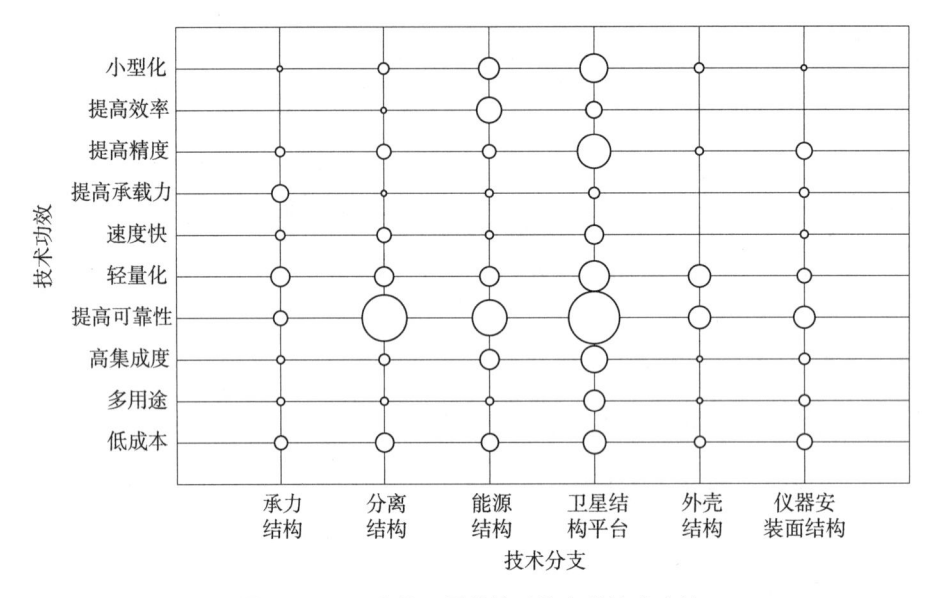

图 4-1-2 商业卫星结构系统专利技术功效

注：气泡大小代表申请量多少。

4.1.3 技术来源地及目标市场区域分布

4.1.3.1 技术来源地分布

由图 4-1-3 可以看出,中国、美国、法国是提交卫星结构系统技术相关专利申请的主要来源地。从全球专利申请量占比来看,中国的申请量最大,为 370 项,其次是美国,申请量为 104 项。这说明中国在卫星结构方面的技术创新较为活跃,这与近年来中国商业卫星的蓬勃发展密切相关。

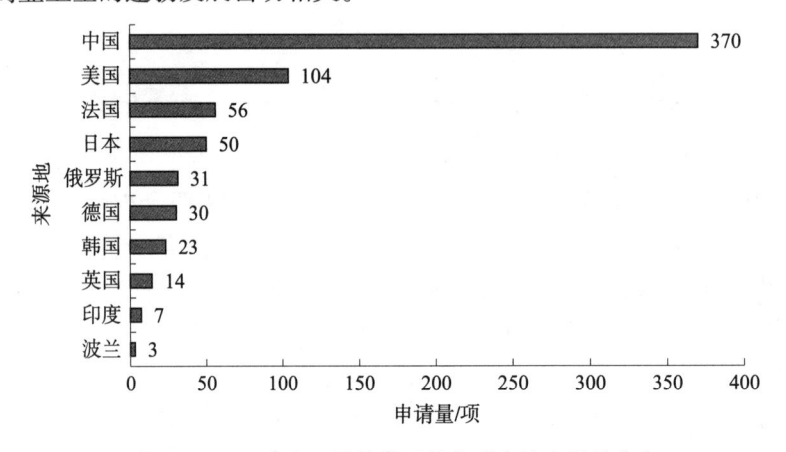

来源地	申请量/项
中国	370
美国	104
法国	56
日本	50
俄罗斯	31
德国	30
韩国	23
英国	14
印度	7
波兰	3

图 4-1-3 商业卫星结构系统专利申请来源地分布

4.1.3.2 主要目标市场区域分布

从图4-1-4可以看出,主要国家或地区的专利申请几乎都是以本国或地区申请为主,在其他国家或地区申请的数量微乎其微。这是由于本国申请人对国内市场非常重视,优先在国内进行布局。

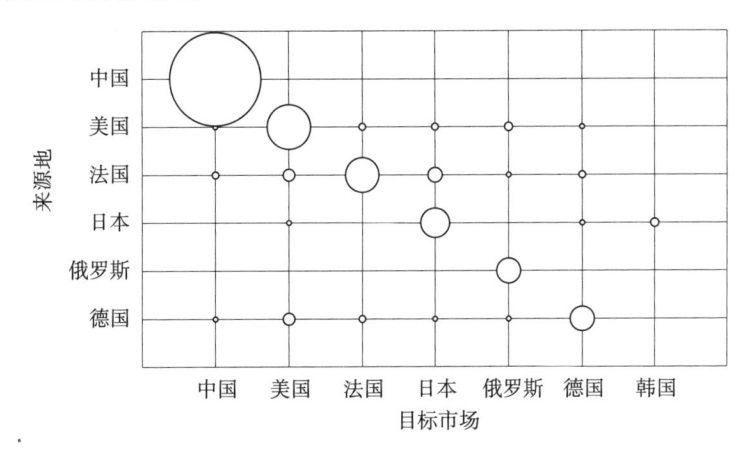

图4-1-4 商业卫星结构系统专利申请主要来源地和目标市场流向

注:气泡大小代表申请量多少。

4.1.4 主要申请人

如图4-1-5所示,商业卫星结构系统专利申请排名前十的申请人中有8位来自中国,另外2位国外申请人分别是法国宇航和韩国航空宇宙研究院。在中国申请人中,呈现出传统航天院所与新兴的商业卫星企业并存的局面。虽然传统企业在专利数量上略占优势,但新兴的商业卫星企业,近年来发展势头迅猛。其中,长光卫星技术有限公司(以下简称"长光卫星")是我国第一家商业遥感卫星企业,其自主研发的"吉林一号"组星成功发射,开创了我国商业卫星应用的先河。天仪研究院是中国商业化SAR遥感卫星及科研卫星的开拓者和引领者。从专利数量上看,国外的申请量较少,说明国外在卫星结构系统方面的改进较少,技术较为成熟;而国内近年来正处于商业卫星的快速发展期,因而在结构系统方面的技术创新较为活跃。

4.1.5 技术发展脉络

本书中卫星结构系统是指卫星结构与机构分系统,是卫星的主要分系统之一。卫星结构是支撑卫星有效载荷以及其他各分系统的骨架。卫星机构分系统是卫星上产生动作的部件,卫星结构分系统的主要功能为承受和传递卫星上所有载荷,提供安装空间、安装位置和安装方式,为卫星有效载荷和其他分系统提供有效的环境保护。卫星机构主要功能包括卫星与火箭之间或星上各部件间的分离及星上部件展开到所需位置。卫星结构系统分为外壳结构、承力结构、仪器安装面结构、能源结构、分离结构和卫星平台结构六部分。综合考虑专利的数量及技术分支的功能和改进的程度,本节将选取其中的卫星平台结构、分离结构和能源结构三部分进行技术脉络的梳理。

申请人

- 上海卫星工程研究所（中国）：54
- 长光卫星（中国）：36
- 深圳航天东方红海特卫星有限公司（中国）：25
- 上海微小卫星工程中心（中国）：23
- 北京空间飞行器总体设计部（中国）：19
- 哈尔滨工业大学（中国）：15
- 天仪研究院（中国）：14
- 法国宇航（法国）：14
- 上海宇航系统工程研究所（中国）：10
- 韩国航空宇宙研究院（韩国）：10

申请量/项

图4-1-5　商业卫星结构系统全球主要申请人专利申请排名

4.1.5.1　卫星平台结构

卫星平台结构分系统作为卫星平台的重要组成部分，先后经历了从初期的卫星平台结构与有效载荷结构独立设计、中期的平台结构与有效载荷结构一体化设计，以及目前的卫星模块化设计三个阶段，如图4-1-6所示。

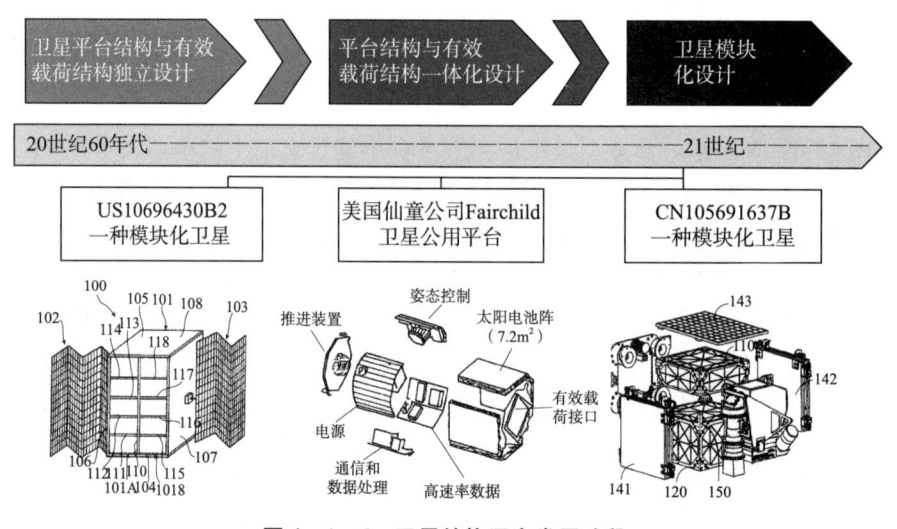

图4-1-6　卫星结构平台发展阶段

早期的卫星一般均以军事需求和国家任务为主，卫星都是定制化方式设计，另外卫星数量较少、卫星尺寸较大且每个卫星的任务相对较多，设计时均以高性能为设计指标。

随着卫星商业化需求的快速增长，卫星小型化、批量化、通用化的需求日益增长。最典型的就是通信卫星和遥感卫星，由于这两类应用卫星一般各具有相对稳定的性能，比如质量、轨道和电源，而且发射数量较多，因此研制卫星公用平台、结构模块化设计成为技术发展的重点方向。

从20世纪60年代中期开始，商业通信卫星进入国际市场。为了缩短研制周期、降低研制成本、提高产品的竞争力，国外制造商提出采用模块化设计的卫星公用平台取代传统的卫星平台。卫星结构作为卫星主要组成部分，也逐渐由独立设计向平台化、模块化设计发展。

20 世纪 70 年代，NASA 戈达德空间飞行中心（Goddard Space Flight Center，GSFC）提出了多任务模块化航天器（Multimission Modular Spacecraft，MMS）设计概念，这是航天器结构模块化设计思想的首次体现。模块化的设计思想于 20 世纪八九十年代得到了快速发展和应用。后续英国的 UOSAT 卫星系列，美国的 MACSAT、SpinSat 卫星系列等均采用模块化设计。

21 世纪以来，随着航天科学技术的不断发展，航天器结构模块化的设计概念得到了越来越多的重视，从先前的 MMS 概念提出到现在，主要经历了 MARS、基于 MARS 的支持在轨展开的航天器结构模块化设计和支持在轨服务的航天器结构模块化设计阶段。如专利 US10696430B2 公开了一种模块化卫星，具有多个容纳电气/电子模块的电子箱，同时具有基础结构面板和设置在基础结构面板上的对接结构，体现了整体结构的模块化设计。

美国仙童公司的卫星公用平台采用全模块设计，主要模块有电源模块、姿态控制模块、通信和数据处理模块、高速率数据模块、推进装置模块、太阳电池阵模块，如图 4-1-7 所示。

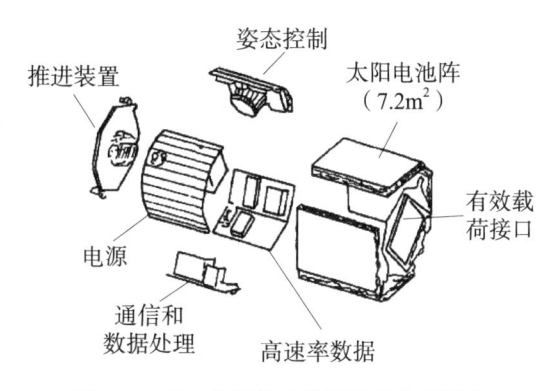

图 4-1-7　美国仙童公司卫星公用平台

从 1993 年开始，中国空间技术研究院北京空间飞行器总体设计部在进行两种返回式卫星预先研究的总体方案可行性论证时，提出其中一条论证原则是：一定要用公用平台的设计思想去研究、去论证。如专利 CN105691637B 公开了该发明提供了一种模块化卫星，包括：姿态控制舱模块，电了舱模块，多个星外单机、太阳能电池帆板组件，各个模块间能够独立固接，舱内部件可以灵活调整，而无须对整星结构作出调整，这样的结构使卫星易于组装和改动。

美国洛马公司于 20 世纪 90 年代初开始研制新一代通信卫星平台 A2100，该卫星平台是一款高度模块化的卫星平台，主要分成两个部分：卫星平台舱和有效载荷舱。相应的结构系统也仅有卫星平台结构系统和有效载荷结构系统。电池以模块形式从外部安装在卫星平台基座上，方便了安装隔离。有效载荷的安装面积和散热能力仅通过加长或缩短中心结构和散热器板就可以得到改进，大大降低卫星质量、成本和研制周期。

以上是通过全球技术发展的角度对卫星结构平台的技术脉络进行了梳理，以下通过申请人的角度对卫星结构平台技术进行分析。图4-1-8为卫星结构平台领域申请量排名前十的申请人，通过对前十申请人申请的专利进行分析可以看出申请人的研究侧重点。

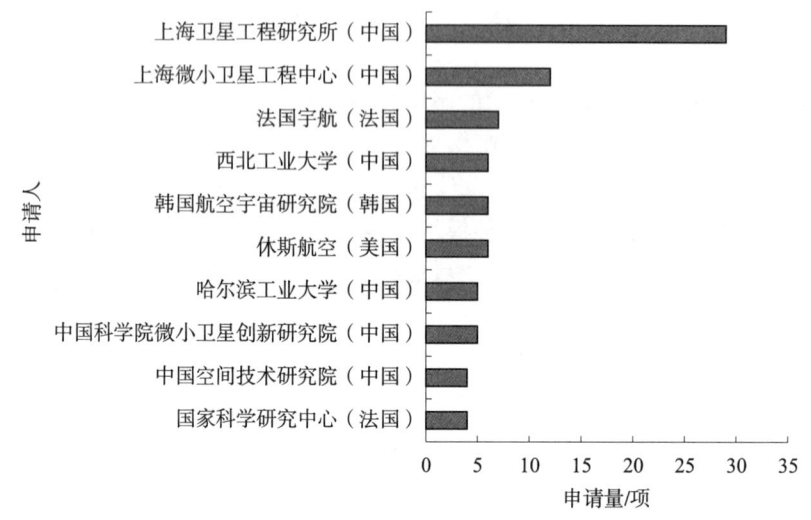

图4-1-8 卫星平台结构系统前十申请人专利申请排名

表4-1-2显示了前十申请人在卫星结构平台领域所申请专利的主要研究方向。可以看出，上海卫星研究工程研究所、中国空间技术研究院、中国科学院微小卫星创新研究院、西北工业大学和哈尔滨工业大学的专利申请主要以卫星构型为主。有所不同的是，中国科学院微小卫星创新研究院和西北工业大学主要以微小卫星、皮纳卫星构型为主，上海微小卫星工程中心主要以卫星构型和平台模块化为主；同时，在卫星平台模块化技术方面，上海微小卫星工程中心具有多项专利布局，说明其在卫星平台模块化技术领域具有领先优势。与中国专利申请内容不同，国外申请人较少涉及卫星构型及平台模块化方向，而主要是围绕卫星天线、飞轮、张紧螺栓和压紧释放弹簧等卫星外围专利进行布局。由此可见，中国与国外申请人在布局策略上并不相同，国外申请人更倾向于将核心技术以商业秘密的形式进行保护，对于卫星外围技术则采用专利的形式进行保护。

通过对申请人是否有专利转让及合作申请进行分析，在前十位申请人中只有美国的休斯航空存在多项专利转让，其他申请人均未涉及。在合作方面，上海微小卫星工程中心与中国科学院微小卫星创新研究院存在多项专利联合申请，说明它们在某些项目上具有合作关系；除此之外，西北工业大学也与多家卫星企业存在联合申请的情况。我国部分高校如西北工业大学、哈尔滨工业大学和北京航空航天大学等在卫星理论研究方面具有一定的技术积累，商业航天企业可以充分利用高校扎实的理论基础及人才优势，加强合作，实现关键技术算法的快速突破，也可与其他优势互补的企业实现合作共赢，加快研发进度，抢占市场。

表4-1-2 卫星结构平台主要申请人专利研究方向及典型专利

序号	申请人	是否有专利转让	专利主要研究方向	典型专利	摘要附图
1	上海卫星工程研究所	否	卫星构型	CN112977882A 中心承力筒式贮箱并联平铺的高轨卫星平台构型	
2	上海微小卫星工程中心	否	平台模块化、卫星构型	CN105691637B 一种模块化卫星	
3	法国宇航	否	卫星铰接件、卫星天线、卫星导航装置、飞轮	FR2738602A1 铰接具有旋转的中心和组件的应用	

127

续表

序号	申请人	是否有专利转让	专利主要研究方向	典型专利	摘要附图
4	休斯航空	是	旋转平衡机构、速度可控阻尼机构、天线	US5597141A 高效质量平移装置	
5	韩国航空宇宙研究院	否	存储装置、张紧螺栓、压紧释放弹簧	KR1020140087464A 存储装置，用于张紧螺栓	

续表

序号	申请人	是否有专利转让	专利主要研究方向	典型专利	摘要附图
6	西北工业大学	否	小卫星、微纳卫星构型	CN212386718U 适用于中高轨道的小卫星结构	
7	中国科学院微小卫星创新研究院	否	皮纳卫星构型、星座卫星构型	CN111891392B 临近空间持续飞行皮纳卫星	
8	哈尔滨工业大学	否	卫星构型	CN109941459A 一种卫星构型及卫星	

续表

序号	申请人	是否有专利转让	专利主要研究方向	典型专利	摘要附图
9	国家科学研究中心	否	天线锁定装置、天线展开装置	FR2967305A1 在遥测和电信的应用中，卫星的中心展开天线，具有外围和辅助板，其被设置为当垂直于中心面板的主反射器时在折叠状态	
10	中国空间技术研究院	否	卫星平台构型	CN110356592B 一种基于一箭双星自串联发射方式的全电推卫星平台构型	

4.1.5.2 分离结构

(1) 分离结构

分离结构用于实现卫星本体和部件之间、卫星舱段之间、卫星与运载火箭之间的牢固连接，在运行轨道上可按规定要求实现上述相连部分之间的解锁和分离，如卫星与运载火箭之间的包带式连接分离结构、飞船舱段之间的火工锁等。

早期主要采用火工品分离解锁连接装置，因其结构简单、火药的比能量大，目前依然是常用的在轨运行分离解锁装置。最常见的火工品包带式分离解锁装置，由两根金属包带、卡块，上下连接面组成，解锁装置包括爆炸螺栓、端头零件、限位弹簧和分离弹簧；连接时通过螺钉调节对包带施加合适的预紧力，包带和卡块以及卡块与上下两连接面的接触力实现星箭分离；分离时引爆螺钉，金属包带回缩变形使接触力消失，在分离弹簧导引下完成星箭分离。

由于火工品分离装置冲击力较大。分离机构陆续发展出非火工品分离解锁装置，如热辐射－熔断式分离解锁、形状记忆合金式分离解锁、电磁自解锁分离等，具体参见图4－1－9。

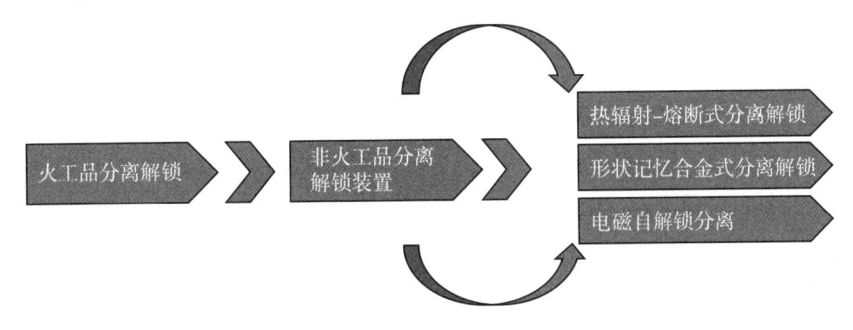

图4－1－9 分离结构发展阶段

熔断式星箭分离装置，主要根据材料通电受热熔断的原理实现释放分离，实验表明，该释放机构的冲击＜100g，释放时间＜50ms，预紧力可以达到2000Lb。

形状记忆合金包带分离，主要是利用形状记忆合金（如钛镍合金）丝通电受热变形拉动绕线使释放螺母旋转从而解除包带的预紧。在分离弹簧及保护装置的作用下完成安全分离。CN207917187U公开了一种电磁自解锁分离螺母及航天器，涉及运载火箭分离、星箭分离，电磁自解锁分离螺母包括线圈、导磁件、衔铁、外壳、多个分瓣螺母以及多个解锁球；线圈用于在通电时驱动衔铁沿外壳的内壁的轴向方向向上运动；当衔铁与多个分瓣螺母产生相对运动，多个解锁球进入至环形凹槽中时，多个分瓣螺母分开。该装置的结构简单，且解锁球的设置能够改善解锁过程卡滞的问题，令分离螺母快速解锁，提高工作效率。

(2) 多星适配器

卫星适配器用于提供卫星在火箭整流罩内的安装布局位置。如图4－1－10所示，目前，多星发射的方式主要有两大类：一类是规模相当的多颗卫星一次发射，如卫星星座中导航卫星、通信卫星等，每颗卫星的质量、尺寸基本上一样，多星适配器可采用中心承力筒式多星适配器或盘式多星适配器；另一类是搭载发射，在多颗卫星中，一颗是主任务卫星，另外的几颗微纳卫星为搭载卫星，主任务卫星一般多位于卫星分配器的顶端，搭载卫星多在分配器的侧壁或下方四周。

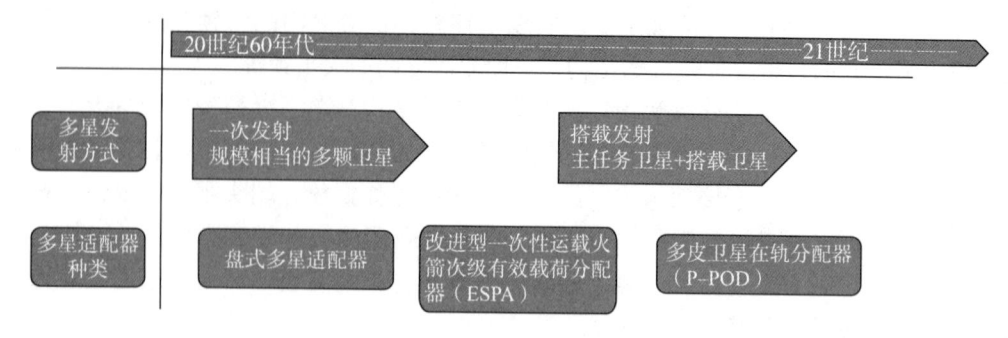

图 4-1-10 多星适配器

1960 年，美国首次用一枚火箭发射了两颗卫星，1961 年又实现了"一箭三星"发射。随后苏联、欧空局实现了"一箭多星"发射，我国于 20 世纪 80 年代实现了"一箭多星"发射，成为继美国、苏联、欧空局后第 4 个掌握"一箭多星"发射技术的国家或地区。印度和日本也掌握了"一箭多星"发射技术，两国分别于 2008 年和 2009 年完成了"一箭十星"和"一箭八星"的发射。

随着"一箭多星"发射任务的增加，为提高搭载效率和减小分离冲击，国外研制了多种新型的多星分配器，如美国"改进型一次性运载火箭次级有效载荷分配器"（ESPA）。该分配器为筒形结构，下端面为其与运载火箭或上面级的接口，上端面为主任务卫星接口，侧壁根据小卫星的接口形式，周向均布多个小卫星接口。这种分配器及多星发射布局设计极大地减小了次级有效载荷对主任务卫星的影响，合理利用了多星分配器及整流罩内的空间。

针对立方体卫星（CubeSat）的搭载任务，美国加州理工大学和斯坦福大学研制了多皮卫星在轨分配器（P-POD）。多颗立方体卫星在多皮卫星在轨分配器内并排布置，当星箭分离时，舱门的解锁装置分离，舱门在底部的扭簧作用下打开，作用在舱底的主分离弹簧由于去掉了舱门的位置限制，推动活动底板，将卫星逐个从舱底向舱口推出，卫星的导向是靠舱内四角的导轨实现。根据卫星数量的不同，还可以有单星多皮卫星在轨分配器、双星多皮卫星在轨分配器和多星多皮卫星在轨分配器等多种规格。多皮卫星在轨分配器可以在多种运载火箭上搭载使用，从 2003 年开始，已经有多颗立方体卫星通过多皮卫星在轨分配器实现搭载发射。

2020 年 11 月 19 日，SpaceX 取得一项名为"航天器供配电系统自主激活"的专利（US2020361637A1），其公开了其设计，即扁平形状的卫星分成两堆，沿着一种竖直的特殊锁定装置分层堆叠排列；卫星不再通过包带与火箭连接，到达轨道后由卫星自主激活特殊锁定装置释放卫星，各卫星靠自旋的微小速度差自然分离并逐渐散开。这一设计直接取消了多星适配器，或者可以认为多卫星中某一卫星的相邻卫星即是它的卫星适配器。

以上是从全球技术发展的角度对分离机构和多星适配器的技术脉络进行了梳理，以下从申请人的角度对分离结构进行分析。图4-1-11为分离结构领域申请量排名前十的申请人，通过对前十申请人的专利技术进行分析可以看出申请人的研究侧重点。

申请人专利申请数量（单位：项）：
- 上海卫星工程研究所（中国）：6
- 哈尔滨工业大学（中国）：5
- 上海宇航系统工程研究所（中国）：5
- 北京航空航天大学（中国）：4
- 星际漫步（北京）航天科技有限公司（中国）：3
- 北京空间飞行器总体设计部（中国）：3
- 中国空间技术研究院（中国）：3
- 戴姆勒-克莱斯勒公司（德国）：2
- 埃斯特里姆联合股份公司（法国）：2
- 法国宇航（法国）：2

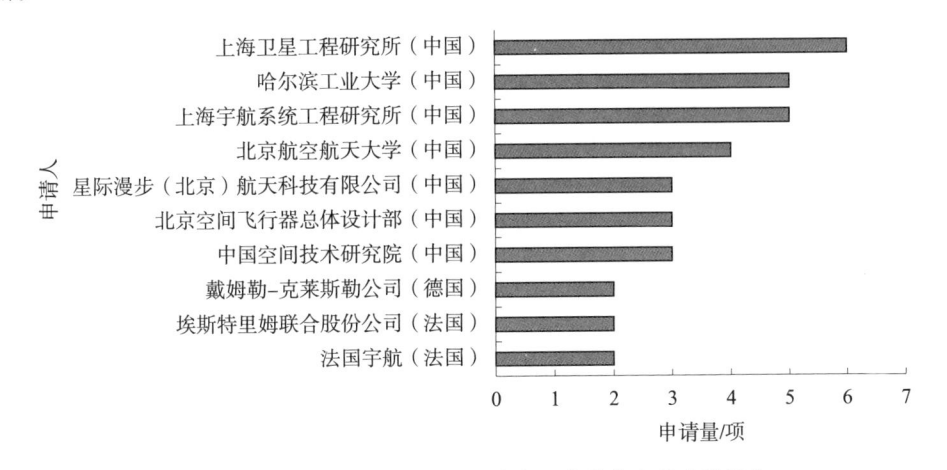

图4-1-11 卫星平台结构系统主要申请人专利申请排名

表4-1-3显示了前十申请人在分离结构领域所申请专利的主要研究方向。可以看出，前十位申请人在卫星分离解锁装置方面均有研究。其中，中国空间技术研究院区别于其他申请人的是，在微小卫星分离解锁领域具有多件申请，说明其在微小卫星分离领域具有一定的技术优势。在多星适配器方面，只有上海宇航系统工程研究所及法国宇航有相关的申请。通过检索发现在全球的专利申请中，涉及多星适配器的专利数量较少，虽然"一键多星"技术早在20世纪60年代就已经实践，但随后的一段时间，受卫星发展和应用需求的限制，加之火箭运力充足，"一箭多星"的需求并不旺盛。近年来，随着商业航天的兴起，商业卫星朝着小型化的方向高速发展，加之全球低轨卫星组网热潮的掀起，导致商业卫星发射量需求急剧增长，因此"一箭多星"技术逐渐成为提高运载能力和降低发射成本的研究热点。

4.1.5.3 能源结构之展开机构

能源结构主要是指安装电池的结构，包括固定结构以及能收拢、展开的太阳电池帆板的结构，它要在发射及入轨过程中保证结构本身和电池不被损坏并能正常供电。本节将重点对展开机构进行介绍。

展开机构主要应用于太阳翼展开和天线展开。空间展开机构种类繁多，其中应用较多、发展迅速的是杆状构架式展开机构，自1975年作为磁强计支架首次用于美国空军$23卫星后，已多次用于各类航天器。空间展开机构按照工作维度可以分为一维展开机构、二维展开机构和三维展开机构，一维展开机构主要为伸缩杆件如天线、展开桁架等，二维展开机构主要为平面展开如太阳帆等，三维展开机构主要为立体结构如球面反射镜等，具体参见图4-1-12。

表4-1-3 卫星结构平台主要申请人专利研究方向及典型专利

序号	申请人	是否有专利转让	专利主要研究方向	典型专利	摘要附图
1	上海卫星工程研究所	否	卫星平台重复锁紧解锁机构、分离装置	CN109018447A 一种自起旋分离装置	
2	哈尔滨工业大学	否	星箭连接解锁机构、弹射式分离装置、多星并联发射装置	CN109229430B 一种机构式分离螺母及其组成的星箭连接解锁机构	

续表

序号	申请人	是否有专利转让	专利主要研究方向	典型专利	摘要附图
3	上海宇航系统工程研究所	否	分离装置、卫星锁紧弹射机构、对接装置的缓冲锁释放机构、多星适配器	CN110104215A 一种空间桁架式多星适配器	
4	北京航空航天大学	否	分离装置及系统、多星分离解锁释放装置	CN107128511B 一种新型可重复使用的用于微小型卫星直接分离装置	
5	星际漫步（北京）航天科技有限公司	否	卫星对接锁紧阻尼装置、卫星推进系统	CN112373727A 一种可分离卫星推进系统构型	

续表

序号	申请人	是否有专利转让	专利主要研究方向	典型专利	摘要附图
6	北京空间飞行器总体设计部	否	卫星分离连接装置	CN108609205A 异体同构连接分离装置及系统	
7	中国空间技术研究院	否	微小卫星分离装置、微小卫星弹射器	CN207809824U 微小卫星分离装置	

续表

序号	申请人	是否有专利转让	专利主要研究方向	典型专利	摘要附图
8	戴姆勒－克莱斯勒公司	否	分离解锁螺母	FR2736616A1 解锁的分体式螺母用于喷射的微卫星	
9	埃斯特里姆联合股份公司	是	相继发射两颗卫星的装置及方法	FR2972423B1 用于发射卫星的方法和系统	
10	法国宇航	是	支持和释放装置、多星适配器	FR2717770A1 模块化的多卫星分配器用于卫星发射器	

```
一维展开机构  →  薄壁管伸展臂、铰接桁架伸展臂、
                  张力集成体系伸展臂等

二维展开机构  →  有源和无源展开机构

三维展开机构  →  充气式展开机构
```

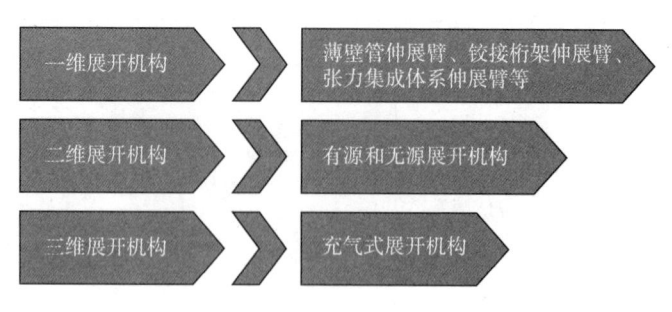

图 4-1-12 展开机构发展阶段

一维展开机构也叫伸杆机构或伸展臂，多见于天线，可以沿某一维度实现展开，从大型桁架展开结构到微卫星上的天线、探头臂，有着十分广泛的应用，也是空间机构中使用最多的一种展开机构。伸展机构按结构形式主要分为：薄壁管伸展臂、伸缩式伸展臂、可卷曲伸展臂、铰接桁架伸展臂、充气式伸展臂、张力集成体系伸展臂等。如专利 CN108016634A 公开了一种模块化紧凑型无源展开锁定装置，展开弹簧驱动展开臂从初始位置到达锁定位置，展开臂、旋转轴、轴承垫圈、滚动轴承形成回转轴系，销锁滑块、销锁拨杆能够整体在展开臂中对应的活塞孔中做直线移动，通过销锁推力弹簧推动销锁滑块，使销锁滑块进入展开臂上对应的销锁槽内，形成有一定预紧力的自锁结构。该发明装置具有轻量化、模块化便于拓展、结构紧凑、展开锁定刚度高等特点，适用于天线等卫星载荷伸展。

二维展开机构主要是折叠式展开机构，主要见于太阳翼，包含有源和无源两种。其中无源折叠式展开机构通常以弹簧为主要动力源，提供展开驱动能量。通过铰链将被展开部件连接起来，并实现展开与锁定的功能。其典型的应用是展开式太阳翼。有源式展开机构主要以电力或气动为动力源，如杆状构架式伸展机构，其主要有盘压式杆状伸展机构（简称盘压杆）和铰接式杆状伸展机构（简称铰接杆）两种，最早由美国航天研究公司研制，已经在国外各类航天器中得到了广泛的应用。如应用于大功率柔性（或半刚性）折叠式太阳翼（美国天合汽车）、大型天线阵（日本文部省宇宙科学研究所）、太阳帆（美国克拉公司）和重力梯度杆（日本千叶大学）等。如专利 CN108327928A 公开了一体式太阳翼支撑机构，支撑机构的结构零件数量少、结构简单、能够自展开自锁定，一个或多个同时使用均不易发生不共轴卡死现象，可靠性高，提高太阳翼的展开刚度，提高光学卫星太阳翼展开的基频。

三维展开机构主要是充气式展开机构，多见于天线反射器、反射镜等。国外对空间充气展开技术的研究起步于 20 世纪 50 年代，以 NASA 和 L'Garde 公司为代表的美国有关机构先后在 ECHOI、EXPLORER IX 等 5 颗卫星应用了空间膨胀薄膜展开结构技术。1996 年，美国取得了膨胀展开天线空间展开试验（IAE）的成功。L'Garde 公司和喷气推进实验室（JPL）将该技术应用于展开式结构、合成孔径雷达、展开式天线和太阳电池阵等方面。

俄罗斯在这方面的研究起步于载人航天，苏联航天员首次出舱活动的气闸舱就采用了充气式展开结构。1993 年，俄罗斯"能源"科研生产联合公司研制了"旗帜 2"

太空反射镜,直径达22m。欧洲航天局研制了10m×12m偏置反射面天线、充气式望远镜遮光罩支撑结构和充气展开式降落伞等。美国、俄罗斯及欧洲航天局都在进行充气式展开太阳帆的研究。如专利RU2678296C2公开了一种安装在小卫星上的航天器的外部可展开部件,例如太阳能电池板或天线。该装置包括在航天器的一侧彼此紧密折叠的一组面板,连接到面板的一组柔性构件,以及与所述组相关联的接口系统。接口系统被配置为当柔性构件组从航天器延伸时将面板组从折叠配置移动到展开配置。该技术能够增加处于折叠状态的可展开航天器构件的紧凑性。

我国在这个领域处于发展初期阶段,以哈尔滨工业大学、浙江大学为代表的一些高校先后开展了充气式展开技术的理论与工艺研究,目前国内主要的空间飞行器工程研究机构与高校正在联合进行该领域的技术与工程基础研究。

4.1.6 关键技术

2016年12月,国务院新闻办发布的《2016中国的航天》白皮书中提到未来五年的主要任务之一包括面向行业及市场应用,以商业模式为主,保障公益需求,建设由高轨宽带、低轨移动卫星等天基系统和关口站等地基系统组成的天地一体化信息网络。2018年国防军工《商业航天专题报告》的行业研究中明确表示,目前国内商业航天发展主要集中在商业发射及卫星应用上,商业发射由小卫星的发展带动向低成本方向转变,而小卫星本身凭借着低成本、小型化等优点已成为空间系统的重要组成。近年来,许多国家或组织均提出了大量基于小卫星星座的实施计划,诸如Oneweb卫星通信网、SpaceX的"Starlink"计划等,2021年1月24日,SpaceX使用"猎鹰9号"火箭携带了143颗卫星进入太空,刷新了一箭多星的世界发射纪录。一箭多星技术将加快"Starlink"的布局建设,也降低了卫星发射的成本。由此可见,低轨卫星组网、低成本卫星、高性能卫星平台和一箭多星技术是商业卫星近年来的发展热点。因此,本节选取卫星结构平台和多星适配器作为卫星的关键技术进行分析。

4.1.6.1 卫星结构平台

技术先进性和成本经济性是衡量空间系统建设综合效益的关键指标。针对航天项目投入高、周期长、风险大等特点,有效平衡性能与成本间的矛盾关系,发展高性价比的低成本卫星是各国或地区长期以来的关注热点。政府管理部门关注低成本卫星技术,意图优化预算投入;卫星研制部门研究低成本卫星技术,旨在追求效益最大化。2011年美国通过向美国工业界和学术界发布信息征询低成本卫星的关键途径,结果表明,低成本卫星可从工程技术、竞争力和商业三个层面实现,其中标准化、通用化、模块化设计是工业界关注的焦点。而工程技术主要手段包括标准化电子接口、通用化部件和模块化平台设计等,由此看见,平台结构模块化是降低卫星成本的关键技术之一,具体参见图4-1-13(见文前彩色插图第3页)。

卫星平台结构作为卫星结构系统的主要技术分支,先后经历了从初期的平台与载荷独立设计、中期的平台与载荷一体化改进,以及现阶段的卫星模块化设计。2014年,中国科学院长春光学精密机械与物理研究所提出了一种用于平台载荷一体化的卫星结构,解决了现有卫星系统因采用平台与载荷独立设计的方法,解决了资源利用率低、结构冗余度高、系统质量重、体积大等问题。该卫星结构具体包括上板、中心承力筒、侧板、对接环、底板;以对接环作为装配基准,在所述对接环上安装底板,在所述底板上安装中心承力筒,上板安装在中心承力筒上,侧板固定在上板与底板的侧面。中心承力筒的周向上均匀设置多个上板支架,上板通过多个上板支架安装在中心承力筒上,从而实现了卫星结构紧凑、体积小、质量轻、结构功能密度集高、刚度高、结构安全裕度大、可靠性高的优点。

随后,2016年,上海微小卫星工程中心提出了一种模块化卫星,具体包括一姿控舱模块和一电子舱模块,电子舱模块的长度和宽度与姿控舱模块相同,二者沿高度方向对齐并固接;多个星外单机各自独立地固接在姿控舱模块或电子舱模块的外壳外表面;通过采用两个舱体作为姿态舱和电子舱以及星外单机,舱内部件可以灵活调整,舱体之间的连接采用标准化连接。这样的结构使卫星易于组装和改动,在改动星内组件时只需要调整舱内布局或者星外单机的位置,而无须对整星结构作出调整。

2016年,中国空间技术研究院提出了一种模块化的一体化卫星多功能结构及聚合体,包括模块化3D结构、磁流体管路、磁流体、温度传感器、驱动线圈和控制器。其中,模块化3D结构包括外表面结构板、金属蜂窝和内表面结构板。控制器通过控制驱动线圈中的电流形成行波磁场,产生电磁力从而驱动磁流体管路中的磁流体流动。实现姿态控制的同时,由于磁流体流动传递热量,实现结构的等温控制。该发明一方面采用增材制造技术实现的机电热气及控制一体化卫星多功能结构,具有紧凑轻量化、有效载荷安装空间大的特点。首先,通过多物理场耦合设计,将原有的热控、能源、数传、控制等分系统集成在结构中,省去传统分系统的分立研制再组装集成调试过程;预留的有效载荷安装机电热气接口及内外连接固定接口,大幅度减少了分系统多次集成的安装接口数量,减少分系统之间的机电热气接口协调。各类机电热气接口集成在模块化3D结构中,采用标准化、模块化设计,有利于实现即插即用,降低了安装难度,减少了安装时间,可实现快速批量化生产。其次,该发明中由于结构、热控、控制一体化设计,模块化的多功能结构采用3D打印方式制造一次成形,获得大内腔薄壁、复杂结构,实现结构自身轻量化。在保证结构刚度/强度的同时,磁流体管路与结构的一体化,实现了管路的优化配置,既减少了管路接口,减轻了热控与控制系统的重量,提高了管路密封可靠性,又缩短了传热路径,提高了散热能力,易于实现航天器等温结构体。最后,该发明采用磁流体在磁流体管路流动实现温度与姿态一体化控制,减少了液态工质储存的储液器和循环泵组件、流量分配阀等,进一步实现了结构轻量化,降低了功耗,增加了有效载荷空间。

2016年,美国国家安全公司提出了立体卫星系统。小的立体卫星系统具有较低的成本、较高的可靠性,并且比传统的立体卫星使用简单得多。立体卫星系统可以提供成套的系统解决方案,包括地面站和远程现场单元。这样可以更加方便研究人员和爱好者获得和部署自己的功能卫星。此外,理论设计和功能可以快速地原型化和演示,不需要构建更大、更昂贵的卫星系统。

2020年，北京空间飞行器总体设计部提出了一种实现高敏捷机动能力的模块化卫星平台。该平台包括：轨道推进模块、控制执行模块、平台舱段结构模块Ⅰ、平台舱段结构模块Ⅱ、载荷适配模块、载荷平台一体化模块和太阳电池阵模块。轨道推进模块用于实现轨道控制和姿态控制功能，控制执行模块用于实现卫星姿态控制执行功能。载荷适配模块用于实现载荷与该模块化卫星平台之间的适配连接。载荷—平台一体化模块用于实现载荷与该模块化卫星平台姿态测量共基准功能以及关联设备一体化安装功能。太阳电池阵模块用于为卫星提供能源保障。平台舱段结构模块Ⅰ和平台舱段结构模块Ⅱ形成主结构模块，作为卫星平台的主承力结构。通过调整各模块的配型和尺寸，能够形成不同构型的卫星平台。

2021年，航天科工空间工程发展有限公司提出了一种折叠式平板卫星构型。该构型包括：主体平板平台、环向分布于主体平板平台边缘的载荷承载平板平台、位于主体平板平台与所述载荷承载平板平台之间的旋转展开机构、旋转展开机构被配置为使所述载荷承载平板平台相对于主体平板平台以0°～360°角度展开并保持稳定。该卫星构型的每个载荷承载平板平台可搭载一套或多套完整的载荷系统，且相邻载荷承载平板平台之间的载荷系统相互独立，可以实现批量式生产。同时载荷承载平板平台还具有较强的通用性，可适用于多个卫星型号，可缩短卫星研发周期。该发明所提供的卫星构型可实现卫星的集成化、通用化、批量化、模块化设计和生产。

通过分析近年来卫星结构系统的相关专利可以看出，模块化平台已经成为卫星平台技术发展的新方向，同时也是实现低成本卫星的关键技术。模块化平台技术尽量将技术上的升级、新功能的增加限制在某个模块上。当需要进行技术升级或需要增加新功能时，只需升级局部模块而不用对整个系统进行大的变动。采用模块化设计还能简化卫星系统组装、集成与测试过程，大大减少保障人员和保障设备，进而降低成本费用。美国诺格公司开发的"鹰"（Eagle）系列平台、波音公司开发的"幻影凤凰"（Phantom Phoenix）系列平台、萨瑞公司开发的"静止轨道迷你卫星平台"（GMP）和日本电气公司开发的"下一代星"（NEXTAR）平台等均是典型的模块化卫星平台。实现模块化卫星平台的研制需要在研发之初建立模块化的设计思想，可以从以下两个方面入手。

（1）模块化结构

舱段结构的模块化研制应是模块化卫星平台的主攻目标。设计思想是将卫星平台舱、推进舱和载荷舱等设计成标准化的独立模块，或将平台设计成实现不同功能的模块，如推进模块、电源模块、星务模块等，再根据特定任务需求选配不同载荷和平台的功能模块组装。根据模块化设计思想，可以加强平台功能模块的定型设计和载荷模块的通用化设计，形成多系列产品型谱和规范。在此基础上可以发展预先加工技术和3D打印卫星技术，进行批量化流水线生产，快速组装模块，在接到发射任务时，可以进行单星多模块组合或多星多模块组合一箭发射。

（2）多功能可拓展接口模块设计

采用模块化设计，要求每个模块能够提供更多的接口，满足不同平台和载荷设备的装星要求。同时模块具有可拓展功能，能够兼顾相同功能不同规格的设备的搭载。例如根据任务的不同，需要在电源模块配置不同的蓄电池，这就要求模块结构在保证产品性能的前提下预留多种接口，或采用适配器方式实现拓展功能。

4.1.6.2 多星适配器

进入21世纪后，随着航天技术的发展，小卫星逐渐凭借着低成本、小型化等优点已成为空间系统的重要组成。虽然小卫星的发展及应用前景广阔，但发射费用昂贵，一次发射动辄千万元甚至以亿元计，在一定程度上制约了小卫星的发展。因此，小卫星大量使用了搭载的发射方式，搭载发射可以有效降低相关费用，但也会受到空间及重量的制约。与卫星发射密切相关的内容是星箭接口形式，不同的接口决定了不同的卫星规模，也决定了卫星的发射与分离方式等。因此，本节根据星箭接口形式及一箭多星的发展趋势选取多星适配器作为关键技术，并结合相关专利进行分析。

目前国内外典型小卫星搭载发射方式具有代表性的主要有以下四种。

（1）多载荷搭载适配器（ESPA）方案

美国空军研究试验室为适应未来质量低于200kg的小卫星的发射需求，提出了一种多星发射的适配器方案。这种方案思路为将主星支架下部增加一个柱形部段，在这个部段的侧壁上增加搭载星的安装接口，这一适配器简称"ESPA"。

（2）搭载适配器（SAM）方案

德尔塔Ⅳ火箭SAM为一个铝制环状结构，可以保证搭载载荷可利用更大的整流罩内可用空间，并且不对主载荷产生任何影响。整体思路是将搭载星斜装在有效载荷支架上，对布局位置优化后，确定可搭载有效载荷数量，最多可提供3个搭载接口。

（3）阿里安多载荷搭载适配器（ASAP）方案

为满足搭载发射服务需要，阿里安公司设计了一种名为ASAP的搭载适配器。在过渡支架上提供一环形平台，用于布置搭载载荷，主载荷布置搭载载荷上方。

（4）长征四号乙搭载发射小卫星方案

为满足搭载发射需求，长征四号乙火箭在三级前底上设计了一个搭载平台，在主星分离前搭载星被封闭在主星支架内部，当主星分离后主星支架上方形成分离通道，搭载星在分离弹簧作用下从主星支架内部弹出。

图4-1-14及表4-1-4示出了多星适配器相关的重点专利。其中，离散点式承载无框结构体卫星适配器（CN108177799A）的结构更加紧凑，空间利用率高；一种通用化卫星适配器结构（CN209905104U）具有结构简单、节省整流罩空间、解决多颗不同卫星单层并联布局和上面级下端设备转接问题的效果；一种基于辅助支撑的多星并联发射装置（CN112061421A）采用基于辅助撑杆的多星并联布局的方式，构造简单，减轻了多星并联发射装置结构重量，提高了结构效率和运载火箭载荷发射能力。

值得一提的是，2020年，SpaceX公开的一项名为"航天器供配电系统自主激活分层堆叠排列"的专利（US2020361637A1）。专利说明书列出一个实施案例，结合星间分离过程说明了航天器供配电系统自主激活的方法，可作为"Starlink"卫星星箭分离方案的参考信息。在星箭分离方案方面，该专利文件提供的以下信息值得关注：扁平形状的卫星分成两堆,沿着一种竖直的特殊锁定装置分层堆叠排列;卫星不再通过包带与火箭连接以获得供电,而是使用极低功耗的低成本真空检测装置,当检测到卫星到达 120km 高度时,卫星供配电系统自主激活,由节电状态转入正常供电状态;火箭到达卫星分离位置后,由特殊锁定装置释放卫星,各卫星靠自旋的微小速度差自然分离并逐渐散开。该方案具备以下优势:①箭内空间利用率高。采用新型锁定结构,分层堆叠排列卫星,相比于传统筒形卫星适配器壁挂卫星的方式,充分利用了整流罩内的空间。②星箭电气接口充分简化。取消星箭间的供电包带,利用低成本真空检测装置实现卫星供配电系统的自主激活,降低了射前卫星测试组装的成本和复杂性,也降低了多星分离相互干扰的风险。③多星分离碰撞风险小。不使用分离机构,靠微小速度差被动式分离卫星,降低了多星分离碰撞的风险。

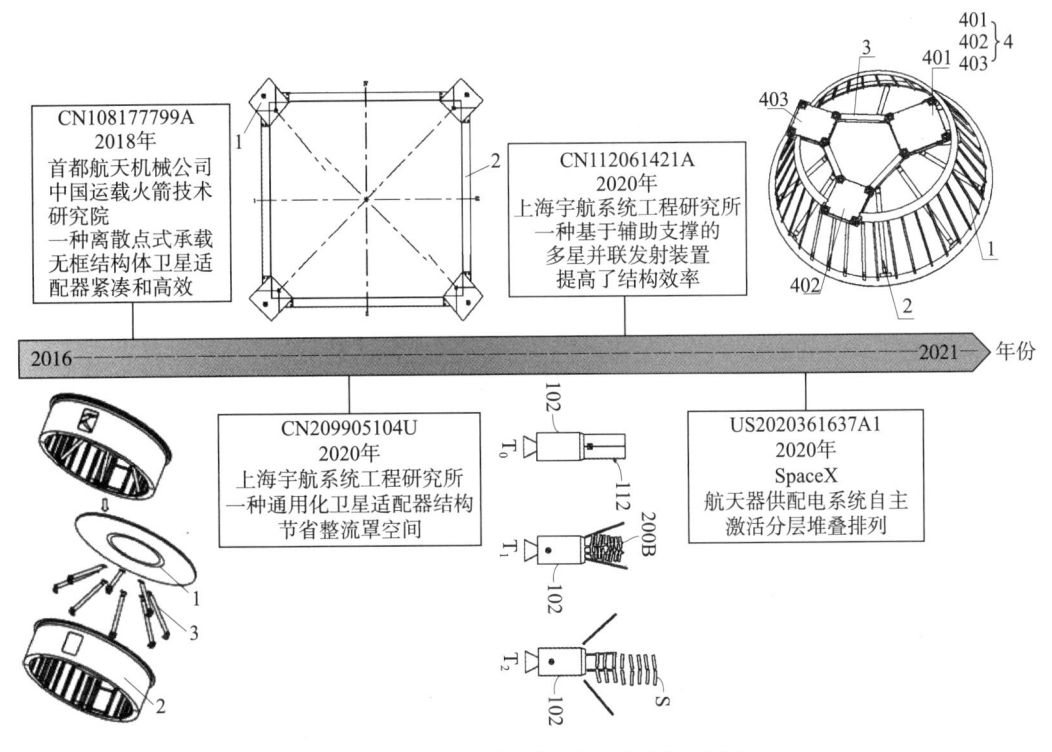

图 4-1-14 多星适配器专利技术发展路线

表 4-1-4 多星适配器相关重点专利

时间	申请人	公开号	技术方案要点	技术效果
2018	首都航天机械公司 中国运载火箭技术研究院	CN108177799A	公开了一种离散点式承载无框结构体卫星适配器。卫星适配器包括四个立柱和四块围板,立柱与围板间隔设置,分别在立柱和围板上开装配孔。该装置根据不同的尺寸需求,可以调整立柱各个区域的大小	这样的结构形式更为紧凑和高效,利用率高,实现了对结构空间的充分利用、合理布局

续表

时间	申请人	公开号	技术方案要点	技术效果
2020	上海宇航系统工程研究所	CN209905104U	公开了一种通用化卫星适配器结构，包括顶板（1）、承力筒（2）以及多个支撑杆（3）；顶板（1）贴合安装于承力筒（2）的一端部边缘，各支撑杆（3）沿周向排布于承力筒（2）内侧，且各个支撑杆（3）的一端连接于顶板（1），另一端连接于承力筒（2）内侧；顶板（1）为蜂窝状，顶板（1）内布置多处埋件（103），以使不同大小的卫星根据实际情况通过连接不同位置及不同数量的埋件（103）安装于顶板（1）上	该卫星适配器结构具有结构简单、运载能力提高、星箭环境改善、节省整流罩空间、解决多颗不同卫星单层并联布局和上面级下端设备的转接问题等效果
2020	上海宇航系统工程研究所	CN112061421A	公开了一种基于辅助支撑的多星并联发射装置，包括支撑舱舱体、支撑杆系、梁系安装平台和至少两个用于安装待发射卫星的安装部。梁系安装平台设于支撑舱舱体的顶端，支撑杆系位于支撑舱舱体内，并支撑于支撑舱舱体和梁系安装平台之间，安装部安装于支撑舱舱体和梁系安装平台上	该发明采用基于辅助撑杆的多星并联布局的方式，克服了多星串联布局占用有效载荷重量和增加卫星整流罩的高度的缺点，解决了多星串联发射占用运载火箭有效载荷和卫星整流罩空间利用率低的问题。该发明构造简单，减轻了多星并联发射装置结构重量，提高了结构效率，改善了多星发射装置的性能和适应性，提高了运载火箭载荷发射能力
2020	SpaceX	US2020361637A1	一种航天器供配电系统自主激活，公开了扁平形状的卫星分成两堆，沿着一种竖直的特殊锁定装置分层堆叠排列。卫星不再通过包带与火箭连接，到达轨道后由卫星自主激活特殊锁定装置释放卫星，各卫星靠自旋的微小速度差自然分离并逐渐散开	这一设计直接取消了多星适配器，或者可以认为多卫星中某一卫星的相邻卫星即是它的卫星适配器

小卫星发射市场蓬勃发展，诞生了一系列的搭载发射模式。卫星搭载发射虽有效降低了相关费用，但受空间及重量的制约，搭载发射模式已远远不能满足要求。一方面依托可重复使用火箭进行批量部署的方式将会呈现一定的优势，另一方面通过开展卫星集成化、小型化的研制，以尽可能小的体积来满足搭载的需求。同时卫星堆叠放置、星箭电气接口简化、多星被动式分离设计，可大幅降低火箭改动工作量，降低布局和分离的难度。这一点值得我国借鉴。

4.1.7 小 结

商业卫星结构系统相关专利的研究重点是卫星结构平台、分离技术和能源结构，中国在卫星结构方面的技术创新较为活跃，相关技术的专利申请来源地以中国为主，并在专利数量方面遥遥领先于其他国家或地区。在卫星结构系统的技术构成中，涉及卫星结构平台的专利数量最多，其中，提高可靠性及精度是行业内重点关注的技术功效。从关键技术的角度来看，模块化平台已经成为卫星平台技术发展的新方向，同时也是实现低成本卫星的关键技术。在多星适配器方面，卫星堆叠放置、星箭电气接口简化、多星被动式分离的设计理念，值得我国借鉴。

4.2 商业火箭技术重点专利

通过前面的分析可以看出，推进系统是运载火箭领域的研究热点，其中又以液体推进系统为重点。本节选取商业运载火箭液体推进系统的 608 项全球有效专利申请为样本，通过分解技术构成，剖析技术手段和功效的相关性，挖掘本领域主要申请人。

4.2.1 申请趋势

如图 4-2-1 所示，对液体推进系统专利申请量趋势进行分析。1990~2015 年处于平稳发展阶段，年申请量不超过 65 项。这主要是两个方面的原因：一方面，20 世纪 90 年代，运载火箭尚未被产业化，绝大多数技术属于保密信息；另一方面，该时期是技术积累阶段。例如，大推力液体火箭发动机 RD-180 的前身 RD-170，制造于 20 世纪 90 年代并在其后不断进行燃烧室、管路和循环方式等技术改进。2016 年之后进入快速增长时期，年专利申请量显著增加并且在 2019 年达到 159 项。随着军用技术民用化，保密技术被大量解密，加之民营企业涉足液体火箭推进系统领域，因此在此时期出现了大量相关技术的专利申请。

4.2.2 技术构成

如图 4-2-2 所示，对液体推进系统技术进一步细分又可以分为增压输送系统、推力室和整体结构。其中有关推力室申请量最多，占比 46%，增压输送系统申请量占比 44%，整体结构占比 10%。

推力室主要包括对喷注器、燃烧室、冷却结构和点火机构的改进，研究重点以喷注器为主，申请量为 134 项；其次是燃烧室，申请量 75 项。增压输送系统技术可以进一步细分为涡轮泵、输送管路、流量调节和气压调节。其中，涡轮泵的专利申请量最多，为 80 项；其次是输送管路，达 75 项，流量调节也有 67 项专利申请。由此可见，增压输送系统的专利申请内容分布较为均匀，各个领域均具有研发和改进的空间。

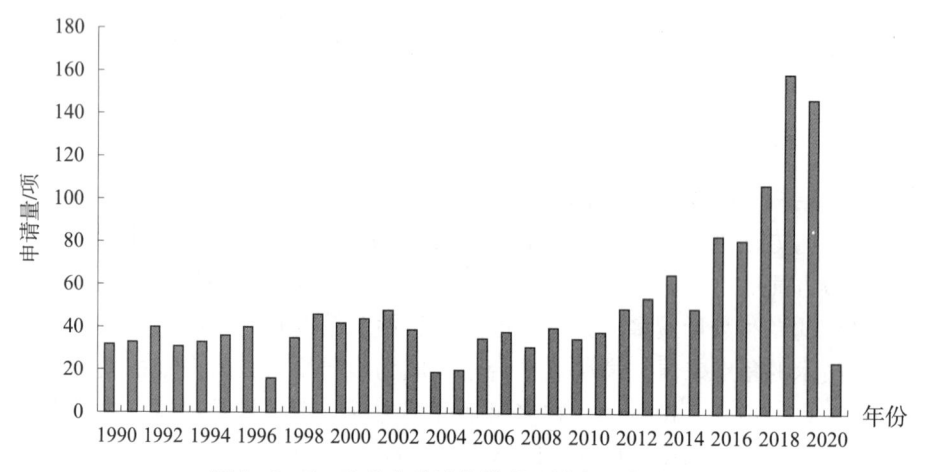

图 4-2-1　商业火箭液体推进系统专利申请趋势

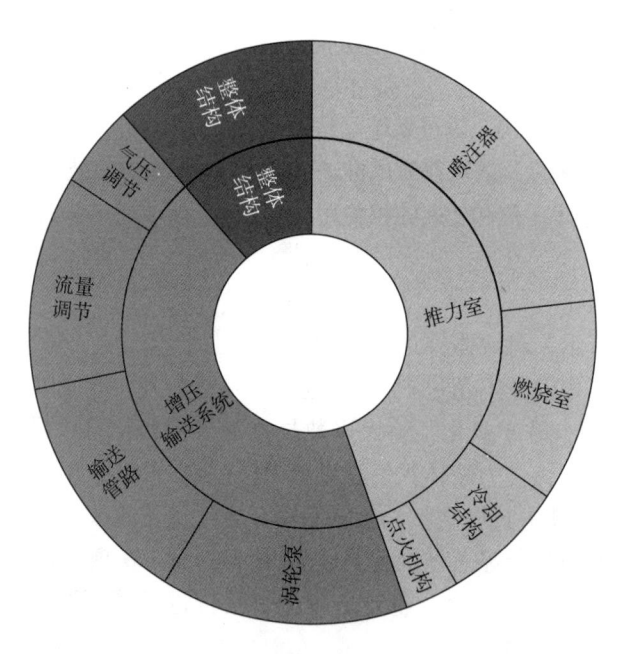

图 4-2-2　液体推进系统主要技术构成

通过对全球液压推进系统的技术方案进行分析，得到技术功效图 4-2-3，反映了增压输送系统的技术手段与技术效果的对应分布情况。从图中可以看出，可靠性、调节性、降低成本、简化结构、小型化轻量化是行业目前比较关注的技术效果。

对于增压输送系统，其中增强可靠性的技术手段主要有改进输送管路、改进涡轮泵结构、改进流量调节系统以及气压调节是实现调节性的主要技术手段。降低成本、简化结构、实现小型化轻量化主要是通过涡轮泵和输送管路的改进以及改进流量调节系统。从图中看出，简化工艺实现批量生产的技术效果的手段不是很多；在流量调节系统领域还是空白。简化工艺是实现商业运载火箭液体推进系统进一步商业化的关键效果，创新主体可以从多个角度探索发展方向。

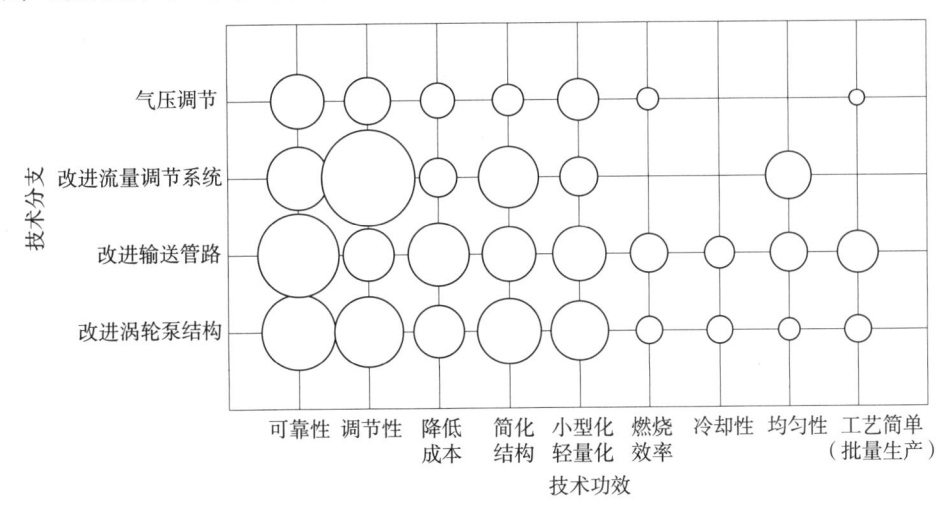

图 4-2-3 液体推进系统重点技术专利技术功效（一）

注：气泡大小代表申请量多少。

对于推力室，增强可靠性的技术手段主要有改进喷注器和燃烧室，喷注器的改进也是实现调节性的主要技术手段。降低成本、简化结构、实现小型化轻量化主要是通过喷注器和燃烧室的改进，喷注器和燃烧室的改进也是提高燃烧效率的主要技术手段。从图 4-2-4 中看出，整体结构的改进对于降低成本和简化结构也有非常重要的作用。

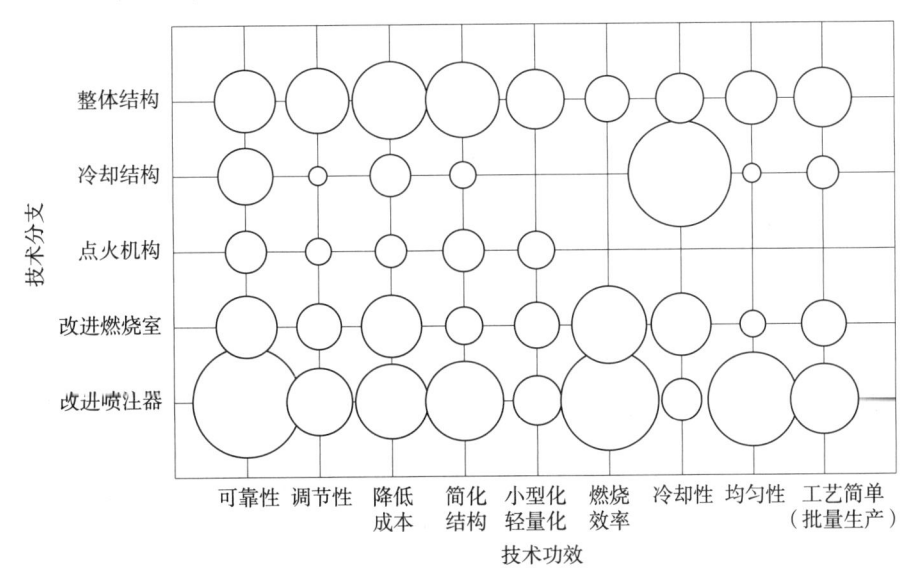

图 4-2-4 液体推进系统重点技术专利技术功效（二）

注：气泡大小代表申请量多少。

4.2.3 技术来源地及目标市场区域分布

通过对液体推进系统技术来源地和主要目标市场区域分布进行分析，了解液体推进系统的技术来源和技术流向。

4.2.3.1 技术来源地分布

图4-2-5展示了火箭液体推进系统的技术来源地，可以看出美国、中国、日本是主要来源地。这得益于最早实施航天商业化的规划部署，美国申请人的专利申请量远远超过中国、日本、德国等其他国家或地区，符合其世界航天大国的地位。中国的航天商业化起步较晚，目前还没有形成有序的发展框架和市场规模，因此专利申请量相对美国还较少。

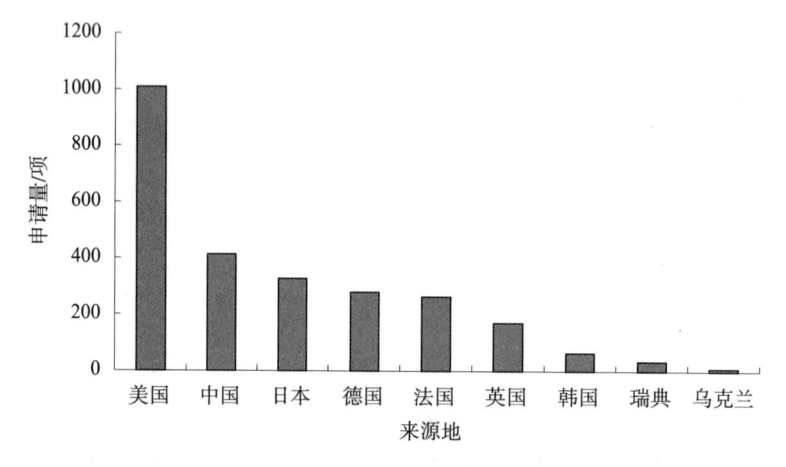

图4-2-5 火箭液体推进系统专利申请来源地分布

4.2.3.2 主要目标市场区域分布

图4-2-6展示了液体推进系统的申请人主要目标市场区域分布情况。可以看出，美国申请人在中国、德国、法国和日本等都进行了布局，德国、法国、日本等也在国外布局了一定数量的专利。但中国申请人并未在国外进行布局。这可能有两方面的原因：一方面可能是海外专利布局意识的缺乏，另一方面也可能是技术公开与保密的相互限制，或者是海外布局的专利壁垒使我国的专利较难"走出去"。

4.2.4 主要申请人

如图4-2-7所示，液体推进系统全球排名前十名的申请人中有2家来自法国，分别是赛峰集团和空客公司；3家来自中国，申请人分别位居的第二位至第四位的蓝箭航天、星际荣耀和北京宇航推进科技有限公司；美国企业占据2席，航空喷气和波音公司，另外3家分别是来自欧洲的阿斯特里姆、日本的三菱和韩国的国防发展局。

值得一提的是，几家知名的商业航天企业SpaceX、维珍银河、蓝色起源等企业并未在运载火箭领域，特别是液体推进系统领域进行专利布局，可能是因为其目前以商业秘密形式对技术进行保密。

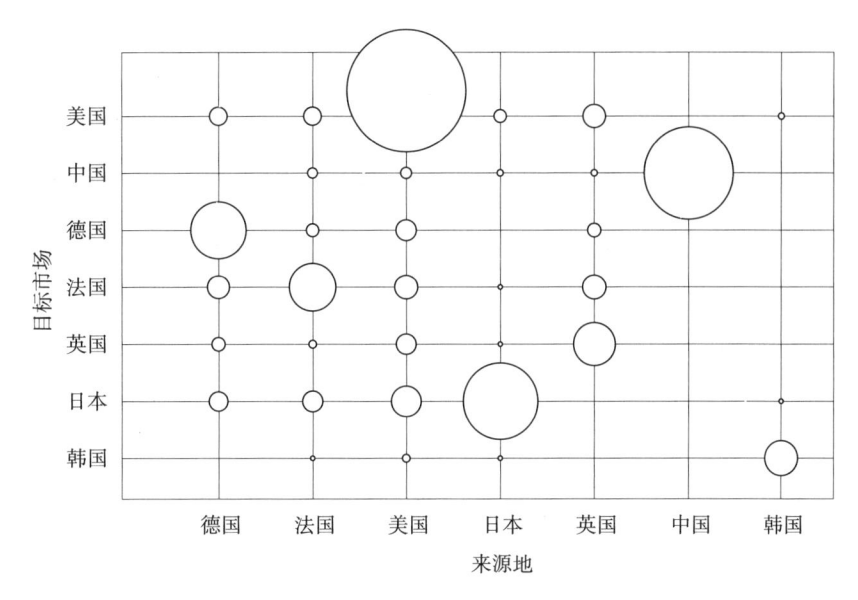

图 4-2-6　液体推进系统技术专利申请主要来源地和目标市场流向

注：气泡大小代表申请量多少。

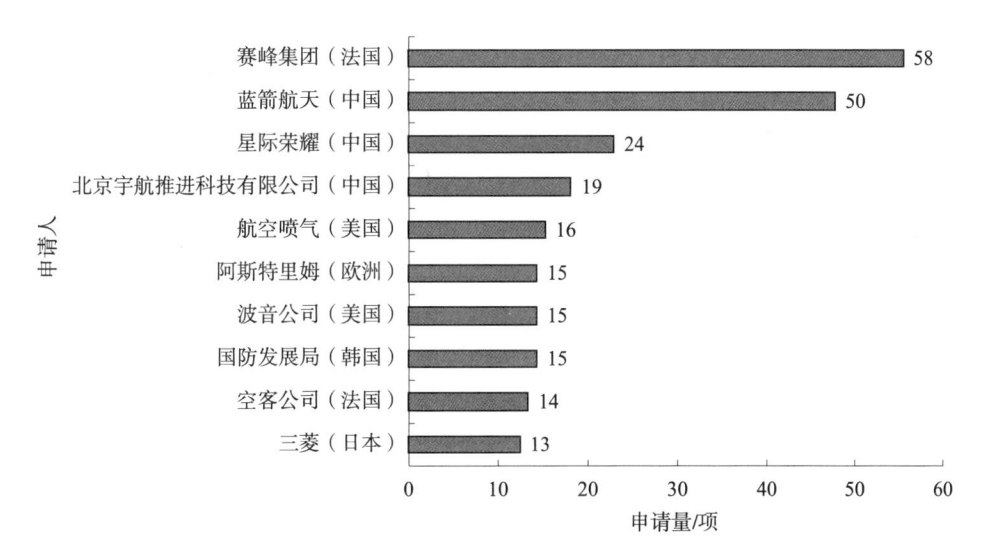

图 4-2-7　液体推进系统领域全球主要申请人专利申请排名

4.2.5　技术发展脉络

通过梳理液体推进系统的技术发展脉络，分别分析了推力室、喷注器、燃烧室、涡轮泵的关键技术。

4.2.5.1　推力室

推力室是火箭发动机中完成推进剂能量转化和产生推力的机构，其主要由喷注器、燃烧室和喷管组成。按照其用途和功能，推力室可以分为运载助推级推力室、上面级推力室、航天飞行器轨控推力室、姿态控制推力室等；按照推力量级，推力室可以分为高推力推力室和低推力推力室；按照推进剂种类区别，推力室可以分为单组元推力室和双组元推力室。目前的研究热点集中在如何增大喷管面积比、减轻重量和廉价高能推进剂上。

（1）航天飞行器轨控推力室

对航天飞行器的质心施加外力，以控制其运动速度的大小和方向，进而使之按照预定的轨道运动的技术，被称为"轨道控制"。专利CN111237088A公开了一种轨控推力室，安装在安装块上，轨控发动机氧化剂流道连接在氧化剂集合槽与轨控推力室之间，轨控发动机燃料流道连接在燃料集合槽与轨控推力室之间，该结构无管路和接头，结构紧凑，重量较小，可靠性高，占用空间较少，安装维护较为便捷。

（2）姿态控制推力室

航天器姿态控制是指控制航天器在太空定向姿态的控制方式，其包括姿态稳定和姿态机动两个方面。专利CN211819720U公开了一种姿态控制推力室，包括四个姿态控制推力室。四个姿态控制推力室安装在安装块的外周，能够大大减小整个双组元五机组合动力系统的整体体积和重量，结构紧凑，可靠性高，占用空间较少，安装维护较为便捷。专利CN112343735A则关注姿态控制推力室的套筒结构，采用在承载筒的内壁形成部分防热涂层段的方式，有针对性地进行防热处理，使需要进行防热处理的部分较少，降低姿态控制动力系统推力室的套筒的成本，缩短加工周期，使之更适于产品化的需求。

（3）单组元推力室

使用单组元推进剂作为工质的推进系统，常用的推进剂包括氧化亚氮、过氧化氢和肼。单组元肼推进剂稳态比冲高，是目前单组元推进系统的常用推进剂。图4-2-8和图4-2-9分别展示了外加热式和内加热式N_2O单组元推力室结构。

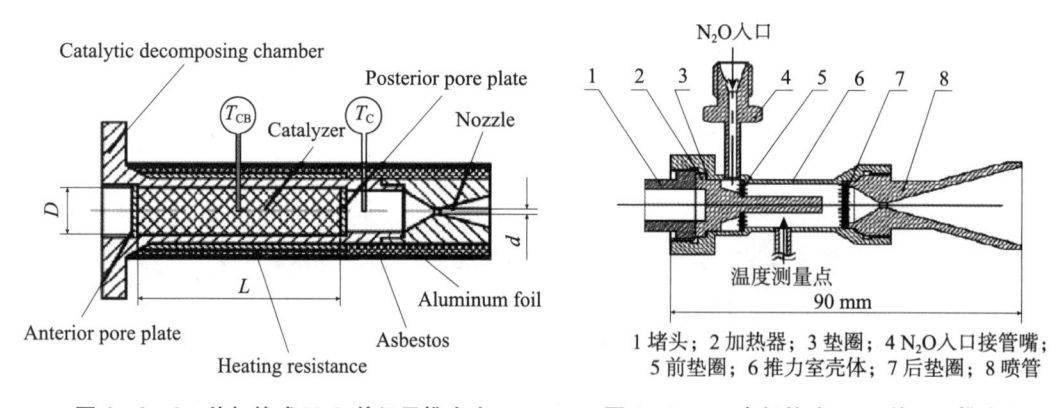

图4-2-8 外加热式N_2O单组元推力室

图4-2-9 内加热式N_2O单组元推力室

专利CN104265507A公开了一种肼类小推力单组元推力室，通过微孔径向喷入推进剂，可保证在额定推进剂流量下，提供合理喷注压降，结构合理，制作简单，易于改型形成系列化，能够满足单组元发动机的动力需求。专利CN212130634A公开了一种3D打印整体式单组元推力器，在身部设置前床催化室和后床催化室，将头部毛细管输入的推进剂催化分解成热燃气，通过设置喷管收敛段和喷管扩张段加速喷出热燃气。推进剂首先进入头部，经毛细管进入前床催化室催化分解，再进入后床催化室继续催化分解成热燃气，然后通过喷管收敛段和喷管扩张段膨胀加速喷出做功，整体结构简单，具有零组件少、强度高和生产效率高等优点。专利 EP3128165A1 公开了一种单组元推力室，通过分别在催化剂室和催化剂床内提供至少一个螺旋壁构件，可以实现催化剂床的有效长度的扩大。由于催化剂室的几何长度可减小，所以整个火箭发动机的长度可以减小，除了分别减小催化剂室和燃烧室所需的体积之外，还可以增强振动强度或抗振动性。

（4）双组元推力室

双组元推力室是指在航天器中使用的、采用两种不同组元（氧化剂和燃料）的工质作为推进剂，在挤压气体的作用下进入燃烧室，按照一定比例混合后燃烧，产生反作用推力的组件。例如，图 4-2-10 展示了一种微型甲烷-氧气双组元推力室的简化结构。应用新材料取代再生冷却，提高热稳定性能等是目前研究的热点。专利 CN113107710A 公开了一种小推力双组元推力室，氧化剂、燃料分别通过两个独立的电磁阀实现开关控制。两个电磁阀接收到控制系统的电信号后，打开密封通道，氧化剂、燃料同时进入双组元喷嘴。双组元喷嘴能够较好地实现两种组元的分隔流动。最后在燃烧室内撞击自燃，燃烧产生高温高压气体，通过拉瓦尔喷管后形成超音速流体，超音速流体喷出后对发动机安装支架产生反作用力实现推力。专利 CN110953088A 公开了一种自增压双组元推力系统，将双缸气动柱塞泵与推力室结合成一体，利用燃烧室内的燃气驱动双缸柱塞泵。柱塞泵的环形活塞受到的推进剂的压力的作用面积之和小于燃烧室燃气压力作用面积，从而产生压力差。柱塞泵增压后的氧化剂经催化分解后产生热燃气进入燃烧室和燃料燃烧，使燃烧室压力增加，从而形成正反馈效应，实现发动机高压脉冲工作。专利 KR101187592B1 公开了一种具有冷却单元的双组元发动机，冷却装置在二元推进剂火箭发动机用喷射器的燃烧室邻接部形成有冷却水流动空间，并使冷却水在所述冷却水流动空间循环而冷却喷射器。该喷射器即使长时间暴露于燃烧室的高温环境，耐久性也会得到保障，从而具有可适用于极限环境或长时间测试的效果。

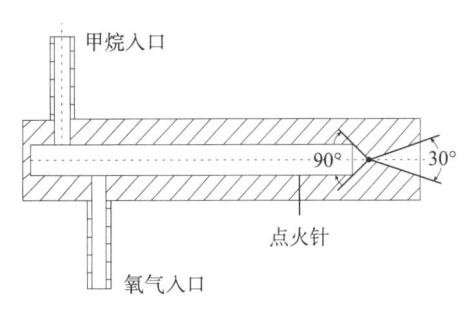

图 4-2-10 甲烷-氧气双组元推力室结构

双组元液体火箭发动机推力室为满足发动机高比冲、轻质化、长寿命、高可靠的需求，推力室的材料正朝着超高温、轻质化方向发展，已形成难熔金属材料（钨合金、钼合金、钽合金、铌合金）、贵金属材料（铂-铑合金、铱）和高性能复合材料（陶瓷基复合材料、铱/铼/C-C 材料）三大材料体系。图 4-2-11 简要梳理了上述三大材料体系的发展脉络。铌合金基材涂覆硅化物涂层材料体系已成熟应用，可靠性高；铱/铼/C-C 材料需进一步进行工程化应用研究，解决粉末冶金铼基材的高温力学性能问题，同时，进一步提高铱涂层性能稳定性和可靠性。复合材料因其质量轻、高温力学性能优异，是未来高性能火箭发动机推力室材料的重点发展方向。

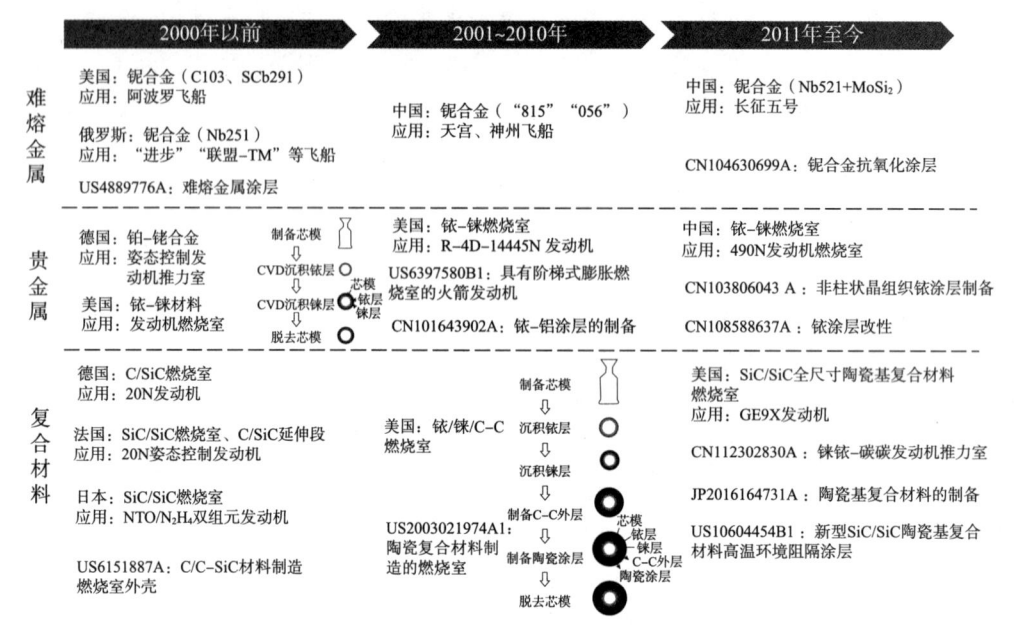

	2000年以前	2001~2010年	2011年至今
难熔金属	美国：铌合金（C103、SCb291） 应用：阿波罗飞船 俄罗斯：铌合金（Nb251） 应用："进步""联盟-TM"等飞船 US4889776A：难熔金属涂层	中国：铌合金（"815""056"） 应用：天宫、神州飞船	中国：铌合金（Nb521+MoSi$_2$） 应用：长征五号 CN104630699A：铌合金抗氧化涂层
贵金属	德国：铂-铑合金 应用：姿态控制发动机推力室 美国：铱铼材料 应用：发动机燃烧室	制备芯模→CVD沉积铱层→CVD沉积铼层→脱去芯模 美国：铱-铼燃烧室 应用：R-4D-14445N发动机 US6397580B1：具有阶梯式膨胀燃烧室的火箭发动机 CN101643902A：铱-铝涂层的制备	中国：铱-铼燃烧室 应用：490N发动机燃烧室 CN103806013A：非柱状晶织铱涂层制备 CN108588637A：铱涂层改性
复合材料	德国：C/SiC燃烧室 应用：20N发动机 法国：SiC/SiC燃烧室、C/SiC延伸段 应用：20N姿态控制发动机 日本：SiC/SiC燃烧室 应用：NTO/N$_2$H双组元发动机 US6151887A：C/C-SiC材料制造燃烧室外壳	美国：铱/铼/C-C燃烧室 制备芯模→沉积铱层→沉积铼层→制备C-C外层→制备陶瓷涂层→脱去芯模 US2003021974A1：陶瓷复合材料制造的燃烧室	美国：SiC/SiC全尺寸陶瓷基复合材料燃烧室 应用：GE9X发动机 CN112302830A：铼铱-碳碳发动机推力室 JP2016164731A：陶瓷基复合材料的制备 US10604454B1：新型SiC/SiC陶瓷基复合材料高温环境阻隔涂层

图4-2-11 双组元液体火箭发动机推力室三大材料体系发展脉络

4.2.5.2 喷注器

液体火箭发动机喷注器是液体火箭发动机的核心装置，它的功能是实现液体火箭推进剂的喷注、雾化以及混合，是液体火箭发动机的动力之源，决定了燃烧效率以及燃烧室喷注器面板和室壁的热状态。喷注器一般由少则数个多则数百个的喷嘴组成，零件众多、加工精度要求较高、加工工艺复杂、生产周期长、产品一致性难以得到保证。喷注器通常分为直流式喷注器、离心式喷注器和同轴式喷注器。

（1）直流式喷注器

有很多小直流通孔，推进剂通过小孔形成雾状小锥角射流喷入燃烧室。直流式喷注器通常由两股或多股射流相互撞击，促进雾化和混合。相应的喷注器分别称为"二击式""三击式"或"多击式喷注器"。推进剂相同组元射流相撞的称为"自击式"，推进剂不同组元射流相撞的称为"互击式"。平行射流互不相撞的称为"淋浴式"，射流喷射到溅板上的称为"溅板式"。这种喷注器广泛用于各种推力的发动机，如美国的"三神"（雷神、宇宙神、大力神）、"F-1""H-1"以及"兰光"等运载火箭所用的大型液氧/煤油发动机都采用了直流式喷注器。我国的大、中、小推力发动机也采用了直流式喷注器。根据推力大小和其他特殊要求，直流式喷注器又可以分为整体式、组合式、曲面式。图4-2-12是一种典型的整体式喷注器结构。

专利CN112412661A公开了一种火箭发动机直流式喷注器。其设计发动机燃烧室内部分隔成若干个区域，包括直流互击喷注区域、直流自击喷注区域、直流单孔喷注区，有效抑制切向和径向不稳定燃烧，喷注器零件数目少，产品固有可靠性高。

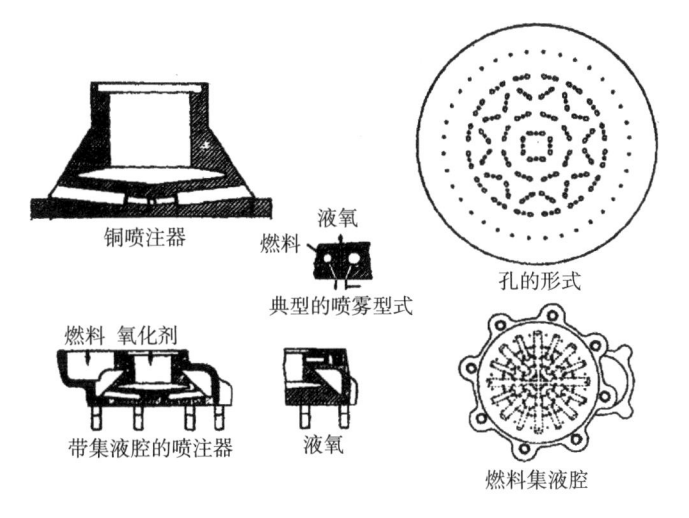

图 4-2-12 整体式直流喷注器

（2）离心式喷注器

由许多作为基本喷注单元的喷嘴组成。在喷嘴内装有涡流器或在喷嘴侧壁上钻有切向孔，可以使推进剂在喷嘴中形成旋涡流动，喷入燃烧室以造成较大角度的锥形喷雾，借以改善雾化和混合效能。这种喷注器的雾化效果较好，但结构较复杂，尺寸较大。图 4-2-13 是一种双组元离心喷注器的模型，内外喷嘴同轴，均为离心式喷嘴，内喷嘴通氧化剂，外喷嘴通燃料。工作时，推进剂经内外喷嘴雾化成空心锥喷雾，燃料流均匀分布在燃烧室四周壁面上，形成均匀的冷却层，再与周向分布均匀的氧化剂射流相互撞击形成周向分布均匀的喷雾，这对燃烧过程的组织非常有利。

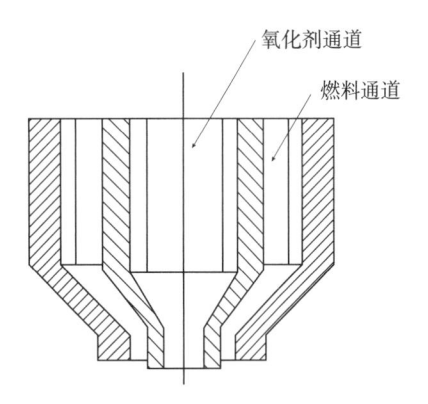

图 4-2-13 双组元离心喷注器

专利 CN106837609A 公开了一种固液火箭发动机双路离心式喷注器结构。主路从喷盖垂直进入喷盖下端积液腔，分三路穿过分液器，在喷口内切向喷入旋流室。氧化剂副路从喷盖斜着进入分液器中间积液腔，分三路在分液器内切向喷入旋流室。旋流室由分液器、喷口围绕而成。在大流量情况下，主路副路同时喷注氧化剂；在小流量情况下，仅主路喷注氧化剂，从而实现大流量调节比下的高效燃烧。专利 CN111895449A 公开了一种离心式气泡雾化喷注器，用于实现高黏度液体推进剂的雾化燃烧，其包括喷嘴盘、基座、涡流器、气液汇流管、液体推进剂接头、辅助雾化气接头和气体推进剂接头。喷嘴盘安装在基座下端面。涡流器同轴固定在基座的中心体下方整流腔内。气液汇流管同轴置于基座的中心体上方辅助雾化气通道内，且顶端通过法兰盖与喷注器基座相连。液体推进剂接头同轴固定安装在位于气液汇流管上部的法兰盖中心孔内。辅助雾化气接头固定安装在基座的侧壁处。各气体推进剂接头沿周向均匀分布在基座侧壁处。

（3）同轴式喷注器

由许多同轴的喷嘴组成，适用于液氧液氢发动机。同轴式喷注器的内喷嘴喷出液氧，它可以是离心式的或直流式的。液氢经推力室的冷却套加热汽化后，由同轴喷嘴的环形空隙喷出，与液氧混合后燃烧。同轴式喷嘴外喷嘴一般采用直流形式，内喷嘴可以选择直流式或是离心式。因此，同轴式喷嘴有直流同轴式喷嘴、离心同轴式喷嘴等之分。同轴式喷嘴的优势在于可以使三种推进剂充分接触、混合，得以高效燃烧。研究方法主要是冷态试验、热试试验及仿真预测。对于液氢、液氧发动机来讲，采用液氢在外环缝、液氧在中心管的方式形成的同轴式喷嘴被广泛采用。俄罗斯研究了多种不同的喷嘴形式，大多采用同轴式，包括离心－直流－直流式喷嘴。美国的SSME也采用同轴式喷嘴。为了加强雾化，同轴式喷嘴的中心管采用离心式喷嘴形成离心同轴式喷嘴得到了充分的研究。我国的YF-75发动机采用这种喷嘴。内外喷嘴均采用离心喷嘴形式的双离心式喷嘴也有一定的应用。三组元火箭发动机喷嘴是三组元发动机的重要部件，是火箭发动机喷嘴的一个重要发展方向。三组元喷嘴的主要结构形式有：同轴式、同轴-发汗组合式、撞击-发汗组合式等。其中同轴式结构的三组元喷嘴被广泛采用为三组元喷嘴的基本结构，得到了广泛深入的研究。俄罗斯设计了离心撞击式的三组元喷嘴，美国提出了两种采用同轴式结构的三组元喷嘴方案，印度设计了一种同轴式三组元喷嘴。国防科学技术大学航天与材料工程学院也设计了多种采用同轴式结构的三组元喷嘴。图4-2-14示出了三种不同类型的喷嘴，从左到右依次为气液同轴式喷嘴、同轴直流式三组元喷嘴和同轴离心式三组元喷嘴。

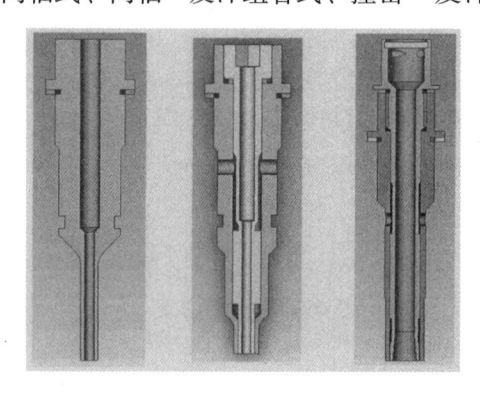

图4-2-14 三种不同类型喷嘴

专利CN104196651A公开了一种可调同轴双开槽栓式喷注器。其中心路喷嘴大部分在针阀上，中心筒上槽孔面积相对稍大。研究表明该喷注结构可以有效减小射流的宽度，从而保证推进剂可以进行良好的混合，获得较高的燃烧效率。专利CN212985397U公开了一种火箭发动机推力室，其采用同轴喷注器，使推力室身部和喷管部精确对接，方便后续激光焊接，同时无须改变推力室身部与喷管部的相对位置，极大简化焊接操作，并保证推力室与喷管连接紧密，固定牢固。图4-2-15是从专利文献的视角简要梳理喷注器技术的发展脉络，可以看出三种不同类型喷注器的相关专利并没有呈现明显的此消彼长的趋势，各类型的喷注器在火箭喷注器领域各有优劣。

4.2.5.3 燃烧室

燃烧室是火箭推进剂雾化、混合和燃烧的容腔，推进剂经燃烧室燃烧后形成3000~4000℃的高温和几十兆帕的高压燃气后喷出，形成推力。按照布置方式不同，燃烧室可以分为单（分）管燃烧室、联管燃烧室、环形燃烧室、环管形燃烧室等。

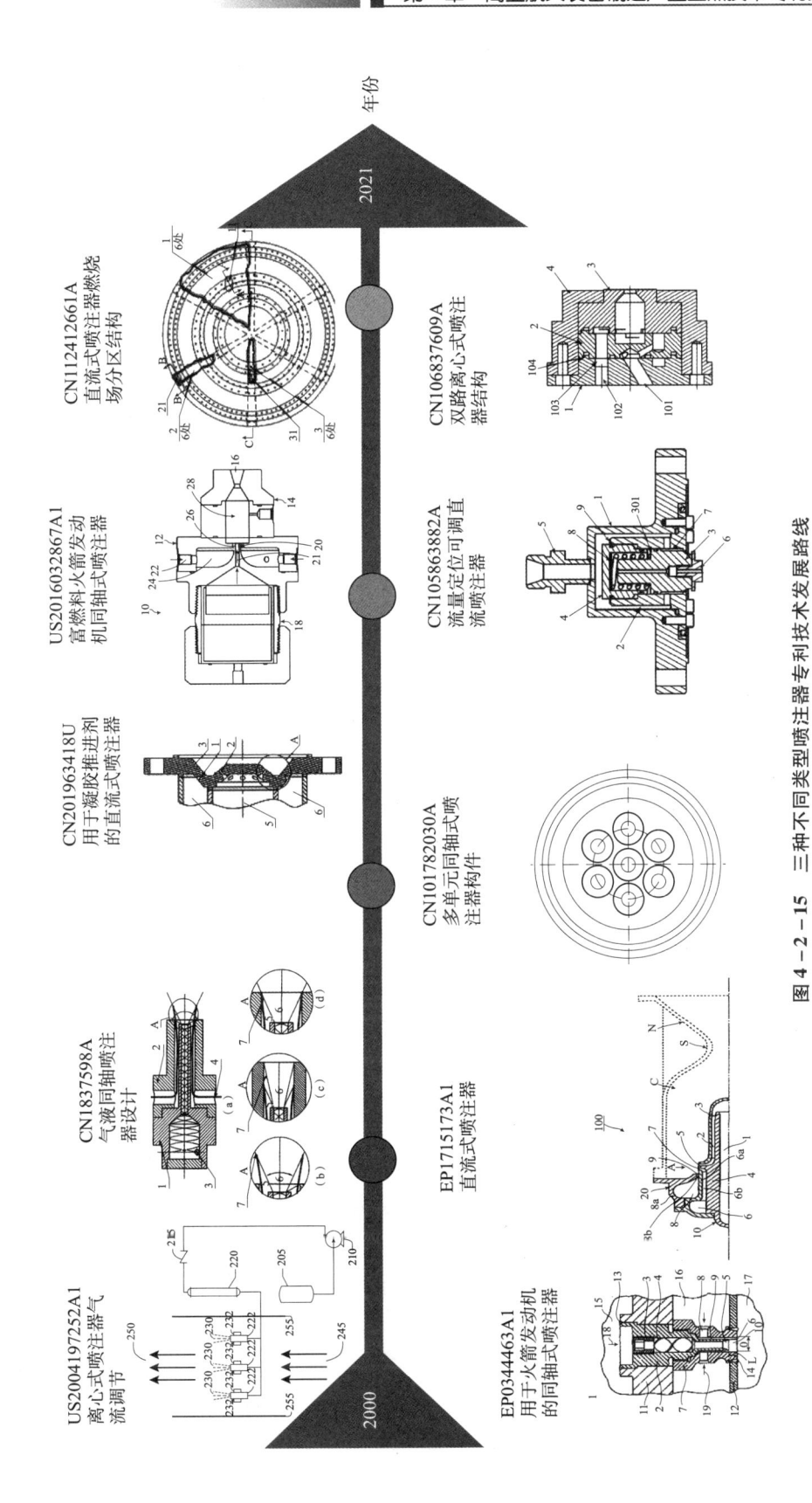

图 4-2-15 三种不同类型喷注器专利技术发展路线

(1) 单（分）管燃烧室

管形火焰筒外围包有一个单独壳体，构成一个分管，结构上由火焰筒和外壳体组成，各个分管之间由传焰管联通，目的就是让一个单管燃烧室点着后，通过传焰管让所有的单管燃烧室都点着，并且均衡压力。这种燃烧室装拆、维修、检修方便，调试容易，实验结果比较接近实际情况，但一个显著的问题就是推力不强。专利 EP2383515A1 公开了一种燃烧器系统，将燃烧器与所述单管燃烧室结合使用。燃气轮机有多个彼此独立排列成环形的单管燃烧室，在流出侧的开口在涡轮进口侧汇入环形热燃气通道中，每个单管燃烧室上的流出口的相对位置端环形地围绕控制燃烧器排列，采用上述结构配置的声波连通装置避免相邻燃烧器的反向振荡。

(2) 联管燃烧室

由若干个火焰筒均匀排列安装在同一个壳体内，相邻火焰燃烧器之间仍然用传焰管联通。利用这种结构可以制造回流来大大减小燃烧室所需的长度，并且使得对于燃油喷头和火焰管的维护更加容易。这种燃烧室适合与轴流式压气机配合，布局紧凑、刚性、气流转弯、流体阻力和热散失均较小，并且调试比较容易。但燃烧室出口温度场沿周向不够均匀，燃烧室的流体损失较大且质量较重。

(3) 环形燃烧室

在内外壳体之间的环形腔中，布置呈环状的火焰筒，构成主燃区，又分为直流环形燃烧室、全环形燃烧室、折流环形燃烧室和回流环形燃烧室。其优点是：环形火焰筒制造简单、长度短、质量轻，与轴流式压气机、涡轮配合方便，节约火焰筒冷却空气量，空间利用率最高，联焰性好。但其调试时需要大型气源，火焰筒刚性差，燃料分布不均匀，组织燃烧困难。专利 RU2008149584A 公开了一种液体推进剂火箭发动机环形燃烧室，包括喷嘴、具有在喷嘴内轴对称布置的混合头的冷却燃烧室，以及燃料和氧化剂进料支管。燃烧室具有成型内壁并且沿着其纵向轴线布置，容纳冷却气缸，冷却气缸的一个面与混合头连接，另一个面与喷嘴中心部分连接，以与腔室成型内壁一起形成环形临界部分。使用上述结构可以改善燃烧物和冷却剂之间的热交换。专利 FR3051508A1 公开了一种具有连续爆震波的环形燃烧室，能够使沿轴向喷射的燃料及氧化剂的混合物被用于传递来自于爆震波的连续产生的热气。燃烧室包括以均匀的方式成角度地分布在两个同心环中的多个电极对。给定电极对的两个电极各自属于不同的环并且径向对齐，并且由控制设备控制的发电机在所述多个电极对之间相继地产生 NRP 放电，所述发电机构造成电气地为至少一对电极供电，以便至少产生一个放电区域，然后一个接一个地为每个所述后续电极对供电，从而使爆震波能够围绕所述环形燃烧室连续地行进，简化引爆系统。

图 4-2-16 简析几种燃烧室的发展。从专利的角度可以看出，单管燃烧室受限于推力不强，近几年的专利申请量较少。目前的专利申请热点更集中于环形燃烧室的研究。

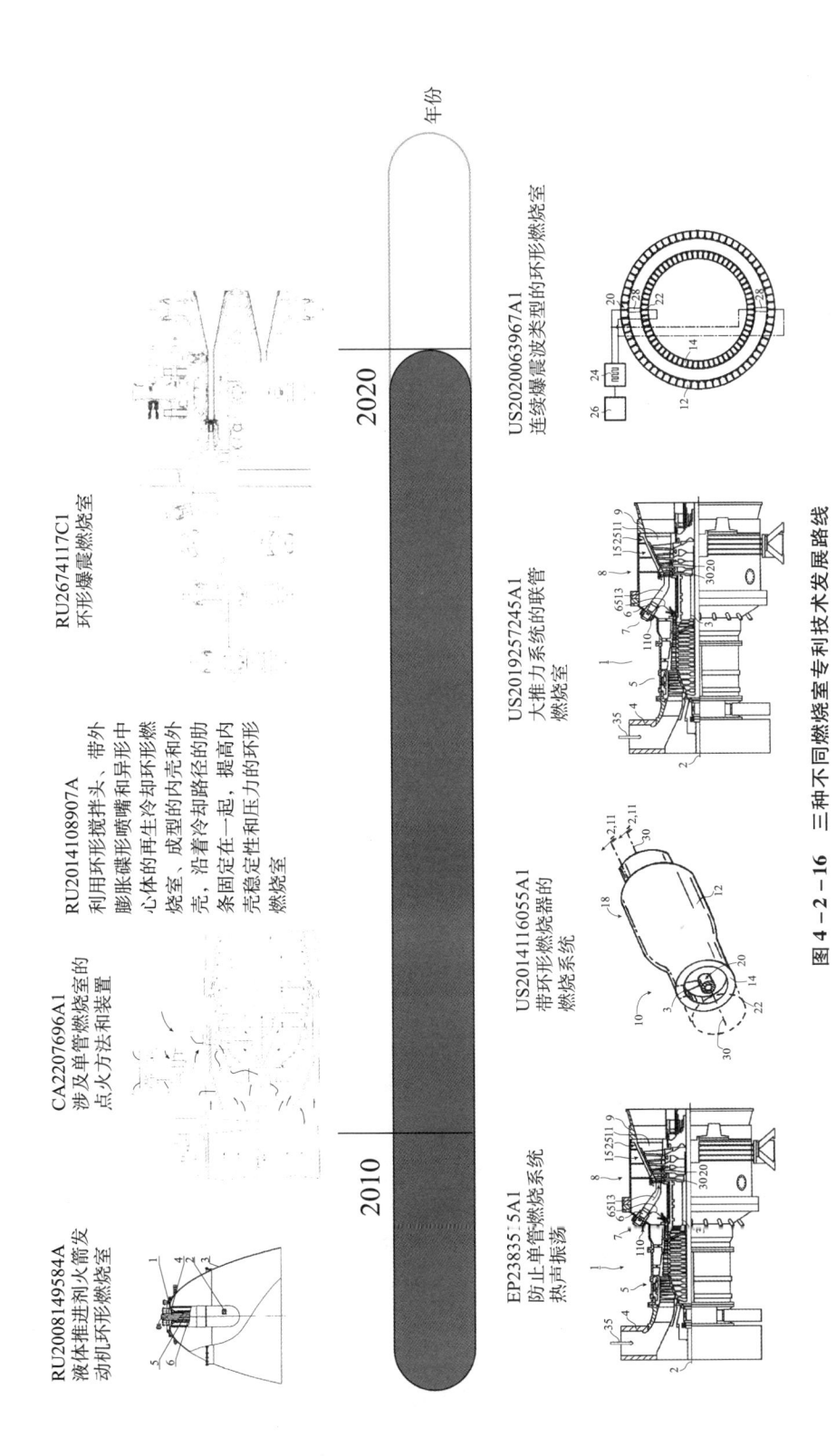

第4章 商业航天装备制造产业重点技术专利分析

图 4-2-16 三种不同燃烧室专利技术发展路线

RU2008149584A
液体推进剂火箭发动机环形燃烧室

CA2207696A1
涉及单管燃烧室的点火方法和装置

RU2014108907A
利用环形搅拌头、膨胀碟形喷嘴和异形中心体的再生冷却环形燃烧室，成型的内壳和外壳，沿着冷却路径的助条固定在一起，提高内壳稳定性和压力的环形燃烧室

RU2674117C1
环形爆震燃烧室

EP2383515A1
防止单管燃烧系统热声振荡

US2014116055A1
带环形燃烧器的燃烧系统

US2019257245A1
大推力系统的联管燃烧室

US2020063967A1
连续爆震波类型的环形燃烧室

2010　　　　2020　年份

4.2.5.4 涡轮泵

涡轮泵在发动机的运转过程中起重要作用,它由两个部分组成,即涡轮和泵。涡轮泵在工作阶段,对氧化剂和燃烧剂进行增压后,将其中一部分输入推力室燃烧,产生的燃气从喷管喷出以产生动力;另一部分则被送到燃气发生室,产生的燃气用以推动涡轮泵工作。

现有的液体火箭发动机涡轮泵大致可分为同轴式、齿轮传动式和双涡轮式三种。同轴式涡轮泵结构简单、紧凑,可以有效降低涡轮泵的结构质量和发动机的质量比值,而齿轮传动式和双涡轮式涡轮泵可以使涡轮和泵都在最有利的转速下工作,保证了涡轮泵的稳定性,延长了使用寿命。随着航天技术的发展,对液体火箭发动机性能的要求也越来越高,双涡轮式涡轮泵逐渐成为主流的涡轮泵被应用于实际研制和使用中。

同轴式布局中,一台涡轮带动两台泵,且涡轮和泵同轴线、同转速。俄罗斯多采用这种布局方式,其质量计算公式如下:

$$m_{THA} = A_1 + \frac{B_1}{\omega}D_1$$

$$D_1 = \dot{m}_{HO}H_{HO}^{3/2} + \dot{m}_{HR}H_{HT}^{3/2}$$

式中,A_1、B_1为常数,下角标"HR"表示氢泵,"HO"表示氧泵。专利CN111140509A公开了一种同轴式发动机涡轮泵结构,如图4-2-17所示,包括同轴布置的氧泵、煤油泵和涡轮。氧泵和煤油泵套设于涡轮的涡轮转子上,煤油泵位于氧泵和涡轮之间。涡轮与煤油泵之间通过皮碗密封。氧泵和煤油泵之间设置两组端面密封和浮动环密封,端面密封和浮动环密封安装于氧泵的氧泵壳体内,两组端面密封分别位于两组浮动环密封的外侧,由于涡轮、煤油泵和氧泵同轴布置,一个涡轮同时驱动煤油泵和氧泵,结构紧凑,有效减少了涡轮泵的零部件数量、重量及空间外廓尺寸,降低了涡轮泵生产加工及试验成本,提高了涡轮泵可靠性。

齿轮传动式布局中,一台涡轮带动两台泵,两台泵通过齿轮箱连接,不同轴线、不同转速。现在已经很少应用这种布局方式,其质量计算仍可按同轴式布局进行。但由于齿轮箱的存在,加大了涡轮泵装置的质量,计算时只需对相应的质量系数修正即可。

双涡轮式布局中,采用两套独立的涡轮泵装置,一台涡轮带动一台泵。SSME、J-2、YF-75及我国研制的氢/氧发动机均采用这种布局方式,对氢涡轮泵装置和氧涡轮泵装置分别计算。其质量公式如下:

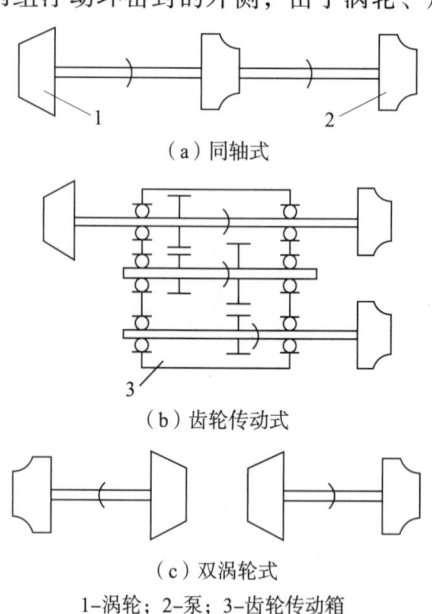

(a)同轴式
(b)齿轮传动式
(c)双涡轮式
1-涡轮;2-泵;3-齿轮传动箱

图4-2-17 涡轮泵主要结构类型对比

$$m_{\text{THAR}} = A_2 + \frac{B_2}{\omega_{\text{HR}}} D_2$$

$$D_2 = \dot{m}_{\text{HR}} H_{\text{HR}}^{3/2}$$

$$m_{\text{THAO}} = A_3 + \frac{B_3}{\omega_{\text{HO}}} D_3$$

$$D_3 = \dot{m}_{\text{HO}} H_{\text{HO}}^{3/2}$$

式中，A_2、B_2、A_3、B_3 为常数，m_{THAR}、m_{THAO} 为氢、氧涡轮泵装置质量。专利 CN108412637A 公开一种氢氧火箭发动机系统，其包括氢涡轮泵、氧涡轮泵、补氧燃烧器、补氧阀、氧主阀、氧涡轮抽气阀、氢主阀、推力室和氢涡轮抽气阀。氢涡轮泵通过氢主阀与推力室管道连接。氢涡轮泵通过氢涡轮抽气阀与推力室的头部管道连接。氧涡轮泵通过氧主阀与推力室的头部管道连接。氧涡轮泵通过补氧阀与补氧燃烧器的一侧管道连接。补氧燃烧器的一端与氧涡轮泵管道连接，另一端通过氧涡轮抽气阀与推力室的头部管道连接。上述结构简化发动机系统，有利于提升发动机总体性能，有效简化氧涡轮泵密封设计复杂性，提高工作可靠性。

4.2.6 关键技术

2016 年 12 月，国务院新闻办公室发布的《2016 中国的航天》白皮书中提到未来五年的主要任务包括研制发射无毒无污染中型运载火箭，完善新一代运载火箭型谱，突破重型运载火箭总体、大推力液氧煤油发动机、氢氧发动机等关键技术。2021 年 3 月，《中华人民共和国国民经济和社会发展第十四个五年规划和 2035 年远景目标纲要》中多次出现新一代重型运载火箭，在新一代重型运载火箭领域进行科技前沿攻关。液氧煤油发动机以煤油作为冷却剂，通过对燃烧室和推力室压力的改进，目前已具有密度比冲高、推进剂成本低廉、资源丰富、无毒无污染等优点，成为大推力火箭发动机的理想选择。氢氧发动机以液氢液氧为燃料，液氢是优良的冷却剂，分子量小并且做功能力强，燃气发生器产生富氢燃气即可实现高功率驱动涡轮泵。冷却推力室后的高温气氢直接驱动涡轮实现再生动力循环，从而实现氢氧火箭发动机的大推力。本节选取液氧煤油发动机的深度推力调节方式和氢氧发动机喷管制造技术作为关键技术进行分析。

4.2.6.1 液氧甲烷发动机

目前主流的火箭发动机推进剂组合主要有液氧/甲烷、液氧/煤油、液氧/液氢等。对于可重复使用的发动机类型来说，推进剂组合应具有性能好、成本低廉、资源丰富等优点。液氧/煤油常温可贮存，温区范围宽，但冰点较高，其主要特点是成本低、无毒环保，性能较高；但相对于液氧/液氢推进剂来说比冲较低，且易受积碳和结焦的影响，可重复性较差。液氧/煤油发动机技术已经比较成熟，目前典型的发动机类型有美国的 F1、H1、SpaceX 的梅林系列，欧洲的 RZ2，俄罗斯的 RD-170/180 以及中国的 YF-100 等。液氧/液氢推进剂组合比冲最高，属于最清洁的燃料，不存在积碳和结焦现象，但其使用温度低，难以长期贮存且价格昂贵，目前典型的发动机类型有航天飞机

SSME发动机、XX-75/77、RD-0120、X-33、LE-7A等。液氧/甲烷推进剂组合在碳氢燃料中比冲性能最高且空间可贮存，两种低温液体可以自身蒸发后作为增压介质，甲烷还具有较好的结焦和积碳特性，其较高比热使其具有良好的冷却性能，也能作为做功介质用于膨胀循环系统，这些优势使液氧/甲烷火箭发动机在航天运输领域应用前景广阔。液氧/甲烷发动机具有推进剂资源丰富、无毒无污染、变推力特性好、冷却特性好和维护使用方便等优点，虽然密度、比冲不如液氧/煤油，但比冲性能略高，在发动机性能方面与液氧/煤油基本持平，且液氧/甲烷发动机在使用成本及性能维护方面具有明显的优势。与液氧/液氢相比，甲烷价格仅为液氢的1/30，且可以实现空间中长期贮存，能有效减小发动机尺寸和质量。表4-2-1展示了几种推进剂组合发动机比冲。

表4-2-1 不同推进剂组合比冲性能比较

参数	类型		
	液氧/甲烷	液氧/煤油	液氧/液氢
混合比	3.5	2.9	5.5
喷管面积比	140	140	140
室压/MPa	5	5	5
理论真空比冲/s	390	378	475
平均密度/（g/cm³）	0.829	1.03	0.344
理论密度真空比冲/s	323	389	163

1931年，德国研制了世界上第一台液氧/甲烷发动机，开创了液氧/甲烷液体火箭发动机的研究历史。目前，中国、美国、俄罗斯、日本、欧洲等国家或地区都在开展液氧/甲烷发动机的研究工作。

美国对液氧/甲烷发动机的研究可分为三个阶段：一是20世纪80年代末开展的大推力液氧/甲烷发动机关键技术研究工作，包括甲烷的结焦、积碳、传热性、密封性等。专利US5551230A公开了一种无需复杂密封系统的液氧/甲烷发动机。二是21世纪初开始以PCAD计划为牵引的中、小推力发动机及作用控制发动机关键技术研究工作。三是蓝色起源和SpaceX两家企业主导的大推力液氧/甲烷发动机（"BE-4""猛禽"等）研制工作。其中"猛禽"液氧/甲烷发动机的推力是"梅林"1D液氧/煤油发动机的2倍以上。"BE-4"液氧/甲烷发动机采用分级燃烧循环方式，燃烧室压力13.4MPa，推力达到了2400kN。

欧洲航天局在2004年启动的"未来30年航天运载器预发展计划"促使欧洲各国或地区进行了大量液氧/甲烷发动机方案论证工作，并对液氧/甲烷的燃烧及传热等关键技术进行了深入研究。例如，意大利航空航天研究中心开展的HYPROB项目的研究重点就是液氧甲烷推进技术，重点关注甲烷的超临界及跨临界传热特性。在"Vega Launcher"研究计划中意大利航天局与俄罗斯太空总署合作开展了100kN的液氧/甲烷膨胀循环发动机MIRA的研究。空客公司于2007年开始研究探路者液氧/煤油发动机样机，2015 年已进行了多次变推力研究性试验。空客公司还与日本 IHI 公司合作研制了探路者涡轮泵样机，对涡轮泵叶片、叶轮、轴承和动态密封等关键组件进行了测试，专利 US2010252686A1 公开了对液氧/甲烷发动机推进剂质量、功率和效率的研究。

20 世纪八九十年代，俄罗斯设计了多种液氧/煤油发动机，包括 RD-160、RD-185（能源机械联合体）、RD-190 等。2002~2005 年，俄罗斯与欧洲航天局合作研制推力 200kN 的可重复使用液氧/甲烷发动机，项目代号"伏尔加"。2008~2012 年，在 RD-192 发动机基础上进一步演化设计了 RD-196 发动机，该发动机推力 400kN。2013 年起，俄罗斯开始评估用液化天然气代替煤油改装大推力液氧/煤油发动机的可行性。2016 年俄罗斯航天国家集团公司拨款 8.09 亿卢布给化学自动化设计局用于 85kN 级液氧/煤油发动机的研制。

1987 年日本曾开展了液氧/甲烷发动机的研究工作，对甲烷的冷却特性及燃烧稳定性方面进行了相关试验，验证了采用甲烷作为替代燃料的可行性。专利 JP03085357A 研究了甲烷的压力和稳定性。IHI 公司自 2008 年起开始研制 100kN 液氧/甲烷上面级发动机，该发动机采用燃气发生器循环，真空推力 98kN，真空比冲 356.1s，室压 5.2MPa，喷管面积比 150。日本宇宙航空研究开发机构在 LE-8 液氧/甲烷上面级发动机的基础上，研制了 30kN 级液氧/甲烷上面级发动机，2011~2012 年，对 30kN 级发动机进行了多次地面热试车和高空模拟试车，发动机真空比冲达到 335s。

我国于 20 世纪 80 年代开展了液氧/甲烷发动机的预先研究工作，对甲烷的电传热和推力室点火进行了试验研究。同时对比分析了甲烷和煤油、丙烷的燃烧稳定性、积碳、结焦以及冷却性能，结果表明液氧/甲烷是一种很有发展前景的推进剂组。"十一五"期间，北京航天动力研究所开展了"60 吨级液氧/甲烷发动机关键技术研究"工作，初步突破了液氧/甲烷发动机传热、燃烧、起动等关键技术，研制出液氧/甲烷发动机原理样机，并成功进行了 4 次全系统试验。2013 年，600 kN 级液氧/甲烷发动机全系统试车取得成功，实现了单台发动机 13 次启动。2016 年获取了 10∶1 变工况下喷注器的燃烧特性，完成了液氧/甲烷膨胀循环发动机推力室及涡轮泵相关设计工作。2017 年蓝箭航天自主研发的 10t 级液氧/甲烷火箭发动机燃气发生器成功点火试验。2018 年九州云箭完成了"凌云"10t 级发动机副系统的长程试车。2019~2020 年公开的专利 CN109281774A、CN111928104A、CN110332060A 分别对液氧/甲烷发动机的增压系统、贮存箱体进行了设计。但点火室压力、混合比、液-液燃烧性能等技术难点仍是亟待解决和提高的关键因素。

我国目前的液氧/甲烷发动机的研制尚处于起步阶段。燃烧室、点火装置以及监控诊断等技术基础比较薄弱，目前相关专利的申请人以蓝箭航天、星际荣耀和上海空间推进研究所为主，专利申请研究限于增压装置和增压方法。但国内的氢氧发动机和液氧/煤油发动机技术研究较早也相对较为成熟，哈尔滨工业大学、北京航空航天大学、国防科技大学、北京航天动力研究所、西安航天动力研究所等高校和科研机构也通过专利对液氧/煤油发动机的点火装置、燃料混合比、增压系统以及氢氧发动机的密封装置、导管布置、燃烧室内壁结构等技术进行了保护。国内民营企业可以与北京航空航天大学、国防科技大学、北京航天动力研究所、西安航天动力研究所等高校和科研机构合作，在现有的氢氧发动机和液氧/煤油发动机的基础上，对点火装置、燃烧室增压系统、密封装置的相关技术进行改进后转用于液氧/甲烷发动机的技术研发中。为缩短研发周期，降低技术难度和侵权风险，课题组建议采用专利布局的方式进行上述转用技术的保护，而对于燃气发生器稳定性、喷注器可变节流面积设计、火炬电子点火方式以及发动机及助推器零件的新型复合材料应用等关键技术，可以采用商业秘密的方式进行技术保护，立足国内，拓展海外市场。

4.2.6.2 液氧/煤油发动机—深度推力调节

正如汽车可以依靠汽油、柴油、天然气为燃料产生推力一样，空间运载火箭的燃料也可以有不同的选择。我国现役长二系列、长三甲系列、长四乙系列以及俄罗斯的质子号主要依靠四氧化二氮和偏二甲肼提供飞行所需能量，而美国德尔塔IV重型火箭、欧洲阿丽亚娜五号芯级、日本H-2系列火箭芯级，依赖的则是液氢/液氧，早年享誉全球的土星五号基础级、SpaceX研制的猎鹰系列、苏联能源号助推、乌克兰天顶号、俄罗斯安加拉号与联盟号，以及我国长征六号、七号仰仗的都是液氧/煤油。其他推进燃料包括固体丁羟、液氧甲烷、液氧乙醇等。传统的四氧化二氮和偏二甲肼等燃料，虽然常温可存储，但价格昂贵，而且有毒，对环境不友好，因此，现役火箭多使用液氧/煤油，美国和俄罗斯在这方面有着无与伦比的成功经验。

20世纪50年代，美国在数千种推进剂配方中优选出了液氧/煤油组合，洛克达因航太控股公司研制的F-1液氧/煤油发动机以五机并联的方式成为阿波罗计划中土星五号的核心动力，太空探索公司研制的梅林1D液氧/煤油发动机以九机并联、深度节流的方式实现猎鹰9号系列火箭通用芯级的垂直回收。苏联优化了高能煤油合成配方，实现了液氧/煤油推进效率的提升，动力机械科研生产联合体研制的RD-107/108系列液氧/煤油发动机为联盟号系列火箭提供了上千次可靠保障，以其为动力的联盟号运载火箭，将首位航天员送入太空，开创了载人航天的历史。目前，采用液氧/煤油发动机联盟号运载火箭是国际载人航天的主力。同时期，苏联研制了推力150吨级的NK-33液氧/煤油发动机。由于该发动机推力低，登月的"N-1"火箭一级需要采用30台，发动机台数太多、动力系统过于复杂加上质量控制等原因，导致火箭可靠性降低，造成"N-1"火箭4次飞行试验全部失败，整个登月计划以失败告终。20世纪七八十年代，苏联吸取"N-1"火箭的教训，研制成功推力740吨级的RD-170液氧煤油发动机，达到了液体火箭发动机技术的顶峰。苏联解体后，俄罗斯又研制成功了380吨级的RD-180和200吨级的RD-191液氧/煤油发动机，技术水平遥遥领先其他国家或地区，并开始出口发动机产品、输出发动机技术，帮助美国、欧洲、印度、日本、韩国研制液氧/煤油发动机及其运载火箭。目前，RD-170/171M/180/191系列液氧/煤油发动机为能源号、宇宙神、安加拉、安塔瑞斯200等多型运载火箭提供可靠动力。库兹涅佐夫科技综合体研制的NK-33发动机也为安塔瑞斯100、联盟2.1v提供高效基础级动力。

20世纪80年代末，为了在航天动力技术领域实现新的突破，中国开始论证新一代运载火箭发动机，开展了液氧烃发动机的研究与论证。90年代，进行了液氧/煤油发动机的关键技术攻关。2000年，高压补燃循环液氧/煤油发动机（环保、经济、可靠、可重复使用）获准立项，目标是研制出中国120吨级推力的采用高压补燃循环技术的独立基本型火箭发动机，并达到飞行试验技术水平，满足新一代运载火箭研制需求，并为今后液氧/煤油发动机系列化发展奠定基础。在运载火箭技术发展背景之下，2012年我国科研人员独立自主研制了液氧/煤油发动机120吨YF-100和18吨YF-115，扛起了中国运载火箭更新换代的重大使命。小巧玲珑的长征六号，一级、二级分别配置了1台YF-100和1台YF-115，三次发射圆满成功充分验证了液氧/煤油路线的工程可行性；搭载天舟货运飞船的长征七号，一级和助推器配置了6台YF-100，二级配置了4台YF-115，将成为未来中国空间站的主力货运班车；运力深厚的长征五号和长征五号乙，助推器配置了8台YF-100，在起飞阶段贡献了90%推力，为大型航天器入轨提供不可或缺的动力。长征五号、长征六号、长征七号运载火箭的研制成功，标志着我国运载火箭能力和技术水平上升了一个新的高度。国内外主要液氧/煤油发动机性能对比见表4-2-2。

表4-2-2　国内外主要液氧煤油发动机性能对比

国家	发动机	火箭型号	循环方式	地面推力/kN	地面比冲/($m \cdot s^{-1}$)
俄罗斯	RD-107	东方号（联盟号）	发生器循环	821	2518
	RD-170	天顶号（暴风雪号）	补燃循环	7259	3047
	NK-33	"N-1"重型火箭	补燃循环	1510	2910
美国	Merlin-1D	猎鹰9号（Falcon 9）	发生器循环	756	2763
	F-1	土星五号（Saturn V）	发生器循环	6773	2600
中国	YF-100	新一代运载火箭	补燃循环	1200	2942

液体火箭发动机推力可调的特点可以优化火箭运载能力，抑制飞行过载，提高操作灵活性，满足重复使用火箭垂直返回需求。液体火箭发动机可以通过多种方式实现推力调节，例如美国登月下降级发动机LMDE，采用四氧化二氮和混肼50推进剂、挤压式供应系统，通过针栓式喷注器和可变面积汽蚀管实现10∶1的变推力调节；航天飞机主发动机SSME采用液氧/液氢推进剂、富燃补燃循环，通过控制驱动氧涡轮泵的富燃燃气发生器的氧流量来实现额定工况65%~109%范围内的推力调节；垂直起降验证机DC-X的发动机RL10A-5采用液氧/液氢推进剂、膨胀循环，通过涡轮工质分流的方式实现额定工况30%~100%范围内的推力调节；俄罗斯安加拉系列运载火箭主发动机RD-191采用液氧/煤油推进剂、富氧补燃循环，通过控制富氧燃气发生器的燃料流量实现额定工况38%~100%范围内的推力调节；富燃补燃循环发动机RD-0120通过调节富燃燃气发生器的氧化剂流量实现额定工况45%~100%范围内的推力调节；嫦娥三号探测器的7500N变推力发动机采用四氧化二氮和一甲基肼推进剂、挤压式供应

系统，通过针栓式喷注器和可变面积汽蚀管实现 5∶1 的推力调节。深度变推力调节的方式包括流量调节器调节、节流阀调节、涡轮工质分流、推进剂供应管路调节、流量调节器与氧化剂主路节流联合调节等。

(1) 流量调节器调节

中国研制的 1200 kN 富氧补燃循环液氧煤油发动机和俄罗斯研制的 RD-170、RD-180、RD-0124 等发动机均采用了流量调节器来调节发动机的推力。流量调节器能够通过数学模型，精确控制流量，减小流量调节器的开度和进入发生器的燃料流量，发生器温度和涡轮功率降低，主涡轮泵的转速下降，进入发动机的推进剂流量降低，最终实现推力下调。发生器温度和流量调节器的压降是影响推力的主要原因。专利 CN105630002A 和 CN109681347A 都涉及流量调节器进行推力调节。

(2) 节流阀调节

额定推力时节流阀的开度大，对应的流阻系数小，进入发生器的燃料流量大；降推力时，减小节流阀开度，增大其流阻系数，使进入发生器的燃料流量减小。除此之外，节流阀的压降受燃料二级泵出口压力波动和发生器压力波动的影响，进入发生器的燃料流量也随之波动，因此采用节流阀进行推力调节的精度低于流量调节器调节方案。为了提高发动机的推力调节精度，需建立节流阀开度与室压的反馈机制，对推力进行实时调节。用于推力调节的节流阀在推力调节量较小时压降呈现增大的趋势，之后压降减小，这是发生器燃料路流量下降和节流阀流阻系数增大的平衡过程。额定工况节流阀的压降仅需满足补偿系统偏差和修正参数波动的富余量即可，相比于采用流量调节器进行推力调节的方案，燃料二级泵的扬程可适当降低。制约这种推力调节方式的因素仍然是低工况时发生器的混合比和温度。专利 CN110173375A、CN111005823A 和 US5704551A 均涉及利用节流阀进行液体火箭的推力调节。

(3) 涡轮工质分流

涡轮工质分流方案是通过调节设置在涡轮入口旁路的燃气分流阀来改变进入涡轮做功的燃气流量，从而实现发动机推力的调节。分流的燃气流量最终汇入涡轮出口，并进入推力室进行补燃。燃气分流阀的开度变化时，涡轮进出口压差、燃气分流阀的流阻系数和发生器的温度均发生改变，因此影响燃气分流流量的环节较多，为了提高发动机的推力调节精度，需建立燃气分流阀开度与室压的反馈机制，对推力进行实时调节。随着燃气分流流量增大，进入涡轮做功的燃气流量减小，涡轮功率降低，涡轮泵的转速下降，发动机入口推进剂流量减小，发动机推力降低。涡轮压比和燃气分流阀的压降降低，发生器的温度略有升高。由于发生器温度变化的幅度小，而转速下降幅度大，因此涡轮的效率降低。涡轮工质分流方案在低工况时发生器的混合比和燃气温度变化不大，组织燃烧更为容易，有利于发生器稳定工作。专利 CN108953003A 和 CN113090413A 涉及涡轮工质调节方式的推力调节。

(4) 推进剂供应管路调节

推力室是最终产生推力的装置，理论上通过节流改变进入推力室的氧化剂流量和燃料流量即可实现发动机的推力调节。氧化剂主路的流阻系数增加时，氧化剂流动性变差，流量降低，混合比逐渐降低。对氧化剂主路进行节流既改变了涡轮的功率又改变了泵的负载特性。燃料主路流阻系数增加时，发动机的推力和混合比升高。燃料主路节流时燃料流量降低，燃料泵功率降低，涡轮泵功率最终平衡的结果是主涡轮泵转速升高，进入发动机的氧流量和进入发生器的燃料流量增加，导致发动机的推力和混合比升高。

（5）流量调节器与氧化剂主路节流联合调节

通过减小发生器燃料流量来降低推力的方案，在低工况时发生器的混合比过高，不利于发生器稳定工作，为改善其工作条件，对氧化剂主路进行节流。氧泵的负载提高，在相同推力下，进入发生器的燃料流量增加，发生器的混合比降低、温度升高。涡轮泵的转速升高。发生器温度和涡轮泵转速上升的幅度不同，涡轮效率略有降低。推力调节元件的压降相应升高。为防止系统参数过渡过程出现较大的振荡，需要适当控制氧化剂主路节流的速率。上述调节方案的对比详见表4-2-3，国内部分深度推力调节相关专利申请见表4-2-4。

表4-2-3 流量调节器与氧化剂主路节流联合调节方案对比

方案	调节元件	优点	缺点
1	发生器燃料路设置流量调节器	调节元件难度低	发生器混合比严重偏离额定点、工作不稳定、调节范围有限
2	发生器燃料路设置节流阀	调节元件难度低	发生器混合比严重偏离额定点、工作不稳定、调节范围有限
3	涡轮燃气分流阀	发生器混合比变化范围小，工作稳定；推力调节范围大，调节元件少	调节元件难度大、涡轮效率在低推力工况时降低
4	推力室燃料主路和氧主路设置节流阀	无法实现变推力	
5	发生器燃料路设置流量调节器和发生器氧路节流	调节元件难度低	氧泵工况偏离额定点、设计难度增大；调节元件多、系统复杂

表4-2-4 国内部分液氧煤油发动机深度推力调节相关专利申请

专利公开号	申请人	涉及关键技术
CN105630002A	北京精密机电控制设备研究所	流量调节器
CN109681347A	西安航天动力研究所	流量调节器
CN110173375A	蓝箭航天	节流阀
CN111005823A	星际荣耀	节流阀
US5704551A	Daimler-Benz Aerospace AG	节流阀
CN108953003A	西安航天动力研究所	涡轮工质
CN113090413A	星际荣耀	涡轮工质

未来液氧煤油发动机的发展趋势以及深度调节技术的发展方向有四个方面：①动力系统的大推力化，进一步提高比冲和推力，简化动力系统，提高运载火箭的运载能力；②动力系统的无毒环保化，21世纪是环保时代，高性能的无毒环保推进剂（诸如液氧/煤油、液氧/甲烷、液氧/丙烷、液氧/液态甲烷和液氢等）必然会受到广泛的业内关注；③通用化、系列化、模块化，通过"一机多用"实现技术和应用领域拓展，增强发动机的适应性；④液氧煤油发动机深度调节技术通过涡轮燃气分流，或者发生器燃料路和氧路配合可实现推力的大范围调节，有望成为工程研制的主要发展方向。

4.2.6.3 氢氧发动机－喷管制造技术

运载火箭的发展在很大程度上取决于火箭推进技术的不断进步。经过几十年的发展，液体火箭发动机已从常温可贮存的有毒推进剂发展到无毒、无污染的低温液体推进剂。其中，以液氢/液氧为燃料的火箭发动机，凭借其在性能、适应性、可靠性和经济性等方面的绝对优势成为发展的主流。氢氧热值高、氢分子量小，因此氢氧的比冲很高，高比冲意味着相同速度变化量的情况下需要携带的燃料更少，芯级重量会更轻。氢气产生的水和电还可以进行二次利用，环保性能出众。表4-2-5列举了国外主要氢氧发动机及其应用情况。

喷管是发动机的重要组件，负责控制热气的方向和膨胀，这些热气从燃烧室排出，经过喉衬部分膨胀并加速，为发动机产生推力。喷管的结构设计、材料选择及加工工艺都会直接影响发动机的整体性能。常用的喷管包括收敛喷管、收敛－扩张喷管（也叫"拉瓦尔喷管"）、引射喷管、可调喷管等。美国和俄罗斯在最初的火箭发动机研制中，喷管的设计与制造走了两条完全不同的道路，美国航天工业在燃烧室和喷管的制造上选择了锥管钎焊成型的管束式结构，而俄罗斯采用的是铣槽式结构。目前氢氧发动机喷管的结构形式主要分为管束式结构、铣槽式结构和单壁结构，其中，管束式又分为纵向管束式和螺旋管束式。美国早期的上面级发动机RL-10、SSME以及日本的LE-7均采用纵向管束式结构；欧洲航天局火神发动机和中国的YF-77发动机采用了螺旋管束式结构。铣槽式结构的喷管以俄罗斯研制的RD-0120氢氧发动机为代表，俄罗斯的液氧/煤油发动机同样采用了这种内壁铣槽加扩散钎焊外壁的制造工艺，如RD-120发动机等。21世纪初，欧洲航天局研究出内壁铣槽加激光焊外壁的铣槽式结构，现用于火神2.1型发动机，该发动机将用于阿里安6的芯级，预计2022年第二季度首次发射。目前美国正在研究铣槽式喷管的快速制造技术，即采用增材制造技术制造喷管的内衬和封合外壳，与传统工艺相比，这种快速制造技术工序少、周期短，对制造大型喷管极具潜力。单壁结构的喷管结构简单，常用于固体火箭发动机，在氢氧发动机上也有应用，如美国RS-68发动机的喷管沿用了和航天飞机固体助推器一样的单壁复合材料喷管。欧洲航天局火神2、日本LE-9以及美国J-2X发动机都在喷管下半段大面积比处采用了排放冷却的金属单壁结构。表4-2-6列举了国外主要氢氧发动机喷管材料和工艺。

表 4-2-5 国外主要氢氧发动机及其应用

项目	上面级发动机					芯级发动机		
	RL-10 系列	J-2/J-2X	HM-7/HM-8	芬奇	SSME	RS-68/RS-68A	火神
循环方式	膨胀循环	燃气发生器	燃气发生器	膨胀循环	分级燃烧	燃气发生器	燃气发生器
真空推力	6.3~11.2t	104.3t	6.1~6.3t	18.4t	213t	344~363t	116.8~137.7t
主承包商/制造商	普惠	洛克达因	斯耐克玛	斯耐克玛	洛克达因	洛克达因	斯耐克玛
所用型号	大力神、雷神、土星、宇宙神、德尔塔 4	土星 4、土星 5、战神 1	HM-7 用于阿里安、H-7B 用于阿里安 2~4	阿里安 5ME、阿里安 6	航天飞机	德尔塔 4	阿里安 5、阿里安 6
使用情况	1964 年首次发射，目前 2 个型号已投入使用	1966 年首次发射，2009 年改进型首次发射	1979 年 12 月首飞成功	2017 年投产，已经过 130 次防火测试	1981~2011 年航天飞机	2012 年首次发射	1997 年 12 月首飞成功

表4-2-6 国外主要氢氧发动机喷管材料和工艺

	发动机	应用型号	真空比冲/s	真空推力/t	燃烧室压力/MPa	循环方式	喷管材料与工艺	首发发射
美国	SSME	航天飞机/SLS	446	213	20.5	补燃循环	A286材料，纵向管束式	1981年
	RS-68A/B	德尔塔4/战神5	402	338	9.7	发生器循环	烧蚀喷管	2004年/2022年
	J-2X	战神系列	448	133	9.2	发生器循环	前段：纵向管束式；后段：Haynes230，单壁结构	2009年
俄罗斯	RD-0120	能源号	447	190	21.8	补燃循环	铣槽钎焊式：前段内壁为青铜；中段与尾段内壁12X18H10T	1985年
欧洲航天局	火神	阿里安5	431	117	11.7	发生器循环	GH3600：螺旋管束式	1997年
	火神2	阿里安5改进型	433	137	11.6	发生器循环	前段：GH3600，螺旋管束式；大面积比段：单壁金属结构	2002年
	火神2.1	阿里安6	432	137	12.8	发生器循环	激光焊接铣槽结构	计划2022年
日本	LE-7A	H-2A/B	440	112	12.3	补燃循环	A286材料，纵向管束式；大面积比段为金属单壁结构	2001年/2009年
	LE-9	H-3	425	150	10	膨胀循环		2021年

(1) 纵向管束式喷管制造技术

美国 SSME 发动机采用纵向管束式喷管。纵向管束式结构采用圆形锥管，冷却剂从上直接向下流动冷却喷管。这种结构的喷管设计简洁、重量轻，但喷管刚度相对较差，而且制造技术比较复杂，管间隙不易调整，容易影响焊接质量。管壁结构件由多根锥形管竖直装配，并钎焊成一体，形成钟型喷管。锥管材料为不锈钢，管壁结构件焊接成功后，在外表面钎焊镍结构外壳和加强箍。薄壁外壳具有热屏障功能，壳壁上加工有错综复杂的冷却剂进出孔。环箍作为加强箍以增加喷管的强度。最后将锥管两端与上下集合器钎焊在一起，再与传送管道和排放管路连接。钎焊操作一般进行 2~3 个循环。专利 US4489889A、CN1313581A 均涉及纵向管束式喷管。

(2) 螺旋管束式喷管制造技术

欧洲航天局的火神 1 采用螺旋管束式喷管。其采用方管（或矩形管）按螺旋状依次排放，然后焊接在一起。螺旋管束式结构的喷管冷却效果和刚度都比纵向管束式好，且可以通过改变螺旋升角调整管间隙，易于保证焊接质量。喷管由管壁结构件、加强箍和集合器组成。管壁结构件由多根因康镍薄壁方管组成，这些薄壁方管呈螺旋形缠绕形成钟形。这种结构的喷管没有结构外壳，仅由加强箍辅助支撑。火神 2 发动机的喷管结构改为：上半部分仍为螺旋管束式结构，下半部采用了薄膜冷却的金属单壁结构。管壁结构件制造工序包括：将圆管拉伸成所需尺寸的方管；将方管切割到合适长度；对方管去毛刺、清洗；采用专用数控弯管机床将方管弯曲到指定的螺旋形状；将模具做成喷管内尺寸形状；将方管手工依次缠绕到模具上，并用丝带缠绕固定。方管之间紧密排放，避免间隙过大使后续焊接出现问题；使用 TIG 焊将螺旋形排列的方管焊接成喷管。焊接系统由焊接机器人、激光跟踪传感器和 TIG 焊枪组成。接下来是集合器和加强箍的焊接。集合器安装在管壁结构件的上下两端，焊接时使用填充材料，接口孔由钻孔和铰孔工艺完成；为确保喷管在高压下不变形，须进行抗压试验。加强箍上下边都要焊接，并用荧光渗透检查焊接区域的裂纹，保证焊接后的方管内腔没有变形；用水冲刷清洗管道，检漏后再次进行加压检测；最后精车接合面直径和表面、焊接装配涡轮排气管支架，以及对所有焊接区域和出口端面进行荧光渗透检查和尺寸检测等。专利 US2019345832A1、CN214145703U、CN102974926A 涉及螺旋管束式喷管以及相应的 TIG 焊接方法等。

(3) 采用真空钎焊的铣槽式喷管

俄罗斯 RD-0120、美国的 X-33 塞式发动机采用铣槽式喷管，每段喷管都是由各自的内衬和外壳构成，上段内衬材料为青铜，外壳材料为镍铬合金，中段和下段的内外壁材料均为不锈钢。在内衬上铣出沟槽作为冷却通道，外壳作为喷管结构的外壁在施加了钎焊合金之后，按特定步骤装配，然后封合冷却通道。完成钎焊的喷管段经检查后进行焊接总装，三段之间的连接采用真空电子束焊接，并在下段喷管上安装加强筋，以保证喷管结构的稳定。最后在喷管的两端焊接集合器。这种铣槽式喷管的连接方式不需要复杂的夹具，所有零件放置在合适的位置，在一定的压力下完成钎焊。专利 CN101412122A、CN113210688A 涉及铣槽式喷管的立式加工和铣槽轨迹确定方法。

（4）采用激光焊接的铣槽式喷管

激光焊接铣槽式喷管加工流程包括：①内衬和外壁的制造：根据喷管尺寸大小，用激光从平板上切下若干块板材；将板材滚压成形，并沿轴线对焊在一起形成筒形，然后放置在可扩张夹具上撑开，满足圆度和直度的要求。②冷却通道的加工：采用双铣刀平行放置，两刀之间间隙是一个筋的厚度。在内衬的外表面上铣出冷却槽。③内外壁的焊接：采用激光焊从锥型外壁的外表面"盲"焊在内衬的筋上，技术的关键就是定位筋的位置，保证焊接的精度和可重复性等。采用激光焊接的铣槽式喷管已经应用于火神发动机上，并将在阿里安6芯级发动机上试用。

（5）单壁结构喷管

液体火箭发动机喷管除采用再生冷却结构之外，也可采用烧蚀冷却、薄膜冷却和辐射冷却等单壁结构。烧蚀冷却常用于固体火箭发动机的喷管，采用烧蚀冷却的单壁结构应用在氢氧发动机上，例如RS-68发动机（碳/酚醛烧蚀喷管）、上面级发动机RL10B-2和J-2X（碳/碳烧蚀喷管）等。欧洲航天局的火神2（薄膜冷却喷管）和日本的LE-9发动机的喷管都是在上半段采用再生冷却方式，在下半段采用薄膜冷却技术的金属单壁结构。辐射冷却是利用炽热物体的热辐射向外散热，一般用于热流密度较小的喷管，火神2喷管的下半段也采用了辐射冷却。专利CN112031952A、CN111159814A均涉及单壁喷管的结构设计。

以上几种不同类型的喷管结构中，工艺复杂、焊接周期长、难度大的管束式结构逐渐退出历史舞台，结构简洁的铣槽式结构（美国洛克达因航太控股公司、马歇尔太空飞行中心、瑞典Volvo宇航是较早研发铣槽喷管的机构）是未来的主要发展方向，单壁喷管形式（美国惠普航天推进公司、法国欧洲推进器公司为代表）是喷管结构的另一种补充和选择方向。例如美国SSME发动机和欧洲火神2发动机采用的管束式结构，在其最新型号中均被铣槽式结构和单壁结构所代替，欧洲航天局研制的达芬奇发动机采用的是复合材料的单壁结构。通过对氢氧发动机喷管结构相关专利进行梳理发现，国外管束式结构的相关专利文献的公开日相对较早（例如，US4489889A的公开日为1984年12月25日、US6134782A的公开日为2000年10月17日），并且近十年内几乎没有管束式结构的专利申请。近十年内的专利申请侧重于铣槽式结构和作为延伸段的单壁结构，特别是铣槽式结构在我国已经有专利布局，这从侧面反映出国外喷管相关技术的研究重点已不再是管束式结构。而我国长征三号甲YF-75、长征五号YF-77等系列火箭发动机上使用的依然是螺旋管束式结构，近几年相关的专利布局也侧重于管束式结构，例如专利CN214145703U（公开日2021年9月7日）、CN210004813U（公开日2020年1月31日），由此可见，近几年国内的喷管研究还以管束式结构为重点。建议国内企业借鉴国外经验，聚焦铣槽式结构和单壁结构（特别是连续碳纤维增韧碳基体复合材料、陶瓷基体复合材料、钛合金材料等组成的复合材料或合金材料的单壁喷管）的相关生产技术和工艺，采用技术合作、人才引进等方式提升企业竞争力，实现喷管结构的跨越式发展。

4.2.7 小　　结

液体火箭推进系统相关专利的研究重点是推力室和增压输送系统，相关技术的专利申请来源地以美国为主，其专利的海外布局更为全面，中国的航天商业化起步较晚，虽然具有一定数量的专利申请但没有海外布局。从关键技术的角度来看，我国目前的液氧/甲烷发动机的研制尚处于起步阶段，国内民营企业可以依托北京航空航天大学、国防科技大学、北京航天动力研究所等高校和科研机构合作，在现有的氢氧发动机和液氧/煤油发动机的基础上改进并转用于液氧/甲烷发动机的研发上，采用专利布局与商业秘密相结合的方式，对相应技术进行保护。在氢氧发动机喷管方面，建议国内企业借鉴国外企业和研究所的相关开发经验，聚焦发动机喷管的铣槽式结构和单壁结构的相关生产技术和工艺，采用外围专利布局的形式，通过技术合作、人才引进等方式提升企业竞争力，实现喷管结构的跨越式发展。

4.3　地面设备技术重点专利

通过前面的分析可以看出，商业地面设备领域以发射设备的申请量最多，发射设备是地面设备中最基本的设备，用于火箭的支撑和发射。本节选取商业地面设备中的涉及发射设备的550项全球有效专利申请为样本，通过分解技术构成，剖析技术手段和功效的相关性，分析本领域主要申请人。

4.3.1　申请趋势

商业地面设备领域涉及发射设备的专利申请共计550项。图4-3-1所示为发射设备全球专利申请随年份变化趋势，可以看出，发射设备的专利申请随年份变化呈波动上升的趋势。在上升的过程中出现了两次跳跃式增长：第一次跳跃式增长出现在1990年前后，以日本的专利申请量明显增多为特点；第二次跳跃式增长出现在2012～2014年，以中国的专利申请量明显增多为特点。

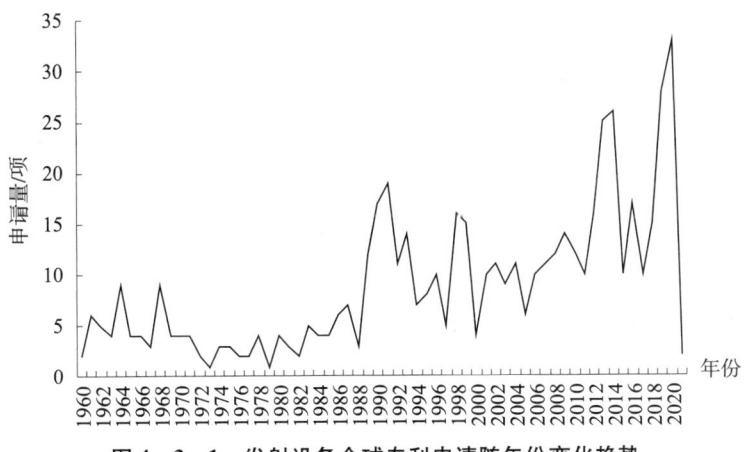

图4-3-1　发射设备全球专利申请随年份变化趋势

4.3.2 技术构成

根据发射方式的不同，发射设备可以进一步细分为塔架发射、车架发射、空中发射和海上发射以及其他发射设备等。

4.3.2.1 专利技术构成

塔架发射是主流，塔架发射是指运载火箭依托地面固定或活动的发射平台和发射塔架进行发射，由发射塔架提供相应的地面组装、测试、加注和箭体支撑等功能。运载火箭分段或者整体运输至发射塔架，通过组装或者起竖，以及进行必要的测试、瞄准、推进剂加注等准备工作，做好发射的准备，之后按照预定发射时间进行发射。目前，大多数火箭均采用塔架发射方式，如美国的宇宙神 5 火箭、欧洲的阿里安 5 火箭和日本的 H-2 系列火箭。

车架发射以车载机动发射为主，依托定位、定向设备，由发射车发射运载火箭，灵活机动性较强，但通常适用小型火箭的发射任务。车载发射目前多采用发射筒冷发射的形式进行，发射筒可以为运载火箭提供较好的运输环境，如俄罗斯的起跑号火箭的发射平台保留了原洲际导弹的发射车和发射筒。

空中发射以机载发射为主，是指用飞机等运输机将运载火箭运送到高空后，再将火箭释放，火箭在空中实现点火、发射，进入预定轨道。这种发射方式优势明显，为火箭节省了推进剂需求，机动能力极强，几乎完全不受任何战略战术威胁，完全没有任何残骸落区问题（飞到海上），反应速度快，发射频率高。1990 年，美国首次进行了空射飞马座空射火箭发射试验，一架经过改装的 B-52 轰炸机携带飞马座空射火箭飞到 1.3 万米的高空后释放，5 秒钟后飞马座空射火箭点火，9 分多钟后，它将一颗重 191kg 的卫星送入极地轨道。机载发射方式是一项军民两用技术，在民用领域，这种发射方式有可能打破现有国际卫星发射市场的竞争格局，火箭更节省燃料成本，发射时间和地点更为灵活，甚至不影响再回收技术的使用，具有更大的竞争优势；在军用领域，运输机就可以变成战略弹道导弹的发射平台，具有极高的军事战略价值。然而，这种发射方式在动态发射运载火箭的应用上存在很大的技术瓶颈，可靠性较差。2020 年 5 月 25 日，美国维珍轨道以波音 747 飞机为运载平台，在太平洋上空发射了一枚发射者一号运载火箭，火箭在运输机左翼脱离后成功实现了点火，但仅仅过了十几秒钟，火箭发动机就出现了异常，失力动力的火箭从高空坠入大海。此外，承载发射的飞机能力有限，不能运送大中型火箭，基本不可能运送液体燃料火箭，仅能运送一些小型的固体燃料火箭。这种空基发射方式，更多作为技术战略储备，以备不时之需，目前仅有美国的飞马座空基发射火箭服役。根据运载火箭在飞机上的组装和分离方式，可以分为腹挂式、背驮式、内装式等多种形式，多以腹挂式为主。

海上发射主要是指海上平台发射，采用固定或者浮动于海上的发射平台发射火箭。固定的发射平台可以选择建在小岛的军事基地上，浮动的发射平台能够机动，发射时由拖轮拖曳至发射地点，完成任务后再拖曳回基地，俄罗斯、欧洲、中国都有这种海上平台。1999年10月，乌克兰研制的天顶3号运载火箭在海上平台首次进行了商业发射，顺利地将一颗美国通信卫星送入预定轨道。此后，乌克兰在天顶号火箭的基础上改进出了海射版天顶火箭，由多国联合成立的海射公司承揽卫星发射任务。2019年，中国利用长征十一号火箭完成了国内首次海上发射。

此外，还有一些其他发射方式，如潜艇发射、发射井发射等，均是在航天发展初期由军用领域改装或继承的发射方式。根据公开的信息，仅有美国和苏联利用弹道导弹战略核潜艇进行过此类发射测试。目前，采用潜艇发射方式的国家主要是俄罗斯，比如静海号小型火箭就采用潜艇发射，其安全性和隐蔽性较好，但不能发射大型载荷，更多作为战略储备存在。

图4-3-2示出了全球发射设备的专利技术构成。可以看出，塔架发射申请量占比最大，专利申请高达347项，占比63%。其中，主要涉及固定/活动发射平台和脐带塔、勤务塔等发射塔架及其零部件。发射平台相关的技术主要涉及火焰导流结构、喷水降温降噪系统、调平装置、回转装置、牵制释放装置、防风减载装置等。车架发射相关专利申请91项，占比17%，主要涉及发射车及简易发射支架等相关技术。空中发射相关专利申请28项，占比5%，以机载发射技术为主。海上发射相关专利申请16项，占比3%，以海上平台发射技术为主。其他发射设备68项，占比12%，主要涉及潜艇发射、发射井等特殊发射方式。

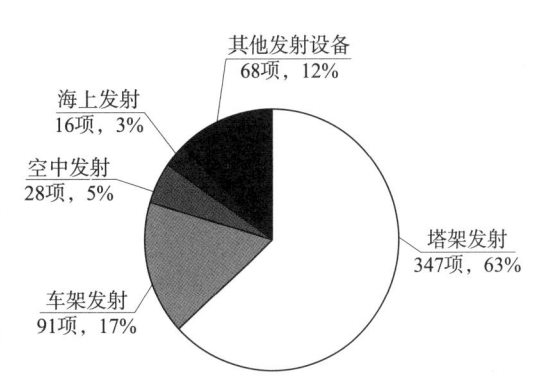

图4-3-2 发射设备专利技术构成

4.3.2.2 技术功效

通过对全球发射设备的专利进行分析，得到技术功效图。从图4-3-3中可以看出，可靠性、提高效率、降低成本、提高精度、便利性、结构简化是目前行业比较关注的技术效果。

结合图4-3-4可以看出，发射设备全球专利申请最关注可靠性，这是由于可靠性是发射设备工作过程中可能出现故障概率的重要指标，保证发射任务顺利可靠的完成是发射设备最基本的要求。其次关注的是提高效率和降低成本，提高效率的主要含义是保证发射频率，保证发射频率同时降低发射成本是商业航天企业适应市场需求实现盈利和持续发展的必然要求。所以，探索高频次、低成本的可靠的发射方式/模式是全球发射设备领域共同的目标。

4.3.3 技术来源地及目标市场区域分布

通过对发射设备的全球专利技术来源地和全球主要目标市场区域进行分析，了解全球发射设备的主要来源地及技术分布。

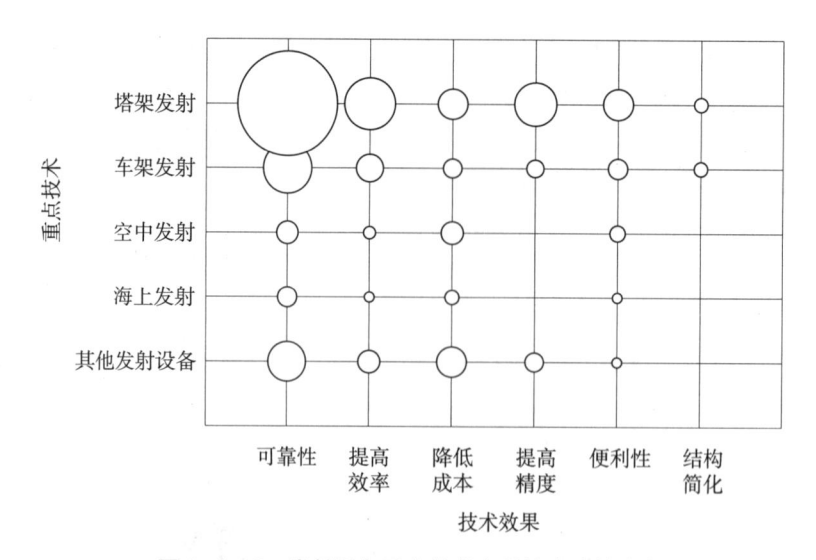

图 4-3-3　发射设备重点技术专利技术功效分布

注：气泡大小表示申请量多少。

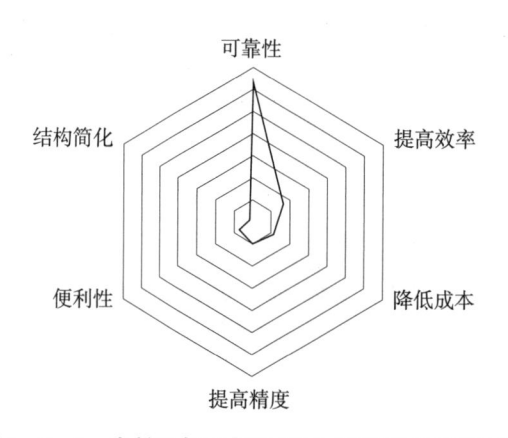

图 4-3-4　发射设备重点技术专利主要关注性能分布

4.3.3.1　技术来源地分布

如图 4-3-5 所示，发射设备的全球主要专利技术来源地有中国、美国、日本、俄罗斯。四个主要来源地的专利申请合计 376 项，占总数的 68%。其中以中国的申请最多，共 130 项，占比 24%；美国其次，共 101 项，占比 18%。

图 4-3-6 示出了主要国家或地区发射设备领域技术分支专利分布情况。可以看出，塔架发射是大型运载火箭的最主要发射方式，且其技术难度较大，主要国家或地区在塔架发射上均投入较多。美国在空中发射技术上的专利申请占比较大，这也侧面验证了美国将持续推进飞马座空基发射火箭服务。

4.3.3.2　主要目标市场区域分布

如图 4-3-7 所示，发射设备的全球主要市场有中国、日本、美国、德国、法国、俄罗斯、欧洲、韩国。其中，中国市场占比最大，占 20%，日本、美国次之，分别占比 19%、18%，俄罗斯占比仅 9%，排在第六位。

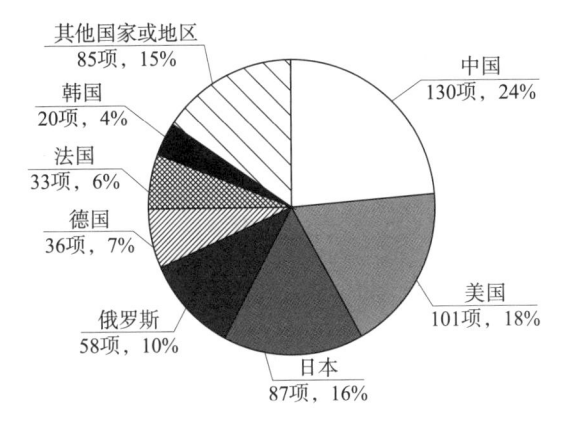

图 4-3-5 发射设备全球主要技术来源地专利申请分布

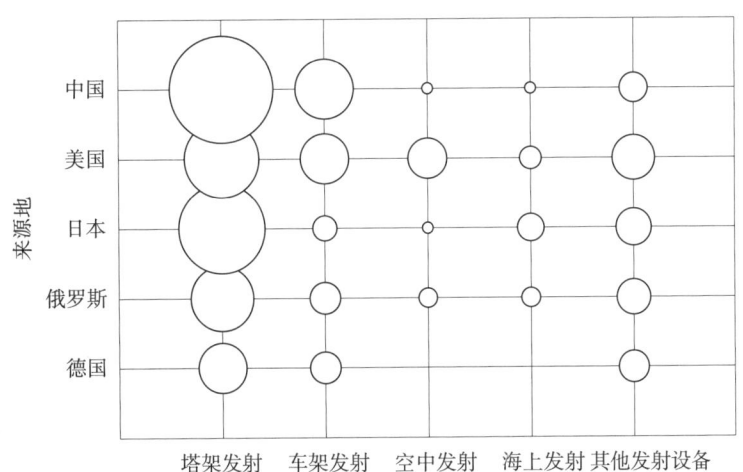

图 4-3-6 主要国家或地区发射设备领域技术分支专利申请分布

注：气泡大小代表申请量多少。

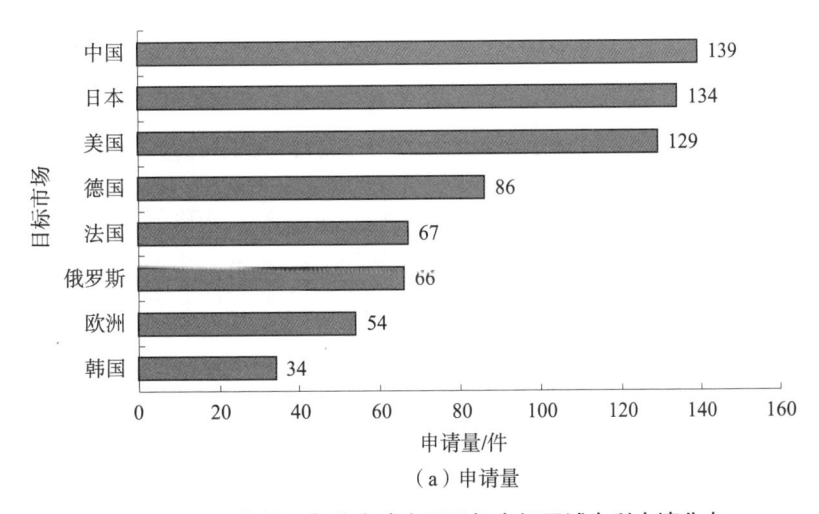

（a）申请量

图 4-3-7 发射设备的全球主要目标市场区域专利申请分布

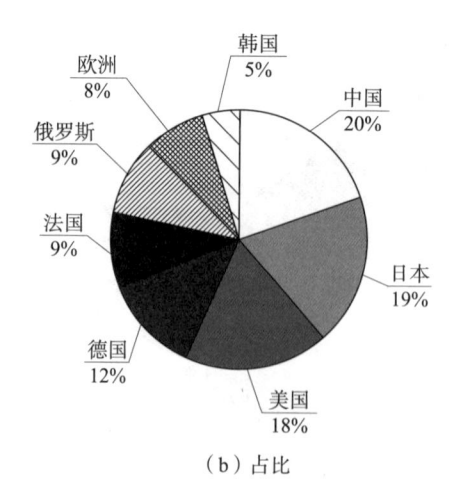

图 4-3-7 发射设备的全球主要目标市场区域专利申请分布（续）

4.3.4 主要申请人

如图 4-3-8 所示，发射设备领域排名前 15 名的申请人中，位居第一的为日本三菱，其后依次为中国运载火箭技术研究院、北京航天发射技术研究所、蓝箭航天。

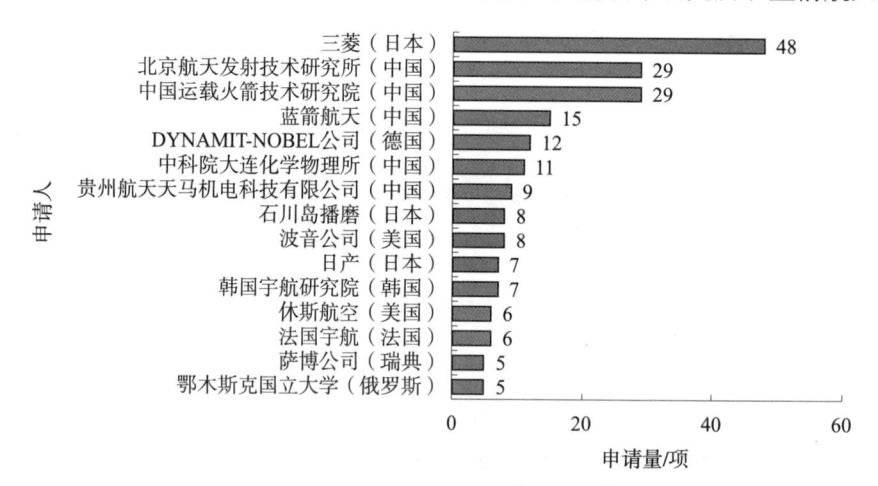

图 4-3-8 发射设备领域全球主要申请人专利申请排名

值得一提的是，几家知名的商业航天企业 SpaceX、维珍银河、蓝色起源等并未在地面设备领域前 15 位，特别是发射设备系统领域进行专利布局，原因可能是以技术秘密进行保护，或者该技术已经相对比较成熟，企业对该技术研发的关注度不高。

4.3.5 技术发展脉络

通过对发射设备的技术发展进行分析，分别梳理塔架发射、空中发射、海上发射的技术发展脉络，具体如下。

4.3.5.1 塔架发射

塔架发射主要依托于发射场，航天器发射场发射设施与设备主要由起竖发射设施与设备组成，它主要有活动（移动、旋转及倾倒）或固定的勤务塔、活动或固定的脐带塔、活动或固定的发射台及导流槽等。根据航天器飞行试验任务的要求，可将上述几项设施与设备组合起来，建成所需要的发射场。

塔架发射存在不同的测发模式，各国火箭根据自身的综合技术水平、传统用法、发射场环境、火箭/有效载荷技术状态和经济能力等因素选择各自的测发模式。俄罗斯火箭一直采用三平模式；欧洲火箭主要采用三垂模式；美国火箭采用多种测发模式，早期以三垂模式为主，随着猎鹰9的发展，目前是三垂模式和三平模式并重。我国运载火箭测发模式主要为一平两垂模式和三垂模式，模式虽趋于成熟，但也存在不足。三垂模式发射场配套设施设备复杂，费用高；一平两垂模式发射区占位时间长，不能实现快速发射和连续发射；三平模式可以兼顾三垂模式和一平两垂的优点，发射场配套设施较为简单且在发射区占位时间较短，具备快速发射和连续发射能力，具体参见图4-3-9。

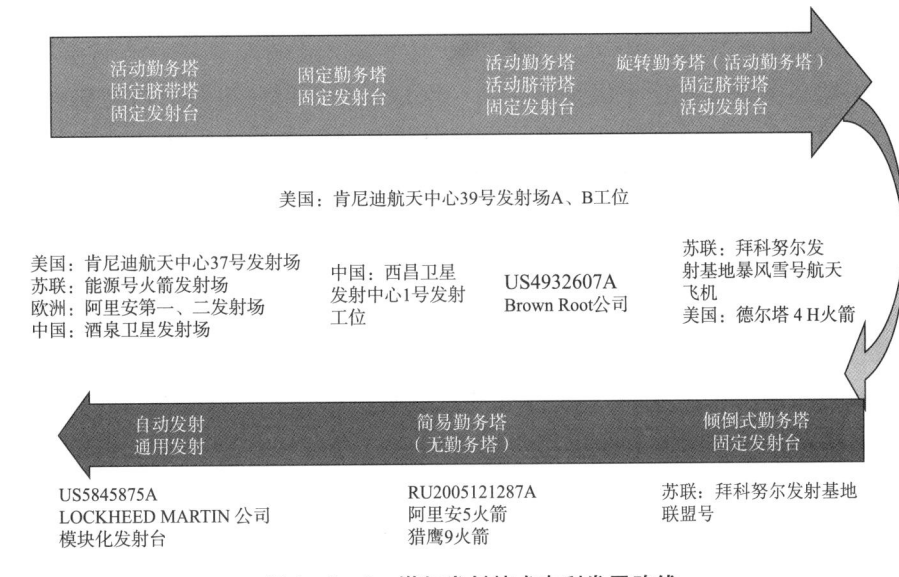

图4-3-9 塔架发射技术专利发展路线

（1）活动勤务塔、固定脐带塔、固定发射台与导流槽相结合

塔架发射设备经历了不同时期的建设和改扩。20世纪60年代航天技术发展初期，国内外航天器发射场主要采用的形式是"活动勤务塔、固定脐带塔、固定发射台与导流槽相结合"。例如，美国肯尼迪航天中心37号发射场，苏联拜科努尔发射基地能源号火箭发射场，法属圭亚那库鲁航天中心阿里安第一、第二发射场及中国酒泉卫星发射场。早期的发射场采用的是在发射台上对航天器、运载器进行分级安装、测试的方式。这样就要求活动勤务塔能完成对航天器、运载器的起竖、吊装对接及测试任务，因而将活动勤务塔做得很重、很高。为了保证安全，发射前要将活动勤务塔撤离发射

台，给运载器加注、补加、供气、供电及临射检查任务则由固定脐带塔来完成。发射时固定脐带塔不动，与航天器、运载器相连的各种脱落插头由塔上的电缆摆杆水平杆支持，发射时电缆摆杆自动摆开。该塔做的比较简单。这种形式的发射设施与设备的最大优点是活动勤务塔可为两个发射工位服务。专利 RU2006127559 提出了一种移动服务塔，采用可移动支撑、承载金属结构、可移动和固定检修平台。所述金属结构具有拱的统一 3D 桁架，拱具有至少在较小窗口的侧面上通过承载连杆连接的脚，优化了塔架的结构。专利 US5209433A 公开了一种机动的火箭勤务塔，其中垂直装配建筑物容纳多级火箭，并提供围绕火箭整个圆周的清晰工作区域。移动火箭服务塔可在垂直装配建筑物的地板上相对于火箭移动到任何期望的周向位置。

（2）固定勤务塔、固定发射台与导流槽相结合

为了克服上一种形式活动勤务塔笨重的缺点，出现了"固定勤务塔、固定发射台与导流槽相结合"的发射场，把活动勤务塔与固定脐带塔合二为一，建造一个固定勤务塔。此种形式可由一个塔完成射前准备工作，包括测试、加注及临射检查等，如中国西昌卫星发射中心 1 号发射工位。

（3）活动勤务塔、活动脐带塔、活动发射台与导流槽相结合

随着航天技术的发展，由于采用活动发射方案，有的发射场取消了水平测试，这样，航天器、运载器在技术区垂直总装、测试，并于射前将脐带塔与航天器、运载器放在发射台上、保持整体垂直测试连接状态，一起由技术区送往发射场。这就是"活动勤务塔、活动脐带塔、活动发射台与导流槽相结合"的发射场。如美国肯尼迪航天中心 39 号发射场 A、B 两个发射工位（改造前）和法属圭亚那库鲁航天中心第三发射场就是采用这样的活动发射方案。此种发射设施与设备能使航天器、运载器在发射台上的停留时间缩短，提高了发射场的利用率。不足之处是造价高，技术难度大，运输困难，设备研制时间长。美国 Brown Root 公司的专利 US4932607A 提出的用于发射任何类型的宇宙飞船的通用太空站，包括一个龙门吊、一个安装器、一个发射台发射安装适配器和一个用于任何类型运载火箭的脐带塔。安装器适于支撑任何运载火箭，使中心线对于每种不同类型的运载火箭是共同的。架设者和脐带塔设有可垂直移动的平台，这些平台可沿运载火箭移动到任何位置，提高了火箭的测发效率。

（4）旋转勤务塔或活动勤务塔、固定脐带塔、活动发射台与导流槽相结合

为了克服上一种发射设施与设备的运输重量大等缺点，又产生了"旋转勤务塔或活动勤务塔、固定脐带塔、活动发射台与导流槽相结合"这种形式的发射设施与设备，即把活动脐带塔变为固定的脐带塔放在发射区，这样就减小了运输重量。例如日本种子岛航天中心发射 H-2 火箭的吉信发射场就是这种形式，该发射场的旋转勤务塔可在环形轨道上回转，把发射台上的火箭包围住。再如美国肯尼迪航天中心 39 号发射场 A 发射工位，经改建后将原放在活动发射平台上的脐带塔改为固定脐带塔放在发射区。活动勤务塔在半圆形铁轨上回转可将航天器、运载器包围住。苏联拜科努尔发射基地发射暴风雪号航天飞机的发射设施也采用此种形式。美国德尔塔

4H 火箭就是采用"活动勤务塔、固定脐带塔、活动发射平台"方案发射。基础级（一二级和助推器）采用"水平总装、水平测试和水平运输"三平测发模式，由于有效载荷不能适应三平测发状态，整流罩/有效载荷组合体在发射区采用垂直组装的方式与基础级对接，这种模式可认为是三平模式的过渡状态，或称为"两平一垂"测发模式。

(5) 倾倒式勤务塔、固定发射台与导流槽相结合

"倾倒式勤务塔、固定发射台与导流槽相结合"形式是在运载器点火发射前，将勤务塔倾斜一定角度域航天器、运载器脱离，但不撤离发射场。它由支撑杆臂、倾倒式勤务塔架组成，这些构件用液压装置连接在发射台基座上。当运载火箭由特制的铁路运输起竖车水平运到发射台时，勤务塔、塔架和支撑杆臂都处于倾斜的位置。起竖时，用液压千斤顶顶住起竖车上的起竖架，并把它牢牢固定在发射台基座上，然后再用液压装置把运载火箭缓缓竖立起来。竖立起来的火箭靠四个支撑臂固定。塔架主要是为了便于对支撑臂以上的火箭部分进行操作，它由一座对分两半的塔架组成，有工作平台，能包住运载火箭。勤务塔供加注燃料等工作用。发射前一小时，塔架被放置水平位置。当运载火箭起飞时，四根支撑臂向后倒下，使正在升起的火箭畅通无阻。苏联拜科努尔发射基地联盟号发射设施与设备就是采用这种形式。这种形式的优点是发射场建造简单，航天器、运载器在发射场停留时间短；不足之处是设备制造难度大，工作环境差。

(6) 简易勤务塔/无勤务塔的简易发射形式

随着航天器发射的需求量增大，国外火箭发射区设施朝简易方向发展，出现了"简易勤务塔/无勤务塔的简易发射"形式。通过简化火箭在发射区工作项目，优化射前流程，提高火箭的使用性能和自然环境防护能力，降低对固定勤务塔、脐带塔和活动发射平台的保障要求。不管火箭采用何种测发模式，优先考虑在发射区建设简易勤务塔，只在某些特定部位设置操作可达性，甚至可以考虑完全取消固定勤务塔，利用活动发射平台上的脐带塔完成射前各项工作。阿里安5、质子号和联盟号等火箭采用简易勤务塔方案，宇宙神5、猎鹰9和天顶号等火箭发射区采用无勤务塔方案，大部分火箭在发射区都是露天测试及加注，实现了简易发射。

阿里安5火箭采用"垂直总装、垂直测试和垂直运输"三垂测发模式和"活动发射平台（含脐带塔）+简易勤务塔"方案。简易勤务塔无回转平台，仅用于二子级低温推进剂加注。

美国猎鹰9火箭采用"活动发射平台（含脐带塔）、无勤务塔"方案和"水平总装、水平测试和水平运输"三平测发模式。脐带塔用于支撑和连接箭上与地面之间的电缆、加注管路及各种连接器，水平转运车由发射台、牵制释放机构、行走装置和起竖装置组成。发射区无勤务塔，对发射场保障要求低，可在美国卡纳维拉尔角发射场、肯尼迪航天中心和范登堡空军基地三大发射场进行发射，充分体现了简化流程、简化发射设备和设施、降低成本的特点。同样宇宙神5火箭也采用"活动发射平台（含脐带塔）、无勤务塔"方案，测发采用"垂直总装、垂直测试和垂直运输"三垂测发模

式。发射区只有导流槽、加注供气设施和避雷塔，极大地简化了发射区设施，体现了美国火箭地面系统简易发射的设计理念。

专利 RU2005121287A 提出了一种简易的运载火箭的发射设施，其脐带塔为 U 形桁架结构，包括两个平行塔，两个平行塔设有水平维修平台。布置在这些塔之间的是用于抽出脐带连接器和火箭保持单元的装置。水平维修平台位于滚筒上的塔架之间，用于通过安装在塔架上的液压驱动器相对于火箭执行往复运动，其简化的构造提高了不同类型运载火箭维修系统的适应性。完全取消发射区勤务塔须将原来设置在勤务塔的加注供气设备、管路、测试间等功能移植到活动发射平台脐带塔，这会给脐带塔方案设计和设备布局带来新的问题，同时对火箭的发射可靠性和环境适应性提出了更高的要求。相对于取消勤务塔方案，简易勤务塔方案可不设置回转工作平台，为非全封闭状态，火箭在发射区处于露天状态。将加注、供气、空调管路、电缆等设备放在简易勤务塔内，降低了活动发射平台脐带塔的设计难度和规模。

专利 CN107941085A 提出了一种简易的一体式发射台，发射台、飞行器和导流器位于同一轴线，摆杆可沿固定支点摆动第一设定角度。其中，在对飞行器进行固定时，摆杆远离地面的一端与所述飞行器接触，用于对所述飞行器进行支撑和固定。该形式无须对场坪进行热防护施工及发射台固定连接施工，占地面积小，具有快捷机动特点，可分体运输快速组装。

（7）自动发射、通用发射

国外在自动发射方面开展了大量的研究，并在火箭发射中进行了实际应用。旋风号是国际上首个采用全自动射前准备与发射技术的火箭，火箭在发射区完成总装测试后，就不再需要人直接操作，自动按程序执行，地面系统具备自动起竖、自动对接、自动加注、远程测试发射的能力。天顶号火箭在离开水平总装测试厂房后，通常在 28h 内实现自动发射，所有的发射操作都是按照事先确定的程序自动进行。艾普斯龙火箭利用箭上和地面设备自动检测功能以及高速网络实现了自动发射，简化了地面设备，缩短了操作时间。北京航天发射技术研究所提出了一种发射台用自动松脱和止动锁紧装置（CN110068248A），在无人值守的情况下，快速松脱和止动发射台的回转台。

目前，火箭按照模块化、系列化、组合化设计生产，逐渐以型谱化的思路提出对发射场建设要求，统一小型、中型、大型及重型火箭对发射场的建设要求，采用"通用硬件基础设备+适应性软硬件组合"实现火箭地面测发控设备的一体化设计，使发射场具备同一工位多构型火箭发射能力及同一构型火箭多工位发射能力，实现了火箭从通用的发射场实施通用发射，发射任务的适应性正在逐步提高。美国 LOCKHEED MARTIN 公司提出一种用于运载火箭的模块化发射台（US5845875A），该发射台系统可以由地面上的预制模块化单元构造而成，而无须任何显著的地下挖掘。该系统能够容易地从预制模块组装，并且可以在使用后容易地拆卸。模块的尺寸设计允许使用常规的平板卡车和起重机，容易进行运输和处理和维持。

4.3.5.2 空中发射

由于火箭具有一定初始速度和高度，空中发射可提高运载能力，同时还具备机动发射、快速发射以及低成本等优势，在快速响应发射领域发挥着重要作用。随着快速定位瞄准、姿态控制方法等关键技术的发展，空中发射技术已在快速响应运载器领域占据主要地位。根据运载火箭与空中载具的组合形式，空中发射可分为6种方式，如表4-3-1所示。

表 4-3-1 空中发射的不同方式

空中发射方式	优点	不足	空中发射特点
外挂式 （captive on bottom）	·箭机分离方法简单 ·操作人员不需特殊训练 ·已有成功先例	·运载火箭尺寸受限 ·载机改造费用高 ·需经历大攻角飞行	空中发射优点： ·一级可重复使用 ·发射位置可灵活选择，轨道适应性强 ·高频率重复发射能力强 ·发射窗口24h打开 ·发射成本更低 ·可规避不利发射条件，具备发射环境优势 ·具有初速度优势 ·具有点火高度优势 ·喷管扩张比更大、发动机效率更高 ·发动机燃烧压力更低，可提高发动机性能 ·任务可中止 空中发射不足： ·载机对运载火箭尺寸和质量有限制 ·部分空中发射方式载机改装成本较高 ·低温燃料消耗大 ·需要附加点火前姿态控制 ·火箭的空中运输安全问题突出
背驮式 （captive on top）	·可进行更大尺寸、质量（约25t）火箭的空中发射	·火箭须安装机翼 ·载机改造费用高 ·载机气动外形受破坏，点火高度受限	
内装式 （internally carried）	·快速性好 ·可靠性高 ·燃料蒸发损失少 ·点火高度高	·运载火箭尺寸受限 ·分离装置复杂 ·分离后箭体控制困难 ·运输安全问题突出	
空中加注式 （aerial refuelled）	·可增大火箭尺寸 ·火箭运载能力增强 ·载机结构要求降低	·对飞行员和飞行控制系统要求极高 ·低温燃料可导致输液管道冻结	
拖曳式 （towed）	·改装需求最少 ·箭机安全距离大 ·分离简单 ·可增大火箭尺寸	·须改进箭体设计 ·拖绳动力学分析复杂 ·存在较大安全问题	
气球释放式 （balloon）	·结构简单、可靠 ·费用低	·气球的尺寸巨大 ·发射环境要求高 ·控制技术复杂 ·气球安全性差 ·气球无法重复使用	

欧洲研究空中发射的时间较早，早在1961年瑞士和英国就公开了从飞机发射火箭的相关技术方案，提出了较为基础的机箭结构（CH367084A）和通过电路控制进行火箭点火的方式（GB938739A）。1989年，美国陆续提出了旋转发射装置和液压弹射系统（US4608907A），有效降低了空中发射成本。在上述技术的基础上，1990年，美国研制并发射了飞马座XL号运载火箭。飞马座XL号运载火箭由美国轨道科学公司开发，是世界迄今为止第1种也是唯一现役的空中发射运载火箭。该火箭1990年首次发射，截至2013年6月28日，已完成42次发射。飞马座XL为三级固体火箭，LEO能力约440kg，使用改装的L-1011运输机作为发射载机，外挂式发射。

2005~2006年，美国LLC研制的二级挤压式液体空中发射运载火箭Quick Reach，LEO能力450kg，于2005~2006年进行了3次飞行试验，成功实现了火箭投放和空中点火试验。Quick Reach为内装式发射，发射时箭机对接仅需20min。不同于2004年的吊索分离（trapeze-lanyard air drop，t/LAD）空中发射试验，Quick Reach采用"重力辅助分离"方式进行箭机分离。LLC在总结Quick Reach不足的基础上，于2012年提出了垂直空射橇（vertical air launch sled，VALS）空中发射方法。VALS方法是拖曳式与空中加注式空中发射方法的综合，VALS作为无控的火箭载具由载机拖行，火箭释放前30min为火箭补加燃料。VALS方法保证了载机的安全，载机改造少，箭机对接方便快捷，发射过程无抛弃物，点火状态与地面发射基本一致，并减少了火箭的高度和速度损失，是一种安全、低价、近期可发展的方法。

2007年，加拿大的DANG PETER提出了一种混合气球系统用于空间火箭发射（CA2587212C），即气球释放式发射方式。虽然这一概念的提出可以追溯到1949年的Rockoon，但一直到21世纪才逐渐被实现，成为国外私人航天企业竞相角逐的商业领域，典型的航天公司包括2009年创建的西班牙零至无穷（Zero 2 infinity）公司、2016年创建的英国B2太空（B2 Space）公司、2017年创建的美国九霄（Cloud IX）公司及2018年创建的美国利奥宇航（Leo Aerospace）公司。这种发射方式将和传统火箭发射方式相结合，为日益增多的小卫星、微纳卫星、立方星等载荷进入近地轨道提供发射服务。

作为传统航天大国，俄罗斯曾于1999年组建空中发射航天公司，并提出了以安-124运输机为载机，内装式发射二级液氧/煤油火箭飞行号（Polyot）的空中发射计划。但因经济原因，该计划一度被束之高阁。随着对快速发射能力需求的增强，2012年俄罗斯宣布重启该计划，并与乌克兰、印度尼西亚、德国等联合开展相关研究，使用改进型的Polyot作为空射火箭，LEO能力计划可达4500kg。乌克兰一直是空中发射的积极倡导者，1991~2010年，共提出了Space Clipper、Grach等6项空中发射计划，LEO能力覆盖50~2000kg，火箭类型包含了固体火箭、液体火箭和固液混合燃料火箭。乌克兰2001~2003年在火箭在运载器中的机械结构方面进行了研究（UA59023A、UA60993A等）。俄罗斯在2015年提出了在火箭发射平台绕中心轴线设置自由空间来减少喷气火箭发射时对装置的损坏（WO2017081521A1），空中发射技术发展路线参见图4-3-10。

图4-3-10 空中发射技术专利发展路线

中国对空中发射技术的研究始于20世纪90年代，但迄今为止尚无相关空中发射项目的公开报道，现有研究均以理论分析为主。北京宇航系统工程研究所的研究方向以空中发射系统方案、火箭系统方案等整体技术为主，对空射火箭的系统结构、气动外形、点火姿态与运载能力关系等技术进行了深入研究。西北工业大学对内装式空中发射进行了多方面研究，包括分离方式、姿态控制方法等，并对分离过程进行了模拟仿真，设计了火箭飞行程序，从理论上研究了内装式空射火箭初始弹道稳定方法。空军工程大学通过建模，分析并建立了箭机分离过程的动力学方程，对箭机分离后箭体气动特性、载机飞行品质进行了数值仿真等工作。整体上，我国对空中发射技术的研究尚处于起步阶段。中国在2019年提出了采用电磁力推动火箭实现火箭发射的方案（CN110406698B）。

4.3.5.3 海上发射

在海上进行卫星发射有诸多优势：①选择在赤道附近发射运载火箭，可以增加运载火箭的有效载荷，降低发射成本；②在空旷的海上机动选择发射地点，对周边环境影响小，尤其是能够避免火箭箭体坠落对沿线居民生命、财产安全的威胁；③在赤道附近发射运载火箭，能够以更低的成本发射低倾角卫星，更好地满足赤道地区国家的需求。

海上发射技术可以弥补高纬度国家由于地理位置和气候环境的影响，缺少理想的航天发射中心的短板。因此，廉价而适用的海上发射平台是航天大国的需求，俄罗斯、美国、挪威、乌克兰、日本等国都在加紧研发，具体参见图4-3-11。

在第一次海射实施之前，日本于1986年在JP07077880B2中提出了用于发射海上空间火箭的系统，其公开了一种太空火箭的海洋发射装置，包括具有浮岛结构的发射台平台和用于装载和运输发射台平台的半潜式船体。当该装置到达预期的海域时，设置在发射台平台上的火箭与发射台平台一起在海洋上以半浸没状态从船体浮起，并移动到发射地点。由此，能够提供理想的空间火箭的发射场所，提高空间火箭发射的经济性，并且在发生事故时能够确保安全。1990年美国提出一种可移动的海洋发射装置，包括用于空间火箭的半潜式海洋发射器和用于在保持其上支撑甲板的同时运载该发射器的运载工具。这种布置能够廉价地实现海洋发射器的运输、海洋发射的准备等，并且还能够降低发射基地的总建设成本。

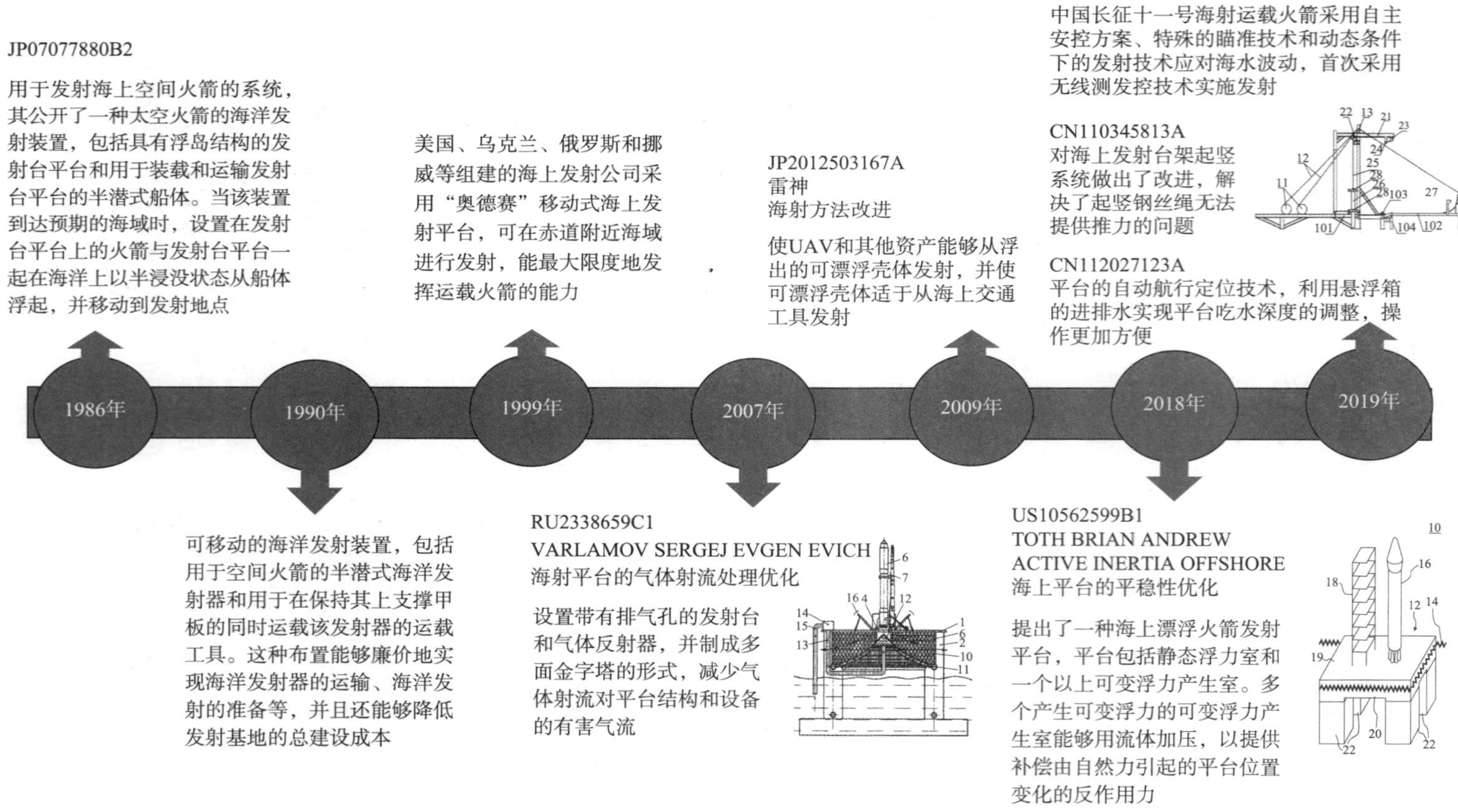

图 4-3-11 海上发射技术专利发展路线

1986年 — JP07077880B2

用于发射海上空间火箭的系统，其公开了一种太空火箭的海洋发射装置，包括利用于半潜式结构的海洋发射平台和利用于装载和运输发射平台的半潜式船体，当该装置到达预期的海域时，设置在发射平台上的火箭与发射平台一起在海洋上以半浸没状态从船体浮起，并移动到发射地点

1990年

可移动的海洋发射装置，包括用于空间火箭的半潜式海洋发射器和利用于在保持其上支撑甲板的同时运载该发射器的运载工具。这种布置该发射器能够廉价地实现海洋发射器的运输、海洋发射的准备等，并且还能够降低发射基地的总体建设成本

1999年

美国、乌克兰、俄罗斯和挪威等组建的海上发射公司采用"奥德赛"移动式海上发射平台，可在赤道附近海域进行发射，能最大限度地发挥运载火箭的能力

2007年 — JP2012503167A

雷神 海射方法改进

使UAV和其他资产能够从浮出的可漂浮壳体发射，并使可漂浮壳体适于从海上交通工具发射

2009年

2018年 — CN110345813A

对海上发射台架起竖系统做出了改进，解决了起竖钢丝绳无法提供推力的问题

2019年 — CN112027123A

平台的自动航行定位技术，利用悬浮箱的进排水实现平台吃水深度的调整，操作更加方便

中国长征十一号海射运载火箭采用自主安控方案，特殊的瞄准技术和动态条件下的发射技术应对海水波动，首次采用无线测发控技术实施发射

RU2338659C1

VARLAMOV SERGEJ EVGEN EVICH

海射平台的气体射流处理优化

设置带有排气孔的发射台和气体反射器，并制成多面金字塔的形式，减少气体射流对平台结构和设备的有害气流

US10562599B1

TOTH BRIAN ANDREW

ACTIVE INERTIA OFFSHORE

海上平台的平稳性优化

提出了一种海上漂浮火箭发射平台，平台包括静态浮力室和一个以上可变浮力的可变浮力产生室，能够产生可变浮力的可变浮力产生室能够用流体加压，以提供补偿由自然外力引起的平台位置变化的反作用力

图 4-3-11 海上发射技术专利发展路线

20世纪90年代,由美国、乌克兰、俄罗斯和挪威等组建的海上发射公司所采用的"奥德赛"移动式海上发射平台,可在赤道附近海域进行发射,能最大限度地发挥运载火箭的能力,具有较强的发射适应性和商业价值。海上发射场位于太平洋圣诞岛附近、西经154°的赤道水域。第一次海上发射的实施发生在1999年10月,海上发射公司在其发射场,从"奥德赛"浮动式发射平台上用天顶-3SL运载火箭将1颗重约3.5 t的电视通信卫星成功地送入指定地球轨道。在启程前往发射场实施发射之前,在长滩母港进行全箭总装及星箭对接。总装与指挥控制船能够并排存放3枚完成总装的火箭。整个射前准备工作需要23天时间。完成总装与星箭对接后,运载火箭从总装与指挥控制船转移到发射平台,将其吊装到起竖装置上。而后,发射平台与指挥控制船驶往海上发射场。到达发射场后,首先要用12~15h的时间向发射平台的桩腿内泵水,使桩腿延伸下潜到发射压载深度,以提高发射平台的稳定性。发射前24h,火箭在计算机控制下从库房运送至平台后部的发射台。起飞前约5h,火箭自动控制程序开始启动。1h之后,开始自动加注燃料。加注前,发射平台上的大部分工作人员分批沿便桥转移到总装与指挥控制船上。而后总装与指挥控制船撤离至距发射平台5km左右海域。

之后,挪威、日本、俄罗斯均对海上发射平台进行了研究和优化。2007年,RU2338659C1对海射平台的气体射流处理进行了优化处理,设置带有排气孔的发射台和气体反射器,并制成多面金字塔的形式,减少气体射流对平台结构和设备的有害气流。2009年,JP2012503167A对海射方法进行了改进,使无人驾驶空中飞行器(UAV)和其他资产能够从浮出的可漂浮壳体发射,并使可漂浮壳体适于从海上交通工具发射。2018年,US10562599B1对海上平台的平稳性进行了优化,提出了一种海上漂浮火箭发射平台,平台包括静态浮力室和一个以上可变浮力产生室。多个产生可变浮力的可变浮力产生室能够用流体加压,以提供补偿由自然力引起的平台位置变化的反作用力。

2019年6月5日,我国首次固体运载火箭海上发射技术试验在黄海海域顺利实施。长征十一号海射运载火箭飞行正常,成功将卫星送入预定轨道,验证了固体运载火箭海上发射技术的可行性和发射流程的合理性。火箭进行了技术状态更改,包括重新进行了卫星布局及总装流程设计,采用自主安控方案,新研了海上发射台架、前后端采用无线通信等。采用了一种特殊的瞄准技术和动态条件下的发射技术应对海水波动,首次采用无线测发控技术实施发射。此次任务是我国火箭的首次自主安控。之后,2019年7月~2020年我国又相继提出了CN110345813A和CN112027123A。其中CN110345813A对海上发射台架起竖系统做出了改进,解决了起竖钢丝绳无法提供推力的问题;CN112027123A介绍了平台的自动航行定位技术,并利用悬浮箱的进排水实现平台吃水深度的调整操作更加方便。

4.3.6 关键技术

《2016中国的航天》白皮书中提到未来航天的主要任务包括航天发射场的优化,完善现有航天发射场系统,统筹开展地面设施设备可靠性增长、适应性改造和信息化建设,增强发射场任务互补和备份能力,初步具备开展多样化发射任务的能力。探索推进开放共享的航天发射场建设,形成分工合理、优势互补、有机衔接、安全可靠的新型航天发射体系,持续提升发射场综合能力和效益,满足各类发射任务需求。在传统的研制模式下,不同发射场、不同火箭的接口不同,流程不同,严重影响地面系统的保障能力。为提高航天发射效率,美国、俄罗斯、中国、欧盟等主要航天大国和组织重点在运载火箭、航天器的"系列化、模块化、组合化"设计领域不断加大研究和投入,同时在测发模式与测发流程方面不断优化。随着新一代运载火箭研制的不断加速,发射场新老火箭发射能力可靠并存与逐步替代的全面推开,"十三五"期间,酒泉发射场、太原发射场、西昌发射场均将建设新一代运载火箭发射工位,"十四五"及较长一段时期,文昌发射场还将建设新一代载人运载火箭和重型运载火箭发射工位等。围绕航天发射全系统、全流程等全要素开展三维数字化设计与验证技术是当前工业部门重点开展的工作,因此,规范、优化和简化火箭与地面系统的技术接口,提升箭地一体化设计与发射水平是塔架发射的关键研究方向。一体化设计程度的提高不仅能够减少地面测发控系统设备展开、测试、排故的时间,也将大大缩短运载火箭的测试周期,有效满足商业发射时长响应快的特点。

国内外尚未有对火箭发射台用的热防护涂层材料方面的研究报道,国外涉及塔架发射的专利文献中也很少提及发射平台热防护技术。因此塔架发射平台热防护技术处于相对空白的阶段,也可能是国外对该项技术进行了技术封锁,但该技术对于确保火箭发射台工作的可靠性,延长火箭发射台使用寿命有着重要的意义。

2010年之后,航天领域对快速响应发射需求日趋强烈,空中发射技术因为具有更快的响应速度,更大的发射自由度,更强的隐蔽性、经济性与任务适应性等,成为各国或地区重点研究的航天发射技术之一,几乎所有的空中发射研究都将24h内实现小型有效载荷快速入轨作为其发展的最终目标。航天快速发射可通俗概括为:在突发任务背景下,将有效载荷快速送入空间,为地面系统提供服务。快速发射以其快速性、精简性、低成本等特点代表着航天系统的发展方向,正逐步成为新的热点研究领域。随着我国商业航天市场的逐步拓展,微小卫星发射的需求不断增大,发射成本低、快速响应火箭得到迅速发展。并且,其在军事上发挥着不可忽视的作用,当在轨资产受到打击,快速响应火箭可迅速发射卫星进行补网,具有有效提高空间系统弹性的能力。目前,我国空中发射仍处于初步探索阶段,一方面,缺乏系统性理论指导实践;另一方面,技术力量较应急机动发射能力生成还存在一定差距。

本小节将从塔架发射箭地一体化、发射平台热防护以及空中发射运载器相关技术作为关键技术进行分析。

4.3.6.1 箭地一体化

为提高航天发射效率,美国、俄罗斯、中国、欧盟等主要航天大国和组织重点在运载火箭、航天器的"系列化、模块化、组合化"设计领域不断加大研究和投入,同时在测发模式与测发流程方面不断优化。

Epsilon运载火箭采用了一体化地面测发控系统设计,大幅简化了地面测发控系统设备,极大提高了测试效率。火箭优化了箭地间通信结构设计,全箭通过供电线路、全箭监测/控制线路以及应急控制线路完成箭地的联系；另外，后端控制中心测发控系统一体化设计，使用极少的测发控设备即可完成运载火箭状态监视以及测发流程控制。

Epsilon 运载火箭地面测发控系统一体化设计技术实现了集成化网络通信、集成化供配电、集成化测发控、集成化信息处理与存储以及集成化信息应用五方面内容，具体如下。

①集成化网络通信：采用集中设计模式，用高可靠的网络拓扑结构，组建集成化的前后端的通信链路，实现前、后端设备间的网络通信，信息交换与共享。

②集成化供配电：将运载火箭箭上供配电功能进行一体化设计，采用一套地面设备，完成所有系统供配电。

③集成化测发控：采用一套地面设备，完成运载火箭的测控功能，实现应急通道的一体化设计、测发控功能一体化设计等。

④集成化信息处理及存储：对后端测控微、服务器进行整合，根据系统及功能进行划分，采用云计算技术，统一进行管理，实现基于云计算平台的信息处理系统，并集中实现数据库设计与管理。

⑤集成化信息应用：采用一体化软件设计平台，通过大数据技术实现全系统的集成化信息应用。

鉴于国内下一步对重型运载火箭的发展规划，重型火箭的测发控一体化技术也需要重点发展，目前北京宇航系统工程研究所提出的一体化设计方案，以先进总线为基础，进行总线网络的规划设计和统一数字接口的研制开发。箭上和地面电气分系统与单机能够通过标准接口无缝地接入该平台，在此基础上，进行测试模块、发控模块及监控模块的统一，达到以控制系统为主体进行一体化集成的目的。

统一测试模块，需要对地面测试系统、遥测系统、箭测系统、箭地总线接口及其他系统有关测试的接口进行统一化，以达到广泛、全面的数据采集并迅速传输至数据库的目的。

统一发控模块，对前端统一供配电、前端智能电源、后端各系统统一发控台、前后端各系统（控制）综合协调部分、重要模拟信号的虚拟仪表显示进行统一化处理，以简化地面系统整体单进程、多线程的工作流程，增加发射控制的效率，以及加强点火的可靠性。

统一监控模块，建立一体化的监控系统，成为独立于地面系统主工作流程之外，但又与地面设备的工作紧密相接的完整系统，有效实时监控测发控系统、设备运行。另外也包括对测试发控过程的远程数据、声像浏览、查询等功能。

测试/诊断一体化软件原理如图 4-3-12 所示。

系统以专家系统为核心，引入多种新的诊断理论和方法，在诊断过程中综合运用，优势互补。数据库由各种知识库和数据库构成，是整个专家系统进行推理诊断的数据来源和知识来源，是专家系统的最底层。诊断推理包括了各种诊断推理方法和结果显示模块，其主要的功能是根据用户的需求，运用诊断推理方法，结合数据库层所提供的数据进行推理诊断，并将结果传送给用户界面。

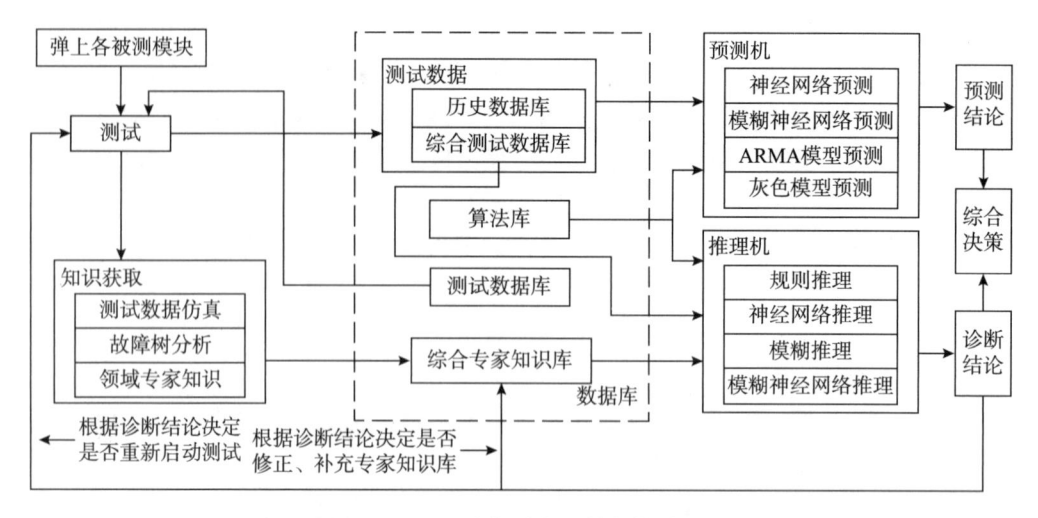

图 4-3-12 测试/诊断一体化软件原理

未来箭地一体化的发展趋势以及发展方向有三个方面：①总体上火箭按照模块化、系列化、组合化设计生产，采用"通用硬件基础设备+适应性软硬件组合"实现火箭地面测发控设备的一体化设计；②长征六号运载火箭已开展了箭上产品去任务化和研制流程去任务化的相关改进，在测发控一体化的基础上，后续可按照去任务化管理模式继续开展研制，通用产品按通用状态进行生产，实现全任务场景下的"箭-地-器接口"一体化设计工作模式、工作程序，有效满足商业发射市场响应快的特点；③具备同一工位多构型火箭发射能力及同一构型火箭多工位发射能力，实现火箭从通用的发射场实施通用发射，提高发射任务适应性。

4.3.6.2 发射平台热防护

航天领域应用较为成熟的热防护技术主要有 3 种：①辐射式防热，其机理是受热温度升高时以辐射形式向周围辐射大量热能，通常由涂有高辐射涂层的难熔金属、耐热外蒙皮、隔热层和内部结构组成；②吸热式防热，它是利用结构自身的热容吸热来达到防热的目的，通常采用比热容大、熔点高和热导率大的材料；③烧蚀式防热，当对连续较高温度表面加热，热流及热量不能迅速地从表面传到内部，而材料的表面在熔化中损失，下表面的材料却维持一定的温度足以保证材料的强度。如果将火箭发射台涂以热防护涂料，可使金属表面隔热，减少热烧蚀和热冲击，并防止发射台在多次热冲击载荷作用下产生热疲劳、热龟裂和热断裂，从而可确保火箭发射台工作的可靠性，减少火箭发射台的维修次数，延长火箭发射台的使用寿命。

国外运载火箭发射平台为确保能多次使用，在设计时尽量减少发射时无法撤收的设备，对于发射时无法撤收的设备，各国均采取了有效的防护措施。对于燃气流直接作用区域，国外运载火箭发射平台使用涂层类材料进行防护，如美国大力神-Ⅲ火箭发射平台表面直接承受燃气流烧蚀的平面覆盖 25.4mm 厚硅砖。日本 H-Ⅱ火箭发射平台的行走装置采用了铠装防护措施。然而通过表面涂层的方式进行通用防护虽然简单易行，但是没有将重点防护区域与一般区域进行区分，对于大规模设备来说存在成本高、周期长的缺点。

国外对火箭发射台用的热防护涂层材料方面的研究报道相对较少。我国在塔架发射技术方面的大量专利布局在平台热防护上，表4-3-2示出了发射平台热防护方面的申请人情况及其研究方向。我国在发射平台热防护方面投入了大量的研发力量，其中以中国科学院大连化学物理研究所、北京航天发射技术研究所、中国运载火箭技术研究院为代表的科研院所为主要力量，相关具有军工背景的高校和部队、少量民营企业也参与其中。可见不同主体均发挥了自身的优势，研究院所实验室资源相对完善，为涂层材料的研发提供了保障。中国科学院大连化学物理研究所主要以热防护涂层材料为主要研究方向。北京航天发射技术研究所则联合中国运载火箭技术研究院进行了喷水降温降噪方面的研发，北京航天发射技术研究所还提出了划区热防护的概念，使平台热防护更有针对性。民营企业对产品的研究更加便利，以星际荣耀为代表的民营企业则更加注重导流结构的改进。欧美国家几乎没有对于发射平台热防护方面的专利布局，日本三菱公司有3件专利涉及该技术，涉及耐热材料和导流结构。

表4-3-2 发射平台热防护申请人及专利数和研究方向

国家	申请人	数量/项	研究方向
中国	中国科学院大连化学物理研究所	19	热防护涂层
	北京航天发射技术研究所 中国运载火箭技术研究院	8	喷水降温降噪
	北京航天发射技术研究所	2	分区热防护、导流结构
	中国科学院大连化学物理研究所 北京航天发射技术研究所	1	热防护涂层-密实高聚物
	北京理工大学	1	喷水降温降噪
	蓝灿玉	1	冷却池
	太原理工大学	1	导流槽冲蚀实验装置
	星际荣耀	1	导流锥
	中国人民解放军63926部队	1	导流槽结构
	渤海重工管道有限公司	1	冷却水密封结构
	江阴市大阪涂料有限公司	1	热防护涂层
日本	三菱	3	耐热材料、导流

根据表内涉及的重点研究方向，下文结合重点专利进行相关技术的详细介绍。

（1）喷水降温降噪

专利CN108871060A设置两级喷水系统，专利CN109455312A采用高位喷水降温降噪设计，为围绕每个助推火箭燃气流影响区域的圆弧形喷水阵列，结合具体参数设计（包括圆心、半径、圆心角），能够形成覆盖每个助推火箭燃气流影响区域的喷水水幕区域，以适应每个助推火箭燃气流影响范围扩大的现象。通过具体的高度和喷水角度设计，可以持续较长时间影响燃气流剪切层，更好地实现能量与动量交换，同时可覆盖更大的台面范围。

（2）分区热防护

根据仿真结果，专利CN111964527A提出一种高效低成本的发射平台热防护系统，对发射台承受火箭燃气流载荷的作用面划分为多个区域，即热防护A区、热防护B区、热防护C区、非核心D区。根据不同区域设计不同的热防护结构：①在发射平台热防护A区、热防护B区上表面使用防烧蚀性能较好的材料进行热防护；②在发射平台热防护C区芯级、助推导流孔立面使用防烧蚀性能中等级别的材料进行热防护；③在发射平台非核心D区表面使用隔热性能较好、防水效果较好的材料进行防护；④支承臂选用能够进行不规则施工的材料进行防护；⑤盖板等需要经常开合动作的部位表面进行热喷涂；⑥脐带塔表面等不易检修的部位只进行5m以下的防护。

导流孔A的盖板和与导流孔A相邻的台面区域作为热防护A区，热防护A区内与火箭助推器发动机燃气流方向垂直的区域为正向烧蚀区域。热防护A区采用耐温可达1500℃、抗压强度100MPa以上的材料进行防护。具体的热防护A区内的台面区域采用铺设碳纤维复合材料板作为防护板进行热防护；热防护A区内导流孔A的盖板表面热喷涂无机防烧伤材料处理，无机防烧伤材料为以莫来石材料为主的无机涂层。导流孔B的盖板和与导流孔B相邻的台面区域作为热防护B区，热防护B区内与火箭芯级发动机燃气流方向垂直的区域为正向烧蚀区域。热防护B区内的台面区域采用铺设碳纤维复合材料板作为防护板进行热防护。热防护B区内导流孔B的盖板表面热喷涂无机防烧伤材料处理。热防护A区、热防护B区内的台面铺设多块防护板，两相邻防护板之间采取搭接方式连接，如图4-3-13所示，避免台体结构暴露。可选核心区防护材料参见表4-3-3。

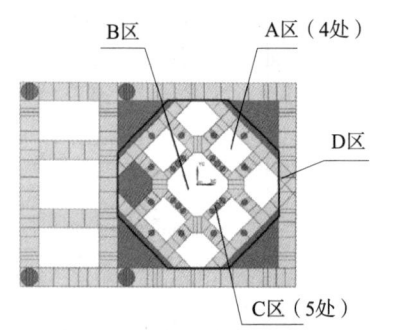

图4-3-13 划区降温设置示意

表4-3-3 可选核心区防护材料

材料名称	材料性能	应用领域
碳纤维增强C-C材料	耐温不低于3000℃，2000℃下的抗压强度不低于200MPa，热导率约50W/mk	发动机喉衬
碳纤维增强SiC材料	耐温不低于1500℃，抗压强度300MPa，热导率不大于10W/(m·K)	滑翔机外壳

续表

材料名称	材料性能	应用领域
碳纤维增强石英	耐温不低于1500℃，抗压强度不低于200MPa，热导率约不大于5W/(m·K)，拉伸强度较低	往返飞行器外壳
隔热瓦	材料为陶瓷，由氧化铝、氧化硅烧结而成，耐温不低于1400℃，抗压强度1MPa，热导率约不大于1W/(m·K)，密度为0.2kg/m³	航天飞机外层隔热层

正向烧蚀区域采用可拆卸、抗烧蚀、冲击能力强的复合材料板。发射台执行任务后，热防护A区、热防护B区可以快速拆卸复合材料板，对使用备件进行更换，大大降低现有技术涂覆材料施工恢复产生的时间成本。对两个区域交界处进行特殊处理，采用钢板搭接等方案，避免缝隙处被直接烧蚀。上述热防护方案在不降低热防护效果的前提下，有效降低成本；通过优化，对平面区域实现模块化施工，缩短施工周期，实现发射平台在发射后的快速恢复。

（3）热防护涂层材料

中国科学院大连化学物理研究所针对发射平台用的耐高温材料进行了系统深入的研究，表4-3-4列出了近几年研发的不同特点的热防护涂层材料。

表4-3-4 不同特点热防护涂层材料相关专利

申请公布号	成分	功效及特点
CN103122209B	涂料的组成成分包括杂化硅树脂、正硅酸乙酯、硼酸乙酯、金属氧化物及非金属氧化物填料、金属粉末、溶剂，其中金属粉末中含有铝粉	能够保护发射塔和导流槽金属结构不受高温燃气流的冲刷和高温腐蚀，有利于保持基体钢结构强度，延长其使用年限；适用于高湿、高盐雾、高紫外线照射的环境，防腐蚀性能强；施工简单，对环境相对友好
CN104691038B	由有机底层、耐火砖和无机表层三层材料组成。有机底层由环氧树脂、固化剂聚酰胺和增韧剂液态橡胶组成。耐火砖选用黏土质耐火砖，无机表层由水玻璃、固化剂氟硅酸钠、沙子、水泥和耐火骨料组成	能够承受火箭模拟燃气流冲刷，金属背面温度不超过150℃，涂层具有良好的隔热性能
CN105984182A	由有机层、耐火砖层、有机层和不定形耐火材料层四层材料。四层有机成分相同，由环氧树脂、固化剂改性多元胺和增韧剂液体橡胶组成，不定形耐火材料层由莫来石、堇青石、铝酸盐水泥和硅灰组成	具有良好的耐高温燃气流冲刷性能和隔热性能，使金属背面温度不超过80℃，从而有效地对火箭发射台起到热防护作用

续表

申请公布号	成分	功效及特点
CN105984183A	有机底层、耐火轻质骨料和有机-无机复合表层,其中,耐火轻质骨料穿插于有机底层和有机-无机复合表层之中。有机底层由环氧树脂、固化剂改性多元胺和增韧剂液体橡胶组成,有机-无机复合表层由有机胶环氧树脂、聚氨酯固化剂、沙子和水泥组成	能够承受火箭模拟燃气流冲刷,金属背面温度不超过180℃
CN105985081A	由莫来石、堇青石、高铝水泥和硅微粉组成的涂层	适用于高湿、高盐雾、高紫外线照射的环境,防腐蚀性能好;涂抹料施工简单方便;无毒无腐蚀,节能环保
CN111217593A	由刚玉、莫来石、堇青石、碳化硅、Al_2O_3细粉、电熔锆刚玉、高铝水泥和硅微粉组成	集合了刚玉和莫来石各自的优异性能,具有优良的热震稳定性、蠕变性、耐磨性,并且其机械强度高、高温性能好、导热低,适用于高湿、高盐雾、高紫外线照射的环境,防腐蚀性能好;施工简单方便

不同主体分别在喷水降温、划区重点防护以及防护材料方面进行了研究和创新,发射平台热防护的性能逐步提升。我国未来发射平台热防护的发展可以从技术研发和保护两个方面进行重点关注。

（1）强化科研院所材料研究,加强院企合作

我国科研院所在平台的涂层材料、划区防护以及喷水降温方面的研发和专利布局已经具有一定的积累。中国科学院大连化学物理研究所可发挥其材料研究优势,进一步研发能够适用不同发射场以及高湿、高盐、高紫外线环境下的耐火新材料,加强多层材料结合涂覆技术。北京航天发射技术研究所可以在其导流结构研究的基础上,与民营企业例如星际荣耀等联合开展导流结构方面的研究,进一步优化导流效果,减轻平台热防护压力。此外,未来可发挥科研院所的材料优势以及企业的结构优势,将防护涂层与防护结构的改进进行一定程度的结合研究,使平台热防护技术更为可靠。

（2）扩展技术保护范围,完善技术保护模式

国外在发射平台热防护方面倾向于技术隐藏,热防护材料的配比鲜有公开,也没有对应的专利布局,其保护方式与我国大量布局专利的方式差异较大。目前我国已有的大量热防护材料和喷水降温结构相关的专利布局主要在本国,可结合未来的市场发

展需求相应扩展布局的范围。面对国外对发射平台热防护领域技术隐藏的局面,加强平台热防护领域尤其是核心技术的商业秘密的保护,并合理结合专利和商业秘密两种不同的保护方式,形成完善的技术保护模式。

4.3.6.3 空中发射运载器相关技术

空中发射技术是一个庞大的技术体系,其对象包括载机、运载器、地面相关设施设备。仅从运载器角度,涉及的关键技术涵盖运载器投放、点火前火箭姿态控制、弹道快速规划与新型制导遥测技术等。其中运载器的投放和火箭姿态的控制是整个空中发射过程中的关键,投放是否能够顺利完成直接关系到空中发射的成败。

表4-3-5是国外空中发射的专利数量以及涉及的主要技术内容,美国和乌克兰申请量位于前列,主要以运载器投放技术为主,但两者侧重方向不同,美国侧重保持释放装置技术,乌克兰申请以箭机分离为主。美国和俄罗斯在拖曳式投放技术方面均有所涉及,加拿大是最早申请气球释放式投放技术的国家。由此可见,美国在空中发射方面的技术掌握相对全面,其余国家在特定领域有一定的突破,但整体空中发射水平还处于发展阶段。

表4-3-5 国外空中发射专利及主要技术

国家	申请量/项	主要申请人	涉及主要技术
美国	14	波音公司、LLC、KELLY空间技术公司等	保持释放装置(6)、多火箭发射(2)、拖曳式发射(1)、整流罩(1)、其他(4)
乌克兰	7	国家设计局	箭机分离结构(5)、发射器(2)
俄罗斯	3	个人申请	拖曳式投放(1)、活塞弹射(1)、舰载机发射(1)
英国	2	个人申请	火箭发射器(1)、发射载机(1)
加拿大	2	个人申请	气球释放式(1)、航天器改进(1)

运载器与载机结合方式的不同,运载器投放技术也各不相同。不同投放技术面临的共同问题是如何保证运载器的安全平稳释放,保证载机安全,同时尽可能使火箭释放后姿态容易控制,实现火箭点火时刻姿态稳定。运载器投放过程需要考虑大气、火箭、载机及其他辅助设施(如稳定伞、发射撬等)之间的相互作用,属于多体动力学范畴。2018~2019年多项专利研究了运载器的投放(US20200164982A1、US20200164983A1等)。

表4-3-6是美国和俄罗斯空中发射采用的投放方式以及运载器的详细型号。飞马座使用的水平释放技术,是外挂式空中发射普遍采用的投放方式。这种方式对火箭运载能力损失非常大,发射费用变相提高。相比而言,内装式空中发射具有更强的机动性、快速性、经济性和可生存性,但同时也面临安全运输与投放、姿态控制等问题。

俄罗斯研究的飞行号空射火箭即为内装式，且运载能力达到3000kg，在内装式释放模式上具有一定的借鉴意义。背驮式空中发射是美国重点发展的投放方式之一，目前尚在进一步研究中。

表4-3-6 美国和俄罗斯空中发射项目

国家	美国					俄罗斯
项目	飞马座	ALASA	快速到达	平流层	运载器一号	飞行
近地轨道运载能力/kg	443	45	100~1000	3×443	500	3000
发射周期	4d	24h	48h	—	24h	—
单次发射成本/万美元	1400（2006年）	100（2014年）	500	—	1200	—
项目进展	已完成43次发射任务	2015年底取消	2010年完成35t空投	载机完成首飞	2018年完成挂飞	预计2020年完成首飞
发射载机	L-1011运输机	F-15E战斗机	C-17A运输机	双体运输机	宇宙女孩	安-225运输机
机箭组合方式	外挂式	外挂式	内装式	外挂式	外挂式	内装式
投放高度/km	11.9	12.2	9	9	10	—
投放速度	0.8Ma	超声速	0.6Ma	亚声速	亚声速	—
火箭构型	三级固体	两级液体	两级液体	三级固体	两级液体	两级液体
火箭质量/t	23.1	未知	33	23.1	21.6	80~100
箭体直径/m	1.27	0.66（估计值）	3.3	1.27	1.8	—

美国在空射发射技术上处于垄断地位，表4-3-7对其公开的专利申请进行梳理，除US ARMY的两项专利以外，其余各项专利都来自于转让技术。与前面分析的美国民营企业的专利技术来源相吻合，其通过接收个人等转让的技术进行专利布局，建立市场竞争优势。总体而言，美国民营企业的技术侧重点不同，在外挂式运载器投放技术上，波音公司优势较为明显，自2004年开始，尤其2018~2019年，波音公司接收了多项关于该项技术的转让，重点研究了保持释放装置中支撑杆和保持组件的切换构造。KELLY空间技术公司则进行了拖曳式发射的专利布局。LLC重视液体推进剂火箭的空中发射。美国军方则侧重多火箭发射的点火控制等技术，以其作为军事技术储备。

表 4-3-7　美国空中发射重点专利

申请人	研究领域	技术细节
HAWLEY PRODUCTS	整流罩结构优化	US3140638A：安装在飞行器机翼下方的火箭发射器包括主体22，该主体具有通过夹具23和24附接到其上的玫瑰整流罩20和尾部整流罩21。整流罩被构造成在火箭及其废气的冲击下是易碎的，该构造使整流罩的碎片将足够小，从而不会对飞行器造成损坏
US ARMY	多火箭发射	US3504593A：发射管集群，可发射多个火箭，独立的点火装置，拆装方便，发射管的若干可互换部件被设计成用作结构构件，从而消除了包围管的支撑结构（诸如护罩等）的体积
		US3513749A：点火装置，防止发射臂移动，在强烈震动下仍然能够接合
Western Gear Corporation	旋转发射系统，液压弹射	US4608907A：旋转承载器可旋转，按照顺序将由其承载的储存器移动到发射位置以用于其顺序发射。旋转托架的非旋转轴是管状的或其他合适的构造，以便允许在其中容纳弹射器系统，该弹射器系统可重复操作以在储存器顺序地移动到发射位置时弹射储存器
KELLY 空间技术公司	拖曳式发射	US6029928A：配备有气动升力表面，使它们能够作为滑翔机被拖曳在常规飞行器后面，以及使用柔性电缆将它们与常规飞行器连接来拖曳这些发射运载工具的方法，与"常规空中发射"方法相比，利用其机翼的升力完全抵消其重量的牵引发射运载工具的方法允许可以发射的运载工具的重量增加至少一个数量级
LLC	空载液体推进剂运载火箭	US9745063B2：机载火箭发射系统包括具有管状壳体的火箭支撑结构，该管状壳体具有轴向通道，该轴向通道可操作以沿着运载火箭长度的一部分包围运载火箭的圆周。未限定的多个空气动力表面在从飞行器释放和自由落体期间提供空气动力稳定性。附接接口将管状壳体可释放地附接到飞行器。低温流体外壳在运载火箭内供应冷却和补充低温推进剂

续表

申请人	研究领域	技术细节
波音公司	弹射释放	US20040159739A1：使用非烟火气体作为用于从飞行器上弹出外挂物的能量和传递机构
	保持释放装置结构的改进	US20200164982A1：保持和释放装置包括致动器、联接到致动器的摆臂以及枢转地联接到摆臂的夹具。夹具在保持容器的夹紧位置和释放容器的释放位置之间枢转
		US20200164983A1：保持和释放装置包括致动器、可枢转地联接到致动器的支撑杆和保持组件。摆臂和保持组件相对于所述致动器在用于保持容器的第一位置与用于释放所述容器的第二位置之间枢转
		US20200164984A1：保持和释放装置包括用于接合集装箱的外表面的支撑杆。闩锁用于附接到容器的内部容座以保持容器。闩锁可在用于保持容器的闩锁位置与用于释放容器的解锁位置之间移动
		US20200391866A1：支撑杆和保持组件相对于致动器在保持集装箱的第一位置和释放集装箱的第二位置之间枢转。所述第一位置使所述插座接合所述集装箱的所述柱以保持所述集装箱，所述第二位置使所述插座脱离所述柱以释放所述集装箱

另一个较早掌握空中发射运载器投放技术的国家是乌克兰，较多空载释放专利技术由国家设计局拥有。2002 年的专利申请 UA56675A 提出了一种航空火箭复合体，其为了在上层大气中可靠、无碰撞地进行发射准备和实施，火箭的仰角和速度损失最小，并且由发射过程对飞行器和火箭的干扰最小，在飞行器的动力地板上有刚性安装的带止动件的保持器，两个带滚轮支承件的导向器和安装有推进器的滑架，它们与安装成可移动到带滚轮支承件的导向器上相互作用。LTP 为桁架结构的槽形型材，侧桁架的上部和下部设有轨道。下导轨与带有滚轮支承件的导轨相互作用，上导轨形成导轨，滚轮可移动地安装在导轨上。在下部小车的横梁上，借助爆破元件悬挂火箭。由此结构来确保火箭释放的安全性。同年，专利 UA60993A 对上述复合体进行了改进，装置包括飞行器、准备启动和控制火箭启动所需的装置和设备，以及带有火箭的运输启动容器。为了改进火箭与飞机的分离过程，在飞机机身的外侧对称放置两个装有火箭的起运容器。在所有长度上，每个起运集装箱的底部均由可控百叶窗构成。在其上部制有用于固定火箭的动力装置。每个运输起始容器配备有供应支架。火箭可借助锁和供应支架通过固体断裂绷带固定在运输启动容器中，该固体断裂绷带由通过断裂元件连接并配备

有间隔弹簧的部分组成，进一步强化了释放技术的安全保障。

除了国家设计局，乌克兰在保持释放技术上也有相关的个人研究力量，2013年的个人申请UA86651U提出，运载火箭的横向及纵向固定单元为热释电元件。在筒体的顶部安装两根纵梁，所述架拱形单元的横向及纵向固定杆铰接的形式制成，在铰接杆的自由端支架上安装有倾斜凸起相互作用形状的切口运载火箭体，在所述单元的所述纵梁上横向固定安装有横向平面内翻转的可能性，所述的纵向固定单元呈圆周均匀设置并安装在后架的拱形具有设置在径向平面内旋转的可能性，所述热释电元件被安装在所述支架上，在保持释放结构上进行了新的改进。

出于对载机的安全性考虑，箭机分离后，火箭需要等待载机飞离危险区后，才点火发射。火箭在箭机分离后到点火前处于无动力飞行状态，运载火箭位置、运动状态、飞行姿态具有高度不确定性和难预测性，而初始定位、定向所产生的初始条件误差对火箭飞行过程的精确程度和入轨精度影响极大。因此，必须寻求一种方法，用于控制火箭点火前姿态，同时解决相关信息（姿态、速度、位置）的实时、精确测量问题，关键是解决点火时刻火箭姿态的稳定性。

稳定伞控制作为一种被动控制方式，控制精度有明显不足，而反作用控制系统则会增加系统的结构和布局难度。通过为箭体增加机翼，或采用发射撬进行控制的方法会进一步增加箭体结构质量，带来运载能力损失。VALS理论上是一种较好的方法，但在拖曳式空中发射中，拖缆的力学分析复杂，VALS方式的适用性尚需进一步试验验证。

未来空射运载器的发展方向和趋势有如下四个方面。

①空射火箭把握快速响应特性。火箭运载能力不再是空中发射发展的主要目标。微电子、微机械、数据处理与存储等技术的发展，使卫星质量越来越小、功能密度越来越大，同时受载机载重能力、运输空间等条件的限制，空中发射不再一味追求运载能力的提高，而着重强调发射快速性和综合效率的提高。

②设计重心由基于平台转为基于火箭。第二代空射火箭更需要将设计思路由基于平台设计转变为基于火箭的系统设计，并根据火箭的设计需求反向定制投放平台，一方面简化诸如长航时、最大航程的设计需求，另一方面加强对如空投条件、机电接口、机箭数据传输等的特殊设计，甚至对安全性开展全新的设计。

③无人空射技术。通过"去人化"的过程，解除所有因人而产生的制约，从而充分发挥无人化带来的复用性、智能化、一体化等先进特性，进一步提升空射系统的快速响应特性和任务适应性。

④依托空射火箭完成创新型技术储备。"飞马座"长出了三角形的升力翼，成为首型插着翅膀的火箭。西班牙的"气球星"采用三个并联的坏形贮箱，长细比让人大跌眼镜。ALASA火箭提出了共用发动机和新型推进剂的技术方案，让人拍案称奇。当火箭在稠密大气层以外进行发射时，外形的设计则可以截然不同，相关的结构优化、防热特性、高空发动机等都可以采用全新的设计方案和思路。空射火箭不同于传统火箭，更需要开展创新性技术储备。

我国在空中发射领域的发展处于起步阶段，未来相关技术的发展方向和策略可参考如下三个方面。

（1）技术发展方面

①发展不同方式的运载器投放技术。不同投放方式有各自的优势和必要，外挂式投放技术掌握在美国波音公司和乌克兰国家设计局手中，可作为我国在发展外挂式投放技术的参考。内装式投放技术的强机动性是未来重点研究的投放方式，但研发难度较大，目前各国或地区内装式发射研究和实践均较少，俄罗斯的飞行号、美国的 Quick Reach 在内装式投放模式上具有一定的借鉴意义。气球释放式投放技术是国外私人航天企业竞相角逐的商业领域，有望成为发射微小卫星的主要投放方式，加拿大公开的空射混合气球系统可作为我国发展气球释放式投放技术的参考基础。背驮式投放技术是空中发射投放领域的空白点，美国目前将其作为重点发展的投放方式之一进行进一步研究。该投放技术的运载能力较强，目前还没有国家能够很好地实现，有望成为我国空射研发的突破点。因外挂式投放应用较为广泛，我国可在优先发展外挂式投放技术的基础上，进一步研发机动性更强的内装式、气球释放式，结合开展背驮式投放的探索，突破投放领域的技术空白点。

②发展液体推进剂火箭的空中发射技术。液体推进火箭是火箭领域的研究热门，基于常规发射液体推进火箭的发展基础，空中发射液体推进剂火箭将会是未来的一个热门发展方向，LLC 提出的液体推进剂火箭的空中发射系统作为该方向的基础技术可为后续的发展带来一定的启示。

（2）专利布局方面

各国或地区在空中发射技术方面通过专利保护的数量有限，欧洲国家基本不申请专利，美国在空中发射领域处于垄断地位，其公开的技术基本来源于技术转让，技术较为基础，数量也非常有限。乌克兰作为空中发射的积极倡导者，也仅进行了箭机分离结构方面的专利布局。由此可见各国或地区在空中发射领域并没有将专利作为主要的保护手段，对核心技术进行了保密。我国若想在空中发射技术上有所突破，应当重视自主研发，同时寻找专利布局保护和商业秘密保护的平衡点；建议对于发展较为成熟的外挂式投放技术、商业模式较为明显的气球式投放技术进行相关的专利布局，以拓展市场，降低侵权风险；建议对于内装式、背驮式等尚处于研究摸索阶段的研发成果采用商业秘密进行保护。

（3）申请人方面

各国或地区空射投放技术的持有主体也不尽相同，美国以波音公司、KELLY 空间技术公司等民营企业为主，且其技术来自于其他方面的技术转让，乌克兰以国家设计局为主，由此可见各国或地区因不同的国家政策主导下技术主体不尽相同，而我国目前仍然以科研院所为主要研究主体，产业化程度较弱。鉴于空中发射不依赖对地面设施设备的依托，局限性较小，发射快速机动易于实现，企业较为容易入手，在未来的发展中可以适当引导各类商业航天企业的加入，加快不同类型的空射投放方式的试验。同时加强科研院所专利成果的转让，实现产学研合作，加快空中发射的研究和实践进程，推动空中发射商业化发展。

4.3.7 小　　结

发射设备包括了塔架发射、车架发射、空中发射以及海上发射等不同方式的设备。塔架发射是目前发射方式的主流，中国、美国、日本都是该方向的重要研究国家，塔架的结构逐渐由复杂的勤务塔、脐带塔设计发展成勤务塔和脐带塔合二为一，又逐渐往简易勤务塔或无勤务塔的方向发展。从关键技术的角度来看，箭地一体化不同类型火箭实现统一测发控，实现发射场共享是我国需要研究的方向。塔架发射平台的热防护技术方面，各国或地区专利化程度差异较大，国外在发射平台热防护方面倾向于技术保密，其保护方式与我国大量布局专利的方式差异较大。我国科研院所在平台的涂层材料、划区防护以及喷水降温方面的研发和专利布局已经具有一定的积累，未来可发挥科研院所的材料优势以及企业的结构优势，将防护涂层与防护结构的改进进行一定程度的结合研究，并结合需求扩展专利布局的范围，合理结合专利和商业秘密两种不同的保护方式，形成完善的技术保护模式。各国或地区在空中发射技术方面通过专利保护的数量有限，没有将专利作为主要的保护手段。美国在空中发射领域处于垄断地位，其公开的技术基本来源于技术转让，仅涉及保护释放装置、拖曳式发射等方面的外围技术。乌克兰作为空中发射的积极倡导者，也仅进行了箭机分离结构方面的专利布局。我国若想在空中发射技术上有所突破，应当重视加强外挂式投放、气球式投放以及内装式投放技术、空射液体火箭的自主研发，同时寻找专利布局保护和商业秘密保护的平衡点，引导各类商业航天企业的加入，加快空中发射的研究和实践进程。

4.4　本章小结

本章通过对商业航天装备制造产业重点技术的专利申请趋势、专利技术来源地、专利申请人情况、专利技术脉络和关键技术等进行深入分析，可以得出如下结论。

1. 平台结构模块化设计是有效降低卫星系统成本主要研究方向

通过对卫星结构平台领域排名前十的申请人所申请专利进行分析发现，在卫星平台模块化技术方面，上海微小卫星工程中心布局多项专利，说明其在卫星平台模块化技术领域具有领先优势；在专利布局方面，中国专利申请内容侧重卫星构型和平台模块化方向，而国外申请人则较少涉及卫星构型及平台模块化方向，主要是围绕卫星天线、飞轮、螺栓和压紧释放弹簧等卫星外围专利进行布局。由此可见，中国与国外申请人在专利布局策略上并不相同，国外申请人更倾向于将核心技术以商业秘密的形式进行保护，对于卫星外围技术则采用专利的形式进行保护。

与传统卫星相比，商业卫星在保证可靠性的基础上更关注的性能是低成本，政府管理部门关注低成本卫星技术，意图优化预算投入；卫星研制部门研究低成本卫星技术，旨在追求效益最大化。在结构系统方面，从单一卫星的角度来看，降低成本的有效手段是平台结构的模块化设计。采用模块化设计不仅能简化卫星系统组装、集成与测试的过程，还能大大减少保障人员和保障设备，进而降低成本。实现卫星结构平台模块化设计，主要从以下两方面着手。

(1) 模块化结构

按舱段结构或按平台功能进行模块化设计，设计思想是将卫星平台舱、推进舱和载荷舱等设计成标准化的独立模块，或将平台设计成实现不同功能的模块，如推进模块、电源模块、星务模块等，再根据特定任务需求选配不同载荷和平台的功能模块组装。同时，可以加强平台功能模块的定型设计和载荷模块的通用化设计，形成多系列产品型谱和规范，在此基础上可以发展预先加工技术和3D打印卫星技术，进行批量化流水线生产，快速组装模块，接到发射任务时，可以进行单星多模块组合或多星多模块组合一箭发射。

(2) 多功能可拓展接口模块设计

采用模块化设计，要求每个模块能够提供更多的接口，满足不同平台和载荷设备的装星要求，同时模块具有可拓展功能，能够兼顾相同功能不同规格的设备的搭载。

2. 分离结构是一箭多星的关键技术

从一箭多星发射的角度来看，搭载的卫星越多，卫星发射成本越低，而搭载卫星的数量一方面取决于多星的布局即多星适配器的结构形式，另一方面取决于多星与适配器间的分离方式。目前国内外典型小卫星搭载发射适配器主要有多载荷搭载适配器（ESPA）、搭载适配器（SAM）、阿里安多载荷搭载适配器（ASAP）等。世界领先的一箭多星技术掌握在美国的 SpaceX 手中，其使用猎鹰9号火箭携带了143颗卫星进入太空，刷新了一箭多星的世界发射纪录。通过对其为数不多的专利进行分析发现，其名称为"航天器供配电系统自主激活"的专利中公开的多星布局方式及分离方式与现有的方式存在较大差异，其多星布局为卫星分成两堆、沿竖直的特殊锁定装置分层堆叠排列、分离方式为当到达轨道后由卫星自主激活特殊锁定装置释放卫星，各卫星靠自旋的微小速度差自然分离并逐渐散开。上述卫星堆叠放置、星箭电气接口简化、多星被动式分离的设计理念，值得我国航天相关技术领域借鉴。

通过对主要申请人在分离结构领域所申请专利的内容进行分析发现，在卫星分离解锁技术领域，专利较多，技术成熟。在多星适配器领域，专利较少，说明虽然当前运载火箭的技术水平和商业化运用处于加速发展中，但尚未激发服务于一箭数十星发射的技术革新。随着微小型卫星技术的高速发展，尤其是多星组网技术和相关标准的不断成熟，多星发射的需求将会越来越多，并将成为微小卫星低成本进入空间的主要手段。建议我国在一箭多星技术领域，着眼于未来，进行技术的前瞻式布局，以科研课题或项目作为引导，加快关键技术的理论突破，鼓励科研院所、商业航天企业以及高校之间加大探索性合作，使我国在一箭多星技术领域具有领先地位。

3. 液氧/甲烷发动机是大推力火箭发展的重要方向，氢氧发动机喷管设计是影响推力的关键因素。

(1) 液氧/甲烷发动机——专利保护与商业秘密相结合

液氧/甲烷推进剂组合在碳氢燃料中比冲性能最高且空间可贮存，两种低温液体可以自身蒸发后作为增压介质，甲烷具有较好的结焦和积碳特性，冷却性能良好，也能作为做功介质用于膨胀循环系统。这些优势使液氧/甲烷火箭发动机在航天领域应用前景广阔。

通过对液氧/甲烷发动机相关专利的阅读和分析可知，国内相关专利的申请人以蓝箭、星际荣耀和上海空间推进研究所为主，专利申请的研究内容限于增压装置和增压方法等。而相比之下，国外申请人的研究范围更加全面和深入。这也反映出国内液氧/甲烷发动机的研制尚处于起步阶段，燃烧室、点火装置以及监控诊断等技术基础比较薄弱。但国内的氢氧发动机和液氧/煤油发动机技术研究较早也相对较为成熟，哈尔滨工业大学、北京航空航天大学、国防科技大学、北京航天动力研究所、西安航天动力研究所等高校和科研机构也通过专利对液氧/煤油发动机的点火装置、燃料混合比、增压系统以及氢氧发动机的密封装置、导管布置、燃烧室内壁结构等技术进行了保护。国内民营企业可以与北京航空航天大学、国防科技大学、北京航天动力研究所、西安航天动力研究所等高校和科研机构合作，依托高校和科研团队开展理论研究和实验分析，对现有的氢氧发动机和液氧/煤油发动机技术转用于液氧/甲烷发动机的研制中，缩短研发周期，降低技术难度和侵权风险。

建议采用专利布局和商业秘密相结合的方式进行液氧/甲烷发动机技术保护：对于点火装置、燃烧室增压系统、密封装置等已经成功应用于氢氧发动机和液氧/煤油发动机的零部件和相应的设计方法，可以采用专利布局的方式进行技术保护；对于燃气发生器稳定性、喷注器可变节流面积设计、火炬电子点火方式以及发动机及助推器零件的新型复合材料应用等关键技术，采用商业秘密的方式进行技术保护，立足国内，拓展海外市场。

（2）氢氧发动机喷管设计——借鉴国外经验布局外围专利

喷管是氢氧发动机的重要组件，负责控制热气的方向和膨胀，这些热气从燃烧室排出，经过喉衬部分膨胀并加速，为氢氧发动机提供大推力。通过对氢氧发动机喷管结构相关专利进行梳理发现，国外喷管相关技术的研究重点已不再是管束式结构但国内的喷管研究目前依然以管束式结构为研究重点。建议国内企业借鉴国外经验，聚焦铣槽式结构和单壁结构（特别是例如连续碳纤维增韧碳基体复合材料、陶瓷基体复合材料、钛合金材料等组成的复合材料或合金材料的单壁喷管）的相关生产技术和工艺，尝试进行外围专利的申请和保护，采用技术合作、人才引进等方式提升企业、行内竞争力，实现喷管结构的跨越式发展。

4. 多构型火箭测发控一体化设计有待加强

地面设备发射设备方面，塔架发射是各国较为重视的布局领域。中国、美国、日本都是该方向的重要研究国家，塔架的结构逐渐由复杂的勤务塔设计向简易勤务塔或无勤务塔的方向发展。为了实现自动发射以及通用发射，未来火箭将趋向于模块化生产，采用"通用硬件基础设备+适应性软硬件组合"实现火箭地面测发控设备的一体化，在火箭、航天器设计阶段就充分考虑与发射场系统进行结合，在全任务场景下开展系统间接口数字化设计。我国在重型运载火箭测发控一体化设计方面有所研究，但同一工位多构型火箭发射能力及同一构型火箭多工位发射能力的发射场共享技术有待进一步发展。

5. 运载器投放技术和空射液体火箭是未来空中发射发展的核心及未来研究趋势

空中发射作为快速响应发射模式的重要方式，其运载器的投放以及空射液体推进火箭是我国技术上较为空白的领域，有望成为我国商业航天的研究热点。

（1）以国外基础技术为依托，发展外挂式、内装式、气球释放式运载器投放技术，开展空射液体火箭技术的探索

不同投放方式有各自的优势和必要，外挂式投放技术掌握在美国波音公司和乌克兰国家设计局手中，可作为我国在发展外挂式投放技术的参考。内装式投放技术的强机动性是未来重点研究的投放方式，但研发难度较大，目前各国内装式发射研究和实践均较少，俄罗斯的飞行号、美国的 Quick Reach 在内装式投放模式上具有一定的借鉴意义。气球释放式投放技术是国外私人航天企业竞相角逐的商业领域，有望成为发射微小卫星的主要投放方式，加拿大公开的空射混合气球系统可作为我国发展气球释放式投放技术的参考基础。背驮式投放技术是空中发射投放领域的空白点，美国目前将其作为重点发展的投放方式之一进行进一步研究，该投放技术的运载能力较强，还没有国家能够很好地实现，有望成为我国空射研发的突破点。因外挂式投放应用较为广泛，我国可在优先发展外挂式投放技术的基础上，进一步研发机动性更强的内装式、气球释放式，同时结合开展背驮式投放的探索，突破投放领域的技术空白点。

液体推进火箭是火箭领域的研究热点，基于常规发射液体推进火箭的发展基础，空中发射液体推进剂火箭将会是未来的一个热门发展方向，LLC 提出的液体推进剂火箭的空中发射系统作为该方向的基础技术可为后续的发展带来一定的启示。

（2）寻求空中发射技术保护的新模式

美国在空中发射技术上基本处于垄断地位，专利申请一家独大，且空射运载器投放从重力辅助分离方式到垂直空射橇（VALS）技术，均由美国研究并实施，但其公开的技术基本来源于技术转让，技术较为基础，数量也非常有限。乌克兰作为空中发射的积极倡导者，也仅进行了箭机分离结构方面的专利布局，欧洲国家基本不申请专利。由此可见各国或地区在空中发射领域并没有将专利作为主要的保护手段，核心技术大多作为商业秘密保护。我国在空中发射领域处于起步阶段，若想在空中发射技术上有所突破，应当重视自主研发，同时寻找专利布局保护和商业秘密保护的平衡点。建议对于发展较为成熟的外挂式投放技术、商业模式较为明显的气球式投放技术进行相关的专利布局，以拓展市场，降低侵权风险；建议对于内装式、背驮式等尚处于研究摸索阶段的研发成果采用商业秘密进行保护。

（3）引导航空航天类企业加入，加强科研院所专利成果的转让

各国或地区空射投放技术的持有主体也不尽相同，美国以波音公司、KELLY 空间技术公司等民营企业为主，且其技术来自于其他方面的技术转让，乌克兰以国家设计局为主。由此可见，各国或地区因不同的国家政策主导下技术主体不尽相同，而我国目前仍然以科研院校为主要研究主体，停留在理论研究层面。鉴于空中发射不依赖对

地面设施设备的依托,局限性较小,发射快速机动易于实现,企业较为容易入手,在未来的发展中可以适当引导各类商业航天企业的加入,加快不同类型的空射投放方式的试验,同时加强科研院所专利成果的转让,缩短研发和测试周期,加快空中发射的研究和实践进程,推动空中发射商业化发展。

6. 发射平台热防护技术是塔架发射地面设备的有效保障

我国十分重视发射平台热防护技术,在发射平台热防护方面投入了大量的研发力量,不同技术主体发挥了自身的优势,研究院所实验室资源相对完善,为涂层材料的研发提供了保障,中国科学院大连化学物理研究所在热防护涂层材料方面具有一定优势,北京航天发射技术研究所提出的划区热防护的概念,使平台热防护更有针对性;私营企业对产品的研究更加便利,以星际荣耀为代表的私营企业则更加注重导流结构的改进。

(1) 强化科研院所材料研究,加强院企合作

我国科研院所在平台的涂层材料、划区热防护以及喷水降温方面的研发和专利布局已经具有一定的积累。中国科学院大连化学物理研究所可发挥其材料研究优势,进一步研发能够适用不同发射场以及高湿、高盐、高紫外线环境下的耐火新材料,加强多层材料结合涂覆技术;北京航天发射技术研究所可以在其导流结构研究的基础上,与民营企业例如星际荣耀等联合开展导流结构方面的研究,进一步优化导流效果,减轻平台热防护压力。此外,未来可发挥科研院所的材料优势以及企业的结构优势,将防护涂层与防护结构的改进进行结合研究,使平台热防护技术更为可靠。

(2) 扩展技术保护及布局范围,完善技术保护模式

国外在发射平台热防护方面倾向于技术保密,热防护材料的配比鲜有公开,也没有对应的专利布局,其保护方式与我国大量布局专利的方式差异较大。目前我国已有的大量热防护材料和喷水降温结构相关的专利布局在本国,可结合未来的市场发展需求相应地扩展布局范围,例如进行适当的海外布局。面对国外对发射平台热防护领域技术保密的局面,建议我国在未来的发展中加强耐热涂层材料以及核心导流结构的商业秘密的保护,并合理结合专利布局和商业秘密两种不同的保护方式,形成完善的技术保护模式。

我国商业航天装备制造产业重点技术相较于国外专利集中度更高。国外商业航天装置制造龙头企业更加注重商业秘密保护,专利布局不是相关技术保护的主要手段。因此,建议我国企业做好以下工作。

(1) 加强专利权获取的多元化

从商业火箭液体推进系统的申请来源地来看,美国专利申请位居首位、日本位居第三位,但从全球前十位主要申请人的角度来看,在商业火箭液体推进系统领域,美国、日本企业专利申请并不集中于某些龙头企业,而是呈现零散分布,专利体现出的市场集中度低,行业内企业数量较多,申请人呈研发主体多元化趋势。龙头企业通过收购、技术转让等方式获得专利技术,对中国航天装备制造业的商业化发展具有借鉴意义。

（2）技术保护应注重专利布局和商业秘密相结合

从专利分析来看，中美在商业卫星关键技术的专利技术来源地和目标市场区域分布方面均处在全球前两位，但两国均侧重在本国布局，国外布局微乎其微。从全球前十位主要申请人的角度来看，主要以中国申请人为主，美国的企业上榜较少，尤其是较为知名的商业卫星公司，如 SpaceX 和 OneWeb，一方面是由于美国商业航天起步较早，技术较为成熟、改进较少，另一方面是由于美国申请人更侧重采用技术秘密的形式对核心技术进行保护。中国虽然在商业航天装备制造产业的起步较晚，但得益于国家对商业航天的大力支持，中国的创新主体在卫星结构等领域的专利呈现快速增长的趋势，建议国内创新主体加快专利申请的步伐，抢占知识产权的制高点，在保护好核心技术的基础上，加快外围专利的布局。

（3）创新主体专利全球布局可进一步加强

从技术来源和目标市场来看，美国、德国、法国等商业火箭专利的海外布局更为全面。中国的航天商业化起步较晚，虽然具有一定数量的专利申请但没有海外布局。在未来的航天商业化发展进程当中，国内相关民营企业应该提高对知识产权国际规则的理解和把握能力，重视海外市场的专利布局。

第5章 商业航天装备制造产业中美专利对比分析

本章从中美产业发展现状入手,分析中美商业航天专利整体情况,并对卫星、火箭、飞船和地面设备四个重要技术分支进行专利对比分析,选取中美有代表性的重要申请人,从产业、知识产权策略的维度进行对比,聚焦火箭动力垂直回收技术分析,从国家、市场及产业、企业管理和技术研发四个层面提出我国商业航天的发展建议。

5.1 中美专利整体对比

本节首先分析中美商业航天的产业发展现状,然后就检索到的10778项中美商业航天专利数据,从专利申请量、申请趋势、技术来源、技术构成等方面进行中美专利的整体对比分析,挖掘中美在政策、市场和技术方面的差异。

5.1.1 美国产业发展现状

美国的商业航天发展全球领先。在航天工业方面,美国拥有全球尖端的技术产品、具有完备的产业链以及一大批经验丰富的人才梯队,这些条件都为美国商业航天的迅速崛起提供了基础。早在1984年时任美国总统里根就签署了商业太空发射法案,允许民营企业有偿为政府提供地外货运发射服务,打破了NASA的垄断地位。随后美国政府出台了一系列的法律法规以及资助计划扶持商业航天的发展。在政府的大力支持下,美国涌出了大量的新兴航天企业,并迅速发展,逐步占领产业链各个环节,目前产业链中各环节已形成多家民营企业良性竞争的局面。美国的商业航天发展基本已涉足全部航天产业,业务范围正从传统的商业卫星发射、应用等业务,逐步向新兴领域拓展,如深空探测、太空旅游等。目前,美国商业航天产业已经在低成本、高效率、高可靠实现客户需求方面,展现出强大的创新力、竞争力,在国际航天市场中占据领先地位。

5.1.1.1 各商业主体现状

美国商业航天各领域代表企业现状如表5-1-1所示。

表5-1-1 美国商业航天各领域代表企业

细分领域	代表企业	成立时间	主营业务	主要产品
运载火箭	SpaceX	2002	商业卫星发射	猎鹰9、重型猎鹰
	Orbital ATK	2015	中小型空间运载火箭及商业推进系统	Minotaur、Antares运载火箭

续表

细分领域	代表企业	成立时间	主营业务	主要产品
卫星制造	Orbital ATK	2015	开发中小型人造卫星	star2 平台、通信卫星、观测卫星
卫星遥感图像	DigitalGlobe	1992	提供高分辨率商业影像数据及高级地理空间解决方案	worldview 遥感卫星、GBDX 大数据平台
	Planet Labs	2010	地球观测成像	Dove 卫星星座
卫星数据服务	Orbital Insight	2013	通过分析卫星图像来获取和售卖数据，结合人工智能算法为企业提供数据分析服务	正在建设一个大规模处理、分析各种地理空间数据的分析平台
	Spire Global	2012	为政府和商业客户采集气象数据	致力于部署一个气象卫星网络
太空旅游	Blue Origin	2000	商业太空飞行	New Shepard 飞船
	Virgin Galactic	2004	亚轨道飞行	太空船二号
	XCOR Aerospace	1999	亚轨道太空旅行	Lnx 亚轨道飞行器
载人及货运	SpaceX	2002	国际空间站货物补给或载人	龙飞船
	Orbital ATK	2015	为国际空间站提供补给服务	天鹅座飞船
深空探测	Planetary Resources	2010	太空探索及太空资源开发，希望实现自动化小行星采矿	太空望远镜 Arkyd-100

5.1.1.2 美国产业发展的优劣势

1. 优势

（1）完备的商业航天政策法规

美国在航天领域建立了完备的政策法规体系，并随着航天产业的不断发展进行修订与补充。1958 年，为了保障本国的航天活动并达到制衡华约组织的目的，美国制定了国家航空航天法案。1984 年，美国颁布了商业发射服务的基础法律制度商业航天发射法案，并分别于 1988 年、1998 年、2004 年三次修订，对商业发射中许可证制度（包括发射授权许可、有效载荷认可以及私人运营发射场的许可等）、持证人及发射活动管理、政府职责以及保险制度进行全面规范。1988年，美国颁布实施了国家航天政策，并于2006年、2010年进行了修订，首次从军、民、商三个领域对空间活动进行指导。2013年，美国颁布最新版国家航天运输政策，规定政府部门应最大化使用商业发射服务，鼓励私营企业使用国家所有发射场。2015年，美国颁布了商业航天运输竞争法。除此之外，美国还制定了航天现代投资法、商业航天法和商业航天发射法等一系列促进商业航天发展的配套政策。

（2）有限的商业航天监管

美国对商业航天的监管可以概括为安全与责任两个方面。关于安全方面，1984年的商业航天发射法规定：商业发射许可证持有者应对公众安全负责，必须确保其商业发射活动不会对公众产生威胁，主要包含发射场附近以及航迹范围内的公众财产和卫星与其他在轨航天器可能存在的风险等。关于责任方面，商业航天发射法规定了强制保险制度。主要为：商业航天项目承包商必须投保第三方责任险，或证明其财务能力足以赔偿发射活动所造成的第三方损失；商业航天项目在使用政府发射场地和相关服务时，须为发射可能造成的人员伤亡和财产损失提供保险等。此外，美国通过国家任务商业化，牵引并促进了民营航天企业的蓬勃发展，减少了国有资本投入；通过制定一系列专门的法律法规对商业航天活动进行调整和规范，确保形成完备的商业发射服务体系；通过采取鼓励与限制相结合的措施，保障了美国商业航天活动的有序进行。

（3）军民高度融合的市场环境

美国的军民融合步伐走在世界前列，其先进制造业企业大多为军民融合型企业，如通用技术、波音公司等。目前美国军事专用技术比重不到15%，军民通用技术超过80%，军队信息化建设80%以上的技术来自民事部门。美国国会从1990年开始，通过制定联邦采办改革法及年度国防授权法等重要法案和政策，积极鼓励采办民用企业的技术和产品。早在1986年，美国国会就通过了联邦技术转移法，授权政府科研机构向民营企业转让技术，或签订合作研发协议。该法案有力推动了国防科技和民用科技的统合，依靠民间科技力量大力发展军民两用技术，在确保军事技术水平提高的同时，也促进了民用工业技术水平的提高，收到了事半功倍的效果，这也正是美国保持军事优势和综合国力全球领先的重要因素。

（4）广泛发达的金融市场支持

美国国会每年都会通过向NASA增加预算的提案，2019年3月21日美国时任总统特朗普签署法案，批准NASA 2017财年195亿美元的预算方案。政府投入为民营航空航天企业提供了一定的"启动援助"资金，政府采购又为这些高科技企业提供了市场需求，从而撬动金融市场对这些高科技企业的资金支持。航空航天属于高风险、高回报的投资领域，需要长期稳定的风险投资资金。SpaceX从2002年成立至今不断有投资机构伸出援手，从而度过了前几年研发阶段的困难时期。

2. 劣势

虽然美国的商业航天发展取得了辉煌的成就，但其所采用的新型公私合营研发组织模式并不适合我国国情。

（1）新型公私合营模式企业研发风险大

目前美国所采用的新型公私合营模式中，NASA只需提出需求并投入资金，方案的制定、技术研发和项目管理均由企业管控。这种模式虽然大大降低了政府的成本和项目风险，但无疑大幅增加了企业研发风险，由于经验有限、技术研发不确定性等导致项目非常易于夭折，这对企业的内部管理、技术研发、外部协调提出了挑战，并非所有企业均能够实现类似SpaceX的成功。新型公私合营模式并不合适我国国情。

（2）合营模式较多的不可控因素

国家政治变化是战略性技术产业发展不可控的关键因素。例如，政府领导人的交接以及在航天领域不同的政治策略会明显影响产业发展，虽然美国在小布什、奥巴马政府的交迭中促进了该模式的发展，但也极有可能导致合营模式的中断。此外，企业管理者的管理决策、远见谋略同样直接决定了企业能否完成政府提出的需求和任务。政府和企业内部的不可控因素均对新型合营模式有直接性的影响，随时会导致战略性技术产业项目的"流产"。

5.1.2 中国产业发展现状

我国航天产业历经60多年的发展，形成了系统齐全的航天工业体系和较为完整的空间基础设施，为商业航天发展奠定了坚实基础。我国商业航天发展要求逐步明晰。2014年的《国务院关于创新重点领域投融资机制鼓励社会投资的指导意见》、2018年国家航天局的"鼓励有序"方针、2019年《国家国防科技工业局　中央军委装备发展部关于促进商业运载火箭规范有序发展的通知》等一系列规划中大力支持中国商业航天的有序发展，逐步明晰了商业航天发展要求。

国家队主导、民营企业相继进入的行业格局逐步形成。2014年之后，随着我国航天领域的逐渐开放，商业航天产业迎来了快速发展期。我国商业航天发展模式仍在探索中，目前主要有三种模式：一是航天商业化，这是最主要的模式，将现有的航天基础设施面向社会服务，比如通信卫星、遥感卫星、导航卫星的应用；二是政府与市场合作，比如政府与企业共同出资、共同发射，卫星由企业运营，政府采购数据，是一种创新托管模式，可节约政府资金；三是纯民营投入，也就是由民营企业提供航天产品、服务或航天活动，这是未来发展的主流方向。

2014年以来，在中国成立了百余家商业航天企业，民营企业正在释放市场活力。除了通过政策扶持、资金支持带动产业发展外，民营企业定位于差异化发展，从而打开市场。大多数创业企业在发展上定位走差异化道路，与体制内形成互补关系。航天产业需要大量的技术积累，目前刚创业的企业如果从零开始研发，耗时长、成本高，如果能建立技术转让的市场机制，可进一步释放市场活力。此外，民营企业由于没有政府背景，不易受国外政策门槛限制，在开展国际合作上更有优势。

国家队加速拓展商业航天业务。如表5-1-2所示，中国航天科技集团有限公司致力于微小卫星发射，研制了"龙"系列商业运载火箭研制以及"鸿雁工程"建设及运营；中国航天科工集团有限公司也制定了"五云一车"商业航天工程，并取得了阶段性成果。

表5-1-2　国家队商业航天产业参与主体概况

集团	相关二级单位	主要业务	成立时间/年
中国航天科工集团有限公司	航天科工火箭技术有限公司	快舟运载火箭制造	2016
	航天科工空间工程发展有限公司	虹云工程卫星研制	2017
	航天行云科技有限公司	行云工程卫星研制	2017
中国航天科技集团有限公司	东方红卫星移动通信有限公司	鸿雁工程建设及运营	2018
	中国长城火箭有限公司	龙系列商业运载火箭研制	1998
中国科学院	长光卫星	长光系列卫星研制	2014

民营商业航天主体成果突出。如表5-1-3所示，我国民营商业火箭企业在2015年之后大量涌现，蓝箭航天、星际荣耀、九天微星、微纳星空等初创公司陆续成立，其中，星际荣耀致力于研发优秀的商业运载火箭并提供系统性的发射解决方案，为全球商业航天客户提供更高效、更优质、更具性价比的发射服务，以大幅提升人类自由进出空间的能力。2019年7月25日13时00分，中国民营航天运载火箭首次成功发射并高精度入轨。

表5-1-3　部分民营商业航天产业参与主体概况

企业名称	业务类别	成立时间/年	企业名称	相关业务	成立时间/年
蓝箭航天	商业火箭	2015	欧比特	卫星制造	2000
星河动力	商业火箭	2015	银河航天	卫星制造	2016
星际荣耀	商业火箭	2016	千乘探索	卫星制造	2017
零壹空间	商业火箭	2015	欧科微	卫星制造	2014
九天微星	卫星制造	2015	零重空间	卫星制造	2017
天仪研究院	卫星制造	2015	未来导航	导航增强星座	2017

虽然我国商业航天发展大势向好，但相较于美国而言，我国整体商业航天事业仍处于起步发展阶段，各领域的指导政策尚不完善，缺乏创新的商业化技术，市场体系尚不成熟，市场主体整体竞争力不强，尚未形成成熟的商业航天市场生态，亟须立足国内航天产业情况向航天强国学习借鉴。

通过中美两国商业航天的产业发展对比，表5-1-4从政策、驱动因素、发展理念、商业技术、运营模式等方面对中美商业航天发展情况进行分析。

表 5-1-4 中国和美国商业航天对比

分类	中国	美国
政策	出台了鼓励发展的政策,尚无国家顶层法律法规出台	从20世纪60年代开始出台相应的商业航天法律法规,不断完善健全,且商业航天发展相关法律法规纳入美国法典
驱动因素	初始阶段是国家战略需要; 培育阶段是国家战略和技术发展需要; 发展阶段是国家政策和资本支持	萌芽阶段是技术驱动; 发展阶段是政策驱动和资本驱动; 成熟阶段是市场需求驱动
发展理念	以满足国家战略需求、提升综合国力和国际影响力为首要目标,逐步向低成本、高效益转变	以提升航天领域核心竞争力,维护其世界领导地位为根本目的,促进经济增长,市场繁荣
商业技术	技术积累、创新的初始阶段	技术的创新发展和成熟应用阶段
运营模式	市场环境以传统航天市场为主; 自成体系,相对封闭,行业市场化程度较低,市场上更多的企业是总体集成商,下游配套企业较少	市场规模大,除美国军民商用市场外,还积极拓展国际市场; 航天产品与服务逐渐从政府用户向大众消费市场倾斜,商业资本丰富,融资渠道广,组织管理灵活

从表 5-1-4 可以看出,美国的商业航天无论是在政策上、技术上或者运营模式上均与中国不同,且美国在各方面均发展较为成熟;中国在商业航天的发展道路上则处于刚刚起步阶段,在技术创新能力、开发应用能力上还存在诸多不足。从目前我国商业航天企业的业务以及已公开的技术方案来看,市场上绝大多数的民营商业企业主要聚焦在系统的总体集成方面,并且处于技术积累的初始阶段,比如在卫星制造领域能自主研发并进入轨道正常运行的微纳卫星并不多。虽然我国商业航天的全产业链均有民营企业,但基本是在卫星研制和发射领域专利布局较多,在电子元器件、终端类产品、应用系统和运营服务等技术领域相对较弱。对于卫星应用来说,目前广播通信、导航、测绘等方面,与国外相比我国商业应用明显不足,要注意解决技术突破、应用领域拓展、产业深度挖掘以及对经济发展的推动等问题。

在商业运营模式方面,随着美国商业航天准入门槛不断降低,航天产品与服务逐渐从政府高端用户向大众消费市场倾斜。商业资本纷纷涌向航天领域,带动大量互联网企业、技术和资源进入航天领域,催生了大批商业初创航天企业。企业融资渠道广,组织管理灵活,注重将航天产品与服务同互联网技术结合,力图利用"长尾效应"实现从大众消费市场营利。繁荣的资本市场为美国商业航天发展提供了雄厚的资金支持。

目前我国商业航天在政府和国防用户部门都有市场,但是市场规模仍有限,能给商业航天企业带来的营利空间还不足以支撑商业航天产业大规模发展。尽管商业航天已经吸引了资本市场的广泛关注和参与,但商业资本的质量与体量尚达不到大规模推动商业航天产业发展的要求。

因此,通过中美两国商业航天发展对比得知,我国尚存较多的政策空白,还缺乏顶层统筹规划,需要打造符合我国国情的航天工业体系,通过资金、技术等多元推动我国商业航天主体的快速发展。

5.1.3 中美商业航天专利对比

本节从专利申请量、专利申请趋势、专利技术来源地和技术构成四个角度,对比分析中美商业航天专利的整体情况。

5.1.3.1 申请量对比

全球商业航天技术主要集中于中美两国,美国占据绝对优势。由图 5-1-1 可知,涉及商业航天的中美专利申请共计 10778 项,且商业航天领域的专利技术大部分掌握在中美两国手中。其中,中国的申请量为 4689 项,美国的申请量为 6089 项。从产业发展及专利申请状况可以得出,美国是商业航天的技术强国,在国际竞争中占有绝对优势。

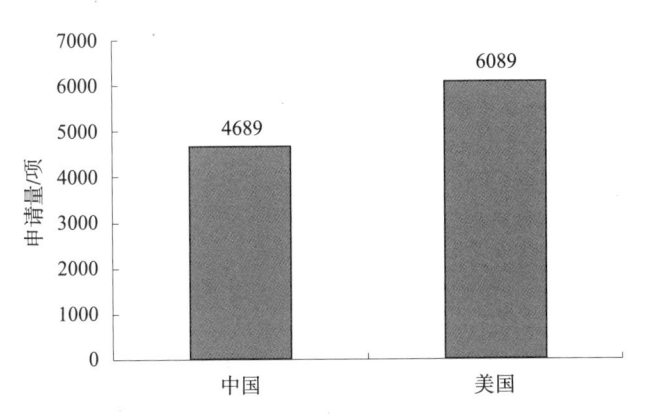

图 5-1-1 中国和美国商业航天专利申请量对比

5.1.3.2 申请趋势对比

如图 5-1-2 所示,2008 年之前美国商业航天专利申请推动全球技术发展,2008 年以后全球态势依托于中国专利申请,近年来中国每年专利申请量远超美国,但技术成熟度仍与美国存在较大差距。通过对中美商业航天申请量趋势进行对比分析可以看出,美国的专利申请量每年处于相对平稳的状态,2001 年及 2016 年申请量较高,分别为 189 项、232 项,技术发展循序渐进,且较为成熟。中国起步晚、发展快,2005 年以前专利申请量增长缓慢;2005~2016 年稳步增长,申请量逐年增加,并在 2011 年中国申请量反超美国;2016 年以后进入快速增长阶段,2020 年申请量达 818 项,达迄今为止的最高值。

中国专利申请在 2014 年时出现一个小高峰,主要归因于 2014 年正式发布了《国务院关于创新重点领域投融资机制鼓励社会投资的指导意见》。推出"鼓励民间资本参与国家空间技术基础设施建设"的相关政策后,中国航天向社会资本打开大门,中国航天开始步入高速发展的快车道。考虑产业发展初期存在一定的波动性，虽然 2015 年专利申请小幅下滑，但从 2016 年开始，专利申请量呈迅猛增长趋势。一方面，国家持续性推出政策支持航天发展，另一方面，航天企业数量持续增长，企业融资势头强劲并且融资规模逐年增加，各企业加大研发新产品、新技术，促进了包括运载火箭在内的相关航天技术的专利申请量增加。虽然近年来中国每年专利申请量远超美国，但技术成熟度仍与美国存在较大差距，技术沉淀不足，技术水平仍有待发展。

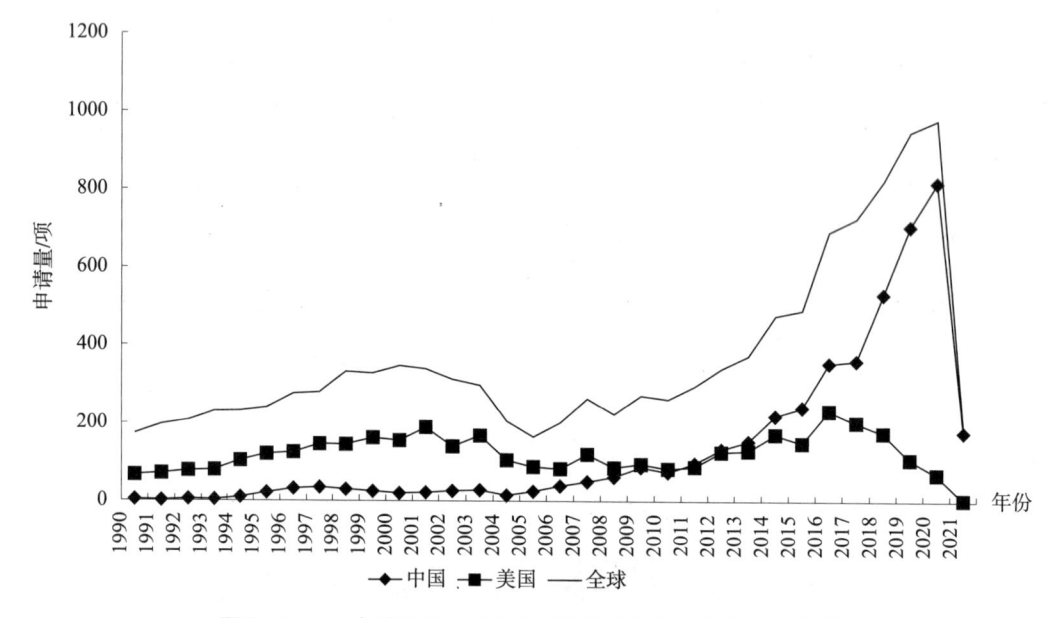

图 5-1-2 中国和美国商业航天专利申请量随年份变化趋势

对 2006 年之后中美两国商业航天的专利申请在航天整体中的商业化占比进行统计，如图 5-1-3 所示，中国每年商业化占比均在 43%~57%，而美国的每年商业化占比在 67%~82%。可以得知近年来美国航天领域的商业化程度较高，航天技术的产业化发展更为成熟，与其国家政策导向以及产业化发展现状有较大关系。

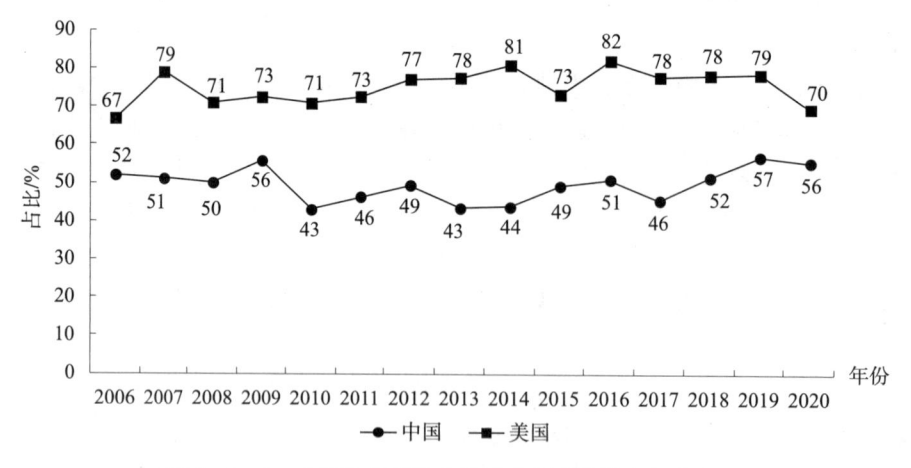

图 5-1-3 中国和美国商业航天专利申请的商业化占比

5.1.3.3 专利技术来源地对比

如图 5-1-4、图 5-1-5 所示,对中美商业航天专利申请的来源地分布进行分析,两国的专利申请大部分源于本土申请,其中,中国的本土申请占比较大,达 83%,美国是中国专利申请占比最大的国外来华国家,占比为 10%,其余国家包括法国、德国、日本。美国的本土申请占比为 71%,其他国家也包括有法国、德国、日本,中国在美国的专利申请占比则十分小,仅为 29 项。可见美国对中国专利市场的占有率较高,而中国在美国的专利布局尚存一定空白,说明中国的商业航天技术还未大规模走出国门。

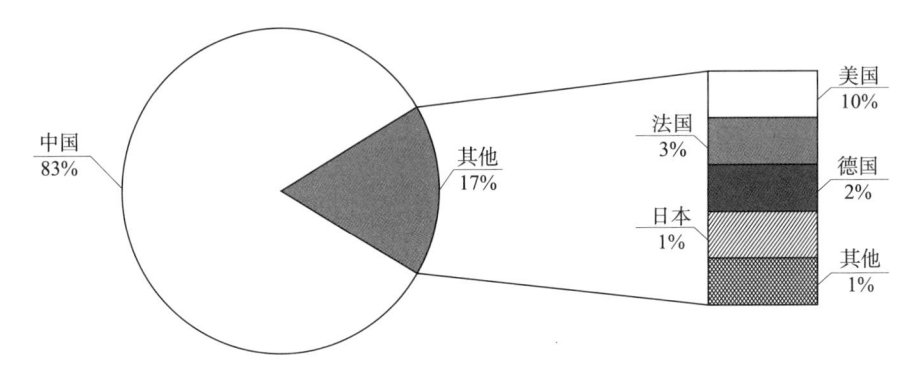

图 5-1-4　中国商业航天专利申请主要来源地

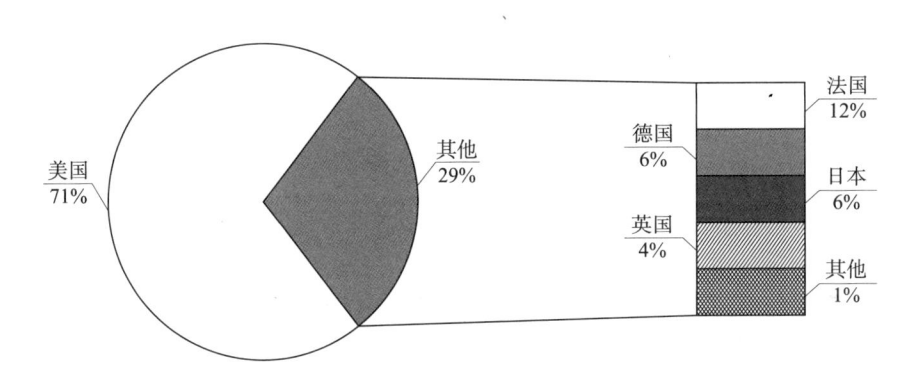

图 5-1-5　美国商业航天专利申请主要来源地

5.1.3.4 技术构成对比

如图 5-1-6 所示,对中美两国商业航天技术分布进行分析,中美运载火箭和卫星空间系统的申请量占比均为四个分支中最大,其商业化发展较为成熟。由申请量来看,中国在运载火箭方面的技术发展与美国差距最大。中美两国飞船空间站和地面设备的专利申请量占比均较低,飞船空间站商业化进程处于刚刚起步的状态,地面设备技术较为成熟,技术更新相对较少。

具体到二级分支,中美两国均较为注重卫星空间系统的测控系统、运载火箭的推进系统、飞船及空间站的控制系统以及地面设备的加注供气系统。除地面设备外,中美两国各技术构成的二级分支专利申请数量占比相差不大。中国与美国在运载火箭及其二级分支的申请数量差距较大。

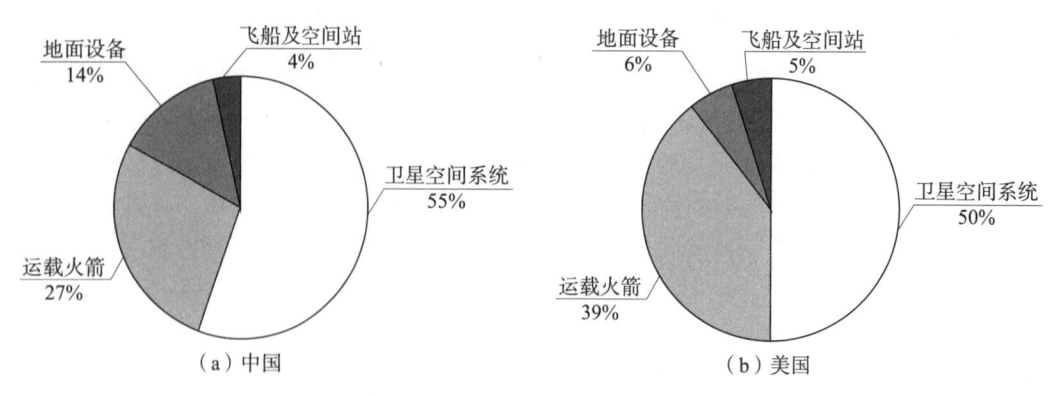

图 5-1-6　中国和美国商业航天专利技术构成对比

卫星、运载火箭是中美两国研究热点，中国申请量稳步上升，且近年申请量远超美国。进一步分析各分支变化趋势，如图 5-1-7 所示，中国各分支于 2010 年之后开始进入逐年增长的态势。其中卫星空间系统、运载火箭发展较为迅速，2020 年卫星空间系统申请量已近 400 项；运载火箭在 2019 年达到申请量的高峰；飞船及空间站、地面设备的专利申请量相对平稳，近年来也有一定的升幅。

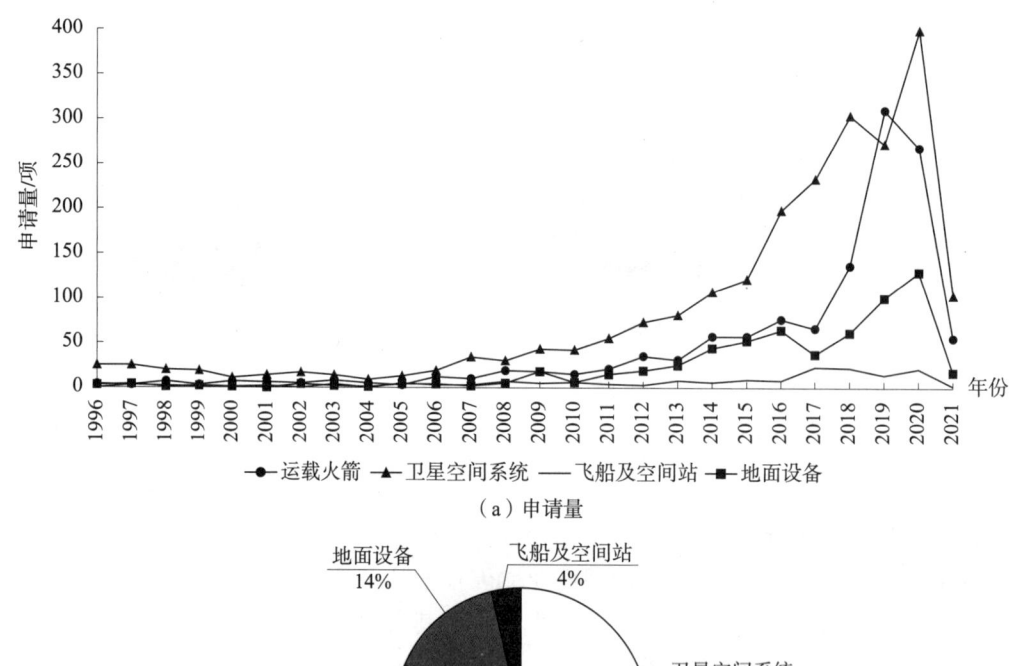

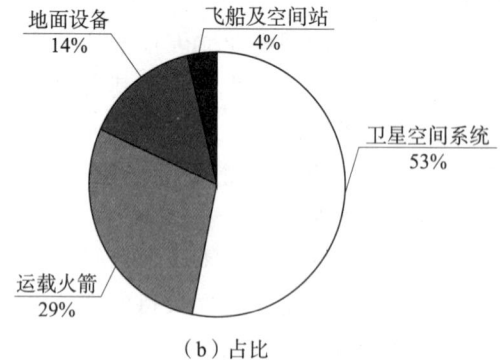

图 5-1-7　中国商业航天专利技术构成对比

如图 5-1-8 所示，美国各分支起步较早，近年来申请量均有所下降。1993 年之后商业卫星空间系统申请量迅速增长，逐年申请量均高于其他三个分支，2001 年和 2017 年专利申请量分别达到一个峰值，但在 2005～2013 年有一定的回落。运载火箭专利申请量较为平稳，2016 年达到最高值。飞船及空间站、地面设备的专利申请量相对平稳。四个分支的年申请量近年来均有所下降，与美国商业航天创新主体更倾向于以商业秘密进行保护，以及美国部分专利存在早申请晚公开的现象有关。

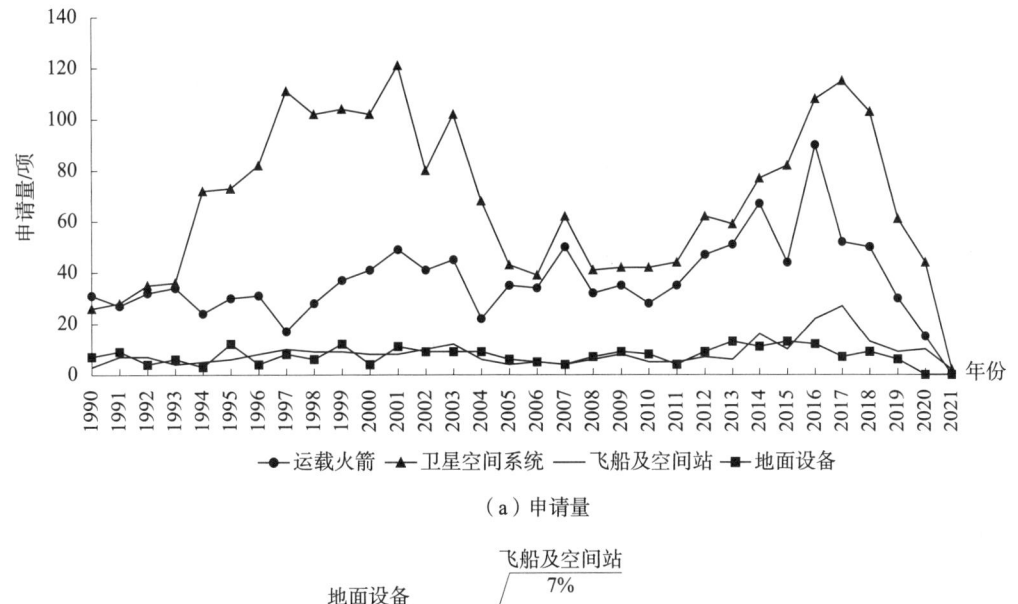

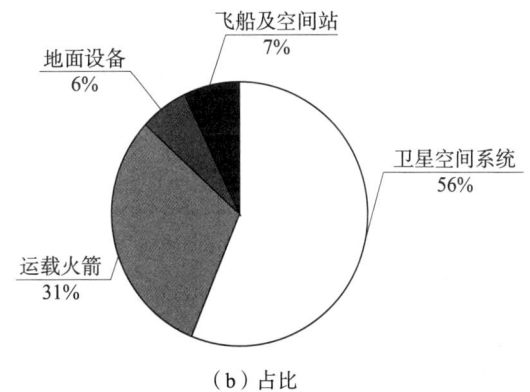

（a）申请量

（b）占比

图 5-1-8　美国商业航天专利技术构成对比

如图 5-1-9 与图 5-1-10 所示，通过对比中美两国的各技术分支专利申请态势，可以得知，美国四个分支除卫星空间系统外，发展相对平稳；而中国的四个分支除飞船及空间站外，发展均较为迅速，尤其近年来的年申请量以及年均增长量均远高于美国，中国在商业航天领域的发展势头迅猛。

通过对中美各分支的商业占比分析，得知中美在地面设备、卫星空间系统的商业占比是最高的，地面设备在商业与非商业的需求中相差不大，因而商业化占比最高，卫星空间系统在产业上的商业运用也较为发达。两国运载火箭的商业占比相对较低，其在商业和非商业需求中具有较大差异，商业更注重于低成本、可回收的技术研发，因而造成商业占比相对较低；而美国的运载火箭商业占比明显高于中国，可见美国更为重视运载火箭的商业化发展，结合产业而言，其商业化占比也与美国现今火热的商业火箭发展态势相符。飞船及空间站技术多为国家掌控，因而商业化占比最低，飞船的太空旅游等商业化应用尚处于起步阶段。

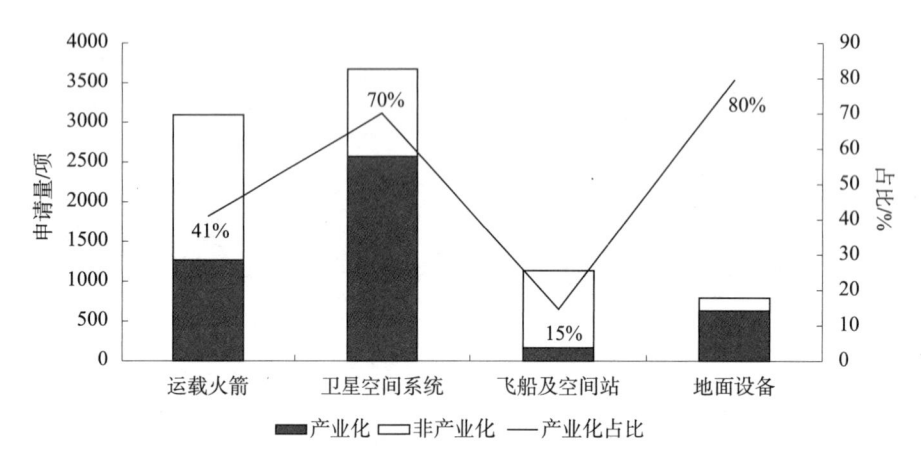

图 5-1-9 中国商业航天专利技术构成商业占比

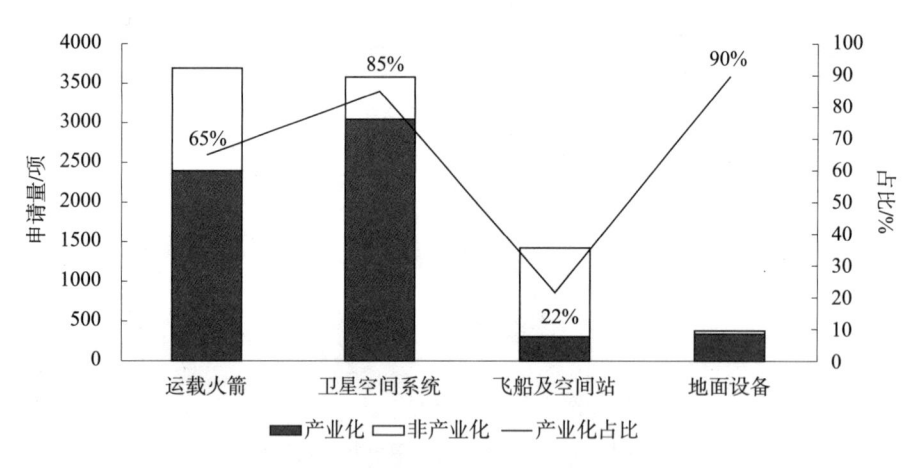

图 5-1-10 美国商业航天专利技术构成商业占比

如图 5-1-11 所示，通过对中美四个分支的前两位申请人进行对比，可以得知卫星空间系统申请人的申请量最高，中美两国在飞船及空间站领域的申请人申请量最低。其中四个分支中排名靠前的美国的申请人均为企业，也体现了美国商业航天技术与产业联系紧密；而中国申请人则以研究院所为主，中国航天技术主要处于研发阶段。对比中国的四个分支申请人类型可知运载火箭前两位申请人均为民营企业，说明中国商业运载火箭领域的市场化及商业化进程比其他技术分支要快。

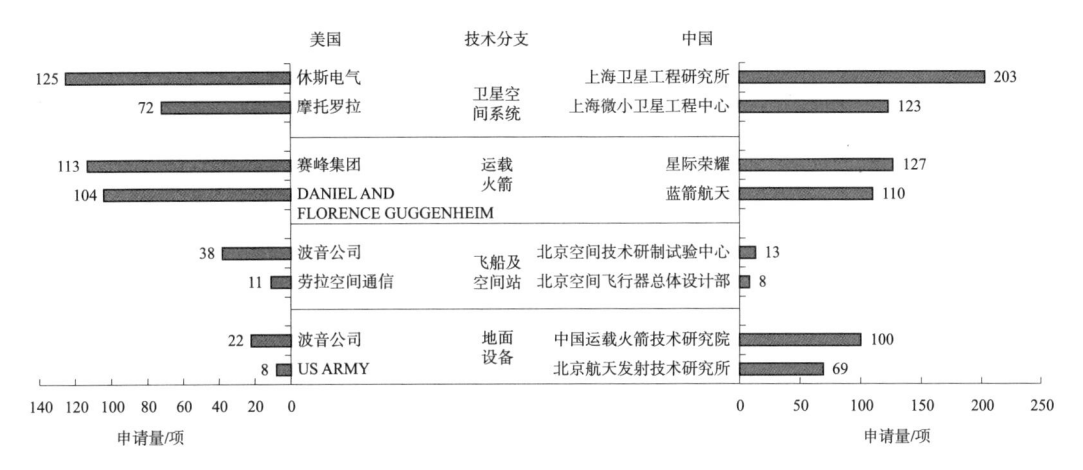

美国		技术分支	中国	
休斯电气	125	卫星空间系统	上海卫星工程研究所	203
摩托罗拉	72		上海微小卫星工程中心	123
赛峰集团	113	运载火箭	星际荣耀	127
DANIEL AND FLORENCE GUGGENHEIM	104		蓝箭航天	110
波音公司	38	飞船及空间站	北京空间技术研制试验中心	13
劳拉空间通信	11		北京空间飞行器总体设计部	8
波音公司	22	地面设备	中国运载火箭技术研究院	100
US ARMY	8		北京航天发射技术研究所	69

图 5-1-11 中国和美国商业航天各分支主要申请人专利申请对比

中国四个分支活跃度普遍高于美国，卫星空间系统活跃度最高，而美国近3年对飞船及空间站关注度较高。卫星空间系统、运载火箭是研发重点，商业飞船及空间站作为新兴技术是未来的商业航天的发展趋势。如表 5-1-5 所示，美国相对于中国而言存在专利公开延迟的现象，因而我们对 2009~2018 年的专利申请量进行了活跃度统计，通过对中美四个分支的近5年及近3年（截至2018年）专利申请活跃度进行对比，可以明显得知近3年及近5年（截至2018年）中国四个分支的活跃度普遍高于美国，且中国四个分支中卫星空间系统、运载火箭和飞船及空间站的近3年活跃度较近5年（截至2018年）活跃度均有较大增长。这说明随着美国商业航天的蓬勃发展，中国申请人对卫星空间系统、运载火箭、飞船及空间站的研究热情也逐渐高涨；美国卫星空间系统、运载火箭、飞船及空间站近3年申请均较近5年（截至2018年）的专利活跃度有所增长。相对于中国而言，卫星空间系统、运载火箭的活跃度增长较为平稳，再次体现了美国商业航天专利技术发展过程的循序渐进。其中，美国飞船的专利申请量及占比虽是四个分支中最少的，但近3年及近5年专利申请的活跃度最为突出，说明美国的商业飞船及空间站领域的专利申请关注度越来越高。而且，中国商业飞船及空间站也是四个分支近3年相对近5年涨幅最大的技术分支。飞船及空间站作为新兴技术是未来商业航天发展的研究热点，太空旅游等商业应用是未来商业航天发展的必然趋势。此外，由于地面设备技术较为成熟且在商业与非商业的应用中差别不大，因而中国商业地面设备近3年与近5年活跃度涨幅较小，美国商业地面设备近3年的专利活跃度较近5年稍有下降。整体而言，卫星空间系统、运载火箭仍是目前的研发重点，而商业飞船及空间站作为新兴技术是未来的商业航天的发展趋势。

表 5-1-5 中国和美国商业航天技术构成专利活跃度对比

国家	分支	占比/%	5 年活跃度（截至 2018 年）	3 年活跃度（截至 2018 年）
中国	卫星空间系统	55.51	1.53	1.95
	运载火箭	27.30	1.53	1.81
	飞船及空间站	3.56	1.45	1.88
	地面设备	13.63	1.51	1.58
美国	卫星空间系统	50.02	1.21	1.28
	运载火箭	39.33	1.32	1.48
	飞船及空间站	5.03	1.48	1.74
	地面设备	5.62	1.09	0.98

5.1.4 小　　结

本节从产业发展现状及专利申请状况两个角度分析对比了中美两国的商业航天现状，可以得知美国的商业航天发展循序渐进，市场及技术发展均相对成熟，处于全球领先地位。我国商业航天起步晚、发展快，目前已具有一定的商业航天发展规模，近年来专利申请量已反超美国，但总体专利数量少于美国，整体而言仍旧处于技术积累和创新的初始阶段，与美国存在较大差距。

对比中美两国产业发展现状可以得知，美国商业航天具有完备的商业航天政策法规、有限的商业航天监管、军民高度融合的市场环境以及广泛发达的金融市场支持，能够持续推动美国商业航天领域高速蓬勃的产业发展，值得我国学习和借鉴，但美国也存在新型公私合营模式企业研发风险大以及较多的不可控因素。我国目前商业航天发展要求也日渐明晰，逐步形成了国家队主导、民营企业相继进入的行业格局。近年来国家队加速拓展商业航天业务，民营商业航天主体也获得了突出的技术成果。但相对于美国而言，我国尚存在较多的政策空白，缺乏顶层统筹规划，需要打造符合我国国情的航天工业体系，通过资金、技术等多元化推动我国商业航天主体的快速发展。

对比专利申请状况可以得知，中美两国为全球商业航天主要技术来源地，中美均重视本国市场，美国在中国专利申请量的占比较高，达 10%，而中国在美国的专利布局尚存一定空白。两国均注重卫星空间系统及运载火箭技术发展，尤其在商业卫星空间系统领域申请量占比最大，均大于总申请量的 50%，并且均较为统一地在卫星空间系统的测控系统分支、火箭的推进系统分支申请量最高。美国的商业飞船及空间站近年来申请趋于活跃，近三年活跃度为四个分支中最高，达 1.74，受关注程度也越来越高。美国商业航天整体的专利申请量为 6089 项，大于我国的 4689 项，其在航天各领域的商业化占比也高于我国。对比各分支的专利申请量最大的前两位申请人类型可知，美国商业航天技术基本掌握于企业手中，与市场化发展联系紧密，具有强劲的国际竞争力。我国虽近年来申请量逐年飞速增长，但我国商业航天技术大部分掌握在高校及科研院所手中，与产业联系不够密切，且在竞争激烈的美国的专利申请量仅为29项，尚未大规模走出国门，与美国技术差距较大。

5.2 重要技术分支中美专利对比

本节选取商业航天领域的卫星空间系统、运载火箭、飞船及空间站和地面设备四个重要技术分支，从申请量、申请趋势、技术来源地、技术构成和主要申请人类型等角度对比分析中美相关专利的情况，找出中美在四个重要技术分支的侧重点和重点技术发展的特点。

5.2.1 卫星空间系统

本小节对卫星空间系统这一技术分支进行中美专利分析，从有效载荷、结构系统、控制系统、测控系统四个分支，结合专利活跃度研究中美两国的发展重点，并进一步分析申请人类型，梳理卫星空间系统领域两国的发展现状。

5.2.1.1 申请量对比

如5-2-1图所示，将中国和美国在商业卫星空间系统领域的专利申请量进行了比较，从图中可以看出，美国的商业卫星空间系统的申请量为3044项，远高于中国申请量2570项，说明了美国在卫星领域的技术发展较为成熟，具有强劲的竞争力。

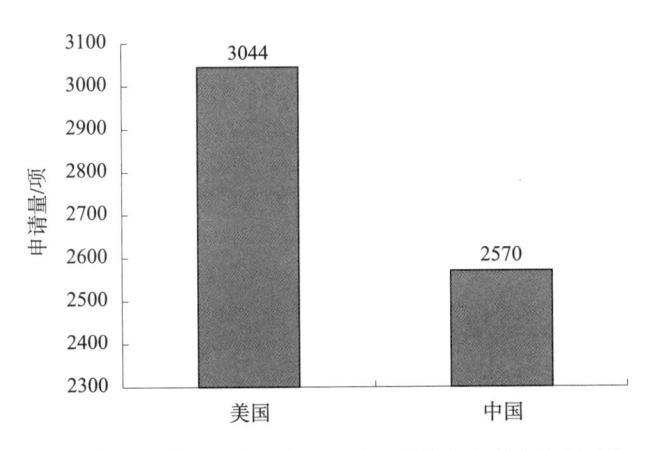

图5-2-1 中国和美国空间系统卫星分支专利申请量对比

5.2.1.2 申请趋势对比

从图5-2-2中可以看出，美国的商业卫星空间系统起步早于中国，在2008年以前，美国的申请量与世界专利申请趋势趋于一致，美国在卫星空间系统领域的实力强劲，能够引领世界商业卫星空间系统的发展趋势。在1993年以前，中国专利申请量缓慢增长，专利申请量累计为279项，美国为1581项，中国每年的申请量均少于美国。2009年，中国实现反超，此后，中国的申请量呈高速增长趋势，这和中国政府不断开放的商业航天政策、社会资本的投入以及民营航天企业对商业卫星市场的参与程度密不可分。

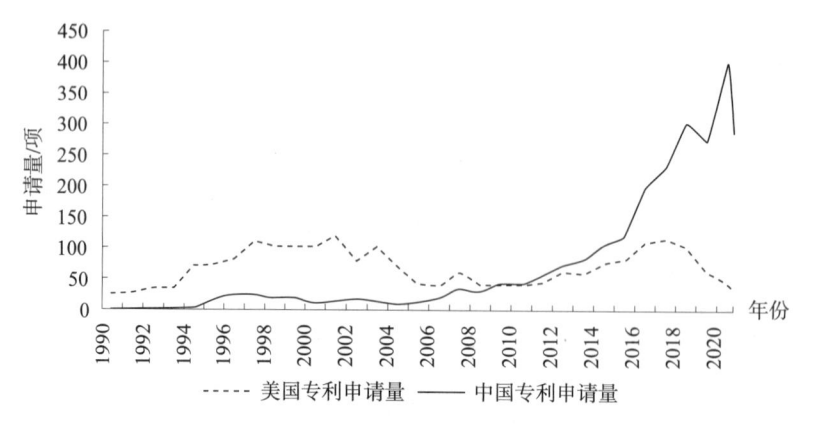

图5-2-2 商业卫星空间系统中国和美国专利申请量随年份变化趋势

5.2.1.3 专利技术来源地对比

图5-2-3和图5-2-4对中国和美国在商业卫星空间系统专利申请的来源地进行对比分析，从图中可以看出，在中国的专利来源地中，来自本国的专利量达到80.2%；美国的专利来源地中，来自本国的占比达68.8%，无论中国或美国均侧重在本国进行专利布局。美国在中国的申请量为311项，主要为艾利森公司的55项、高通股份有限公司的28项、波音公司的25项、摩托罗拉的20项和维尔塞特公司的19项、环球星有限合伙公司的12项以及世界卫星有限公司的6项等。申请的领域涉及卫星通信技术、卫星控制技术等。而中国在美国的申请量仅为21项，其中包括北京航天万达高科技有限公司的2项、武汉大学2项、北京天问空间科技有限公司1项、中国空间技术研究院1项、华为技术有限公司1项、南京航空航天大学1项，其余为个人申请。

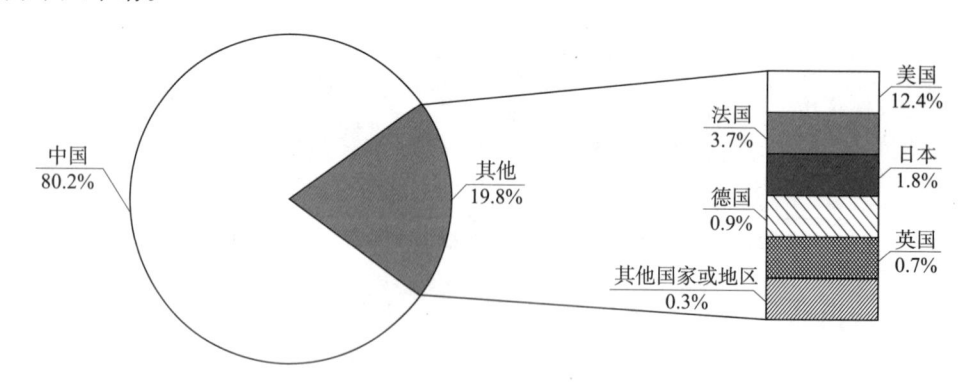

图5-2-3 商业卫星空间系统中国专利申请主要来源地

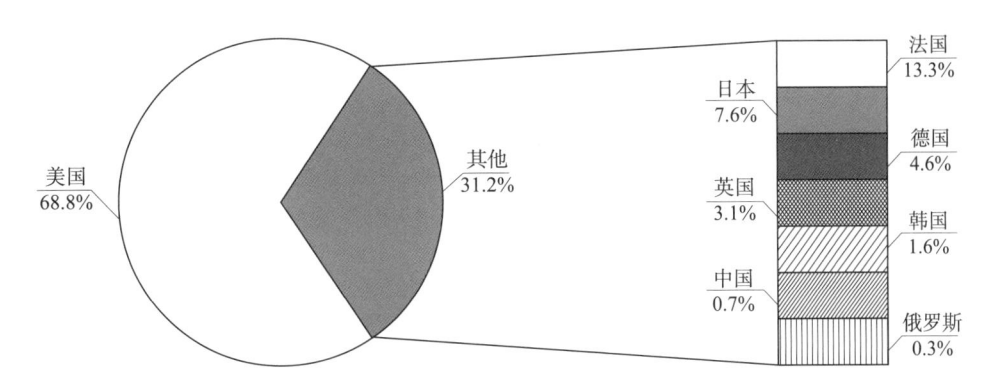

图 5-2-4 商业卫星空间系统美国专利申请主要来源地

5.2.1.4 专利技术构成对比

图 5-2-5 示出了中国和美国在商业卫星空间系统技术构成的情况,从图中可以看出,中国在测控系统和控制系统方面的专利申请占比较多,二者占 72%,中国更侧重测控系统和控制系统方面的研发和创新。美国则在测控系统和有效载荷方面的专利申请占比较多,二者占 73%;在结构系统方面的专利申请占比较少,为 8%,说明美国在卫星平台方面的研制技术可能较为成熟,更多是沿用已有技术。

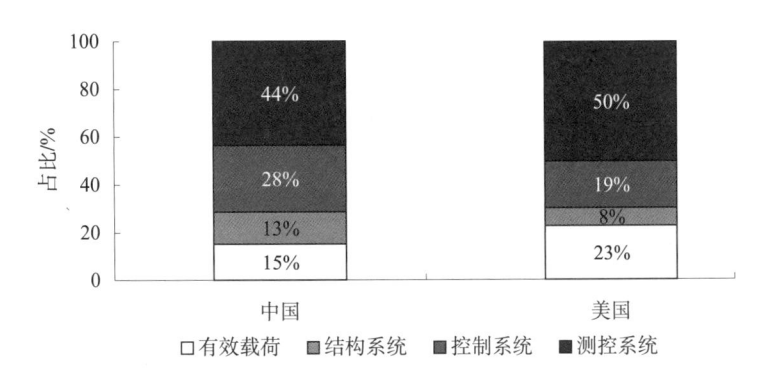

图 5-2-5 中国和美国商业卫星空间系统专利申请技术构成

进一步分析中美两国商业卫星空间系统各技术分支随年份变化情况,由图 5-2-6 和图 5-2-7 可以得知,美国各分支每年的申请量、申请占比均较为稳定。而中国则起步较晚,但近年来发展迅猛;2007 年之后,各分支的专利申请量涨幅皆较大,且以测控系统涨幅最为明显;2020 年达到了 195 项。

表 5-2-1 为各个技术分支的占比以及近 5 年活跃度和近 3 年活跃度(截至 2018 年)。其中,中国在四个分支中的结构系统的活跃度较高,5 年活跃度 1.69,3 年活跃度为 2.03。结构系统虽然在中国专利申请总量占比并不大,但是由于近年商业卫星的兴起,低轨卫星朝小型化、轻量化、模块化的方向发展,国内对卫星结构的关注度逐渐增加,因此,活跃度较高。美国四个分支活跃度较为平均,在各个领域均衡发展。

(a)申请量

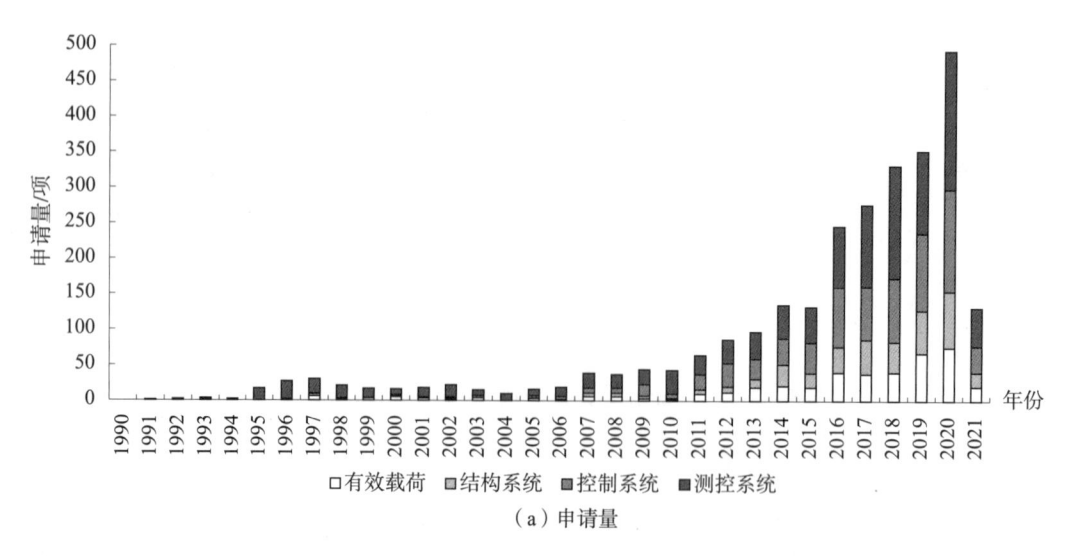

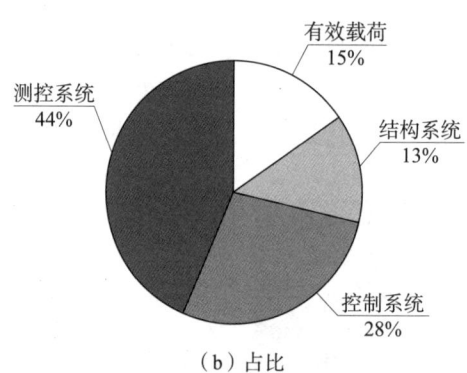

(b)占比

图 5-2-6　中国商业卫星空间系统各分支专利申请趋势

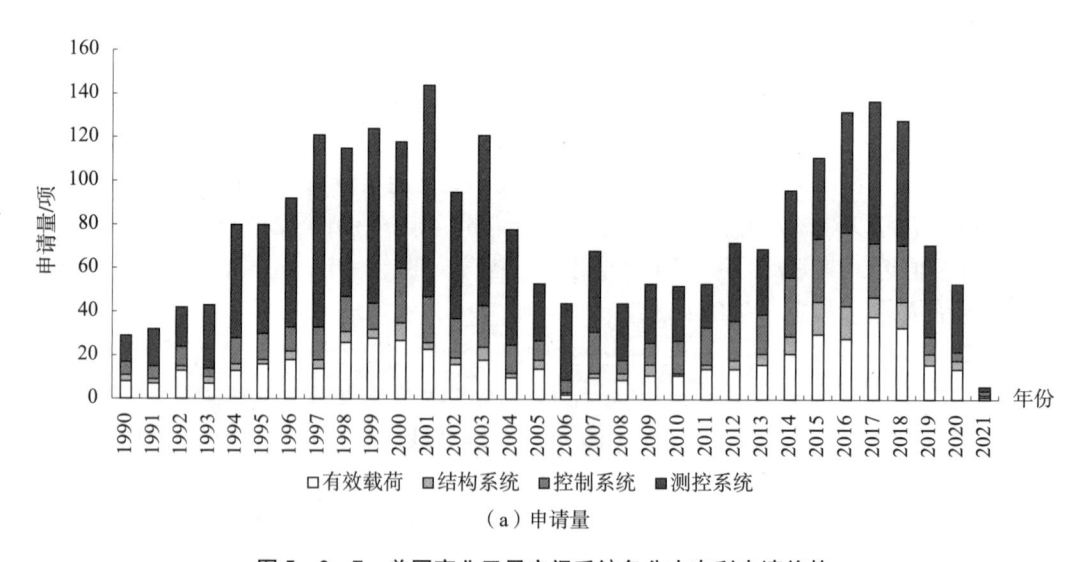

(a)申请量

图 5-2-7　美国商业卫星空间系统各分支专利申请趋势

（b）占比

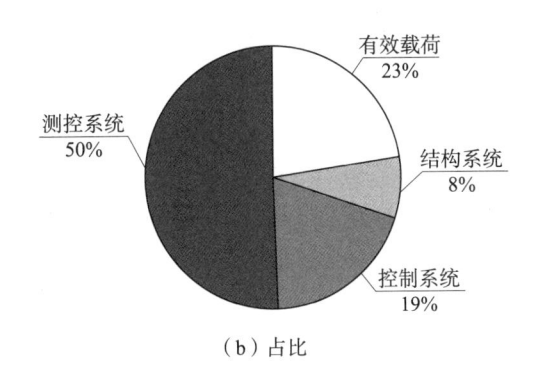

图 5-2-7　美国商业卫星空间系统各分支专利申请趋势（续）

表 5-2-1　商业卫星空间系统各技术分支活跃度

国家	分支	占比/%	近5年活跃度（截至2018年）	近3年活跃度（截至2018年）
中国	有效载荷	15	1.55	1.93
	结构系统	13	1.69	2.03
	控制系统	28	1.52	1.92
	测控系统	44	1.50	1.97
美国	有效载荷	23	1.39	1.53
	结构系统	8	1.55	1.58
	控制系统	19	1.29	1.29
	测控系统	50	1.30	1.51

5.2.1.5　主要申请人对比

图 5-2-8 将中国与美国商业卫星空间系统排名前 20 位的申请人类型进行对比，可以看出，美国的申请人全部为企业，这是因为美国的商业卫星发展较为成熟，具有军民高度融合的市场环境。中国的申请人类型中，研究院所的占比较大，其次是高校，最后是企业，主要因为我国的航天主要由国家进行主导，民营企业尚处于起步阶段，商业卫星整体市场化程度不高。

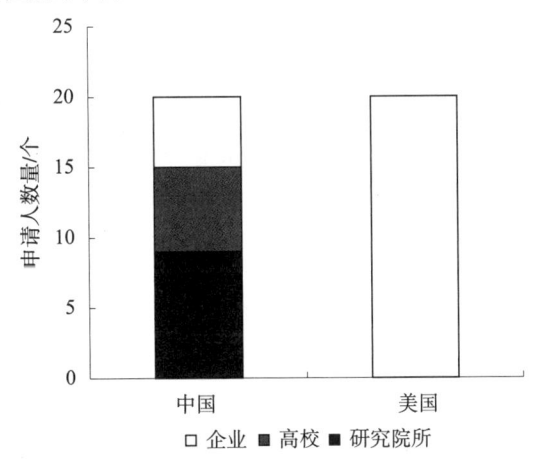

图 5-2-8　中国和美国商业卫星空间系统排名前 20 名申请人类型

将中国与美国商业卫星空间系统排名前十的申请人进行对比，如图 5-2-9 所示，在排名前十的申请人中，中国有 7 位是研究所或其旗下所属的企业，有 2 所高校，有 1 家企业，可以看出，我国的商业卫星空间系统的申请人主要由研究所构成。美国排名前十的申请人中，美国企业有 6 家，法国企业 2 家，日本 1 家，欧洲 1 家。其中美国的 6 家企业均为民营企业，其中排名第一的是美国的休斯电气，是美国主要的一家防务和航天企业，知名产品包括 1963 年发射的世界上第一颗地球同步卫星，1966 年发射的世界上第一颗地球同步气象卫星。除此之外，其还制造了大量的军用和民用卫星。截至 2000 年，世界上 40% 的人造卫星是休斯航天与通信企业的产品。波音公司专长于大中型卫星系统研制，但在大中型卫星市场严重萎缩的 2018 年，波音公司也受到严重影响，业务量明显萎缩，不过其通过投资澳大利亚的纳卫星创业公司 Myriota，收购千年空间系统公司等大力布局未来的航天产业，使其在未来能够提供更加先进的小卫星技术和产品方案。通过以上对比，可以看出，中国与美国的商业创新主体性质不同，我国的商业卫星的发展还处于刚刚起步阶段，大量的民营航天企业还处于技术探索与积累阶段。因而，民营航天企业在我国的创新主体占比中还比较少，相信在不远的将来，随着中国商业卫星的技术的不断发展、进步，中国会有越来越多优秀的民营企业进入排行榜。

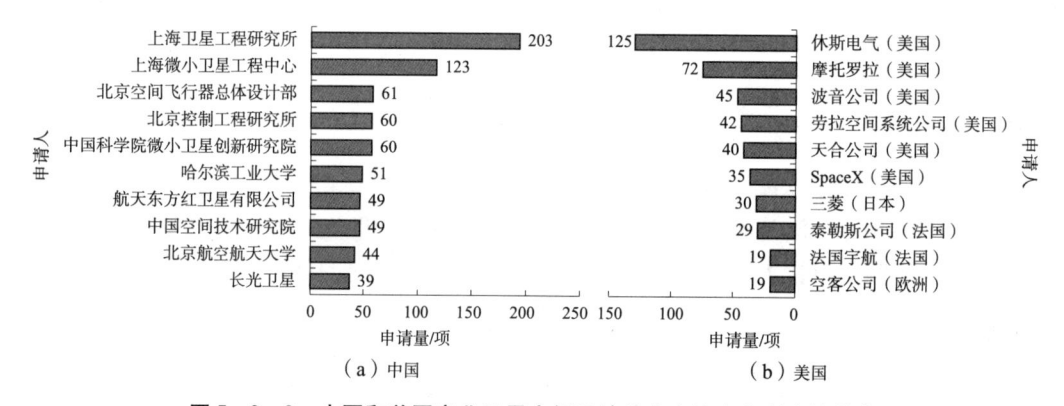

图 5-2-9 中国和美国商业卫星空间系统前十申请人专利申请排名

5.2.2 运载火箭

本小节对运载火箭这一技术分支进行专利分析，从推进系统、测控系统和箭体结构的角度，挖掘中美两国运载火箭领域的专利布局热点和相应布局策略。

5.2.2.1 申请量对比

如图 5-2-10 所示，将中国和美国在商业运载火箭领域的专利申请量进行比较。从图中可以看出，美国的商业运载火箭的申请量为 2393 项，远高于中国申请量 1264 项，说明美国在运载火箭领域的技术发展较为成熟，具有强劲的竞争力。

5.2.2.2 申请趋势对比

中国起步晚但发展快，技术成熟度仍与美国存在较大差距。通过对比中美两国的专利申请趋势可知，如图 5-2-11 所示，美国在运载火箭领域的专利申请起步较早且专利申请量年均分布较为均匀，仅在2016年申请量超过100项，达到目前为止的最高峰。可以看出美国的运载火箭技术革新和产业发展处于稳步推进的状态，且历经20余年的技术积累，具有扎实的研发基础和发展优势。

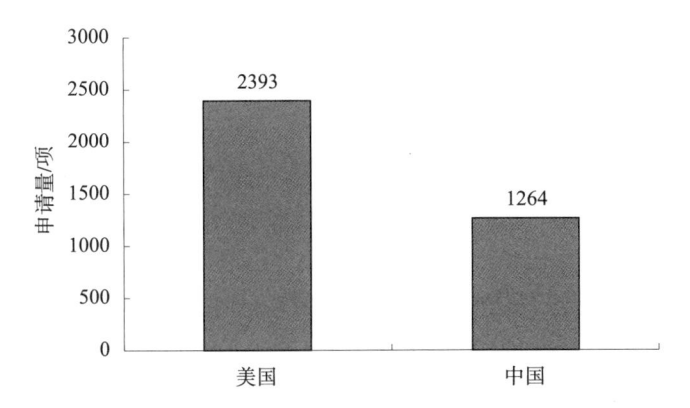

图 5-2-10 中国和美国商业运载火箭专利申请量

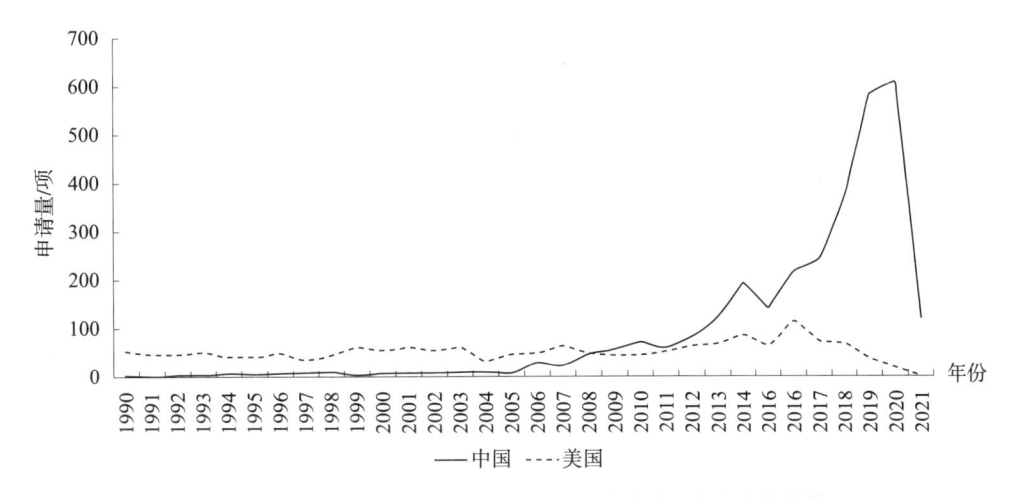

图 5-2-11 中国和美国运载火箭专利申请量随年份变化趋势

中国专利申请量自2006年开始逐年增加，并于2016年之后快速增长。中国在2014年出现一个小高峰，与2014年《国务院关于创新重点领域投融资机制鼓励社会投资的指导意见》发布有一定关系，中国航天产业向社会资本打开大门，运载火箭技术开启高速发展的模式。2015年专利申请小幅下滑，从2016年开始，专利申请量急速增长，这与国家持续性推出政策支持以及航天企业数量持续增长密切相关。虽然近年来中国每年专利申请量远超美国，但技术成熟度仍与美国存在较大差距，技术沉淀不足，技术水平仍有待发展。

5.2.2.3 专利技术来源地对比

图 5-2-12 和图 5-2-13 对中国和美国在商业运载火箭专利申请的来源地进行对比分析。从图中可以看出，中国和美国来自本国的专利量均占到70%以上，中国的本

土申请量更高,为83.8%,无论中国还是美国均侧重在本国进行专利布局。美国是在中国专利布局最多国外来华国家,申请量为97项,占比达7.7%,可见美国技术对中国市场的占有率较高,其次为法、德、日。中国虽然在商业运载火箭领域申请总量也较高,但在美国的专利布局仅为5项,中国的运载火箭技术还未大规模走出国门。

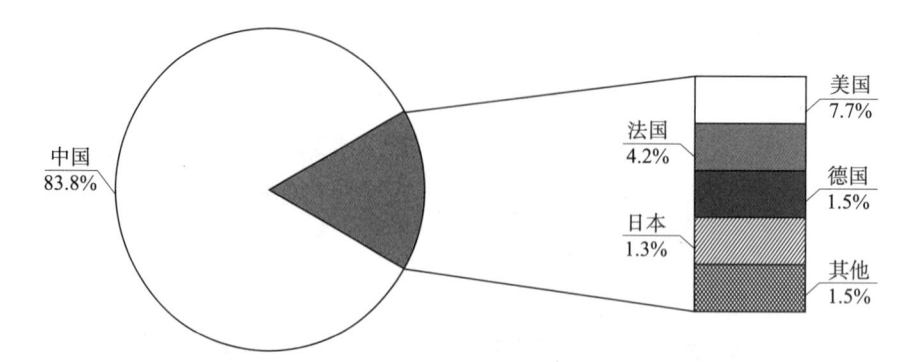

图5-2-12 运载火箭中国专利申请主要来源地

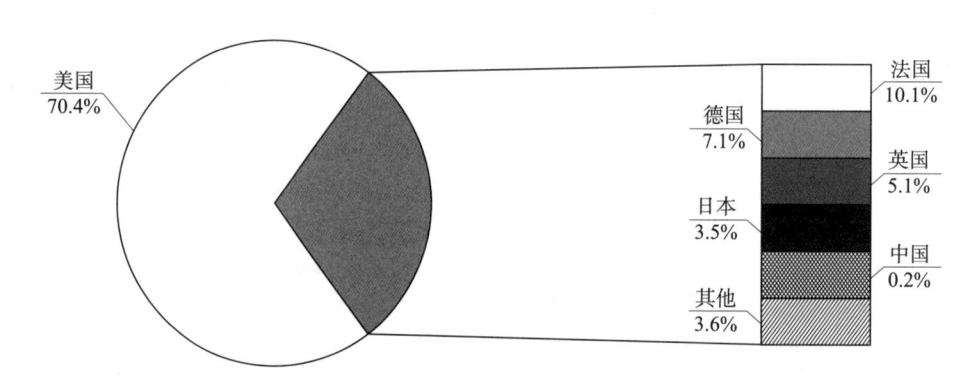

图5-2-13 运载火箭美国专利申请主要来源地

5.2.2.4 专利技术构成对比

图5-2-14示出了中国和美国在商业运载火箭技术构成的情况。从图中可以看出,中美两国在技术分支的专利分布侧重点差异不大,均倾向于推进系统的技术研发和专利布局。中美两国在推进系统方面的专利申请占据最大份额,美国为2042项,占比达85%;中国为734项,占比58%,美国申请量更具优势。对于其他两个分支箭体结构和测控系统而言,美国在这两个分支的专利布局较少,尤其箭体结构最少,申请量仅为91项,占比为4%,但美国测控技术和箭体结构在产业上并不落后,其关键技术更可能是作为商业秘密加以保护,或是较多地沿用已有的成熟技术。

进一步分析中美两国商业运载火箭各技术分支随年份变化情况。由图5-2-15、图5-2-16可以得知,美国各分支每年的申请量、申请占比均较为稳定,推进系统2016年的申请量则达到了最高值(近80项);中国则呈现起步较晚、发展迅猛的态势,2006年之后,各分支的专利申请量涨幅皆较大,且以推进系统涨幅最为明显,2019年达最高值（近 200 项）。最近两年中国测控系统的申请占比有所升高，申请总量占比 32%。

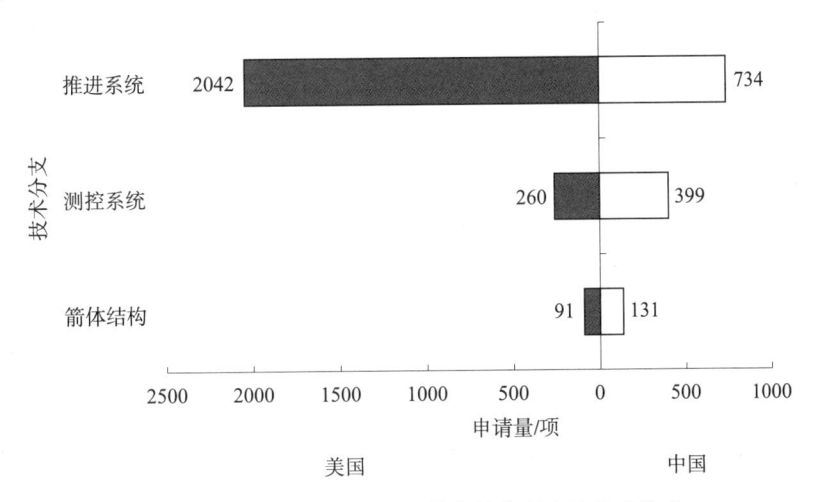

图 5-2-14 中国和美国运载火箭专利申请技术构成

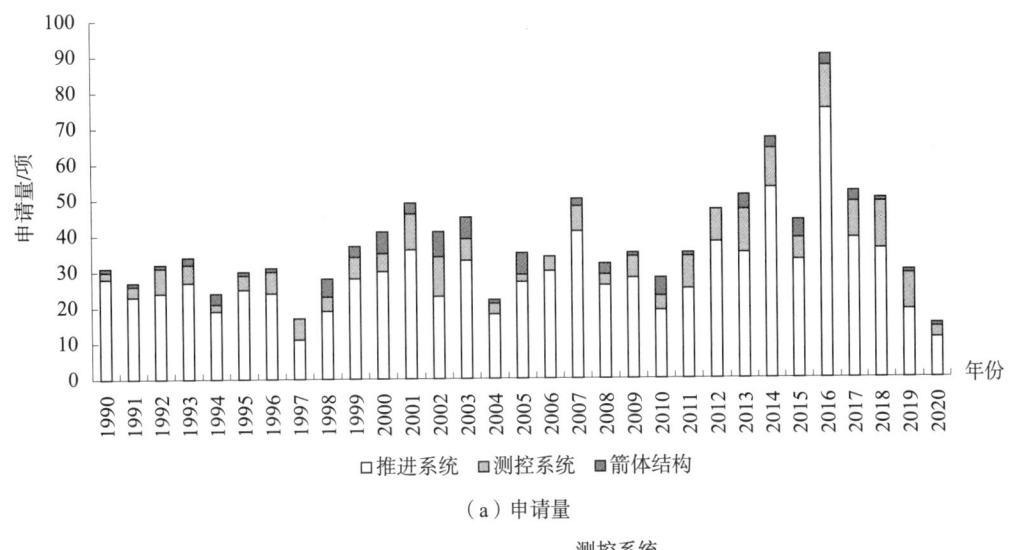

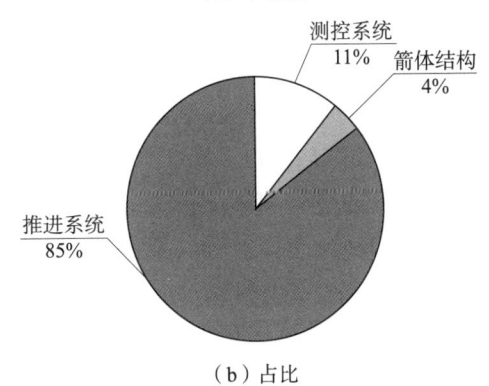

（a）申请量

（b）占比

图 5-2-15 美国运载火箭技术分支专利申请趋势

(a) 申请量

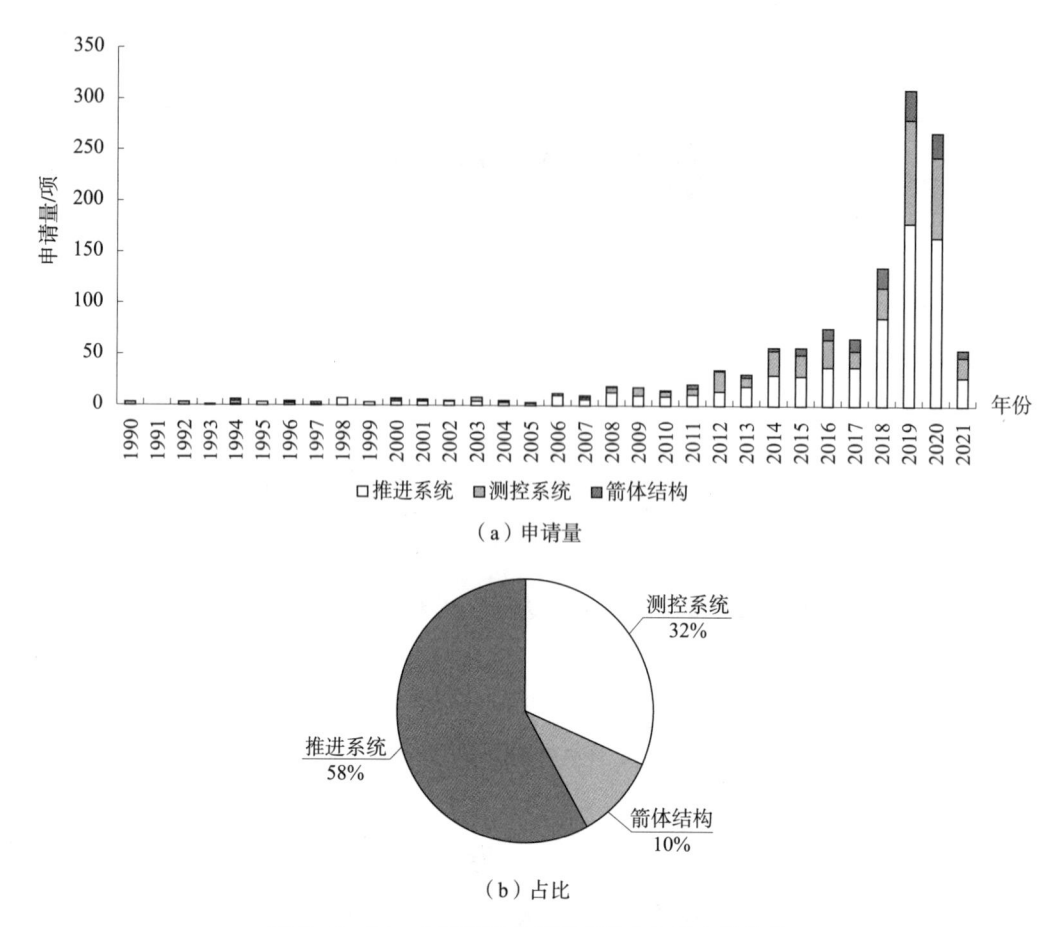

(b) 占比

图 5-2-16 中国运载火箭技术分支专利申请趋势

中国的三个技术分支活跃度普遍高于美国，箭体结构的专利活跃度最高。而美国近年来更侧重推进系统的研发，中美研究热点存在较大差异。如表 5-2-2 所示，美国相对于中国而言存在专利公开延迟的现象，因而课题组对 2009~2018 年的专利申请量活跃度进行了统计。通过对中美三个技术分支的近 5 年及近 3 年（截至 2018 年）专利申请活跃度进行对比，可以得知中国三个技术分支的近 3 年及近 5 年（截至 2018 年）活跃度普遍高于美国，且中国三个技术分支的近 3 年活跃度较近 5 年（截至 2018 年）活跃度均有所增长。其中，箭体结构占比仅为 10.36%，但其专利活跃度是近 3 年和近 5 年中最高，说明近年来我国申请人对箭体结构的专利申请愈发重视；推进系统作为申请量占比最大的分支在近 3 年活跃较近 5 年也有明显的增长，仍旧是研究重点；测控系统的活跃度涨幅较小，相对平稳。美国测控系统及推进系统在近 3 年较近 5 年（截至 2018 年）的专利活跃度小幅增长，测控系统的活跃度涨幅相对较大，但箭体结构活跃度有所下降，可见近年来美国研究重点仍在于推进系统和测控系统，结合产业来看，其主要集中于大推力的火箭推进系统。

表 5-2-2　中国和美国商业运载火箭技术构成专利活跃度对比

国家	分支	占比/%	近 5 年活跃度（截至 2018 年）	近 3 年活跃度（截至 2018 年）
中国	测控系统	32	1.42	1.47
	箭体结构	10	1.71	2.31
	推进系统	58	1.56	1.90
美国	测控系统	11	1.13	1.27
	箭体结构	4	1.15	0.90
	推进系统	85	1.24	1.31

5.2.2.5　主要申请人对比

图 5-2-17 将中国与美国商业运载火箭排名前 20 位申请人类型进行对比，可以看出，美国的申请人类型全部为企业，商业运载火箭的专利技术基本掌握在民营企业中，技术研发与市场联系紧密，美国商业运载火箭的发展已经相对成熟。而中国申请人中企业占比为 55%，45%的专利申请源于科研院所和高校，其中高校占比 15%，科研院所 30%，中国的商业火箭的市场化进程仍处于起步阶段；同时在企业中民营企业占比达 50%，中国民营企业正在积极涌入商业火箭市场。通过中美申请人类型对比，中国高校和研究院所类申请人较为注重商业航天领域的技术研发，我国处于商业航天的起始阶段，商业化程度相对美国较弱，与产业现状相符。

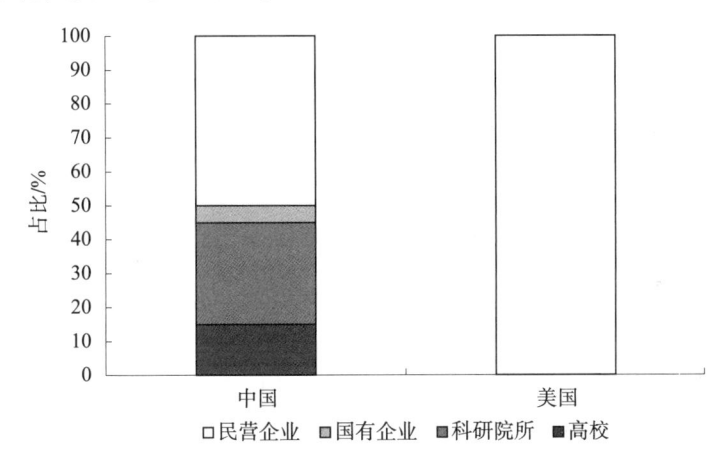

图 5-2-17　中国与美国商业运载火箭排名前 20 位申请人类型对比

图 5-2-18 将中国与美国商业运载火箭排名前十位申请人进行对比，可以看出，在排名前十的申请人中，中国包括 2 家国有集团企业、2 所高校、6 家民营企业。6 家民营企业的占比体现了我国商业运载火箭已经处于一定的市场化发展进程中，2 家民营企业星际荣耀和蓝箭航天分别排名第一和第二，占据一定优势地位，中国民营企业获得了丰硕的研发成果；中国航天以 55 项的专利申请量排名第三，我国国有企业也对商业航天十分重视；高校占据 2 席。虽然中国商业运载火箭还处于技术探索与积累阶段，但近年来大量的民营航天企业逐渐涌入中国商业航天市场，必然会推动中国航天的商业化进程。

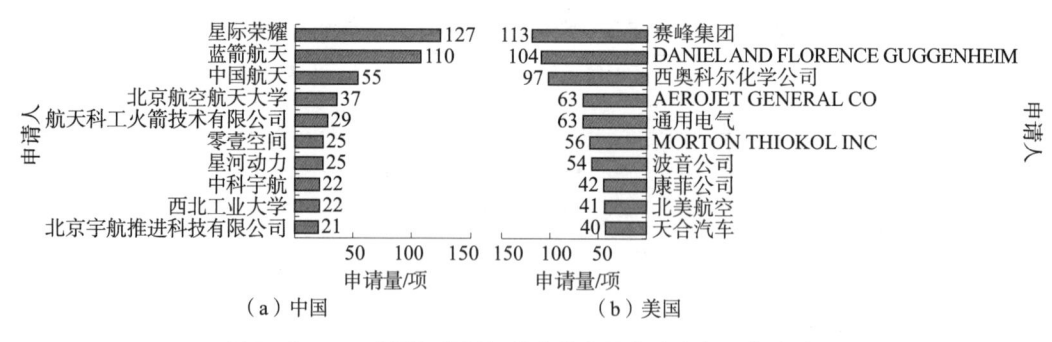

申请人（中国）	申请量/项	申请人（美国）	申请量/项
星际荣耀	127	赛峰集团	113
蓝箭航天	110	DANIEL AND FLORENCE GUGGENHEIM	104
中国航天	55	西奥科尔化学公司	97
北京航空航天大学	37	AEROJET GENERAL CO	63
航天科工火箭技术有限公司	29	通用电气	63
零壹空间	25	MORTON THIOKOL INC	56
星河动力	25	波音公司	54
中科宇航	22	康菲公司	42
西北工业大学	22	北美航空	41
北京宇航推进科技有限公司	21	天合汽车	40

图 5-2-18 中国和美国运载火箭主要申请人专利申请对比

美国排名前十位申请人皆为企业，前三位分别为赛峰集团、DANIEL AND FLORENCE GUGGENHEIM、西奥科尔化学公司。排名第一的赛峰集团是一家高科技的跨国集团企业，世界 500 强企业之一，拥有的四大核心专业中即包括了航空航天推进，其麾下的斯奈克玛公司主营业务为航空器动力装置研制生产，承担了欧洲阿丽亚娜 1-5 型火箭及液体助推器所用推进系统的设计和研制工作。

通过对比前十位申请人的申请量来看，中国的申请人专利申请量更为集中，大量的民营航天企业还处于技术探索与积累阶段。美国申请人申请量相对均匀。中美两国的申请人申请量相差不大，但根据目前产业化发展程度而言，美国商业运载火箭的技术成熟度和技术研发高度仍优于我国，我国的商业运载火箭还处于发展中。

5.2.3 飞船及空间站

本小节对中美飞船及空间站这一技术分支进行专利分析，从控制系统、结构系统和测控系统三个方面，挖掘中美两国飞船及空间站领域的研发侧重点和商业化程度。

5.2.3.1 申请量对比

图 5-2-19 所示为中美商业飞船及空间站专利申请量对比情况，可以看出，涉及商业飞船及空间站的中美专利申请共计 489 项，中国的申请量仅为 165 项，美国的申请量为 324 项，为中国专利申请量的近两倍。美国在商业飞船领域的发展较为成熟，具有绝对竞争力，而中国飞船及空间站商业化发展尚未形成规模。

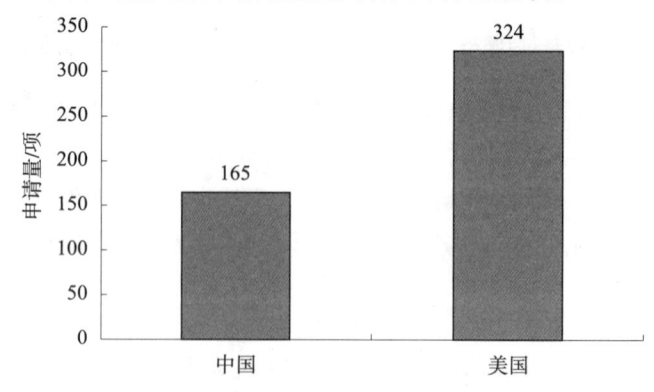

国家	申请量/项
中国	165
美国	324

图 5-2-19 商业飞船及空间站中国和美国专利申请量对比

5.2.3.2 申请趋势对比

如图 5-2-20 所示，2008~2015 年，中国专利申请小幅上升，缩小了与美国的差距，但由于中国技术沉淀不足，处于刚刚起步的阶段，仍处于技术萌芽期。而 2012 年美国申请人 SpaceX 龙飞船将货物送到了国际空间站，正式实现了飞船及空间站的商业化应用，开启了商业航天的新时代。

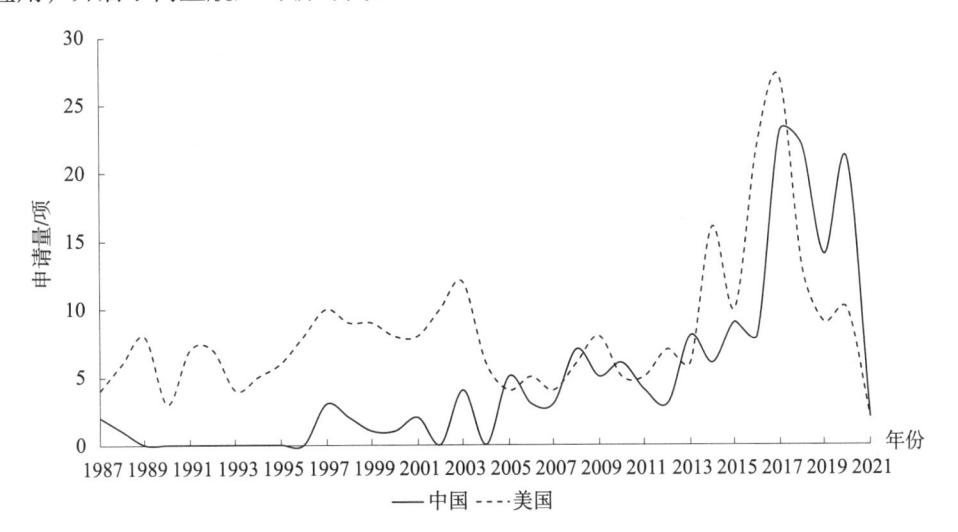

图 5-2-20 商业飞船及空间站中国和美国专利申请年度变化态势

2016~2020 年，中国专利申请量于 2017 年实现了较大幅度的攀升，后由于长征五号遥二运载火箭发射失利，2019 年有所回落，但于 2020 年又有所回升。在该阶段中国的年均申请量为 16 项，已经超出了美国的年均申请量 13 项，实现了一定的技术积累，但技术发展水平仍与美国存在较大差距。

5.2.3.3 技术来源地及主要目标市场区域分布对比

如图 5-2-21 和图 5-2-22 所示，对比中美两国的专利技术来源，可以得知我国的国外来华申请占比（24.2%）高于美国国外申请占比（17.5%）；而且我国在美申请量十分稀少，占比仅为 0.6%，与美国在华申请量占比 12.1% 相差较大，且他国申请也更注重在美国的专利布局。多重比对充分说明了美国在该技术上相对我国较为成熟，我国与美国差距较大。

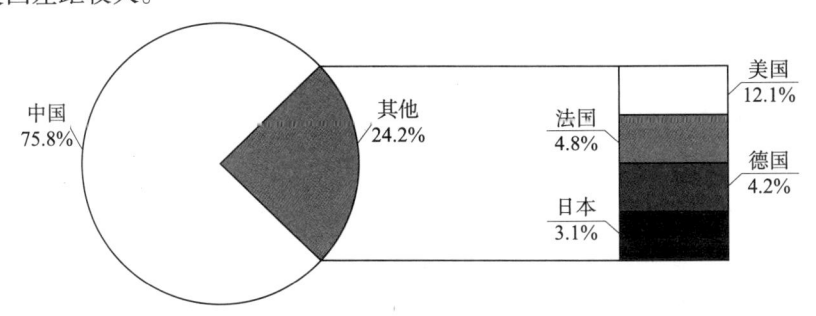

图 5-2-21 中国商业飞船及空间站专利技术来源地

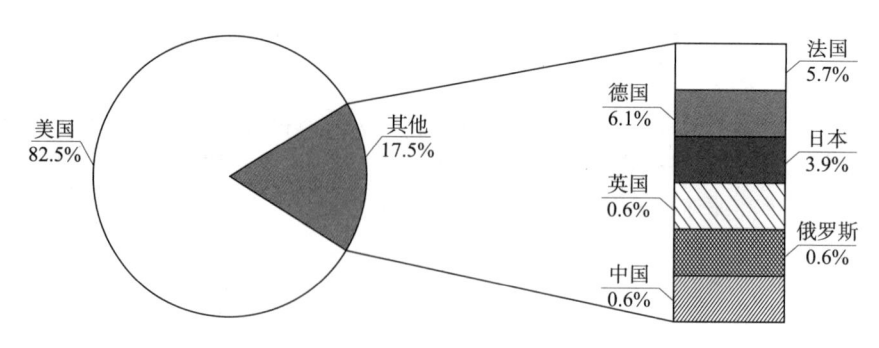

图 5-2-22　美国商业飞船及空间站专利技术来源地

如图 5-2-23 所示，由目标市场区域的分布情况来看，美国在多个国家均有布局，且专利申请量较大。而中国的目标市场几乎全部为中国本土，其他仅在美国申请 2 件，在日本、世界知识产权组织申请各 1 件，国外布局具有较大空白，说明我国商业飞船技术并未走出国门，国际竞争力较弱。

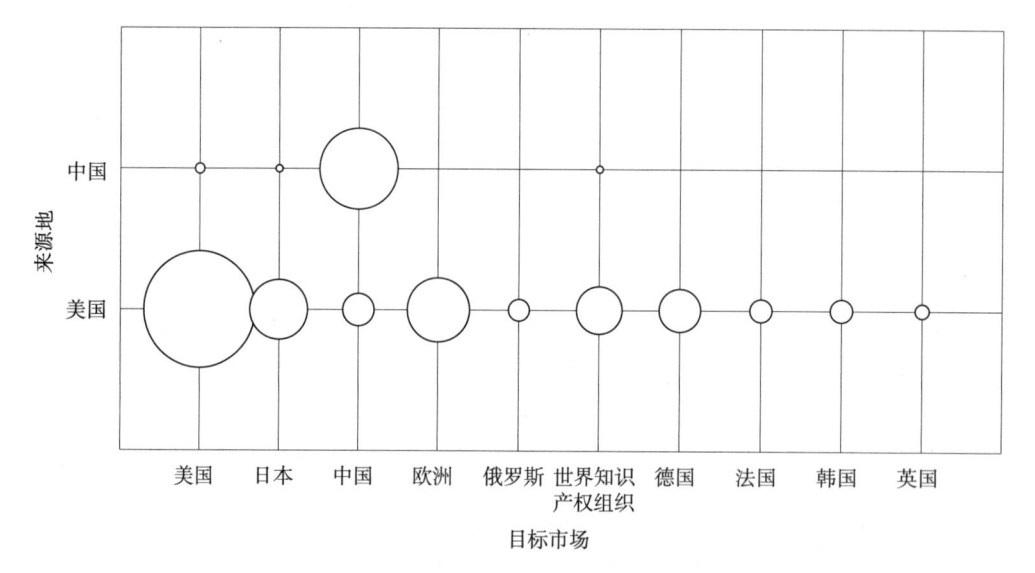

图 5-2-23　中国和美国商业飞船及空间站专利技术主要目标市场区域

注：气泡的大小代表申请量的多少。

5.2.3.4　技术分支占比对比

如图 5-2-24 所示，通过对比中美专利技术分支占比，除各分支在申请量存在差距外，其测控系统、结构系统和控制系统的申请量差异不大，中美均侧重于控制系统的技术研究。相对而言，中国在结构系统、测控技术的占比相对美国较大，而美国对控制系统技术的申请量最高，美国更注重控制系统方面的技术改进。

进一步分析中美两国商业飞船及空间站各技术分支随年份变化情况，如图 5-2-25、图 5-2-26 所示，可以得知美国各分支在 2013 年之前的申请数量较为稳定，申请占比略有不同，但在 2014 年、2016~2017 年各分支申请量均迅速增加，以控制系统增长最为明显，说明这段时期商业飞船及空间站的研发受到了重视，是研究热点。中国则是在 2017 年之后迅速增长，与国家政策的鼓励和受美国商业航天技术发展的倒逼有一定关系。中国的控制系统同样是研究热点，近几年中美两国申请量均有一定程度下降，与技术未公开以及美国延迟公开有关。

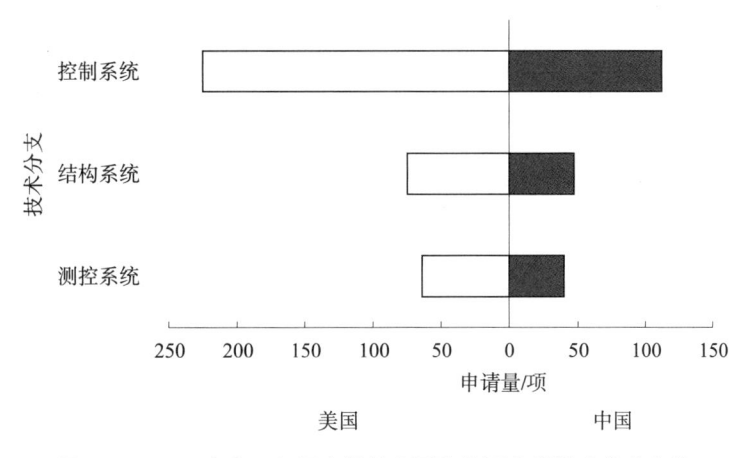

图 5-2-24 商业飞船及空间站中国和美国专利技术分支占比

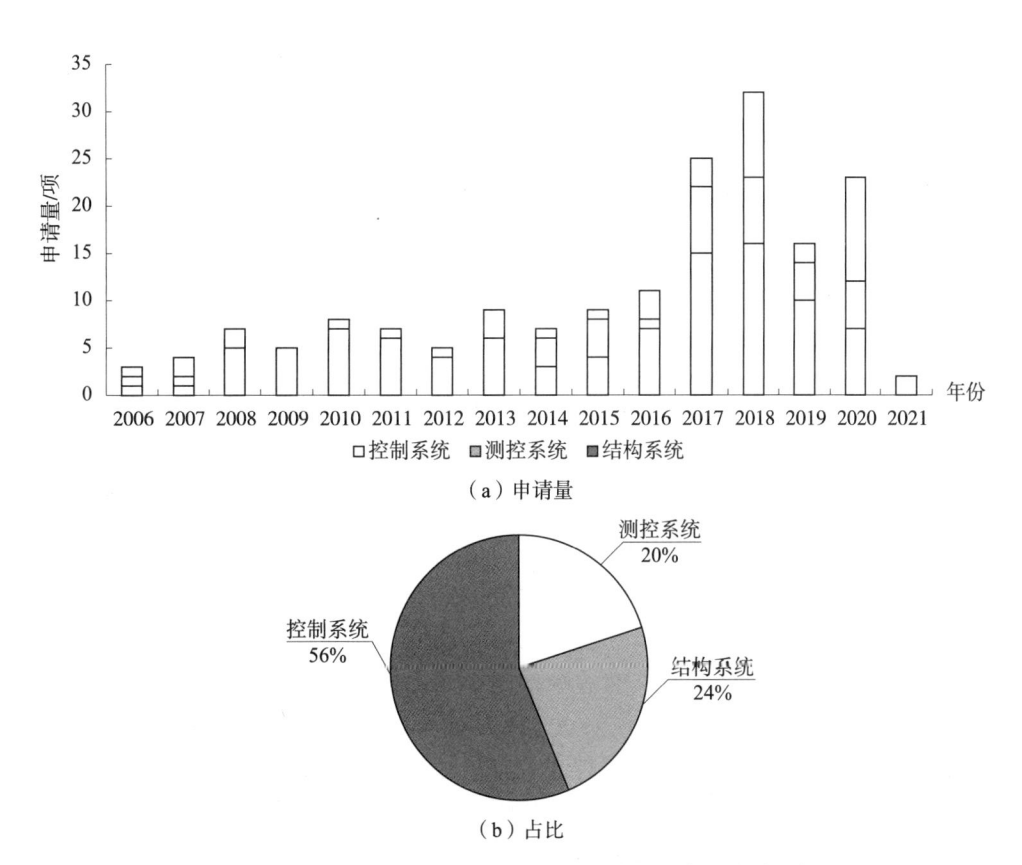

（a）申请量

（b）占比

图 5-2-25 中国商业飞船及空间站技术分支专利申请趋势

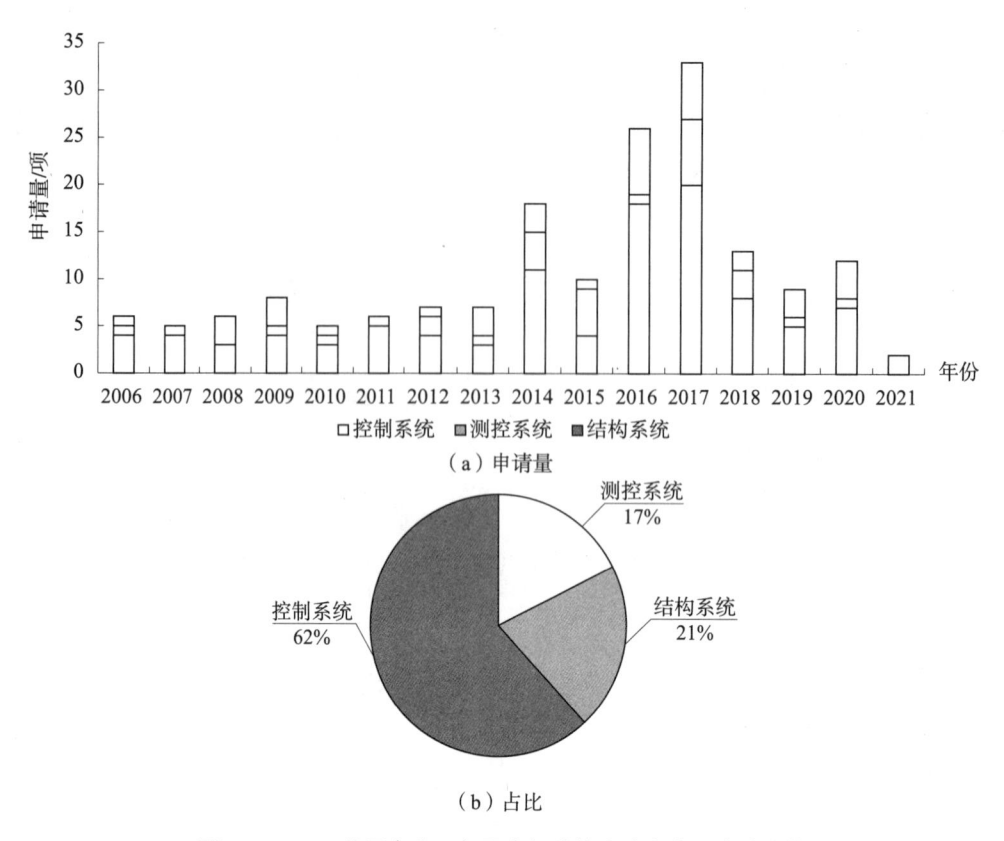

图 5-2-26　美国商业飞船及空间站技术分支专利申请趋势

中国近 3 年来更侧重对结构系统的研发，但对控制系统的研究热度也逐渐升温。而美国近年来的研究热点由测控系统逐渐向控制系统转移，结合申请占比而言，控制系统仍是中美研究重点。如表 5-2-3 所示，由于美国存在专利公开延迟的现象，因此课题组对 2009~2018 年的专利申请量活跃度进行了统计。通过对中美三个技术分支的近 5 年及近 3 年（截至 2018 年）专利申请活跃度进行对比，可以得知，中国测控系统、结构系统的近 3 年及近 5 年（截至 2018 年）活跃度普遍高于美国。中国三个技术分支的近 3 年活跃度较近 5 年（截至 2018 年）活跃度均有不同幅度的增长，其中，结构系统在近 3 年的活跃度最高，说明中国近 3 年越发重视对结构系统的研发；控制系统近 3 年活跃度较近 5 年升幅最大，达 0.51，说明中国对控制系统的研究热度快速升温；控制系统作为占比最大的分支，虽然近 3 年及近 5 年活跃度均为较低，但近 3 年也较近 5 年有较大升幅，说明近年来中国在控制系统方面的研发虽不如测控系统和结构系统更为活跃，但仍是研究重点。美国控制系统申请占比最高，且在近 3 年活跃度最高，说明近年来控制系统是美国研究重点也是研发热点，其与美国近年来载人及货运飞船的技术研发在控制系统方面的改进具有一定关系；结构系统近 3 年活跃度较近 5 年有较大升幅，说明美国也提高了对结构系统的重视程度；美国近年来对测控系统技术研发热度有所下降，研究热点由测控系统逐渐向控制系统转移。

表 5－2－3 中国和美国商业飞船及空间站技术构成专利活跃度对比

国家	分支	占比/%	近 5 年活跃度（截至 2018 年）	近 3 年活跃度（截至 2018 年）
中国	测控系统	20	1.91	2.17
	结构系统	24	1.55	2.27
	控制系统	56	1.23	1.74
美国	测控系统	17	1.60	1.47
	结构系统	21	1.36	1.79
	控制系统	62	1.53	1.92

5.2.3.5 重要申请人对比

将中国与美国商业飞船及空间站排名前 15 位申请人类型进行对比，如图 5－2－27 所示，可以看出，美国的申请人类型全部为企业，专利技术基本掌握在民营企业中，技术研发与市场联系紧密，商业飞船的发展已经相对成熟。中国则绝大部分源于研究院所和高校，其次为企业，其中高校占比最高为 33%，研究院所占比为 47%，民营企业占比仅为 20%。中国商业飞船领域的技术研发主要掌握在高校及研究院所类申请人手中，我国处于商业飞船的起步阶段，商业化程度较弱，与产业现状相符。

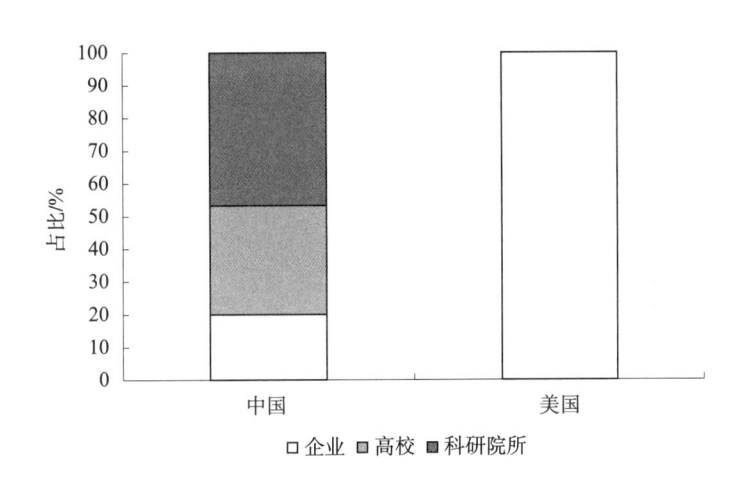

图 5－2－27 中国和美国商业飞船及空间站排名前 15 位申请人类型对比

如图 5－2－28 所示，中国前十位申请人全部来自国内，美国前十位申请人中的两位来自日本，1 位来自俄罗斯，1 位来自法国，可见其他国家更倾向于在美国布局，占据美国市场，美国的商业航天竞争激烈。中国排名第一的是北京空间技术研制试验中心，是中国空间技术研究院载人航天器业务的责任主体和业务总体单位，申请量为 13 项。美国排名第一的为波音公司，是全球航空航天业的领袖企业，作为美国 NASA 的主要服务提供商，波音公司运营着国际空间站，其以 38 项的申请量远超其他申请人，在商业飞船领域具有较强的竞争力。

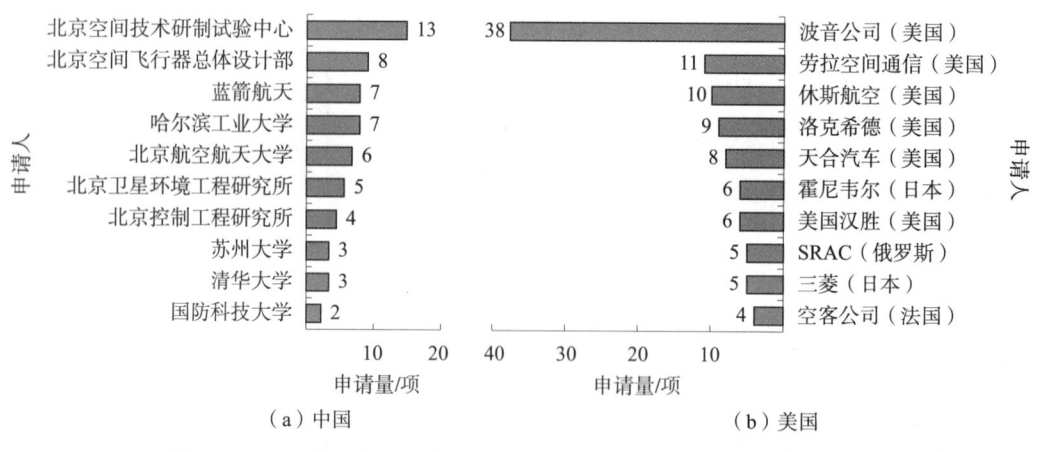

申请人	申请量		申请人	申请量
北京空间技术研制试验中心	13		波音公司（美国）	38
北京空间飞行器总体设计部	8		劳拉空间通信（美国）	11
蓝箭航天	7		休斯航空（美国）	10
哈尔滨工业大学	7		洛克希德（美国）	9
北京航空航天大学	6		天合汽车（美国）	8
北京卫星环境工程研究所	5		霍尼韦尔（日本）	6
北京控制工程研究所	4		美国汉胜（美国）	6
苏州大学	3		SRAC（俄罗斯）	5
清华大学	3		三菱（日本）	5
国防科技大学	2		空客公司（法国）	4

（a）中国　　　　　　　　　　（b）美国

图 5-2-28　中国和美国商业飞船及空间站主要申请人专利申请对比

5.2.4　地面设备

本小节对地面设备这一技术分支进行中美专利分析，从发射设备、起吊运输设备、测发控系统、加注供气系统和其他辅助设备五个方面，挖掘中美两国地面设备领域的研究热点，对比两国的市场化程度。

5.2.4.1　申请量对比

图 5-2-29 所示为商业地面设备中美专利申请量对比情况，可以看出，在商业地面设备领域，中国的专利申请量有 631 项，美国 342 项，中国占据较大优势。

中国：631　　美国：342

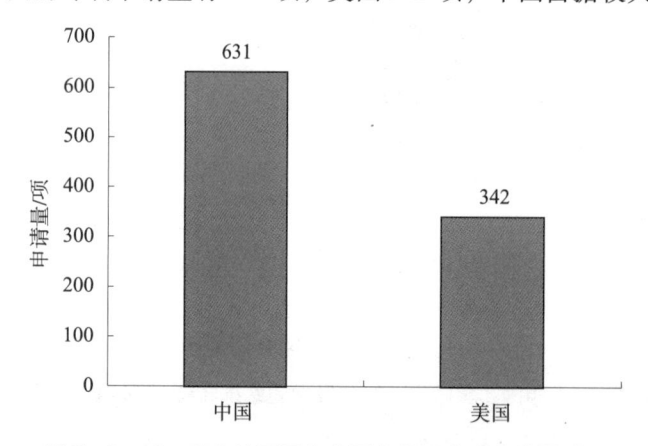

图 5-2-29　商业地面设备中国和美国专利申请量对比

对商业地面设备中美专利随年份变化趋势进行对比分析，如图 5-2-30 所示，可以看出，2009 年以前，中国在商业地面设备领域的专利申请量较少，美国则一直处于较为平稳的发展水平；2009 年以后，随着我国商业航天的市场开发，社会资本的不断投入，中国的专利申请量迅速增多，远远超过了美国。

5.2.4.2　专利技术来源地对比

图 5-2-31 和图 5-2-32 对商业地面设备中美专利技术来源地进行对比分析，可

以看出，中国、美国的专利申请均主要由本国申请人提出，但中国的本国申请人相对于美国的本国申请人占比更大。中国的专利申请中，国外申请人申请量以美国居多，可见，美国申请人注重商业地面设备领域专利技术的国外布局。美国的专利申请中，国外申请人主要集中在法国、德国，而中国在美国的专利申请仅有1件。

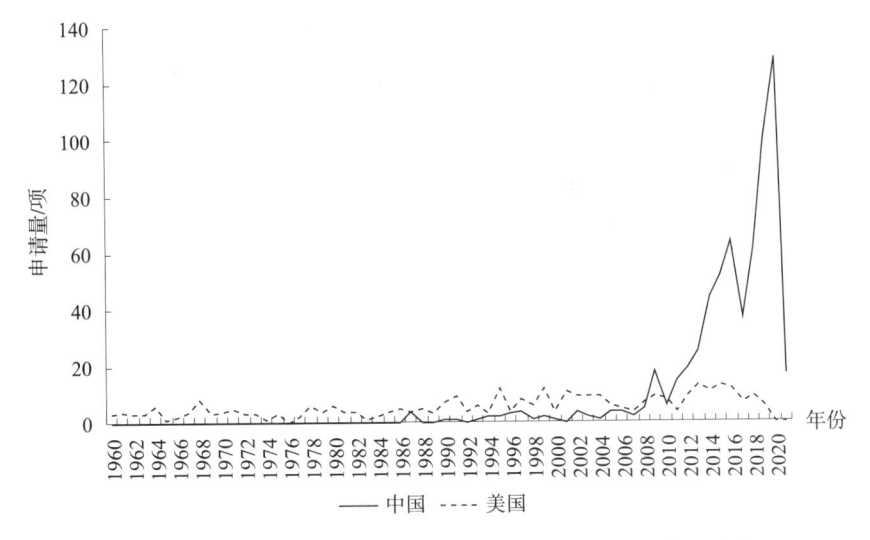

图 5-2-30 商业地面设备中国和美国专利申请年份变化趋势

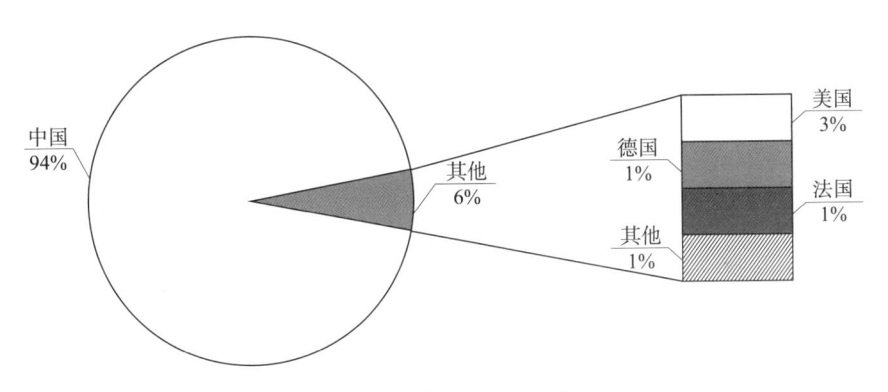

图 5-2-31 地面设备中国专利技术来源地

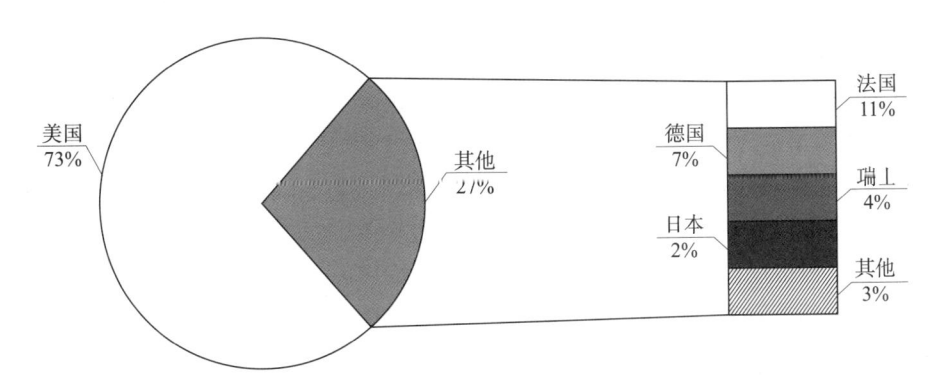

图 5-2-32 地面设备美国专利技术来源地

5.2.4.3 专利技术构成对比

图 5-2-33 对商业地面设备中美专利技术构成进行对比分析，可以看出，中国、美国在发射设备和加注供气系统上的申请量均较大且差别不大，但中国在起吊运输设备和测发控系统上的申请量远超美国。这可能是因为美国在起吊运输设备和测发控系统技术领域的技术相对成熟，研发投入不大。

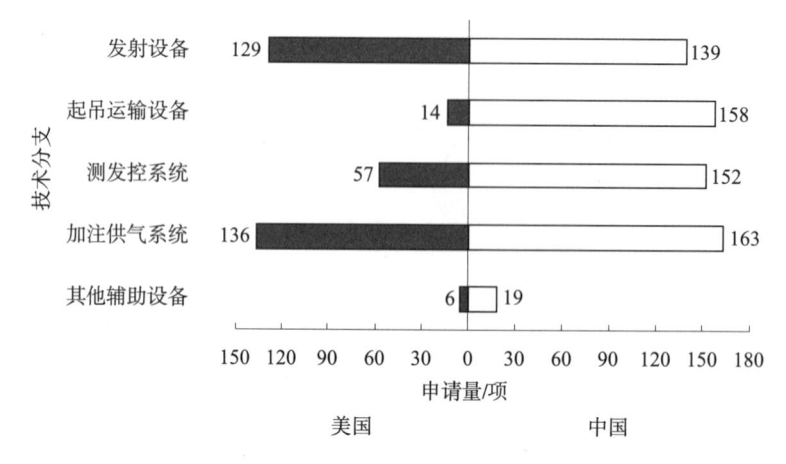

图 5-2-33 商业地面设备中国和美国专利技术构成对比

表 5-2-4 为各个技术分支的占比以及近 5 年活跃度和近 3 年活跃度（截至 2018 年）。通过对 2009~2018 年的中美五个技术分支的专利申请量对比分析，可以看出，中国在发射设备、起吊运输设备、测发控系统、加注供气系统四个分支分布较为均衡，占比在 22%~26%，其他辅助设备分支占比较低，仅为 3.01%；在活跃度方面，五个分支均处于较为活跃的水平，其中，起吊运输设备的活跃度较高，近 5 年活跃度 1.86，近 3 年活跃度为 2.37，结合申请占比可以看出起吊运输设备是近年中国相对侧重的研发热点。相比之下，美国商业地面设备专利在五个分支分布明显存在差异性，加注供气系统占比 39.77%，发射设备占比 37.72%，二者合计占美国总量接近 80%，集中现象较为明显。与中国申请一样，美国在起吊运输设备的活跃度也处于较高水平，近 5 年活跃度 2.00，近 3 年活跃度为 3.33，中美两国在当今商业航天的潮流下均对起吊运输设备保持着相当的热度。其他四个分支方面，美国专利申请活跃度相对中国较低，尤其在加注供气系统、发射设备方面持续走低，3 年活跃度均小于 1，即近 3 年平均申请量低于近 5 年的平均水平，表明通过一定时间的技术积累和发展，美国对这两个分支的研发热度降低。

5.2.4.4 主要申请人对比

图 5-2-34 对商业地面设备中美专利主要申请人进行对比分析，可以看出，中国主要申请人集中在中国运转火箭技术研究院、北京宇航系统工程研究所等航天院所，商业航天企业包括蓝箭航天、中科宇航、星际荣耀三家创新主体。且中国前十名主要申请人均为国内申请人，相比之下，美国的主要申请人更多集中在波音公司、休斯航空、洛克希德等航天企业。此外，美国前十名主要申请人还包含了法国宇航和瑞士 SARMAC SA 两家外国申请人。由此可见，美国的航天市场化发展较高。

表 5-2-4 商业地面设备各技术分支活跃度

国家	分支	占比/%	近 5 年活跃度（截至 2018 年）	近 3 年活跃度（截至 2018 年）
中国	发射设备	22.03	1.31	1.20
	起吊运输设备	25.04	1.86	2.37
	测发控系统	24.09	1.45	1.40
	加注供气系统	25.83	1.44	1.46
	其他辅助设备	3.01	1.78	1.48
美国	发射设备	37.72	0.96	0.72
	起吊运输设备	4.09	2.00	3.33
	测发控系统	16.67	1.07	1.33
	加注供气系统	39.77	1.13	0.88
	其他辅助设备	1.75	1.33	2.22

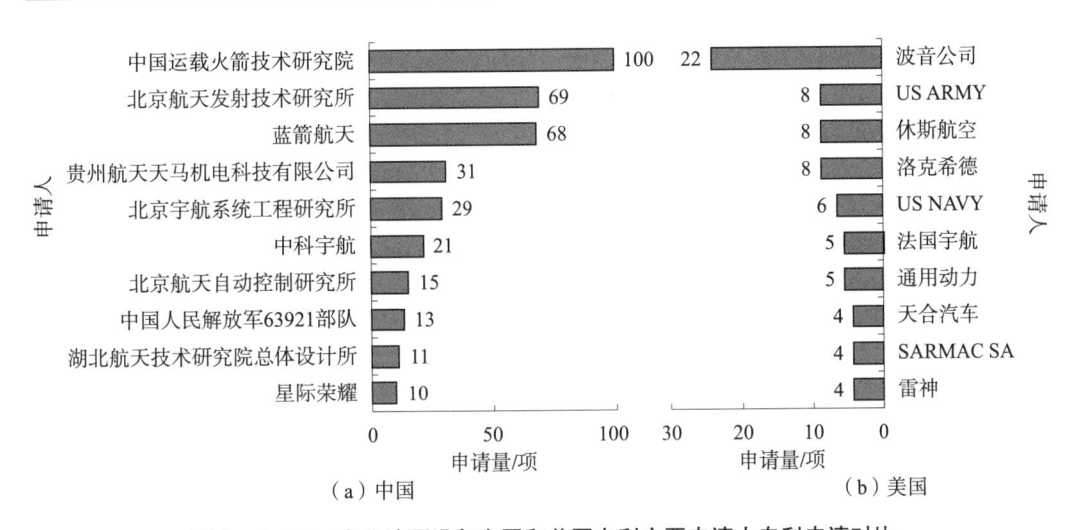

(a) 中国

申请人	申请量/项
中国运载火箭技术研究院	100
北京航天发射技术研究所	69
蓝箭航天	68
贵州航天天马机电科技有限公司	31
北京宇航系统工程研究所	29
中科宇航	21
北京航天自动控制研究所	15
中国人民解放军63921部队	13
湖北航天技术研究院总体设计所	11
星际荣耀	10

(b) 美国

申请人	申请量/项
波音公司	22
US ARMY	8
休斯航空	8
洛克希德	8
US NAVY	6
法国宇航	5
通用动力	5
天合汽车	4
SARMAC SA	4
雷神	4

图 5-2-34 商业地面设备中国和美国专利主要申请人专利申请对比

5.2.5 小　结

本节对中美两国的卫星空间系统、运载火箭、飞船及空间站、地面设备四个重要技术分支的商业航天专利技术进行了对比分析，可以得知美国在卫星空间系统、运载火箭、飞船及空间站技术的专利申请量均大幅高于中国，而在地面设备的申请量低于中国。美国更注重在卫星空间系统、运载火箭、飞船及空间站领域的技术创新，而地面设备的申请量较低则与其技术相对成熟、技术更新和迭代相对缓慢有关，体现美国对已有成熟技术的极致运用。

中国近年来在四个重要技术分支的每年专利申请量均超越美国，但就专利技术含量而言，差距仍较大。除飞船及空间站外，美国在各重要技术分支中国外的专利申请占比均高于中国国外来华的专利申请占比，且美国来华申请占比远高于我国在美申请占比。

相对于各领域的三级分支的申请态势而言，美国各分支的逐年申请量均较为平稳，而我国均呈快速发展态势。我国在各领域以及其三级分支的专利申请近 5 年及近 3 年活跃度普遍高于美国，且中国在卫星空间系统的结构系统、运载火箭的箭体结构、飞船及空间站的测控系统及结构系统、地面设备的起吊运输设备分支的近 3 年活跃度均超过了 2.0，说明中国近 3 年在这些技术的研究热度逐渐升温；美国在各分支领域近 3 年活跃度较高的分别为卫星空间系统的结构系统、运载火箭的推进系统、飞船及空间站的控制系统、地面设备起吊运输设备。除运载火箭外，美国活跃度较高的分支与中国大致相同，其中地面设备起吊运输设备是美国近年来最为活跃的技术分支，且活跃度高于中国。

此外，美国在各重要分支的前 20 位或前 15 位申请人中皆为企业，且普遍存在多位国外申请人；而中国前 20 位或前 15 位申请人中高校及科研院所占比较高，本土申请人占比为 100%。这说明了美国的商业航天市场化充分、竞争激烈，而我国商业航天市场发展尚不充分。

5.3　中美重要申请人对比

在研究对象的选取上，课题组力求做到选取的企业具有一定的专利申请量或者在产业上遥遥领先，并在技术上具有一定代表性。

在美国，课题组选取了波音公司和 SpaceX 作为研究对象。其中波音公司是全球航空航天业的领袖企业，作为美国 NASA 的主要服务提供商，波音公司运营着航天飞机和国际空间站，还提供众多军用和民用航线支持服务。SpaceX 发射了世界上第一个可重复使用的火箭，其猎鹰 9 号首次成功在陆地上直立着陆，自成立以来，SpaceX 不断改写人类探索太空的历史，火箭的可回收与可复用，极大降低了发射成本。基于以上理由，选取了美国的波音公司和 SpaceX 进行分析。

在中国，课题组选取了蓝箭航天和星际荣耀作为分析对象。蓝箭航天致力于研制以液体甲烷作为推进剂的新型动力火箭产品，为市场提供性价比高、安全可靠的发射服务，"天鹊" 80 吨液氧/甲烷发动机 100% 推力以完成 100s 试车；2020 年 3 月，"天鹊" 10 吨级液氧/甲烷发动机通过了 1500s 长程试车考核。星际荣耀成立于 2016 年 10 月，专注于高品质、低成本快响应的小型智能运载火箭研发，为全球小卫星座及客户提供一体化的商业发射服务，"双曲线" 一号已经完成发射入轨——首枚由中国民营商业航天企业成功完成的固体探空火箭发射任务。蓝箭航天和星际荣耀都是近年来在商业航天领域初步崭露头角的企业。

下面将对波音公司、SpaceX、蓝箭航天和星际荣耀在商业航天装备产业制造的产业和专利进行分析。

5.3.1　重要申请人产业现状

（1）波音公司

波音公司，成立于 1916 年 7 月 15 日，由威廉·爱德华·波音创建，并于 1917 年改名波音公司，公司原名为太平洋航空制品公司，1929年更名为联合飞机及空运公司。1934年按政府法规要求拆分成三个独立的公司：联合飞机公司（现为联合技术公司）、波音飞机公司、联合航空公司。1961年，波音飞机公司改名为波音公司。波音公司建立初期以生产军用飞机为主，并涉足民用运输机。其中，P-26驱逐机以及波音247型民用客机比较出名。1938年研制开发的波音307型是第一种带增压客舱的民用客机。

波音公司设计并制造旋翼飞机、电子和防御系统、导弹、卫星、发射装置，以及先进的信息和通信系统。作为美国NASA的主要服务提供商，波音公司运营着航天飞机和国际空间站，就销售额而言，波音公司是美国最大的出口商之一。

波音公司领导着国际太空站中的美国航天队，这是历史上最大的国际科学与技术合作项目。波音公司还制造了航天飞机轨道飞行器和主发动机，为航天飞机的有效载荷作了准备，完成了整个航天飞机系统的集成。在商业航天方面，波音公司制造了首批40颗GPS卫星，使精确导航发生了革命性的变化；之后，波音公司又签订了制造33颗新一代GPS卫星的合同。波音公司与俄罗斯、乌克兰和挪威等伙伴企业一起组成一个海上发射合资公司，在太平洋的移动平台上发射卫星。波音公司还制造了"德尔塔"Ⅱ型、Ⅲ型、Ⅳ型运载火箭。共用服务集团为整个波音公司提供服务，其任务是以创新和高效的方式提供共用服务，使波音公司更具竞争优势，服务范围从计算机资源、电信、电子商务、信息管理到安全、运输、设备和采购等基础性保障支持工作。该集团还为波音公司雇员和客户提供安全、健康和环境等方面的指导，并通过波音旅游管理公司提供广泛的旅行和预订服务。

波音公司重视知识产权工作，开展战略规划，知识产权保护、维护、对外许可，专利转让等工作，知识产权管理部门包括知识产权战略与保护部门、专利组织管理部门、知识产权政策和合规部门、业务开发和许可部门，负责知识产权的战略规划、保护关键技术、知识产权许可、转让等工作。

（2）SpaceX

美国先后涌现出多家商业航天企业，如空间服务公司（Space Services Inc.）、美国太平洋发射系统有限公司（PALS）、美国休斯敦航天服务公司、SpaceX和蓝色起源等，其中SpaceX被认为是目前发展最为成功的民营火箭制造商。

SpaceX由埃隆·马斯克（Elon Musk）于2002年成立，主要业务为火箭发动机、航天飞船、火箭与卫星的研制及提供发射服务。目前，主要的运载火箭有猎鹰9、重型猎鹰；火箭发动机有梅林及正在研制的猛禽。在卫星方面，SpaceX已规划Starlink低轨卫星星座，截至2020年4月23日，已累计发射7批，目前在轨卫星总数422颗。❶ SpaceX主要事件见图5-3-1。

运营模式上，SpaceX秉承简约、低成本和高可靠的运行模式，对内缩减管理层级、对外尽量减少产品外包的方式，在降低费用的同时，简化了决策制定和传递的流程优

---

❶ 未来智库. 商业航天深度报告：商业火箭如何把握低轨星座的商业机会[EB/OL]. (2020-05-15) [2021-06-07]. https://baijiahao.baidu.com/s?id=1666667904466616506&wfr=spider&for=pc.

化统筹火箭的生产流程，建立了设计和生产之间更加紧密和快捷的信息反馈机制。

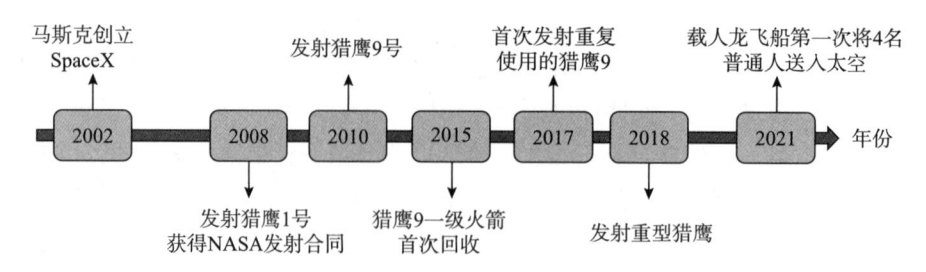

图 5-3-1　SpaceX 主要事件

（3）蓝箭航天

蓝箭航天成立于 2015 年，2016 年 12 月蓝箭航天与丹麦 GomSpace 卫星公司签署了发射服务合同，订单为国内民营商业航天企业签署的第一个国际市场商业火箭发射服务的合同。蓝箭航天主要事件见图 5-3-2。

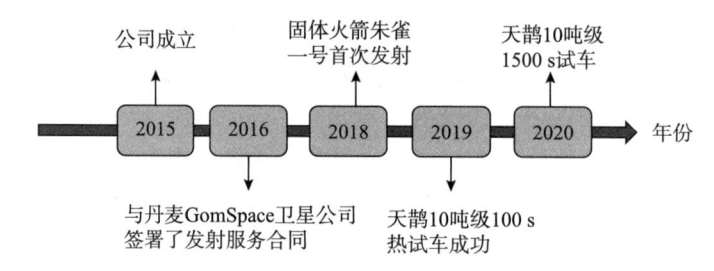

图 5-3-2　蓝箭航天主要事件

2018 年 8 月，蓝箭航天自主研发的朱雀一号运载火箭总装完毕，并于同年 10 月国内首枚民营运载火箭朱雀一号首飞。2019 年 5 月 17 日天鹊（TQ-12）80 吨液氧/甲烷发动机试车圆满成功，这标志着中国民营航天企业大推力液体火箭发动机产品零的突破。天鹊发动机成为继美国 SpaceX 的猛禽发动机、蓝色起源的 BE-4 发动机之后的世界上第三台完成全系统试车考核的大推力液氧/甲烷火箭发动机。2019 年 10 月 26 日，通过变推力长程试车，试车时间 100s 试车，2020 年 3 月天鹊 10 吨级液氧/甲烷发动机通过了 1500s 长程试车考核。

蓝箭航天拥有两个研发中心、一个总装制造及测试基地及重型试车台，专注于液体动力和运载火箭的研究。

（4）星际荣耀

星际荣耀成立于 2016 年 10 月，2018 年 4 月 5 日，成功完成固体探空火箭"双曲线-1S"发射任务——首枚由中国民营商业航天企业成功完成的固体探空火箭发射任务；2018 年 9 月 5 日，成功完成固体探空火箭"双曲线-1Z"发射任务——中国民营商业航天企业首次进入国家发射场完成的火箭发射任务，并首次实现中国民营火箭的一箭多星亚轨道发射；2019 年 7 月 11 日，成功完成 15 吨级液氧甲烷可重复使用变推力发动机 200s 全系统长程试车；2019 年 7 月 25 日 13 时 00 分，中国民营航天运载火箭首次成功发射并高精度入轨,星际荣耀成为除美国以外全球第一家实现火箭入轨的民营企业。星际荣耀主要事件见图5-3-3。

```
企业成立          15吨级液氧甲烷可重复使
                  用变推力发动机200 s试车
   ↓                      ↓
 ┌────┐        ┌────┐   ┌────┐
 │2016│────────│2018│───│2019│──────→ 年份
 └────┘        └────┘   └────┘
                  ↑
            完成"双曲线-1S"
            "双曲线-1Z"发射任务
```

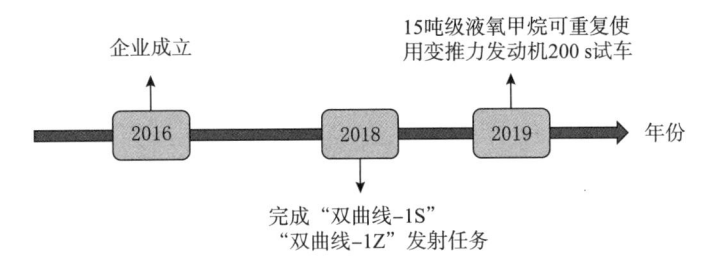

图5-3-3　星际荣耀主要事件

2019年7月25日,星际荣耀圆满成功完成"双曲线-1Y1"发射任务。这是中国民营商业航天企业首枚成功入轨发射的运载火箭并且首飞即实现卫星高精度入轨,实现了中国民营运载火箭成功发射零的突破,使中国成为世界上除美国之外,唯一拥有能够自主研制并成功发射运载火箭民营企业的国家,并首次实现由中国民营火箭完成的一箭多星入轨发射、运载火箭太空广告与视频回传。

2019年12月25日,星际荣耀"焦点一号"可重复使用液氧/甲烷发动机500s全系统长程试车成功。这是国内首台突破单机全系统试车500s、转入可靠性增长试车阶段的液氧/甲烷发动机,意味着该型发动机突破产品交付应用的重大节点,为2020年实现国内首次可重复使用液体运载火箭百公里垂直起降试验奠定了坚实的技术基础。

"双曲线一号"为四级小型固体运载火箭,四级均为固体发动机,辅以液体姿控发动机。火箭直径1.4m,总长24m,总质量约42t。500km太阳同步轨道运载能力大于300kg,700km太阳同步轨道运载能力225kg。"双曲线一号"运载火箭具有高品质、低成本、快响应的特点,可提供整箭产品、卫星发射(单星或多星)、搭载服务、增值服务等多种服务形式。2019年7月25日,"双曲线一号"遥一成功完成入轨发射任务,并首飞即实现高精度入轨,成为中国首枚成功发射的民营运载火箭。

"双曲线二号"是一款小型液体运载火箭,采用两级串联构型,用于提供小卫星发射服务。双曲线二号运载火箭长度为28m,一级箭体直径3.35m,二级箭体直径2.25m,起飞推力106t,近地轨道运载能力为1.9t。"双曲线二号"运载火箭采用液氧/甲烷作为推进剂,无毒无污染;一级箭体具有垂直着陆回收功能,可以重复使用,进一步降低了卫星发射服务成本。

波音公司的成立时间较早,在火箭、卫星、航天飞机、空间站等多个领域均属于领军企业。SpaceX、蓝箭航天和星际荣耀均在2000年之后成立,且其研发热点均主要在火箭。作为一种进入太空的主要运载工具,运载火箭是各航天国家或地区保持太空优势的关键之一,其技术水平代表了一个国家或地区自主进入太空的能力。表5-3-1对波音公司、SpaceX、蓝箭航天和星际荣耀现阶段拥有的主要火箭型号进行对比。

表 5-3-1　各商业企业拥有主要火箭对比

商业火箭企业	代表商业火箭	首飞时间/年	运载能力	发动机	是否可回收
波音公司	德尔塔Ⅳ中型+	2002	GEO：5845kg	石墨环氧基	否
SpaceX	猎鹰-9	2015	LEO：22.8t	梅林，液体煤油	垂直
	重型猎鹰	2018	LEO：63.8t	梅林，液体煤油	垂直
蓝箭航天	朱雀一号	2018	LEO：0.3t	小型固体	否
	朱雀二号	—	LEO：4t	液氧/甲烷	否（预计未来拓展为可回收）
星际荣耀	双曲线一号	2019	500km太阳同步轨道>300kg	固体发动机	否
	双曲线二号	—	LEO：1.9t	液氧/甲烷	垂直

其中，波音公司的成立时间较早，德尔塔系列火箭的首飞时间也遥遥领先于其他企业。SpaceX 在 2008 年进行了猎鹰 1 号的发射，2015 年猎鹰 9 号火箭已经完成首次回收。蓝箭航天成立时间较晚，2018 年成功发射"朱雀一号"。星际荣耀的"双曲线一号"2019 年首飞。猎鹰 9 号和重型猎鹰运载能力均远远超过蓝箭航天的"朱雀一号"和星际荣耀的"双曲线一号"。在发动机方面，SpaceX 使用液氧煤油，蓝箭和星际荣耀均从固体发动机改成液氧/甲烷发动机；并且，SpaceX 掌握火箭回收技术，猎鹰 9 号和重型猎鹰均成熟使用回收技术，发射了大量的低轨卫星，极大降低发射成本。蓝箭航天的"朱雀二号"预计未来会拓展为可回收火箭。星际荣耀的"双曲线二号"一子级具有垂直着陆回收功能，可以节省成本。

5.3.2　知识产权策略

本小节从申请趋势、专利布局、技术领域和专利转让等方面，对比分析美中两国具有代表性的波音公司、SpaceX、蓝箭航天和星际荣耀 4 位申请人的专利情况，并针对 SpaceX 发表的非专利文献情况进行了分析。

5.3.2.1　申请趋势

波音公司、SpaceX、蓝箭航天和星际荣耀在商业航天高端产业制造领域中的申请量分别为 170 项、45 项、178 项、133 项，图 5-3-4 为波音公司、SpaceX、蓝箭航天和星际荣耀 2001~2021 年的专利申请趋势。

波音公司的申请总量为 170 项，且逐年申请量较为稳定。2003~2010 年的波动是由于 2003 年哥伦比亚号航天飞机失事，航天飞机暂停发射，美国政府也减少了在航天方面的支出，波音公司由于调查航天飞机失事的原因而减少了专利申请。170 项申请全

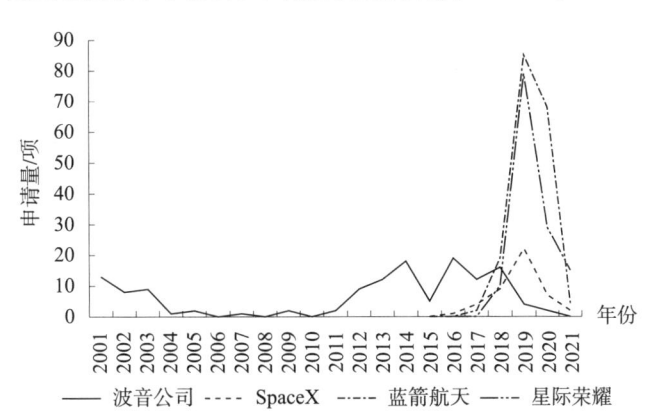

部为发明专利,截至检索日,其发明专利授权量占比为50.8%。

图5-3-4 商业航天高端制造主要申请人专利申请趋势对比

SpaceX成立时间早于星际荣耀和蓝箭航天,但是其并未进行较多的专利布局。在商业航天高端产业制造领域中,2016年SpaceX开始申请专利,专利申请量为45项;2019年申请量达到了顶峰,为22件;在45项专利申请中,发明专利36项。

蓝箭航天和星际荣耀,均在2019年即在申请相关领域专利的两三年之后达到高峰,分别为85项和79项,具有了一定的技术累积;在专利类型方面,蓝箭航天申请了94项发明专利和84项实用新型,星际荣耀具有发明91项专利,实用新型42项。

由于专利申请公开的周期较长,2020~2021年提交的专利申请数据还不能从数据库中完全获得,因此图5-3-4中显示的2020~2021年的申请量出现下降趋势。

5.3.2.2 目标市场区域分布

图5-3-5为波音公司、SpaceX、蓝箭航天和星际荣耀的目标市场区域布局。其中,波音公司除主要在本国进行布局之外,在中国、日本、加拿大等也进行了专利布局,在各国布局的数量较为均匀。SpaceX在本国的申请量为35项,在日本的专利申请为5项,德国和加拿大各申请了2项,在欧洲专利局申请了1项。蓝箭航天在本国的专利申请为178项,同时,在欧洲专利局申请了5项。星际荣耀的133项专利族均为中国申请。由此可见,除波音公司在美国和多个国家进行专利布局之外,其他三个申请人均主要在本国布局。

5.3.2.3 技术领域分布

图5-3-6为波音公司、SpaceX、蓝箭航天和星际荣耀的专利申请所涉及的技术领域。从整体数据来看,波音公司、蓝箭航天、星际荣耀的总申请量相差不大,但是波音公司在运载火箭、卫星空间系统、飞船及空间站和地面设备四个领域均有所布局,蓝箭航天则在运载火箭、飞船及空间站、地面设备领域中均有一定数量的专利申请,且在运载火箭中的箭体结构、推进系统和测控系统中均有一定数量的专利申请。星际荣耀在运载火箭领域有127项专利,另外在地面设备也有10项专利。蓝箭航天和星际荣耀主要涉及运载火箭以及相关地面设备的专利。SpaceX的专利申请量不大,且主要技术涉及卫星空间系统领域。

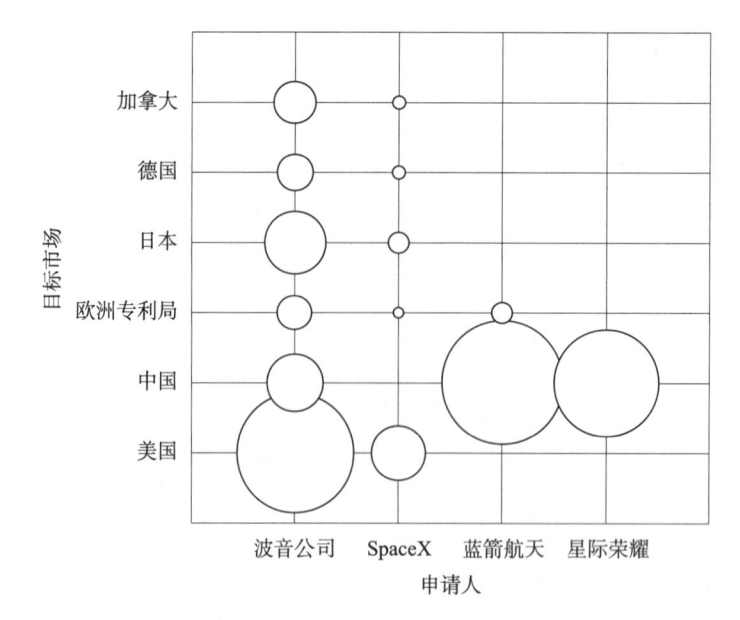

图 5-3-5　商业航天高端制造主要申请人目标市场区域专利申请分布
注：气泡大小代表申请量多少。

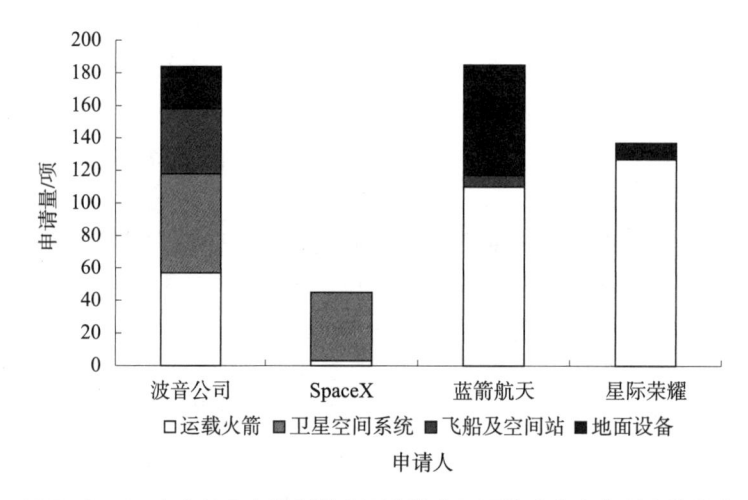

图 5-3-6　商业航天高端制造主要申请人不同技术分支专利申请分布

表5-3-2示出了四个申请人具体的技术领域。波音公司在运载火箭、卫星空间系统、飞船及空间站、地面设备这四个领域的二级分支中几乎都有所涉及，且其在运载火箭中的推进系统、卫星空间系统中的测控和控制系统、飞船及空间站中的控制系统，均申请了数量较多的专利。蓝箭航天和星际荣耀，均在运载火箭及相关的地面设备中的二级分支布局一定数量的专利。另外，波音公司、蓝箭航天和星际荣耀在运载火箭领域的专利申请中，推进系统的占比分别是70%、65%、54%，由此可见，运载火箭中的推进系统属于三者的研发重点。

表 5-3-2 主要申请人的专利技术分支分布[1]   单位：项

一级分支	二级分支	波音公司	SpaceX	蓝箭航天	星际荣耀
运载火箭	箭体结构	6	3	12	24
	推进系统	40		71	69
	测控系统	11		27	34
卫星空间系统	有效载荷	5	31		
	结构系统	12	11		
	测控系统	20			
	控制系统	24			
飞船及空间站	结构系统	5		3	
	测控系统	6		4	
	控制系统	30			
地面设备	发射设备	8		15	2
	起吊运输设备			25	4
	加注供气系统	11		21	3
	测发控系统	7		6	1
	其他辅助设备			1	

SpaceX 的专利申请量不大，技术主要涉及卫星空间系统领域中的天线，这是由于天线的外形和内部技术细节容易被仿制。运载火箭方面的专利申请仅为 3 项，且均涉及箭体结构，其中，专利 US10486389B2（名称为"激光穿孔金属蜂窝材料及其制造方法"）涉及可重复使用的火箭整流罩，火箭整流罩可能会在火箭发射过程中散落到任何地方，所以也适合对其进行专利保护。由此可见，SpaceX 在有可能发生专利纠纷的领域申请专利，并未在其具有竞争力的火箭回收方面申请专利，而是以商业秘密的形式对其进行保护，避免因专利申请造成相关秘密信息不必要的公开。

在推进系统的技术领域中，SpaceX 为了保护关键技术并未申请专利，但还是公开了一部分技术信息。SpaceX 的创始人马斯克以及首席火箭着陆工程师 Lars Blackmore 分别撰写过关于火箭的非专利文章，涉及箭体结构以及精准着陆算法。其中，《火箭自主精准着陆》(Autonomous Precision Landing of Space Rockets) 的综述性文章中介绍了火箭回收面临的四大挑战：首先，环境极端复杂，火箭从高空返回速度大，大气阻力和启动加热明显；其次，任务容错率低，返回必须一次成功，几乎没有二次尝试的机会；再次，着陆困难，需要设计可折叠着陆缓冲装置等复杂的辅助机构；最后，需要克服

---

[1] 表 5-3-2 同一专利涉及多个技术分支。

风力等扰动以精准达到回收场地。此外，该文章还介绍了猎鹰 9 火箭精准着陆算法——凸优化（Convex Optimazation），且该算法首次被 NASA 下属的喷气推进实验室 JPL 在国际权威期刊上率先提出，后来被多次应用在 Masten 公司的小火箭上，使其具备垂直着陆能力。

此外，SpaceX 为了保护自身在运载火箭推进系统领域的利益，曾在 2014 年请求公开号 US8678321B2（名称为"空间运载火箭的海上着陆及相关系统和方法"，蓝色起源）的专利无效。该专利提出，可重复使用的空间运载火箭从沿海发射场以水上轨道发射，在预先定位的海上平台的甲板上执行垂直动力着陆。该专利对 SpaceX 造成严重威胁，因为 SpaceX 在研发可重复使用并在海上完成降落的运载火箭投入了大量资金，并获得了重要进展，于是提起诉讼，请求宣告该专利无效，最后成功无效了该专利的权利要求 1~15 中的涉及主要技术的权利要求 1~13。

5.3.2.4 专利转让情况

图 5-3-7 为主要申请人的专利转让情况，可以看出，波音公司的专利转让占比最多，为 66%，SpaceX、蓝箭航天和星际荣耀的专利转让占比分别为 29%、6%、8%。波音公司多数是由个人转让给波音公司，波音公司通过其内部知识产权管理部门进行专利分析、专利转让，加强专利布局、抢占市场、进一步建立市场竞争优势。

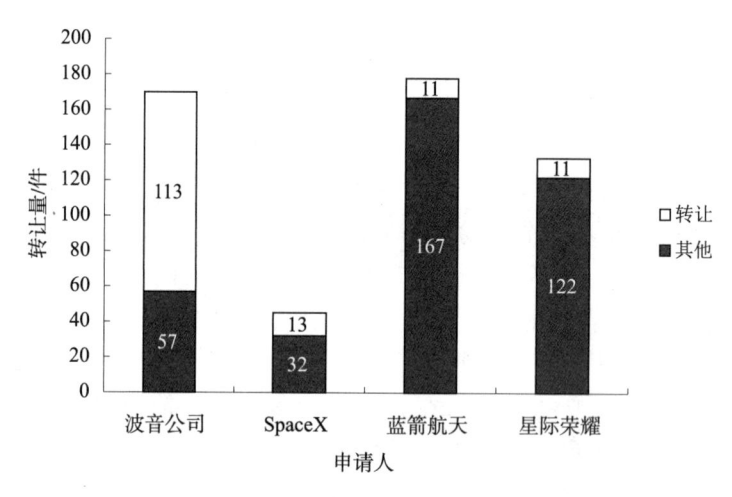

图 5-3-7 商业航天高端制造主要申请人专利转让情况

基于上述分析，可以初步看出波音公司、SpaceX、蓝箭航天和星际荣耀的知识产权策略。

波音公司作为航空航天领域发明创造的翘楚，面对前仆后继的竞争对手，波音公司进行全球专利布局，开展技术保护，在运载火箭、卫星空间系统、飞船及空间站、地面设备这四个领域及大部分二级分支均有所布局，通过诸多领域进行专利布局以及专利转让等手段，进一步提升自身竞争优势，已经建立起一套完善的知识产权制度方案。

SpaceX 在运载火箭领域很少布局，首先，因为运载火箭发射领域具备门槛高、运营企业少、发射场所偏僻和主要在高空和外太空使用等特点，即便发生专利侵权行为，也很难被发现。其次，SpaceX 采用扁平化管理模式，有效降低了通过外界合作等环节泄露其商业秘密的风险。另外，SpaceX 的专利申请并不涉及发动机或可回收运载火箭等关键技术，以避免因专利申请造成相关秘密信息不必要的公开，但是其仍旧密切关注相关领域的重要专利，并通过专利诉讼的手段保护切身利益。

蓝箭航天和星际荣耀成立时间虽然短，但均较为重视专利申请，专利数量与波音公司和 SpaceX 相比并不少。从技术领域来看，在其各自的技术领域中均申请了相关的专利，已经形成一定规模，在国内已属于佼佼者，但是二者还处于创业的初级阶段，还未形成完善的专利运营策略。

5.3.3 小　　结

本节从产业、知识产权策略两个方面对比了美国的波音公司、SpaceX，中国的蓝箭航天、星际荣耀，从申请量、申请趋势、技术领域分布、专利转让情况分析了知识产权策略，并针对 SpaceX 的特殊性，对其非专利文献、专利无效情况进行了统计。

其中，波音公司作为航空航天领域发明创造的翘楚，是美国 NASA 的主要服务提供商，运营着航天飞机和国际空间站，拥有 170 项专利申请，发明专利授权量占比为 50.8%。波音公司在多个国家、地区以及在运载火箭、卫星空间系统、飞船及空间站、地面设备多个领域及其二级分支均有所涉及，且通过运用专利转让技术加强市场布局，建立市场竞争优势。波音公司不管是在产业方面还是在专利策略方面均处于领先地位。

SpaceX 作为 2002 年成立的商业航天企业，其可回收的猎鹰 9、重型猎鹰、Starlink 低轨卫星星座均在市场上取得了较大的成果和经济效益，被认为是目前发展最为成功的私营火箭制造商。SpaceX 拥有 45 项专利，其中 42 项涉及卫星空间系统领域，对于申请专利并不积极，关键技术通过商业秘密进行保护。

蓝箭航天和星际荣耀作为 2015 年之后成立的国内私营商业航天企业，在火箭发射领域均具有一定的技术成果，且均有计划涉猎火箭回收领域，在专利申请方面，分别申请了 178 项、133 项专利，且大多数专利涉及运载火箭及相关的地面设备。除蓝箭航天有 5 项 PCT 申请，二者均未在其他国家或地区进行专利布局，还处于创业的初级阶段，尚未形成完善的专利运营策略。我国的申请人距离世界一流商业航天公司还有一定差距。

由此可见，中国的商业航天企业在一系列政策的鼓励下迅速发展，总体来说起步晚、发展快。可以借鉴美国 SpaceX 通过动力垂直回收技术的经验。我国在此方面，尚未有成功回收的经验，相关科技企业需要加强研发力度，加快研发进程，以在市场中占有一席之地。相对于美国的波音公司和 SpaceX，蓝箭航天和星际荣耀主要在国内进行专利申请，并未在除中国和世界知识产权组织以外的国家或地区申请专利。我国企业可以在不断提高自身技术水平、掌握关键技术的前提下，加强专利布局，走向国际市场。

并且，国内航天企业可以从企业管理、成本控制、技术研发、产品生产、人才队伍建设、知识产权运营等方面学习和借鉴波音公司、SpaceX 成功经验，提高自主决策能力、知识产权风险应对能力，在合理专利布局的前提下避免因专利申请而造成相关技术秘密被不必要地公开。如果相关创新成果涉及国防装备生产，应当尽量申请国防专利进行技术秘密保护。

5.4 中美火箭动力垂直回收技术分析

本节聚焦商业航天企业重点关注的火箭动力垂直回收技术，对中美两国相关专利技术发展以及重点专利等进行分析。

5.4.1 运载火箭回收技术

随着世界航天技术的发展，如何提供更加可靠、经济、快速的航天发射服务是整个航天工业界面临的主要挑战之一。运载火箭重复使用是应对该挑战的重要技术途径，一直以来也是研究热点。其中，美国的研究进展尤为突出，引领了该领域的发展方向。从 20 世纪 60 年代开始，美国先后提出了多种运载器重复使用途径和方案，并开展了大量的技术验证试验，航天飞机的研制成功是其中的一个高潮。进入 21 世纪以来，美国以更为务实的态度和更为经济的理念推进重复使用技术的研发，对于发动机、制导控制等各项关键技术进行了持续研究和验证，2015 年终于在猎鹰 9 火箭上率先实现了技术突破和工程应用，成为其他国家或地区争相效仿的对象。

对重复使用火箭的实践研究在单级完全重复使用、多级完全重复使用和多级部分重复使用之间多次反复。实践证明，完全重复使用超越了时代和技术，在当前的技术条件下是无法实现的。即使是多级完全重复使用，由于火箭末级以轨道速度再入，其承受的再入力/热环境是一级的数倍，在控制、热防护、材料等方面的研制难度则又呈数量级增加，远不如一级重复使用来得实际。同时，运载火箭一级费用占火箭整体费用的 50% 以上，即使仅实现一级重复使用也能极大降低火箭发射费用，同时为末级火箭回收积累技术和实践经验。因而，由易到难，先实现一级重复使用，再逐步探索多级完全重复使用，直至单级完全重复使用，已成为业界的发展策略。

从历史上看，运载火箭的回收大体可分为伞降回收、滑翔式回收和动力垂直回收三种方式。

（1）伞降回收

伞降回收的基本原理是利用多级降落伞系统进行逐级气动减速，最终以缓冲气囊实现安全回收。伞降回收式的关键技术表现在大型群伞和气囊的设计上。大型群伞的设计关键在于多伞充气同步性的控制技术，缓冲气囊的设计关键在于降落缓冲过程中排气速度的控制技术。早期的运载火箭回收通常采用降落伞减速、海面溅落的方式，这样的方式不具有改变飞行轨迹的能力，返回过程中箭体承受的载荷环境较为恶劣，着陆精度差，对回收和重复使用不利，且由于降落伞尺寸的限制，不能适应较大箭体的回收。

(2) 滑翔式回收

滑翔式回收分为带动力式和无动力式两种。无动力式方案对火箭主体结构采用带翼片设计，火箭依靠调节翼片所产生的气动力大小和方向改变滑翔方向，实现水平降落。带动力式方案对火箭主体安装涡喷发动机，同时采用带翼片设计，在降落过程中启动涡喷发动机，实现进行巡航机动飞行，可对回收降落地点进行主动控制。滑翔式回收对现有火箭设计的改动较大、结构复杂，需要增加一套单独的航空发动机系统，或利用自身动力飞回发射场，造成结构质量增加、运载能力损失较大，且对着陆场的条件要求较高，相对固化的返回飞行剖面也使其任务性能无法在更大程度上优化，在航天发射方面的效益并不突出，其发展前景还不明朗。

(3) 动力垂直回收

动力垂直回收又称为"动力反推垂直着陆技术"，其在低空段主要采用发动机推力主动反推实现减速，最后垂直降落。该方案主要有以下关键技术：一是发动机深度推力调节技术；二是返回过程高精度控制技术，满足返回过程姿态控制、返回着陆点位置控制和垂直姿态控制等要求；三是着陆支撑机构技术，要求支撑架具有较强的抗冲击性能，同时具备热防护能力等。垂直式回收技术通过发动机多次点火减小飞行载荷，提高着陆精度，同时其对现有火箭设计的改动最小，因而率先得到了工程应用，且更加适用于中型及大型运载火箭的回收。

纵观当前的重复使用运载火箭，大多采用部分重复使用的两级入轨方案，回收的技术方案主要集中在动力垂直回收和伞降回收两类，相对于单级入轨重复使用火箭来说，两级入轨技术大大降低了技术难度，增强了工程可实现性。SpaceX 猎鹰 9 运载火箭采用的就是动力垂直回收方式，中国、俄罗斯、欧洲和日本等国家或地区，尤其是商业航天企业也在持续推进动力垂直回收的技术研究，动力垂直回收技术已成为重复使用火箭的研究焦点。

5.4.2 动力垂直回收技术专利

通过检索发现，中美涉及运载火箭动力垂直回收方面的专利数量有 31 项。本节将对这 31 项专利进行分析，了解现有动力垂直回收技术的概况，以期望能够得到线索和启示，并以此为指引进行后续研究。

5.4.2.1 申请趋势

从图 5-4-1 所示专利申请量时间分布的整体趋势来看，美国在 20 世纪 90 年代已经开始研究动力垂直回收技术，1994 年开始提交申请，然而申请数量较少，仅在 2010 年之前的个别年份进行单件申请，2010 年之后并未检索到相关专利。分析其原因主要有两个方面：一方面，动力垂直回收技术在实际的应用层面具有军方背景，受保密审查的影响导致其处于保密状态而无法被查询和检索到；另一方面，基于动力垂直回收技术在火箭回收的关键作用，美国商业航天企业更多将其作为商业机密加以保护。

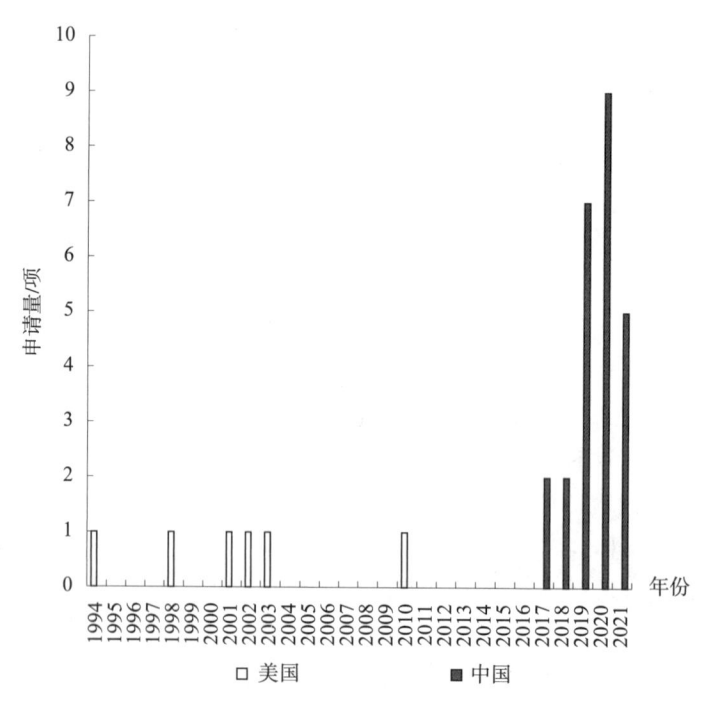

图 5-4-1 动力垂直回收技术中国和美国专利申请趋势

2015年，SpaceX 猎鹰9运载火箭的成功回收，以及我国同年推出的航天军民融合政策等诸多因素促进了中国在动力垂直回收技术的研究，民间资本在火箭研发等商业航天领域持续。2017年国内首次提出相关专利申请，2020年达到最大申请量9项。由于专利申请公开的周期较长，2021年提交的专利申请数据目前还不能从数据库中完全获得，因此图5-4-1中显示的2021年申请量出现下降趋势。

5.4.2.2 申请人分布

从图5-4-2可以看出，洛克希德马丁公司、KISTLER AEROSPACE CORP 等美国申请人的动力垂直回收技术专利申请均为1项，且集中在2010年之前。而 William Henry Gates、Jeffrey P Bezos 等尽管以个人申请专利，但后期都发生专利权属转让，转给了蓝色起源、KISTLER AEROSPACE CORP 等商业航天创新主体。

2015年以来，以星际荣耀、蓝箭航天为代表的中国商业航天企业尤其重视动力垂直回收技术的研究，并提出相关专利申请。其中，星际荣耀的专利申请数量为8项，位列全球申请量排名第一位；蓝箭航天位居其次，专利申请数量3项；星河动力以2项申请量排名第三，而湖北航天技术研究院总体设计所、航天科工火箭技术有限公司、零壹空间等研究机构、商业航天企业的申请量均为1项。

尽管申请量较少，但近年来每年都有新的商业航天研究主体加入，表明创新主体普遍对这一领域存在研究兴趣，该领域的技术生命力较为旺盛。

5.4.2.3 专利技术构成

对检索到的专利申请进行标引和技术分析，得到图5-4-3所示的专利申请技术构成。可以看出，在动力垂直回收方面，美国的 6 项专利申请全部涉及发动机推力调节技术，其中有 2 项专利还同时关注了返回过程高精度控制技术，而中国申请的 25 项专利中，对发动机推力调节的研究也是排在首位，有 17 项专利；返回阶段高精度控制有 13 项专利，排在第二名；还有 4 项专利关注着陆支撑机构技术的研究。

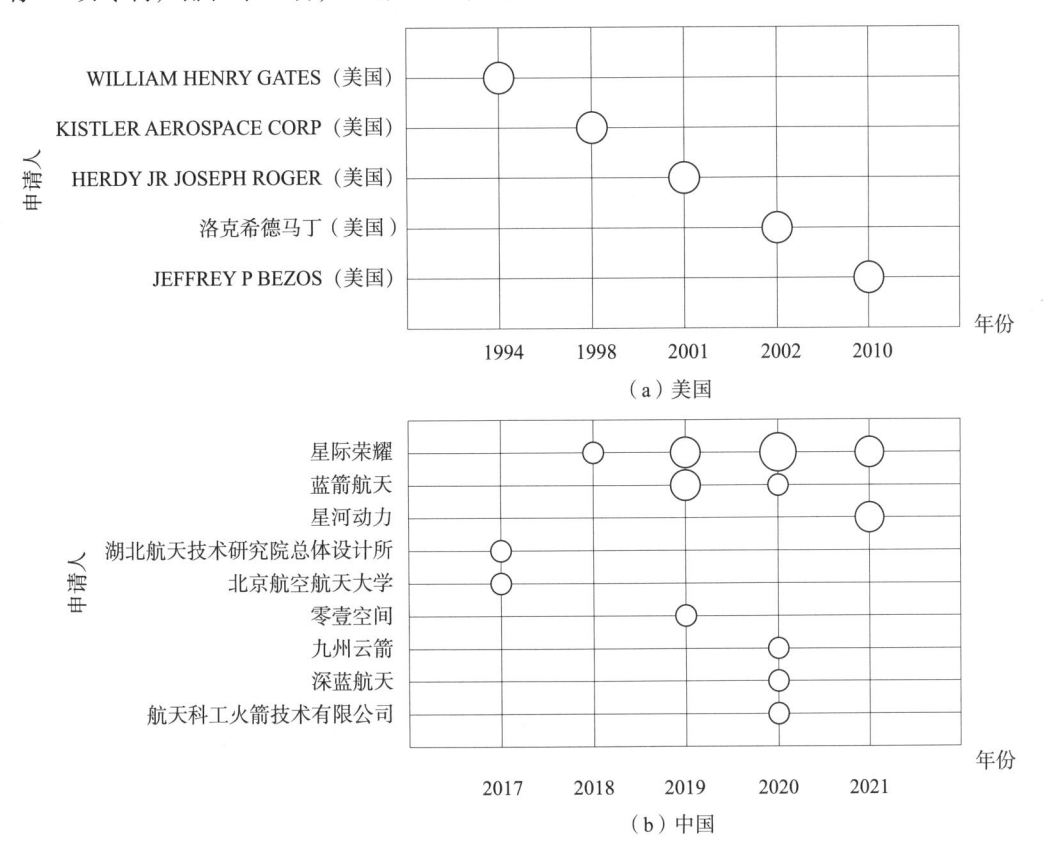

图 5-4-2 动力垂直回收技术中国和美国主要申请人专利申请分布

注：气泡大小代表申请量多少。

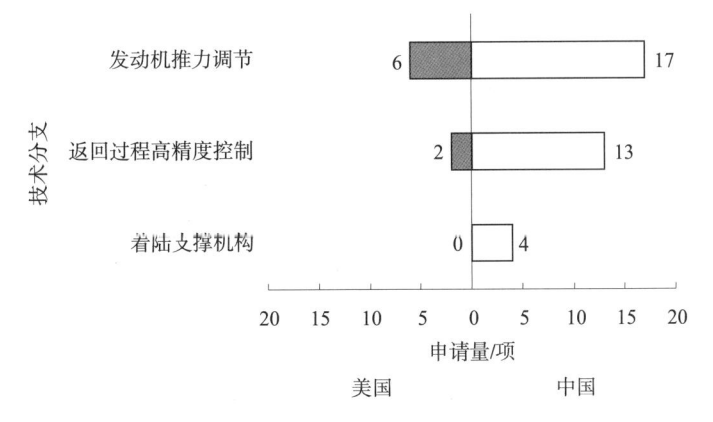

图 5-4-3 动力垂直回收技术中国和美国专利技术构成

注：同一专利涉及多个技术分支。

5.4.3 动力垂直回收技术重点专利

针对前文检索到的 31 项动力垂直回收技术专利申请，利用 incoPat、Patentics 专利分析软件，课题组从价值谱、合享价值度、被引用次数、同族申请数量、同族国家数量及具体技术方案等方面入手进行深入分析整理，获得图 5-4-4（见文前彩色插图第 4 页）和表 5-4-1。

表 5-4-1 动力垂直回收技术中国和美国重点专利

公开号	申请人	发明名称	转让次数/次
US5568901A	William Henry Gates	Two stage launch vehicle and launch trajectory method	6
US6158693A	KISTLER AEROSPACE CORP	Recoverable booster stage and recovery method	6
US6606851B1	HERDY JR JOSEPH ROGER	Transpiration cooling of rocket engines	10
US6616092B1	洛克希德	Reusable flybackrocket booster and method for recovering same	1
US6817580B2	Smith Norman Louis	System and method for return and landing of launch vehicle booster stage	0
US20110017872A1	Jeffrey P Bezos Gary Lai	Sea landing of space launch vehicles and associated systems and methods	2
CN107063006A	湖北航天技术研究院总体设计所	一种可重复使用航天运载系统及往返方法	0
CN107215484A	北京航空航天大学	一种火箭回收着陆装置	0
CN108674697A	星际荣耀	一种运载火箭垂直着陆回收装置	0
CN109606738A	星际荣耀	一种可重复使用运载火箭芯一级箭体回收动力系统	0
CN109774975A	蓝箭航天	箭体回收姿控动力系统及运载火箭	0
CN110469427A	零壹空间	一种垂直回收液体火箭推进系统防晃的方法及结构	0
CN111654227A	深蓝航天	一种变推力液体发动机电驱控推进剂供应系统	0

续表

公开号	申请人	发明名称	转让次数/次
CN111692014A	九州云箭	一种液体火箭发动机及其推力控制方法、装置和运载火箭	0
CN112065605A	航天科工火箭技术有限公司	变推力泵压式液体火箭发动机系统	0

表5-4-1中的价值谱是Patentics软件统计对比专利计算得到的"专利价值数值指标",图5-4-4中红色的大点表示选定的专利申请,横坐标是时间轴,红色大点对应的横坐标即为选定专利的申请年份。右栏纵坐标,数值如86、100表示的是相似度。图中数量上众多的绿色点代表着一段时间内若干与选定专利相比较后其相似度高于一定有比较价值的设定参数值后的相似度的平均值。红色水平线表示本申请之前专利的平均相关度,橙黄色水平线表示本申请之后专利的平均相关度。左栏纵坐标蓝色数字代表纳入整体统计比较相似度的专利数量,下方贴近横坐标的红色与绿色的区域面积分别表示的是选定专利申请申请日前后纳入统计的相关度专利的对应数量。直观上看,红线下的区域面积代表的先前价值越小越好,即相关度越低越好,相关申请的持续时间段越小越好;绿线下的区域面积表示的后续价值,为越大越好,即相关度越高越好,相关申请的持续时间段越大越好。

以专利US5568901A的价值图谱为例,可以看出,有54项专利纳入统计比较相似度,红色水平线低于橙黄色水平线代表了申请日之前专利的平均相关度低于申请日之后专利的平均相关度。结合比较代表时间轴上对应专利数量的红绿色区域面积大小可以看出,在本申请公开后,受到技术驱动后续有众多追随者持续进行相关技术的研发和改进,尤其是在1999年之后相关申请量快速增加,出现了十年左右的小热潮,表明该专利的价值度是较高的。

综合表5-4-1与图5-4-4中美专利的价值图谱来看,比较显著的特征是,美国专利的红色水平线低于或与橙黄色水平线持平,红色区域面积小于绿色区域面积,且绿色区域面积都在一定时间段内存在增长的态势。与之相对应的是,除了星际荣耀的专利CN108674697A外,其他中国专利呈现的是红色水平线高于或与橙黄色水平线持平,绿色区域面积小于红色区域面积,且绿色区域面积大都处于下降的趋势。不排除客观原因是中国专利的申请时间主要集中在2019年和2020年之后,截至目前持续时间较短,且受专利延迟公开的影响,相关专利量较少。但实际上也体现了美国在动力垂直回收技术方面的沉淀驱动市场进入快速发展的潮流。中国作为该热门技术的参与者,时间点上没有优势,技术成熟度与美国存在一定差距,需要国内航天企业持续不断地攻关研究,以进一步提高我国动力垂直回收技术水平。以下结合表5-4-1专利梳理中美两国在动力垂直回收技术的发展脉络。

20世纪60年代，美国基于降低航天运输成本的考虑，提出了可重复使用运载工具的设想。国家航空航天飞机（NASP）和 HOTOL 的运载工具耗费超过数十亿美元研制无果。而单级轨道火箭要实现可重复使用需要将载物台的干重增加约30%，以解决热屏蔽和回收系统的问题，该方法具有非常高的开发成本，且受水平限制没有任何把握保证最终的技术成功。

综合对比之下，两级运载火箭是实现可重复使用最合乎逻辑的解决方法。1964年，罗罗公司在美国申请的专利 US3285175A 提供了一种无翼飞行器，火箭推进器被支撑在无翼飞行器的中心，当无翼飞行器到达预定高度时，火箭推进器的火箭发动机开始工作，火箭自动脱离无翼飞行器，无翼飞行器通过控制冲压机产生的动力减速返回地球实现垂直回收。该技术方案实质是运载火箭的空中发射，其提供了一种运载火箭动力垂直回收的雏形。课题组并未将该专利作为火箭动力垂直回收技术列入表 5-4-1。

由此提出了回弹助推器的方案，其中第一级在分段后剩余足够的推进剂以在火箭动力下飞回发射场。然而波音公司在研究将垂直启动两级运载火箭的第一级用于降落回收的解决方案时发现，当两级运载火箭垂直发射时，火箭动力返回发射场的推进剂所占重量将使火箭有效载荷降低了大约70%，导致性能大幅下降并增加复杂性。这是由于火箭推进系统必须在分段后重新启动，并且必须能够提供回弹机动所需的显著较低的推力，因此得出结论，这种方法是不可行或者说不具有经济效益。

申请人 William Henry Gates 在1994年申请的专利 US5568901A 中公开的两级运载火箭推翻了波音公司的上述观点，认为通过选择适当的分级比，由第一级的完全垂直站点引起的有效负载损失将仅约为1/3，以提高可重复使用火箭的经济效益。具体实现逻辑是，如果轨道或第二级由第一级发射到足够的垂直高度和/或速度，第一级可以提供与火箭发射的动力飞行相关的所有速度损失，第二级或轨道级提供的所需速度只需是轨道速度或 25500ft/s。此外，由于第二级完全在真空中运行，因此第二级中的 ISP 将是第二轨道级发动机的真空性能。而 RL-10 普惠发动机允许设计质量比在 5.3~5.8 的轨道级，这对应于轨道级的17%~19%的注入重量，由此具有12%或13%结构分数的轨道级的设计可以通过现有技术实现，并生产出有效载荷分数为总重量的4%~7%或燃尽重量的30%~50%的轨道级。具体实施例中，申请人给定了运载火箭上下级的总重量、质量比和推力等参数指标，空气呼吸发动机围绕运载火箭的外部排列，在60000~40000ft 的再进入期间，发动机被启动，并且推力逐渐增大，直到第一级在降落地点上方悬停，在那里它执行零或接近零的速度降落。

1997年，William Henry Gates 将专利 US5568901A 转让给了微软公司支持的 Teledesic 公司，Teledesic 公司在20世纪90年代致力于太空互联网项目，希望发射卫星建立星座系统从轨道上传输宽带互联网，利用无处不在的网络连通性来改变世界。火箭作为卫星发射的运载工具，若实现可回收重复使用必将有助于降低成本缓解企业在太空互联网项目的资金压力。而事实上，在成本飙升和投资者资金枯竭后，随着2000年互联网科技泡沫的破裂，2002年 Teledesic 公司申请破产保护，在申请破产之前 Teledesic

公司只发射了一颗卫星。而专利 US5568901A 也在 2000 年 4 月就被 Teledesic 公司转让给了基斯特勒宇航公司（Kistler Aerospace）。基斯特勒宇航公司分别在 2000 年 9 月和 2001 年 5 月两次将该专利质押给了主要投资破产和不景气企业债务的对冲基金湾港管理公司（BAY HARBOUR MANAGEMENT L. C.），该专利目前为届满失效状态。从转让活动和专利寿命中，可以看出 Teledesic 公司、基斯特勒宇航公司等比较重视该专利，进一步印证了其具有较高的专利市场价值。

前述的基斯特勒宇航公司，其领导人是大名鼎鼎的"航天飞机之父"乔治·米勒。基斯特勒宇航公司于 1998 年申请了专利 US6158693A，并基于该专利的技术方案在 1999 年开始研制 K-1 完全重复使用的两级运载火箭。火箭分为助推级运载器平台和轨道级运载器，助推级飞行至 41.2km 的高度时与轨道级分离并返回发射场，通过降落伞和气囊完成着陆。轨道级运载器采用真空推力型发动机 NK-43 将有效载荷送至预定轨道，经过自身姿态的调整，通过轨道机动发动机点火工作实现降轨，从而重新进入大气层并自主返回，随后同样采用降落伞和气囊着陆。遗憾的是，K-1 火箭由于资金和政策原因研制计划被搁置了。

在此之后，洛克希德、蓝色起源等航天企业也开始进行动力垂直回收相关技术的研究。表 5-4-1 中专利 US20110017872A1 权利人正是蓝色起源，该专利由 Jeffrey P Bezos、Gary Lai、Sean R Findlay 在 2010 年 6 月 14 日提交申请的，并于同年 9 月转让给了蓝色起源。该专利公开了一种在海上平台上执行垂直动力着陆的可重复使用多级轨道运载火箭，运载火箭包括助推器和上级。助推器包括级间结构，该级间结构包括朝向前端定位的可展开空气动力学表面和朝向后端定位的一个或多个火箭发动机，助推器的后端包括多个可移动控制面用于控制助推器的上升和下降轨迹。运载火箭从沿海或陆基发射场发射后，海上平台的广播站可将其位置实时传送到运载火箭。运载火箭和助推器级利用该信息调整其飞行路径以瞄准海上平台着陆位置。在高空助推器发动机关闭之后，助推器与上级分离并沿弹道轨迹继续飞行。上级发动机点燃并推动上级进入目标轨道。而当助推器重新进入地球大气层时可以重新定向使后端指向运动方向，在预先定位的海上平台的甲板上执行垂直动力着陆。

SpaceX 判断专利 US20110017872A1 对其投入重金研发可重复使用并在海上完成降落的运载火箭造成了严重威胁，于是提起诉讼，请求宣告该专利无效。最后美国专利审判和上诉委员会取消了该专利的权利要求 1~15 中的涉及主要技术的权利要求 1~13。

SpaceX 在动力垂直回收技术方面采用商业秘密的策略进行保护而没有申请相关专利，其成功利用动力垂直回收技术实现了猎鹰 9 号火箭回收。猎鹰 9 号火箭的一级、二级能够利用自身引擎实现基于起落架的垂直着陆，实现火箭的完全垂直回收，第一级由亚轨道垂直返回发射场，第二级由于再入大气层，因此需要设计专门的热防护系统。两级圆柱形火箭不会像航天飞机那样滑翔返回，而是依靠空气动力学自制导返回，并垂直下落，通过火箭的动力反推进行减速并着陆。猎鹰 9 号可重复使用运载火箭各级的着陆器采用 4 腿式方案，4 个钢制腿状支架均匀分布在火箭底部，其中二级着陆支架有向外展开和向内折叠两种布局方案，前者是避免由于发动机喷管火焰的烧蚀，后者是为了使其免受再入阻力。可重复使用的各级火箭通过燃料的补充和适当的修复，实现重复发射。借助猎鹰9号可重复使用运载火箭，SpaceX开展了计划在太空搭建由约4.2万颗卫星组成的"Starlink"网络提供互联网服务。截至2021年5月底整个"Starlink"计划已经成功部署了约1800颗卫星，"Starlink"卫星互联网服务Beta测试的完成也是实现商业化运营的关键一步，正逐步实现二三十年前Teledesic公司等未竟的事业。

5.4.4 小　　结

本节首先简单介绍了运载火箭涉及的回收技术，并对其中中美两国商业航天企业重点关注的动力垂直回收技术进行了分析。

6项美国专利间隔分布于1994～2010年，而25项中国专利集中申请于2017年之后。可以看出，美国在动力垂直回收技术的专利申请远早于中国，近年有些技术基于商业秘密保护策略并未涉及相关专利申请；2015年以来中国申请人相继进入该领域，专利申请出现了爆发式增长。

美国的企业申请人包括洛克希德马丁、基斯特勒宇航公司等防务航天企业；个人申请专利后期都发生专利权属转让行为，受让给了蓝色起源、Teledesic公司等商业航天企业。而中国的专利申请人既有星际荣耀、蓝箭航天、航天科工火箭技术有限公司等新兴商业航天企业，也包括湖北航天技术研究院总体设计所、北京航空航天大学等科研院所。动力垂直回收作为当前可重复使用火箭技术难关研究热点，传统和新兴商业航天企业均较为重视。

6项美国专利全部涉及发动机推力调节技术，且有2项同时涉及返回过程高精度控制技术，但专利侧重于保护动力垂直回收外围技术，技术方案并未公开发动机推力调节关键技术的具体内容。中国专利同样较为重视发动机推力调节和返回过程高精度控制技术，其中有4项专利涉及着陆支撑机构技术。中国专利既包括动力垂直回收外围技术，部分专利又公开了发动机推力调节关键技术的具体内容，显示了中美两国申请人在动力垂直回收技术专利布局策略的明显不同。

从相关重点专利价值图谱来看，美国专利的红色水平线低于或与橙黄色水平线持平，红色区域面积小于绿色区域面积，且绿色区域面积都在一定时间段内存在增长的态势，体现出了美国在动力垂直回收技术方面的沉淀驱动市场追随者持续进行相关技术的研发和改进。中国专利总体呈现的是红色水平线高于或与橙黄色水平线持平，绿色区域面积小于红色区域面积，且绿色区域面积大都处于下降的趋势，技术成熟度与美国存在一定差距。

5.5　结论及发展建议

本节通过对中美两国产业发展现状、重点技术分支、重要申请人和火箭动力垂直回收技术等深入分析，对比中美两国在市场化、核心技术和知识产权保护策略等方面的不同，结合国内自身发展现状，从国家、市场及产业、企业管理和技术研发四个层面提出适合我国商业航天的发展建议。

5.5.1 本章小结

本章分析了中美两国的产业发展现状，对比分析了中美两国商业航天整体、各个技术分支专利状况。

美国商业航天技术发展成熟，市场化充分，竞争激烈，核心技术侧重于以商业秘密加以保护。

美国商业航天处于全球领先地位，具有完备的商业航天政策法规、有限的商业航天监管、军民高度融合的市场环境以及广泛发达的金融市场支持。美国的商业航天发展循序渐进，市场及技术发展均相对成熟。但美国也存在发展缺陷，如新型公私合营模式企业研发风险大以及较多的不可控因素。

美国商业航天整体的专利申请量为6089项，从申请趋势来看，美国各分支起步早、逐年申请量均较为平稳；从技术来源地角度来看，美国为全球商业航天主要技术来源，最为重视本国市场；在专利活跃度方面，美国的商业飞船近年来申请趋于活跃，受关注程度也越来越高。

美国在各重要分支的前20位或前15位申请人皆为企业，且存在多位国外申请人，说明了美国商业航天市场化充分，竞争激烈、航天技术基本掌握于企业手中。波音公司作为航空航天领域发明创造的翘楚，不管是在产业方面还是在专利策略方面均处于领先地位。SpaceX被认为是目前发展最为成功的私营火箭制造商，但其对于申请专利并不积极，关键技术通过商业秘密进行保护，但是也通过无效垂直回收技术相关专利来保护切身利益。

在关键技术动力垂直回收技术领域，美国在动力垂直回收技术的专利布局较早，6项美国专利间隔分布于1994~2010年，申请人包括个人申请，但个人申请专利后期都发生专利权属转让行为，转让给了蓝色起源、Teledesic公司等商业航天企业；在技术构成方面，美国侧重于保护动力垂直回收外围技术；从相关重点专利价值图谱来看，美国在动力垂直回收技术方面的沉淀驱动市场追随者持续进行相关技术的研发和改进。

我国商业航天发展迅速，但仍存政策空白，专利布局空白，商业转化尚不充分，关键技术仍需突破。目前我国商业航天逐步形成了国家队主导、民营企业相继进入的行业格局，国家队加速拓展商业航天业务，民营商业航天主体也获得了突出的技术成果。但我国仍存在较多的政策空白，缺乏顶层统筹规划，需要打造符合我国国情的航天工业体系，通过资金、技术等推动我国商业航天主体的快速发展。

我国在商业航天中的申请量为4689项。从申请趋势来看，我国年申请量飞速增长且在2008年后来居上，呈现起步晚、发展快的发展态势。在技术来源地方面，中国同样为全球商业航天主要技术来源，最为重视本国市场。在中国专利所有的来源地中，美国的占比较高，达10%，而中国在美国的专利申请仅有29件，专利布局尚存一定空白。在二级分支中，除飞船及空间站外，中国各重要技术分支中在国外的专利申请占比均低于美国，且我国在美申请占比低于美国来华申请占比。从专利活跃度来看，我国在各领域以及其三级分支的专利申请近5年及近3年活跃度普遍大幅高于美国，且在卫星结构系统、火箭箭体结构、飞船测控及结构系统、地面设备的起吊运输设备分支的近3年活跃度均超过了2.0，说明了中国近3年在这些技术的研究热度逐渐升温。

中国前20位或前15位申请人中高校及科研院所占比较高，本土申请人占比为100%。其中，蓝箭航天和星际荣耀作为2015年之后成立的国内私营商业航天企业，二者在火箭发射领域均具有一定的技术成果，但尚处于创业的初级阶段，尚未形成完善的专利运营策略，我国的申请人距离世界一流商业航天企业还有一定差距。

在火箭回收领域，2015年以来中国申请人相继进入该领域，具有25项专利申请，中国的专利申请人既有星际荣耀、蓝箭航天、航天科工火箭技术有限公司等新兴商业航天企业，也包括湖北航天技术研究院总体设计所、北京航空航天大学等科研院所，动力垂直回收作为当前可重复使用火箭技术难关研究热点，传统和新兴商业航天企业均较为重视。而中国专利既包括动力垂直回收外围技术，部分专利又公开了发动机推力调节关键技术的具体内容，显示了中美两国申请人在动力垂直回收技术专利布局策略的明显不同。从相关重点专利价值图谱来看，中国技术成熟度与美国存在一定差距。

我国申请人还需要学习和借鉴美国重要申请人的成功经验，尤其在关键技术火箭动力垂直回收技术方面，需要加强研发力度，加快研发进程，以在市场中占有一席之地。还要合理制定专利布局策略，不仅在国内布局，而且要在国外进行专利布局。注重对核心技术的保护，避免因专利申请而造成相关技术秘密被不必要的公开，如果相关创新成果涉及国防装备生产，应当尽量申请国防专利进行技术秘密保护。

5.5.2 发展建议

课题组从国家、市场及产业、企业管理、技术研发四个层面提出发展建议。

1. 国家层面

（1）发展商业航天新兴技术，助力大国竞争

2020年10月15日，美国时任总统特朗普发布了关键和新兴技术国家战略，概述了美国将通过促进关键和新兴技术的发展来增加国家竞争优势，以维护其世界霸主的地位。其所公开的关键和新型技术列表中就明确提及了航天技术，可见美国已将航天技术作为大国战略竞争的关键手段之一。航天产业聚合了国家整体实力，它的发展能够带动国家经济发展和社会进步，其前沿科技进步甚至能够引领国家发展方向。通过解读美国关键和新兴技术国家战略可以得知其所蕴含的"美国优先"政策取向。2017年的《美国国家安全战略》报告就已明确将中俄，特别是中国作为国家战略竞争对手，因此美国商业航天必然会对中国建立技术壁垒，从而长久维持其在全球的主导地位。

在现今中美大国博弈的政治背景下，商业航天技术的发展不仅关乎国内产业发展，更关乎于大国竞争、国家战略、国家安全以及国家经济命脉。

2020~2021年，我国航天再次开启"超级模式"，成功实施了以"嫦娥五号"首次地外天体采样返回、"北斗三号"卫星导航系统部署完成并面向全球提供服务、"天问一号"探测器奔向火星、载人航天及空间站建设等一系列航天重大事件，有力推动了航天强国建设。航天事业迅速崛起以及卫星互联网纳入新基建范畴的趋势，势必会激励商业航天市场需求，为商业航天企业的发展提供巨大的发展机遇。并且，我国具有一定基础的资本市场，两大航天集团具备丰富的人才储备，因此，抓住市场机遇，大力发展商业航天，必然能够提升我国国际竞争力，助力大国博弈。

（2）商业航天巩固军工建设，维护国家安全

航天技术的创新和提升也能够进一步巩固国防军工建设，维护国家安全。随着商业航天成本的降低，卫星发射数量大幅增长，太空频轨资源日益紧张，商业航天活动逐渐成为各国或地区抢占太空资源的关键手段。太空资源的抢夺以及能否具备独立的太空态势感知能力直接关系国家的核心利益，影响国家安全。目前，美国占用较多的太空资源且已经具备太空态势感知能力，主导国际太空交通管理，能够全面监视享有其太空服务的他国太空活动。我国应积极大力发展商业航天，通过航天技术进一步巩固国防军工建设，维护国家安全。

（3）提升商业航天经济效益，补充国家经济命脉

航天产业聚合了国家整体实力，它的发展能够大力带动国家经济发展，补充国家经济命脉。随着航天技术的蓬勃发展以及航天应用的大范围普及，航天产生所带来的经济效益持续攀升。航天产业所提供的服务还能为各个领域带来丰硕的社会效益、为人们提供多元化的生活服务。航天产业对社会的间接经济影响远高于产业自身创造的价值，而商业航天已经成为航天市场的主力军，更是未来的发力点和新引擎。此外，商业航天的低轨通信卫星星座计划的实现将会带来高速、廉价的宽带网络，其革命性影响完全能够比肩现在的5G技术，带来的经济效益难以估值，届时商业航天将会是下一个大国博弈的众矢之的。

（4）强化商业航天发展规划，完善国家政策

产业的顺利发展离不开政府部门的规划引导，我国商业航天同样需要明确的管理机构来统筹规划，厘清火箭卫星研制、发射、遥感等阶段的管理归责，加强最高层管理发展规划，提高商业航天发展可控性，兼顾商业航天各个环节，实施整体统筹，确保商业航天所有流程有序实施，避免监管漏洞阻碍商业化顺利发展。航天产业一直都是高技术、高投入、高风险的事业，为确保商业航天主体的高技术、高投入的商业价值和社会回报，应极力降低安全风险，健全商业航天安全管控体制，加强管控力度，规范火箭卫星研制、发射等市场行为。例如，通过相关法律法规来规范商业航天市场行为，严格发放研制、发射许可证书，监管火箭燃料安全使用等。

商业航天产业的发展规划和监管需要国家政策的支持。我国对商业航天在开放航天领域的最早政策性依据来源于2014年的《国务院关于创新重点领域投融资机制鼓励

社会投资的指导意见》，随后国家各部门陆续出台了商业航天领域相关政策。2019年《关于促进商业运载火箭规范有序发展的通知》等一系列国家顶层航天发展规划，规范了商业运载火箭科研生产、试验和发射等工作。在政策引导下，商业火箭的专利申请量分别在2014年及2020年达到两次峰值，足以说明政策对商业航天发展的强大推动力。我国商业航天政策法规的制定已经处于进行中，但关于商业卫星以及商业航天安全监管法规仍存空白。政策法规的制定需要在借鉴国外经验的基础上，密切关注我国产业自身发展状况及前景，制定符合中国商业航天发展的政策法规。

（5）响应国家战略，加强航天基础资源军民融合

当前，我国国防科技工业正在进行市场化改革并促进军民融合战略的发展，而航天事业是军民科技协同创新、国家竞争力与军队战斗力耦合关联最强的领域，亟须军民资源共享来促进技术融合，加快市场发展。针对现有军用航天基础资源而言，在维护国防安全的基础上扩大资源共享力度，为商业化应用提供平台，降低商业航天主体的发射成本，提高现有资源利用率。对于新兴发射平台建设，鼓励军民共建，引入社会资本，全面支持商业航天主体火箭发射、测控技术的发展，为传统发射、测控技术融入新生力量。

2. 市场及产业层面

（1）维护国有企业主体地位，助力民营企业互补共赢

民营企业简单灵活的管理模式更易于降低商业成本，促进航天事业的商业化发展。因此，需要在维护国有企业主体地位的前提下，开放商业航天市场，积极引导民营企业加入，助力民营企业创新，打造商业航天参与主体互补共赢、全面协同推进的竞争发展格局。

（2）构建新型航天工业体系，打造国防建设与技术创新共赢局面

在保留国防建设中坚力量的同时，将可商业化的研究院所转化为商业航天的中流砥柱，构建新型航天工业体系。简而言之，就是国家航天队完成国家任务和国防军工建设的前提下，补充多元化的商业航天主体，建设国有、民营、混合所有制联合参与的新兴航天工业体系。

（3）多元助力商业化发展，助推创新性企业快速成长

航天事业高技术、高投资、高风险，研发周期长，市场回报缓慢，初创企业需要持续不断的资金注入才能维持生存。资金流入的局限性同样抑制了我国商业航天事业的发展和壮大。因而，需要通过多元化的资金注入来助力商业航天的发展，助推创新型企业快速成长。例如，国家财政提供专项补贴、税收减免、信贷、创建创投基金，军事订购合同等。

3. 企业管理层面

（1）创新管理架构，提高运作效能

相对于NASA烦冗复杂的行政结构，SpaceX的扁平化管理架构明显提高了管理沟通效率，降低了企业行政运作成本。简单的管理架构是商业航天民营企业的优势，我国民营企业应当勇于创新，采用更加符合企业自身的简单、便捷、低成本的管理架构

来提高运作效能。

（2）成熟技术极致运用，关键技术勇于创新

我国传统航天技术已经达到了一定的成就，传统航天已有的成熟技术能够作为商业航天的基础，使商业航天在此基础上进行有利于商业化发展的其他技术探索。可站在巨人的肩膀上将已有的成熟技术发挥至极致，避免重复研发投入，对于需要探索的关键技术勇于创新。目前，地面设备在传统航天和商业航天方面具有较强的通用性和继承性，其相对于商业卫星、商业火箭而言，属于较为成熟的技术，可对其进行极致开发及运用。高可靠性、低成本、快响应是商业航天发展的必然趋势，但与我国传统航天不计成本追求高可靠性的目标有所差异，因而在高可靠性的基础上追求低成本、快响应必然需要商业航天主体勇于创新，推动可回收、重复使用等关键技术发展。

（3）尊重人才，广聘精英

人才是企业技术创新的源泉，人才的知识水平、智力水平及其创造能力对技术创新至关重要。人才的引进和培养是企业管控技术创新的关键手段，企业可广聘海内外航天精英，尊重人才，激励创新。从人才结构而言，要注重人才资源合理配置、人才结构层次分布，建立一支高素质的科技人才、管理人才和技能人才队伍，促进企业各阶层全面发展。

4. 技术研发层面

（1）促进军品技术成果二次开发和应用

我国航天军工技术经过长期科研成果的沉淀，实质上已经获得丰硕的研究成果，达到了先进的技术水平。但很多技术成果并没有进行产业转化，导致研究成果的经济效益体现不明显。美国 SpaceX 技术的成功与美国军方的技术支持密不可分。因此，相对于我国丰硕的航天军工成果而言，促进现有军品技术成果的二次开发和应用是目前我国商业航天发展的强大推动力。例如，现有较为成熟的卫星控制系统、火箭测控系统、地面设备发射等相关专利技术，均具有一定的市场交换价值，能够满足商业应用。

在面临当今大国博弈、太空资源竞争日益激励的局面下，现有技术成果亟须市场化、商业化，促进军品技术的二次开发和应用。在保证国防安全的基础上，整合具有市场交换价值和满足商业应用的科技成果及专利技术，建立军民共享技术资源库，通过联合开发、委托开发等多元模式促进军品技术二次开发和应用，助力我国商业航天事业迅速发展。

（2）建立关键专利联盟，钻攻克难军民共研

我国商业航天起步晚，技术与美国存在较大差距，为加强关键技术的研发力度，需要凝聚各关键技术的研发主体，建立关键技术联盟，鼓励各机构及企业技术实行专利交叉许可或制定技术交互的互惠政策，增强相关技术关联性，大力倡导关键技术尤其是卡脖子技术的联合研发，实现钻攻克难军民共研。

（3）合理规划专利布局

对于商业航天主体的科技成果的保护应因地适宜，尖端技术作为商业机密，针对具有一定竞争力的关键技术积极规划专利布局。具体而言，在容易发生专利权纠纷的

领域加快专利申请并合理布局,并结合后续研发进程,围绕同一技术主题在相关技术领域、主要国家或地区分布上构建有效的专利族,全面、完善地建立创新成果保护屏障。尖端技术尽量采用商业秘密的形式进行保护,但是仍需要密切关注相关领域的重要专利。如果相关创新成果涉及国防装备生产,还可以通过国防专利进行技术秘密保护。

第6章 结论与建议

通过调研产业现状，梳理国内外发展现状，结合商业航天装备制造产业及专利现状等实际，课题组探索实践"商业化"专利特色分析方法。基于该方法，分析商业航天装备制造产业商业化现状及专利整体趋势，分析各领域关键技术，针对中美两大航天大国开展专利对比分析研究，归纳总结了商业航天装备制造产业的专利分析现状与结论，并从战略顶层设计、鼓励创新发展及知识产权保护应用等几方面提出若干建议。

6.1 "商业化"专利特色分析方法

商业化发展过程要适应市场化的发展需求，其相关领域技术需要继承、发展以及进一步开创性发展，这恰恰又需要技术创新推动产业向着更加深入的市场化方向改变和发展。而专利数据文献信息（包括技术信息、法律信息、市场信息和其他信息）具有高度融合性，能够通过特定的研究方法对多维度信息集合考量来实现商业化技术发展分析。因此通过构建相对合理的数据筛选模型，让专利数据信息与商业和市场发展特点更加相互吻合，更加准确地指向技术发展趋势，成为重要的切入点。课题组经反复多次的产业调研、专家咨询、行业动态追踪、专利及非专利文献查阅，形成了"商业化"专利特色分析方法。该分析方法主要包括"商业化"专利筛选和"商业化"专利分析。首先，检索得到某一技术领域整体的专利数据，通过"商业化"专利筛选构建"商业化"专利数据筛选模型，筛选出符合商业化发展的商业专利数据范畴；其次，以该商业专利数据为基础，通过"商业化"专利分析对产业、市场、专利技术进行定性、定量相结合分析，从专利视角研究商业技术发展的特点及商业化进程，分析"商业化"的技术发展特点，聚焦核心技术，提出"商业化"发展建议。

1. 常规专利检索

本书所称常规专利检索是指对该商业化技术所归属的某一技术领域的所有专利数据进行检索，以获得包括该商业化专利技术在内的全部专利数据。该检索过程与常规专利检索过程相同，根据不同的技术领域特点可采取不同的检索策略和方法。

具体到商业航天，本书在常规检索时采用"分-总"的检索策略，根据各自分支的技术特点，灵活选择专利数据库和检索策略，各一级分支的检索过程均由初步检索、全面检索和补充检索三个阶段构成，最终形成各一级分支的检索式，得到检索结果，再将各一级分支的检索结果进行专利合并、去重，得到本书航天装备领域的全部专利数据。

2. "商业化"专利筛选
（1）梳理商业化指标

商业化指标是指能够体现某一技术领域商业化发展特征的不同技术层面指标，通常包括技术主题、技术效果及专业技术等。某一技术的商业化发展通常是在受到国家政策激励、市场供应、技术发展程度以及经济利益驱使的条件下促进该传统技术趋于商业化、市场化，并实现经济效益转化的过程。

（2）构建商业化筛选模型

商业化筛选模型主要包括具体技术指标选取、筛选精度选择、领域适用三个维度，通过多层次、多维度的筛选条件构建完善的商业化筛选模型，以确保筛选结果的准确、完整。

（3）商业化模型校验

通过构建商业化筛选模型，对具体技术领域的商业化技术主题、技术效果及专有技术进行不同精度的筛选，初步形成了商业化专利数据库。但该商业化筛选模型的筛选全面性和准确性仍有待验证，因而需要随机筛选少量数据样本进行常规模拟校验。同时某一技术的商业化发展通常会存在一部分商业技术的先驱者，主要为商业技术创新主体，是航天领域的商业化发展的重要推动者，其所研发的专利技术通常具有较强的商业化特征，因而能够作为某一项技术是否为商业技术的评判标准，也能够作为商业化模型的重要校验指标。

3. "商业化"专利分析
（1）"商业化"定性分析

产业调研和专利分析结合，得出商业化发展进程及技术发展热点。通常而言，定性分析着重于对内容的分析，通过对专利文献技术内容进行归纳、演绎、分析、综合，以达到把握技术发展状况的目的。在对具体产业进行专利分析时，还应结合产业具体情况和特点，适应性进行定向设计和调整。双重对比分析，得出产业特定发展方向与产业整体、我国与产业优势国家的发展异同。产业特定发展方向与产业整体的对比分析，指的是航天产业商业化发展方向与航天产业整体的对比分析。我国与产业优势国家的对比分析，指的是中国和美国两国商业航天装备制造产业的技术竞争形势的分析。

（2）"商业化"定量分析

本书所称"商业化"定量分析主要体现在多维度定量统计分析专利指标方面。通过对专利样本信息中包含的各指标进行科学计量，用量化的形式分析和预测技术发展趋势，科学地评估各个国家或地区的技术研究与发展重点，及时发现潜在竞争对手，判断竞争对手的技术开发动态，获得相关产品、技术和竞争策略等方面的有用信息。

6.2 研究结论

全球航天产业一直保持稳步向前的态势，商业航天在世界航天产业发展中的主体地位愈发显著。以美国为代表，其商业航天发展全球领先，近年来出台了一系列的法律法规以及资助计划扶持商业航天的发展，新兴航天企业大量出现并迅速发展，占领产业链各个环节，目前各环节已形成多家私营企业良性竞争的局面。俄罗斯、日本、欧洲等作为传统的航天大国或地区持续推进航天政策改革，积极投身商业航天，逐步增加商业发射频率并扩展商业航天市场份额。2015年是中国商业航天发展元年，近年来在国家规划引导、政策激励和组织协调下，国内已成立了100多家商业航天企业，形成了国家队主导、民营企业相继进入的行业格局。2021年，党的十九届五中全会通过的《中共中央关于制定国民经济和社会发展第十四个五年规划和二〇三五年远景目标的建议》提到了要强化发展"空天科技"等前沿领域的建设，加快壮大"航空航天"等战略性新兴产业。可以预见，随着我国航天产业蓬勃发展，在国家队的带领下，商业航天将迎来加速发展的新阶段。

6.2.1 专利申请整体态势

（1）商业航天已进入高速发展阶段，我国专利申请数量逐年增多但仍处于技术积累期

涉及商业航天装备的全球专利申请共计14467项，占航天装备申请总申请量的54.78%。商业航天装备整体发展趋势上，1990年以前专利申请量增长缓慢；1990~2008年稳步增长，年申请量保持在250项以下；2008年以后商业航天进入快速增长阶段。从商业航天装备申请量与全球申请量占比情况来看，2010年商业航天占比为45%，之后逐年升高，2019年和2020年分别达到60%、61%，商业航天装备的发展在航天装备领域逐步占据主导地位。

中国商业航天装备申请量从2014年开始呈快速增长趋势，申请量增长趋势与产业发展相匹配。在申请量占比上，2020年中国专利申请量占全球总量的84%，在数量上占绝对优势。从整体积累量看，来自美国的申请量4569项，来自中国的申请量3979项，虽然总量上相差不多，但中国绝大部分是在2014年以后的专利申请，与美国长年积累、稳步增长的申请态势不同。从申请人分布等角度，美国商业航天技术更多掌握于供应链企业手中，与市场化发展联系紧密，具有强劲的国际竞争力。相比较而言，我国民营企业虽然已取得了可观成绩，但民营企业的专利申请一般也都集中于单一领域，在运载火箭、卫星空间系统领域仍聚焦于大推力可变调节、循环回收、微纳卫星平台等技术方面，实际产品仍处于试验阶段，还未有能够研发生产涉及商业航天多个技术分支的创新主体出现。

（2）美国、中国是全球商业航天装备制造最主要的布局地区，两国专利申请占据全航天产业链

纵观全球商业航天专利布局区域，美国以6089项专利申请居于首位，中国以4689项位列第二。对比中国与美国技术来源地与主要目标市场区域布局情况，各国或地区在美国市场相比于在中国市场在商业航天领域布局更为活跃，这与我国的商业航天产业发展较晚，且市场开放程度不高有关。在中国专利申请中，国外来华申请占比达17.06%，其中美国在我国申请量占比9.74%。近年来美国来华申请呈逐渐上升趋势，

而中国在美国布局专利仅29项，国内申请人更多仅在中国进行专利布局，较少在国外市场布局专利。两国均在航天全供应链技术上开展研发，在航天产业中卫星空间系统的测控系统、运载火箭的推进系统、飞船及空间站的控制系统各技术构成的二级分支数量占比相差不大，其技术关注点也基本相同。

（3）航天产业结构不同决定创新主体发展思路不同

航天工业能够引导和带动高新技术产业的产业，使产业结构向高层次转化，加速航天应用场景与各个领域先进技术成果的结合，围绕市场需求进行革命性创新，各国或地区的产业结构的不同决定了创新主体的发展思路不同。在目前商业航天全球主要创新主体中，国外申请人例如日本的三菱、美国的波音公司等，均为各国的航天航空产业的主要终端产品供应商或供应链的核心企业，除航天产业之外，还包括工业电机、汽车等其他领域。我国的商业航天产业的企业创新主体研发重心在于商业航天装备的核心技术的打磨上，比如新的小型液体燃料发动机、低轨卫星平台等技术，所涉及研发技术及业务还未扩展到其他可结合领域。

（4）运载火箭、卫星空间系统及地面设备是商业航天装备制造产业目前最为重点发展的领域

在专利数量上，商业卫星空间系统和商业运载火箭的申请量占到总商业航天装备申请量的83%，地面设备申请占到12%，飞船及空间站和深空探测器的专利申请量及占比较低。在申请趋势上，卫星空间系统和运载火箭的专利申请量都呈现快速增长态势，地面设备伴随着商业火箭申请量增长而增长。产业调研中也发现，卫星空间系统因为技术相对成熟，商业化程度最高，市场竞争最为激烈；运载火箭商业化逐步凸显，正处于快速发展阶段；地面设备对于传统航天和商业航天具有较强的通用性和继承性，传统的地面设备在开展国家航天任务的同时也能够承接国际上的商业订单，随着商业火箭的不断发展，研发建设相适应的地面设备是必然趋势。而飞船及空间站以及深空探测器多为国家主导，以开展科学研究探索为主，商业化程度低，目前国内民营航天企业暂无相关实践。但中国商业飞船及空间站属于近3年相对近5年（截至2018年）专利申请量涨幅最大的技术分支，飞船及空间站作为新兴技术是未来商业航天发展的研究热点，太空旅游等商业应用是未来商业航天发展的必然趋势。

6.2.2 技术细分领域

（1）商业卫星处于产业链上游，商业化程度高，结构系统为潜在研发热点

商业卫星是在多星组网、立方星、体积、重量、空间、成本等方面进行改进的卫星。商业卫星是通过向客户提供服务实现价值兑换和营利。卫星属于最早开展商业化的技术领域，卫星产业收入在全球航天产业收入中也一直保持较高的占比。据UCS卫星数据库统计，截至2021年5月1日，目前在轨运行卫星总数为4084颗，其中美国以2520颗占据绝对优势，相应地也占据了更多的轨道资源，中国以431颗排名第二。卫星空间系统二级分支包含有效载荷、结构系统、控制系统和测控系统。商业卫星自2006年开始进入高速发展期，美国作为最早实施航天商业化的国家，其商业卫星专利

申请量2292项，占比34%，排名第一；中国申请总量位居第二，达2015项，占比30%。测控系统和结构系统属于商业化较高的技术分支，测控系统申请量大，而结构系统申请量少但逐年上升。结构的设计具体包含了外壳结构、承力结构、仪器安装面结构、能源结构、分离结构和卫星结构平台，其是商业卫星装备向小型化、轻量化、高集成度、提高可靠性、提高承载力、提高精度、提高效率、低成本、多用途、速度快等发展方向的关键技术，是目前商业卫星的潜在技术热点。卫星平台结构分系统作为卫星平台的重要组成部分，先后经历了从初期的卫星平台结构与有效载荷结构独立设计、中期的平台结构与载荷结构一体化设计改进，以及现阶段的卫星模块化设计。

模块化平台已经成为卫星平台技术发展的新方向，也是实现低成本卫星的关键技术。同时，多星适配器技术，包括卫星堆叠放置、星箭电气接口简化、多星被动式分离的设计理念，也是商业卫星发展的热点研发方向。

（2）商业火箭进入快速发展阶段，推进系统研发是重中之重，液体推进系统为目前主流方向

受限于传统意义上国家对于火箭研发生产主要处于定制化和任务专业化模式，并且主要用于空间基础设施建设的重要任务，国家队火箭存在主要服务于"主战场"、产能相对不足、生产周期较长的特点。而作为进入太空的主要运载工具，近年来随着以星网组网为代表的商业卫星发射计划层出不穷，乃至日渐火热的太空旅游项目，都对传统火箭研制发射模式提出了空前的挑战。商业火箭应运而生，以低成本、快响应、可回收、可重复、小型化等作为发展方向。在专利整体占比方面，商业运载火箭专利申请量占总体运载火箭专利申请量的45%，且近年来呈现逐渐上升趋势，正处于快速发展阶段。

火箭二级分支包含箭体结构、推进系统和测控系统。商业火箭全球申请量自2008年开始快速增长，而中国起步相对较晚，2006年才开始有10项以上的专利申请。在申请趋势方面，中国申请呈现明显的起步晚、发展迅速的特点，尤其近两年专利申请量井喷式增长。而以美国为代表的国外申请通过长期技术积累和沉淀，申请量呈现稳步增长态势，推动技术革新和产业发展。除去国外申请平均公开年限较长的因素外，不同的知识产权保护策略也是申请趋势差异的重要原因。

推进系统是火箭中一个非常重要的组成部分，无论是体积和重量，还是成本均占据了很大一部分，而为了实现火箭的重量轻、体积小、低成本、性能高和寿命长的不断优化目标，特别是满足火箭商业化的需求，必须研制先进推进系统。从全球申请的技术构成分布来看，推进系统是研究热点，申请量8351项，申请占比72%。美国、日本、中国均格外重视该领域的研究，美国推进系统领域的申请占其总申请量的84%，日本是82%，中国是55%。推进系统尤其是液体推进系统是商业火箭的关键技术。而液体火箭推进系统相关专利的研究重点是推力室和增压输送系统，推力室技术包括对喷注器、燃烧室、冷却结构和点火机构的改进，增压输送系统技术进一步细分为涡轮泵、输送管路、流量调节和气压调节。从各技术分支专利申请趋势上看，直流式喷注器、离心式喷注器、同轴式喷注器三种类型喷注器各有优劣，燃烧室方面目前申请热点则更集中于环形燃烧室。随着航天技术的发展，对液体火箭发动机性能的要求也越

来越高，双涡轮式涡轮泵逐渐成为主流的涡轮泵被应用于实际研制和使用中。

从关键技术的角度来看，液氧甲/烷发动机相对于液氧煤油发动机和液氧液氢发动机具有比冲性能高、可贮存性强、变推力特性好、维护使用方便、无毒无污染的特点，成为目前国内外主流的液体火箭推进剂。国内目前相关专利申请人以蓝箭航天、星际荣耀和上海空间推进研究所为主，专利申请研究限于增压装置和增压方法，燃烧室、点火装置以及监控诊断等技术基础比较薄弱。对于液氢液氧发动机的喷管而言，国外申请人近年来申请侧重于铣槽式结构和作为延伸段的单壁结构，国内申请目前侧重于管束式结构。

（3）环境控制与生命保障系统是商业飞船发展特有研究方向，对于未来商业化运营的发展至关重要

飞船是人类进入太空乘坐的空间飞行器、在太空进行各种科学研究活动的实验平台和进行空间开发与军事活动的飞行平台。当前全球主要使用的飞船主要可以分为载人飞船及空间站两类。涉及飞船技术的全球专利申请共3925项，商业飞船技术为658项，占比仅16.8%。飞船项目多数为国家行为，由政府投入经费并将市场大部分用于研制过程，因此，空间飞船技术整体市场化程度较弱，商业化程度较低。商业飞船全球专利申请的来源国主要是美国、中国、俄罗斯，其申请总和约占全球申请量的2/3，美国商业飞船专利申请量排名第一，占据了商业专利申请总量的43%，具有绝对优势。

飞船二级分支包含控制系统、结构系统、测控系统。控制系统申请量占比最大。商业飞船控制系统进一步可细分为环境控制与生命保障系统、姿态控制、轨道控制、电源控制、热控制系统。飞船商业化发展的追求目标在于确保人身安全和设备可靠性的基础上最大额度地创造企业利润，与国家层面的科研目的相比，商业应用更倾向于载人太空旅游，其载人飞船的娱乐价值、体验感显得更为重要。相应地环境控制与生命保障系统用于营造宇航员的太空生活环境，影响载人航天、太空旅游的舒适性、娱乐性和体验感，属于飞船及空间站技术所独有的关键技术，其对商业飞船及空间站商业化进程的发展至关重要。从专利数量上看，涉及环境控制与生命保障系统的专利申请在控制系统申请中占比也最大，为44%。

（4）探测器项目仍为国家主导，商业化程度最低，专利申请人以高校院所为主，主要涉及平台技术

深空探测器是对月球及更远的天体和空间环境进行探测的无人航天器。目前，深空探测器项目以科学探索和实验为主，由政府投入经费并大部分用于研制过程，商业化程度较弱。课题组依据调研、文献阅读和专家咨询，通过符合行业认知的商业化发展需求筛选出了少量的商业探测器专利申请共75项。

探测器二级分支包含科学载荷和平台。商业探测器专利申请来源地集中于中国，占总申请量的77%。俄罗斯、日本位居第二和第三，美国作为航天领域强国在该领域也仅有2项专利申请。中国申请人以中国航天和高校院所为主，进一步说明商业探测器技术目前还处于研发测试阶段。商业探测器专利技术构成几乎全部属于平台二级分支，多涉及月球或火星探测车的技术研究。

(5) 商业地面设备伴随商业火箭发展而发展，中国申请量超过美国，在发射平台热防护涂层材料方面专利具有布局优势，箭地一体化为需要研究方向

从专利角度分析，商业地面设备专利申请量随着商业火箭申请量的快速增长而增长，具体表现为在商业火箭进入快速发展期后2年，商业地面设备专利申请量也进入了快速发展期。

地面设备二级分支包含发射设备、起吊运输设备、加注供气系统、测发控系统和其他辅助设备。发射设备是目前商业地面设备领域的研究热点。中国航天商业化起步晚发展快，受到大量发射服务需求的刺激，对早期较为落后的地面设备的技术更新需求较大，近年来中国在地面设备领域申请了大量专利，中国申请人在商业地面设备领域申请量在全球占比达32%，超过美国成为第一申请来源国。

发射设备相关专利的研究重点是塔架发射，中国、美国、日本都是该方向的重要研究国家。塔架的结构由复杂的勤务塔、脐带塔设计发展成勤务塔和脐带塔合二为一，又逐渐向简易勤务塔或无勤务塔的方向发展。从关键技术的角度来看，规范、优化和简化火箭与地面系统的技术接口，提升箭地一体化设计与发射水平是塔架发射的关键研究方向。在塔架发射平台的热防护技术方面，我国科研院所在平台的涂层材料、分区防护以及喷水降温方面的研发和专利布局已经具有一定的积累，专利量上较国外具有显著优势。此外，空中发射使火箭具有一定初始速度和高度，可提高运载能力，同时还具备机动发射、快速发射以及低成本等优势，在快速响应发射领域发挥着重要作用。美国在空中发射领域处于垄断地位，其专利公开的技术基本来源于技术转让，仅涉及保护释放装置、拖曳式发射等方面的外围技术。乌克兰作为空中发射的积极倡导者，也仅进行了箭机分离结构方面的专利布局。我国在空中发射方面起步较晚，目前以理论分析研究为主。

6.2.3 中美对比

中美两国是全球唯二的在航天全产业链上全面发展的国家，课题组结合前面的商业航天全球产业状况与专利技术研究，从专利分析角度结合产业发展趋势，对美国和中国的商业航天产业进行对比总结。

(1) 世界一流的美国航天实力得益于其充分释放市场力量，中国各领域高速发展，申请量近年来赶超美国

美国在商业卫星、商业火箭、商业飞船技术的专利申请量均大幅高于中国，而在商业地面设备的申请量则低于中国，美国更注重在卫星空间系统、运载火箭、飞船及空间站领域的技术创新。而商业地面设备的申请量较低则与其技术相对成熟、技术更新和迭代相对缓慢有关，体现了美国对已有成熟技术的极致运用。中国近年来在上述四个分支的专利申请量均超越美国，反映了中国近年来较快的发展形势。美国在上述四个分支中他国来美的专利申请占比均高于中国国外来华的专利申请占比，且从前十位申请人看，美国在上述四个分支的前十位申请人皆为企业类型，除商业火箭外均存在2~4位国外申请人占据前十位名额；而中国高校及科研院所占比较高，本土申请人占比达100%，说明了美国的商业航天市场化更加充分、竞争激烈。

(2) 中美重要创新主体具有不同知识产权策略

美国方面，波音公司侧重全球专利布局，开展技术保护。波音公司在运载火箭、卫星空间系统、飞船及空间站、地面设备这四个领域及大部分二级分支均有所布局，在诸多领域进行专利布局以及通过专利转让等手段，进一步提升自身竞争优势。SpaceX 以火箭出名，但其在火箭领域很少布局。另外，虽然 SpaceX 的专利申请并不涉及发动机或可回收运载火箭等关键技术，以避免因专利申请造成相关秘密信息不必要的公开，但是其还在密切关注相关领域的重要专利，并通过专利诉讼的手段保护切身利益。

国内方面，蓝箭航天和星际荣耀，虽然成立时间短，但均较为重视专利申请，其专利数量与波音公司和 SpaceX 相比并不少。从技术领域来看，其在各自的技术领域中均申请了相关的专利，在商业航天领域已经形成一定规模，但是二者还处于创业的初级阶段，还未形成完善的专利运营策略。

(3) 对动力垂直回收这一商业火箭热点技术，中美专利申请侧重点不同

动力垂直回收技术是目前商业火箭液体推进系统的一个研发热点。通过对比中美两国相关专利，可以得知，美国在动力垂直回收技术的专利申请远早于中国，美国侧重于动力垂直回收技术外围技术，并未公开涉及发动机推力调节的关键技术，近年基于商业秘密保护并未涉及相关专利申请。2015 年以来中国申请人相继进入该领域，专利申请出现了爆发式增长，既包括有外围技术，部分专利又公开了发动机推力调节的关键技术。

6.3 发展建议

2021 年是中国航天大年，我国全年发射次数突破 40 次、神州连续两次的载人航天任务、天宫空间站与天问一号的成功标志中国在航天事业进入世界第一梯队，本书综合前述专利分析结论给出如下产业发展建议。

6.3.1 做好航天大国战略顶层设计

(1) 融合军民资源，响应国家战略

中国航天短短几十年取得从"两弹一星"到载人航天工程、火星探索、登月工程的巨大飞跃和成就，更多地得益于举国体制。随着市场经济的不断深化，中国航天从"单一国家投入"向政府、市场双轮驱动转变，我国国防科技工业正在进行市场化改革并促进军民融合的发展，航天事业是军民科技协同创新、国家竞争力与军队战斗力耦合关联最强的领域，亟须军民资源共享来促进技术融合，加快市场发展。

在基础设施方面，针对现有军用航天基础资源而言，在维护国防安全的基础上扩大资源共享力度，为商业化应用提供平台，降低商业航天主体的建造成本，提高现有资源利用率。例如，目前很多民营企业在自建试车台、总装测试厂房方面，存在造价高、周期长、安全与政策受限等问题，国家的这些设施在适当的时候对外开放，有利

于盘活国有资产，也避免了重复投资和资源浪费；对于新兴发射平台建设，鼓励军民共建，引入社会资本，全面支持商业航天主体火箭发射、测控技术的发展，为传统发射、测控技术融入新生力量。

在技术成果方面，我国航天军工技术经过长期科研成果的沉淀，已经获得丰硕的研究成果，但很多技术成果并没有进行产业转化，促进现有军品技术成果二次开发和应用是目前我国商业航天发展的强大推动力。例如，现有成熟的卫星控制系统、火箭测控系统、地面设备发射等相关专利技术，均具有一定的市场交换价值，能够满足商业应用。在当今大国博弈、太空资源竞争日益激烈的局面下，亟须现有技术成果的市场化、商业化，促进军品技术的二次开发和应用。因此，在保证国防安全的基础上，应注意整合具有市场交换价值和满足商业应用的科技成果及专利技术，建立军民共享技术资源库，通过联合开发、委托开发等多元模式促进军品技术二次开发和应用，助力我国商业航天事业迅速发展。

（2）完善政策法规

产业的顺利发展离不开政府部门的规划引导，我国商业航天同样需要明确的管理机构来统筹规划，厘清火箭卫星研制、发射、遥感等阶段的管理归责，加强最高层管理发展规划，提高商业航天发展可控性，兼顾商业航天各个环节，实施整体统筹，确保商业航天所有流程有序实施，避免监管漏洞阻碍商业化顺利发展。航天一直都是高技术、高投入、高风险的事业，为确保商业航天主体的高技术、高投入的商业价值和社会回报，应极力降低安全风险，健全商业航天安全管控体制，加强管控力度，规范火箭卫星研制、发射等市场行为，例如，通过相关法律法规来规范商业航天市场行为，严格发放研制、发射许可证书，监管火箭燃料安全使用等。

商业航天产业的发展规划和监管需要国家政策的支持。进一步厘清政府和市场、不同监管部门之间的权责边界，保障商业航天活动有序开展。同时尽快出台商业航天相关的安全监管法规，为我国企业在参与国际商业发射领域提供明确指引，减少疑虑，从而更积极地参与到国际竞争之中。

（3）加大对民营企业扶持力度

商业航天的门槛高、投资大、战略意义显著，比多数产业更容易受到管理政策的影响。与美国相比，我国航天商业化起步晚。同时航天技术开发具有周期性，具有10年差距，初创企业需要持续不断地注入资金、技术等才能维持生存。在资金方面，可以通过多元化的资金来助力商业航天的发展，助推创新性企业快速成长。在技术方面，鼓励科研院所与企业合作，充分发挥资源优化配置的优势，让人才、技术、市场各展所长，推动我国商业航天的发展早日进入百花齐放状态。

6.3.2 鼓励技术创新和进步

发挥关键核心技术攻关新型举国体制优势，整合技术资源；各个技术分支适应自身技术发展特点，广泛开展技术合作，进行技术优势互补，协同创新，集中研究力量共同攻克制约商业航天发展的核心技术和关键环节。

（1）商业卫星：依托平台结构模块化设计缩减生产周期，降低生产成本，从多星适配器结构研发入手保障宽应用范围、灵活发射方式

目前卫星商业化已经处于较高水平。我国的卫星体系较为完善，覆盖了通信卫星、对地观测卫星、导航/定位卫星和科学卫星以及其他卫星。对地观测卫星和导航/定位卫星是目前我国大力发展的卫星体系，也是目前最成功的应用卫星。但我国通信卫星数量较少，在庞大的通信卫星体系中略显薄弱。卫星发射的前提是拥有相应的轨道资源与频率资源。太空频轨资源"先到先得"，一是抓紧抢占，二是提前申请。为了争夺太空资源，我国2020年9月已向ITU提交了"GW"互联网星网计划，分别规划了极地轨道和近地轨道资源，这一计划将于2027年11月9日之前完成信号验证和卫星发射，这为我国大力推进卫星事业提供了助力。通过规划部署不同功能不同轨道的卫星，一方面可持续推进对地观测卫星和导航/定位卫星保持领先地位，另一方面可弥补空缺，加快通信卫星的研发进度，使我国卫星事业百花齐放。

商业卫星发射是时间、成本、可靠性之间的博弈，卫星平台结构模块化设计以及多星适配器结构研发是关键技术。其中，平台结构模块化设计能够促进生产周期缩短、生产成本降低，多星适配器结构的研发有利于保障结构通用性更好、应用范围更宽、发射方式更灵活。

卫星平台结构系统作为卫星平台的重要组成部分，先后经历了从初期的卫星平台结构与有效载荷结构独立设计、中期的平台结构与载荷结构一体化设计改进，以及现阶段的卫星模块化设计。作为关键技术，模块化设计可从模块化结构和多功能可扩展接口模块两个方面入手，前者将卫星各舱及功能模块设计成标准化独立模块，辅以预先加工技术和3D打印卫星技术，可形成多系列产品型谱和规范，批量化流水线生产，快速组装模块；后者设计每个模块提供更多的接口，增强模块的可扩展功能，满足不同平台和载荷设备的装星要求。目前上海微小卫星工程中心具有多项专利布局，其在卫星平台模块化技术领域具有领先优势，国内民营卫星企业可以有针对性地向国内优秀科研中心寻求技术支持。

一次火箭发射所搭载的卫星越多，越能降低发射成本。搭载卫星的数量一方面取决于多星的布局即多星适配器的结构形式，另一方面取决于多星与适配器间的分离方式。目前国内外典型小卫星搭载发射适配器主要有多载荷搭载适配器ESPA、搭载适配器SAM、阿里安多载荷搭载适配器ASAP等。世界领先的一箭多星技术掌握在美国的SpaceX手中，其使用猎鹰9号火箭携带了143颗卫星进入太空，刷新了一箭多星的世界发射纪录。通过对其为数不多的专利进行分析发现，其名为"航天器供配电系统自主激活"的专利中公开的多星布局方式及分离方式与现有的方式存在较大差异，其多星布局为卫星分成两堆、沿竖直的特殊锁定装置分层堆叠排列、分离方式为当到达轨道后由卫星自主激活特殊锁定装置释放卫星，各卫星靠自旋的微小速度差自然分离并逐渐散开，上述卫星堆叠放置、星箭电气接口简化、多星被动式分离的设计理念，值得我国航天相关技术领域借鉴。虽然当前运载火箭的技术水平和商业化运用处于加速发展中，但尚未激发服务于一箭数十星发射的技术革新，目前各国或地区申请人在多

星适配器领域申请专利较少。随着多星组网技术和相关标准的不断成熟，多星发射的需求将会越来越多，我国在一箭多星技术技术领域可着眼于未来进行技术的前瞻式布局，以科研课题或者科研项目作为引导，加快关键技术尤其是多星适配器相关的理论突破，鼓励科研院所、商业航天企业以及高校之间加大探索性合作，提升我国一箭多星的技术水平。

（2）商业火箭：动力是核心、可靠性是关键、低成本是主题，深研液体火箭发动机相关技术

火箭领域，我国传统国家队火箭取得了辉煌成就，成果丰硕。商业火箭相较于美国起步较晚，目前国内主要创新主体尤其是民营企业仍在技术创新积累阶段，主要发力点集中于液体火箭推进系统的技术创新与生产制造，以比冲性能高、可贮存性强、冷却性能好、维护使用方便、无毒无污染的液氧/甲烷发动机和大推力、燃料清洁、无积碳结焦现象的氢氧发动机为重点研究方向。

目前国内液氧/甲烷发动机的研制尚处于起步阶段，相关专利的申请人以蓝箭航天、星际荣耀和上海空间推进研究所为主，专利申请的内容集中于增压装置和增压方法等。相比之下，国外申请人的研究范围更加全面和深入，涉及复杂密封系统的改进、推进剂质量－功率－效率关联性、变推力、甲烷结焦和传热性、甲烷的压力和稳定性、液氧/甲烷发动机的重复使用、点火装置和方法等，国内目前在燃烧室设计、点火装置以及监控诊断等技术基础比较薄弱。建议国内民营企业可以与北京航空航天大学、国防科技大学、北京航天动力研究所、西安航天动力研究所等高校和科研机构合作，依托上述高校和科研机构在氢氧发动机和液氧/煤油发动机技术研究中取得的成果，以及其在液氧煤油发动机的点火装置、燃料混合比、增压系统以及氢氧发动机的密封装置、导管布置、燃烧室内壁结构等技术进行的专利布局，在开展理论研究和实验分析的基础上，尝试将现有的氢氧发动机和液氧/煤油发动机技术转用于液氧/甲烷发动机的研制中，扩展研发思路，加快研发进度。

在氢氧发动机方面，喷管是氢氧发动机的重要组件，负责控制热气的方向和膨胀，这些热气从燃烧室排出，经过喉衬部分膨胀并加速，为氢氧发动机产生大推力，我们着重对喷管进行分析。专利数据反映，对于管束式结构，国外相关专利文献的公开日较早，集中在2000年之前，近十年内专利申请则侧重于铣槽式结构和作为延伸段的单壁结构，国外喷管相关技术的研究重点已不再是管束式结构。而我国长征三号甲YF－75、长征五号YF－77等系列火箭发动机上所使用的依然是螺旋管束式结构，近几年相关专利的布局也侧重于管束式结构。建议国内创新主体借鉴国外经验，尝试研发铣槽式结构和单壁结构，特别是连续碳纤维增韧碳基体复合材料、陶瓷基体复合材料、钛合金材料等复合材料或合金材料的单壁喷管的相关生产技术和工艺，实现喷管结构的跨越式发展。

（3）商业地面设备：塔架发射仍是主要发射方式，积极研发提升箭地一体化创新技术，关注空中发射

在地面设备领域，我国传统航天地面基础设施的建设起步并不晚，但由于前期技

术条件的限制，航天发射地面设备主要面对国家需求，技术积累和创新不足，发射场资源利用不够充分。随着商业发射需求的增加，对低成本、高效率的发射服务提出了更高的要求。发射设备是地面设备中最基本的设备，发射设备中各种发射方式的创新应用为发射成本的控制提供了更多选择和途径。目前塔架发射仍是各国或地区的主要发射方式，提升箭地一体化设计与发射水平是塔架发射的关键研究方向。发射平台热防护技术为我国目前优势领域。同时，空中发射作为快速响应发射模式的重要方式，其运载器的投放以及空射液体推进火箭是我国技术上较为空白的领域，需要予以关注。

在塔架发射方面，为了实现自动发射以及通用发射，采用"通用硬件基础设备+适应性软硬件组合"实现火箭地面测发控设备的一体化是主流方向。我国在重型运载火箭测发控一体化设计方面有所研究，但同一工位多构型火箭发射能力及同一构型火箭多工位发射能力的发射场共享技术有待进一步发展。建议在火箭、航天器设计阶段就充分考虑与发射场系统进行结合，在全任务场景下开展系统间接口数字化设计。此外，我国十分重视发射平台热防护技术，在发射平台热防护方面投入了大量的研发力量，中国科学院大连化学物理研究所在热防护涂层材料方面具有一定优势，北京航天发射技术研究所提出的划区热防护的概念，使平台热防护更有针对性。私营企业对产品的研究更加便利，以星际荣耀为代表的私营企业则更加注重导流结构的改进，未来可发挥科研院所的材料优势以及企业的结构优势，将防护涂层与防护结构的改进进行一定程度的结合研究，使平台热防护技术更为可靠，扩大我国在该领域优势地位。

在空中发射方面，美国在空中发射技术上基本处于垄断地位，专利申请一家独大，且空射运载器投放从重力辅助分离方式到垂直空射撬 VALS 技术，均由美国研发并实施。乌克兰作为空中发射的积极倡导者，仅进行了箭机分离结构方面的专利布局。我国的北京宇航系统工程研究所的研究方向以空中发射系统方案、火箭系统方案等整体技术为主，对空射火箭的系统结构、气动外形、点火姿态与运载能力关系等技术进行了深入研究。西北工业大学对内装式空中发射进行了多方面研究，包括分离方式、姿态控制方法等，并对分离过程进行了模拟仿真，设计了火箭飞行程序，从理论上研究了内装式空射火箭初始弹道稳定方法。空军工程大学通过建模，分析并建立了箭机分离过程的动力学方程，对箭机分离后箭体气动特性、载机飞行品质进行了数值仿真等工作。整体上，我国在空中发射领域的发展处于起步阶段。运载器投放技术和空射液体火箭是空中发射的发展核心及未来研究趋势。

在运载器投放技术方面，外挂式投放技术掌握在美国波音公司和乌克兰国家设计局手中，可作为我国发展外挂式投放技术的参考。内装式投放技术的强机动性是未来重点研究的投放方式，但研发难度较大，目前各国或地区内装式发射研究和实践均较少，俄罗斯的飞行号、美国的 Quick Reach 在内装式投放模式上具有一定的借鉴意义。气球释放式投放技术是国外私人航天企业竞相角逐的商业领域，有望成为发射微小卫星的主要投放方式，加拿大公开的空射混合气球系统可作为我国发展气球释放式投放技术的参考。背驮式投放技术是空中发射投放领域的空白点，目前美国将其作为重点发展的投放方式之一进行进一步研究。该投放技术的运载能力较强，目前还没有国家能够很好实现，有望成为我国空射研发的突破点。因外挂式投放应用较为广泛，我国可在优先发展外挂式投放技术的基础上，进一步研发机动性更强的内装式、气球释放式，结合开展背驮式投放的探索，突破投放领域的技术空白点。对于空射液体火箭技术，LLC 提出的液体推进剂火箭的空中发射系统作为该方向的基础技术可为该项技术后续的发展带来一定的启示。

6.3.3 注重自主创新，加强知识产权保护利用

创新是第一生产力，在全产业链条多点开花多角度鼓励创新与企业进步，加强知识产权保护，强化知识产权的创造、保护和运用对于发展航天行业具有重要意义。

（1）自身注重自主创新发展

创新是商业航天实现长远发展的关键途径。商业航天绝不是现有产品的简单重复和包装，而是自主创新驱动下的技术跨越和产业升级，创新是商业航天实现长远发展的关键途径。其创新不仅仅是技术创新，而是包括技术、产品、管理在内的多种手段综合创新。

技术上，传统航天已有的成熟技术能够作为商业航天的基础，使商业航天在此基础上进行有利于商业化发展的其他技术探索。站在巨人的肩膀上将已有的成熟技术发挥至极致，避免重复研发投入，对于需要探索的关键技术勇于创新。目前，高可靠性、低成本、快响应是商业航天发展的必然趋势，与我国传统航天不计成本追求高可靠性的目标有所差异，因而在高可靠性的基础上追求低成本、快响应必然需要商业航天主体勇于创新，推动可回收、重复使用等关键技术发展。

产品上，商业火箭可找准定位，差异化发展，不断推动新材料、新器件、新工艺的应用。在突破产品关键技术后，可以新技术为起点开拓更多的产品，以进一步提高产品性价比，实现全产业链发展，例如，SpaceX 在完成飞船货运任务后，开始攻克火箭回收技术，以更低发射成本开拓市场。我国相关企业，尤其是火箭研发民营企业，目前仍处于关键技术攻关阶段，在完成攻关后，可进一步向全产业链发展，例如，开拓亚轨道太空旅行等。

管理上，新的设计理念与生产组织模式是控制成本的关键。扁平化的组织结构已被很多致力于科技研发的中小型企业所采纳，其能够显著提高内部沟通和运行效率，降低行政运作成本，是商业航天民营企业的优势。民营企业也可将这一理念植入到商业航天产品的研发中，主张产品线的简约以及部件的模块化、通用化、标准化。

（2）构建专利许可及联盟制度，积极开展不同创新主体之间的交流合作

现阶段国内商业航天各创新主体之间的技术封锁还比较严重，专利交叉许可或更高形式的专利联盟并未出现。而针对商业航天市场，目前国内各企业相互之间为合作共赢状态，现阶段主要目标是集中力量，统一提高国内整体商业航天竞争水平。因此，可尝试在商业航天领域构建专利交叉许可或联盟制度，统筹专利布局，促进协同创新。具体而言，对于国内商业航天产业较为聚集的北京、上海、陕西等地区，各区域内或

跨区域的国有企业、民营企业、高校科研院所可展开交流和合作。例如，在商业卫星平台结构，西北工业大学也与多家卫星企业存在联合申请的情况，我国部分具有军工背景的高校在卫星理论研究方面具有一定的技术积累，商业航天企业可以充分利用高校扎实的理论基础及人才优势，加强合作，实现关键技术算法的快速突破。针对商业火箭的关键技术动力垂直回收技术而言，我国军工企业航天科工火箭技术有限公司、湖北航天技术研究院总体设计所，民营企业星际荣耀、蓝箭航天以及高校北京航空航天大学等均在此领域布有专利申请，且技术内容分布于发动机推力调节、返回过程高精度控制以及着陆支撑机构三个技术分支。为加强关键技术的研发力度，可尝试凝聚各关键技术的研发主体，建立关键技术联盟，鼓励各机构及企业技术实行专利交叉许可或制定技术交互的互惠政策，增强相关技术关联性，避免重复性研发工作，大力倡导关键技术尤其是卡脖子技术的联合研发，实现钻攻克难合作共赢。针对发射平台热防护技术，中国科学院大连化学物理研究所可发挥其材料研究优势，进一步研发能够适用不同发射场以及高湿、高盐、高紫外线环境下的耐火新材料，加强多层材料结合涂覆技术。北京航天发射技术研究所可以在其导流结构研究的基础上，与私营企业例如星际荣耀等联合开展导流结构方面的研究，进一步优化导流效果，减轻平台热防护压力。未来可发挥科研院所的材料优势以及企业的结构优势，将防护涂层与防护结构的改进进行一定程度的结合研究，使平台热防护技术更为可靠。

（3）保护商业机密，规划专利布局，提高专利撰写技巧

对于商业航天主体的科技成果的保护应因地制宜，尖端技术作为商业机密保护，而具有一定竞争力的关键技术积极规划专利布局。美国商业航天的创新主体对知识产权的保护策略注重以商业秘密进行保护，其在杜绝关键技术泄露的同时也暴露出目前商业航天技术专利布局存在一定的空白点。我国创新主体在借鉴其尖端技术作为商业机密保护的同时，更应加强研发力度，尽力加快研发进程，对于具有竞争力的关键技术保护积极规划专利布局，利用美国专利布局空白点提前申请专利保护。在寻找专利布局保护和商业秘密保护的平衡点方面，有以下三个方面的建议，供国内创新主体参考。

第一，对于应用于相近领域的已公开的通用技术，可在适应性调整微创新的基础上在新领域进行布局。以液体火箭发动机相关技术为例，对于点火装置、燃烧室增压系统、密封装置等已经成功应用于氢氧发动机和液氧/煤油发动机的零部件和相应的设计方法，可在适应性调整微创新的基础上采用专利布局的方式进行用于液氧/甲烷发动机上的技术保护。对于燃气发生器稳定性、喷注器可变节流面积设计、火炬电子点火方式以及发动机及助推器零件的新型复合材料应用等关键技术，采用商业秘密的方式进行技术保护。

第二，对于国外已有布局而我国布局相对空白的领域，针对不同技术的发展情况适当布局相关专利。以在快速响应发射领域发挥着重要作用的空中发射技术为例，相对于国外我国专利布局较为空白。对于发展较为成熟的外挂式投放技术、商业模式较为明显的气球式投放技术建议国内申请人进行相关的专利布局，以拓展市场，降低侵

权风险。对于内装式、背驮式等尚处于研究摸索阶段的研发成果建议采用商业秘密进行保护。

第三，注重专利申请文件的撰写技巧，以实现既有专利保护，又隐藏最核心技术。以发射平台热防护技术为例，在涂层材料研发上主要涉及材料相关技术的改进，该项技术通用性较好，可同样应用于烧蚀、锻造等其他需要热防护环节。目前对于该项技术国内申请人已具有初步布局优势，一方面可进一步围绕该项技术积极布局周边专利，扩大优势；另一方面，在专利撰写上，可仅将材料涉及组分公开，而保留最核心的能使效果最大化的配方比例。以此方法既布局基础专利，又通过相应的撰写策略将核心技术以秘密保护起来。对于火箭相关技术而言，同样可以将创新方法申请专利进行专利保护，而将各组成部件的核心工艺参数、技术突破点作为技术秘密进行保护。

此外，基于我国的专利制度，如果相关创新成果涉及国防装备生产，则应通过国防专利进行技术秘密保护。

（4）按需加强全球布局，防范国外来华申请侵权风险

从技术来源和流向来看，美国、德国、法国等商业火箭专利的海外布局更为全面，中国的航天商业化起步较晚，虽然具有一定数量的专利申请但没有海外布局。在未来的航天商业化发展进程当中，国内相关民营企业应该提高对知识产权国际规则的理解和把握能力，重视海外市场的专利布局。对于美国、德国、法国等商业航天大国，尝试以外围专利布局的方式打开市场，立足求稳；随着"一带一路"倡议的深入推进实施，沿线国家或地区在遥感应用、通信与广播应用、导航定位与授时应用等方面，对商业卫星发射等均存在广泛需求，这也为我国商业航天发展带来了机遇。

除了"走出去"之外，国内申请人也应同时注重"走进来"的国外专利潜在的风险。随着我国商业航天产业的不断发展，以美国、欧洲为代表的国外申请人在我国的专利申请布局明显增多，一方面说明国外申请人对于中国商业火箭市场的重视程度增加，另一方面说明国内申请人应该在进行技术创新的同时密切关注潜在风险。如发现国外来华申请与自身技术发展存在冲突，应尽早实施相关风险规避措施，如在审查阶段积极提供公众意见，在授权阶段发起无效，针对其专利布局的空白区域，积极布局外围专利等。

附录 申请人名称约定表

约定名称	申请人名称
三菱	MITSUBISHI DENKI KABUSHIKI KAISHA
	MITSUBISHI DENKI KK
	MITSUBISHI ELECTRIC CORP
	MITSUBISHI ELECTRIC CORPORATION
	MITSUBISHI ELECTRIC RESEARCH LABORATORIES INC
	MITSUBISHI HEAVY IND LTD
	MITSUBISHI HEAVY INDUSTRIES LTD
	MITSUBISHI JUKOGYO KABUSHIKI KAISHA
	MITSUBISHI JUKOGYO KK
	MITSUBISHI PRECISION CO LTD
	MITSUBISHI SPACE SOFTWARE KK
	三菱プレシジョン株式会社
	三菱電機株式会社
	三菱重工業株式会社
	三菱重工业株式会社
空客公司	AIRBUS DEFENCE AND SPACE GMBH
	AIRBUS DEFENCE AND SPACE LIMITED
	AIRBUS DEFENCE AND SPACE NETHERLANDS B V
	AIRBUS DEFENCE AND SPACE S A
	AIRBUS DEFENCE AND SPACE SAS
	AIRBUS DEFENCE SPACE SA
	AIRBUS DEFENCE SPACE SAS
	AIRBUS DS GMBH
	AIRBUS GMBH
	AIRBUS ONEWEB SATELLITES SAS
	AIRBUS OPERATIONS GMBH

续表

约定名称	申请人名称
空客公司	AIRBUS SAFRAN LAUNCHERS
	AIRBUS SAFRAN LAUNCHERS SAS
	空客防务与空间有限公司
	空中客车防务和空间公司
波音公司	BOEING AEROSPACE COMPANY
	BOEING CO
	BOEING NORTH AMERICA INC
	BOEING NORTH AMERICAN INC
	BOEING NORTHAMERICAN INC
	THE BOEING COMPANY
	波音公司
蓝箭航天	LANDSPACE SCIENCE TECHNOLOGY CO LTD
	北京蓝箭空间科技有限公司
	蓝箭航天技术有限公司
	蓝箭航天空间科技股份有限公司
	陕西蓝箭航天技术有限公司
	浙江蓝箭航天空间科技有限公司
零壹空间	北京零壹空间技术研究院有限公司
	北京零壹空间科技有限公司
	深圳零壹空间电子有限公司
	西安零壹空间科技有限公司
	重庆零壹空间航天科技有限公司
	重庆零壹空间科技集团有限公司
戴姆勒	DAIMLER BENZ AEROSPACE AG
	DAIMLER BENZ AG
	DAIMLERCHRYSLER AEROSPACE AG
	DAIMLERCHRYSLER AG
	DAIMLERCHRYSLER AGSTUTTGART 70567 DESTUTTGART70567DEDE
	DAJMLER BENTS EHJROSPEJS AG
休斯航空	HUGHES AIRCRAFT CO
	HUGHES AIRCRAFT CO LOS ANGELES CALIF US
	HUGHES AIRCRAFT COMPANY
	ヒューズ・エアクラフト・カンパニー
	休斯航空公司

续表

约定名称	申请人名称
IHI 公司	IHI AEROSPACE CO LTD
	IHI AEROSPACE CO
	IHI AEROSPACE ENG CO LTD
	IHI CORPORATION
	IHI MARINE UNITED INC
SAAB	SAAB AB
	SAAB MISSILES AB
	SAAB MISSILES AKTIEBOLAG
	SAAB SCANIA AKTIEBOLAGET
	SAAB SPACE AB
星际荣耀	北京星际荣耀科技有限责任公司
	北京星际荣耀空间科技股份有限公司
	北京星际荣耀空间科技有限公司
	北京星际智造科技有限公司
雷神	RAYTHEON CO
	RAYTHEON CO LEXINGTON
	RAYTHEON CO MASS LEXINGTON USMASS LEXINGTONUSUS
	RAYTHEON COMPANY
星河动力	北京星河动力装备科技有限公司
	四川星河动力空间科技有限公司
	星河动力（北京）空间科技有限公司
US ARMY	ARMY UNITED STATES OF AMERICA
	THE UNITED STATES OF AMERICA AS REPRESENTED BY THE SECRETARY OF THE ARMY
	US ARMY
法国宇航	AEROSPATIALE
	AEROSPATIALE SOCIETE NATIONALE INDUSTRIELLE
	AEROSPATIALE STE NATIONALE INDLE
洛克希德	LOCKHEED CORP
	LOCKHEED MARTIN CORPORATION
	LOCKHEED MISSILES SPACE

续表

约定名称	申请人名称
日产	NISSAN MOTOR
	NISSAN MOTOR CO LTD
	日産自動車株式会社
SPACE SYSTEMS/LORAL LLC	SPACE SYST LORAL INC
	SPACE SYSTEMS/LORAL INC
	SPACE SYSTEMS/LORAL LLC
NORTHROP CORP	NORTHROP CORP
	NORTHROP GRUMMAN CORPORATION
	NORTHROP GRUMMAN INNOVATION SYSTEMS INC
摩托罗拉	MOTOROLA INC
	MOTOROLA INCORPORATED
	摩托罗拉公司
通用电气	GEN ELECTRIC
	GENERAL ELECTRIC COMPANY
	通用电气公司
中科宇航	北京中科宇航技术有限公司
	北京中科宇航探索技术有限公司
ORBITAL SCIENCES CORP	ORBITAL SCIENCES CORP
	ORBITAL SCIENCES CORPORATION
罗罗	ROLLS ROYCE
	ROLLS ROYCE LIMITED
日本电气	NEC CORP
	NEC ENGINEERING LTD

图 索 引

图 2-2-1 "商业化"专利特色分析方法（彩图1）
图 2-2-2 "商业化"专利筛选（22）
图 2-2-3 商业航天商业化指标梳理（23）
图 2-2-4 商业航天商业化筛选模型（24）
图 2-2-5 商业航天商业化筛选模型校验（25）
图 2-2-6 商业航天"商业化"专利分析（31）
图 3-1-1 2009~2018年全球航天产业经济规模走势（36）
图 3-1-2 2009~2018年全球商业航天经济规模走势（36）
图 3-1-3 2018年全球商业航天产业链经济规模情况（37）
图 3-1-4 航天装备全球专利申请量占比（38）
图 3-1-5 航天装备全球专利申请趋势（39）
图 3-1-6 航天装备与商业航天装备专利全球专利申请趋势（40）
图 3-1-7 航天装备全球技术来源国家或地区分布（40）
图 3-1-8 航天装备全球专利申请主要目标市场区域分布（41）
图 3-1-9 航天装备各技术专利申请占比（41）
图 3-1-10 航天装备各技术分支专利申请趋势（42）
图 3-1-11 航天装备全球主要专利申请人（42）
图 3-1-12 商业航天装备全球专利申请占比（43）
图 3-1-13 商业航天装备全球及中国专利申请趋势（43）
图 3-1-14 商业航天装备专利申请全球技术来源国家或地区分布（44）
图 3-1-15 商业航天装备全球专利申请主要目标市场区域分布（44）
图 3-1-16 商业航天装备中国专利申请主要技术来源地分布（45）
图 3-1-17 商业航天装备专利申请技术分布（45）
图 3-1-18 商业航天装备全球和中国各技术分支申请趋势（46）
图 3-1-19 商业航天装备全球各技术分支商业占比（47）
图 3-1-20 商业航天装备全球主要专利申请人专利申请排名（47）
图 3-1-21 商业航天装备中国专利申请量区域分布（48）
图 3-2-1 在轨活跃卫星数量（50）
图 3-2-2 航天产业和卫星产业收入（51）
图 3-2-3 卫星产业收入在航天产业收入的占比（51）
图 3-2-4 卫星产业各技术分支收入年度变化趋势（52）
图 3-2-5 卫星产业各分支收入占比年度变化趋势（52）
图 3-2-6 主要国家/地区在轨卫星数量趋势（52）
图 3-2-7 主要国家或地区拥有不同功能卫星数量占比（53）
图 3-2-8 导航/定位卫星主要国家或地区占比（53）
图 3-2-9 主要国家或地区占据的轨道资源（54）
图 3-2-10 美国不同功能卫星数量（54）
图 3-2-11 美国不同轨道卫星数量（55）

图 3-2-12 中国不同功能卫星数量 (56)
图 3-2-13 中国不同轨道卫星数量 (56)
图 3-2-14 俄罗斯不同功能卫星数量 (57)
图 3-2-15 俄罗斯不同轨道卫星数量 (57)
图 3-2-16 卫星/商业卫星全球专利申请量趋势 (60)
图 3-2-17 商业卫星全球和中国专利申请量趋势 (61)
图 3-2-18 商业卫星专利申请量及商业卫星数量占比随年份变化趋势 (61)
图 3-2-19 卫星和商业卫星全球专利申请主要来源地 (62)
图 3-2-20 主要国家或地区技术分支商业化分布情况 (63)
图 3-2-21 卫星与商业卫星全球主要目标市场区域分布 (63)
图 3-2-22 卫星市场主要来源地和目标地技术流向 (64)
图 3-2-23 卫星/商业卫星主要申请人专利申请数量年度变化情况 (64)
图 3-2-24 卫星全球主要申请人专利申请排名 (65)
图 3-2-25 商业卫星全球主要申请人专利申请排名 (65)
图 3-2-26 商业卫星全球专利申请技术构成 (66)
图 3-2-27 商业卫星各技术分支申请趋势 (66)
图 3-2-28 主要国家或地区技术分支商业化专利申请分布 (67)
图 3-2-29 商业卫星各二级技术分支商业化专利申请占比 (67)
图 3-3-1 火箭商业化发展关键问题 (69)
图 3-3-2 火箭全球和中国申请量情况 (71)
图 3-3-3 商业火箭全球申请量占比随年份变化趋势 (72)
图 3-3-4 商业火箭中国与其他国家或地区申请情况 (73)
图 3-3-5 火箭全球专利申请主要来源地分布 (74)
图 3-3-6 商业火箭与火箭全球专利申请主要来源地对比 (74)
图 3-3-7 商业火箭全球专利申请主要来源地变化趋势 (彩图1)
图 3-3-8 火箭全球主要目标市场区域专利申请分布 (75)
图 3-3-9 商业火箭全球主要目标市场区域专利申请分布 (76)
图 3-3-10 商业火箭全球转让专利及占比变化趋势 (76)
图 3-3-11 商业火箭全球转让专利占比分布与变化趋势 (77)
图 3-3-12 火箭和商业火箭全球专利申请人数量变化对比 (80)
图 3-3-13 火箭全球主要申请人专利申请量排名 (81)
图 3-3-14 商业火箭全球主要申请人专利申请量排名 (81)
图 3-3-15 火箭全球专利申请技术构成 (82)
图 3-3-16 火箭主要来源地专利申请技术构成对比 (82)
图 3-3-17 火箭各技术分支专利申请趋势 (83)
图 3-3-18 商业火箭全球专利申请技术构成 (83)
图 3-3-19 商业火箭主要来源地申请技术构成对比 (83)
图 3-3-20 商业火箭各技术分支专利申请趋势 (84)
图 3-3-21 阿里安系列运载火箭产品的专利申请分布 (86)
图 3-3-22 阿里安系列运载火箭产品的专利布局概况 (86)
图 3-4-1 空间飞船技术全球专利申请量发展趋势 (91)
图 3-4-2 商业飞船全球专利申请量发展趋势 (92)
图 3-4-3 商业飞船技术和空间飞船技术申请量趋势对比 (93)
图 3-4-4 商业飞船技术申请量占比随年份变化趋势 (94)

285

图3-4-5 空间飞船技术全球专利申请来源地分布情况（94）

图3-4-6 商业飞船技术全球专利申请来源地分布情况（94）

图3-4-7 飞船和商业飞船申请人数量随年份变化情况（95）

图3-4-8 飞船全球专利申请主要目标市场区域分布（96）

图3-4-9 商业飞船全球专利申请主要目标市场区域分布（96）

图3-4-10 飞船技术及商业飞船技术全球专利的主要目标地对比（97）

图3-4-11 航天飞船及空间站全球主要申请人专利申请排名（97）

图3-4-12 商业飞船全球主要申请人专利申请排名（98）

图3-4-13 商业飞船主要申请人商业化专利申请占比（99）

图3-4-14 商业空间飞船技术专利技术构成（99）

图3-4-15 商业空间飞船控制系统专利技术构成（99）

图3-5-1 商业探测器全球专利申请趋势（101）

图3-5-2 探测器及商业探测器全球专利申请趋势对比（102）

图3-5-3 商业探测器全球专利主要来源地申请排名（102）

图3-5-4 探测器和商业探测器全球专利主要来源地申请分布对比（103）

图3-5-5 商业探测器全球专利申请目标市场区域（103）

图3-5-6 探测器和商业探测器全球专利的主要目标市场区域申请分布对比（103）

图3-5-7 商业探测器全球主要专利申请人专利申请排名（104）

图3-5-8 商业探测器全球主要专利申请人商业化专利占比（104）

图3-5-9 商业探测器全球技术分支专利申请占比（104）

图3-6-1 商业地面设备全球和中国专利申请量随年份变化趋势对比（107）

图3-6-2 商业地面设备专利申请量在地面设备中的占比随年份变化趋势（109）

图3-6-3 商业地面设备全球专利申请主要来源地分布（109）

图3-6-4 商业地面设备专利主要来源地申请量年份变化趋势（110）

图3-6-5 商业地面设备全球主要目标市场区域专利申请分布（111）

图3-6-6 地面设备全球主要技术来源地和目标市场专利申请流向（112）

图3-6-7 地面设备与商业地面设备全球主要目标市场区域专利申请对比（112）

图3-6-8 地面设备/商业地面设备申请人数量随年份变化情况（113）

图3-6-9 商业地面设备全球主要申请人专利申请量排名（113）

图3-6-10 商业地面设备全球专利申请技术构成分布（115）

图3-6-11 商业地面设备各技术分支申请趋势（115）

图3-6-12 地面设备与商业地面设备主要来源地申请技术构成对比（彩图2）

图3-6-13 商业地面设备二级分支商业化专利申请占比（116）

图3-6-14 主要国家或地区商业地面设备占比以及技术分支专利申请分布情况（116）

图4-1-1 商业卫星结构系统专利申请趋势（121）

图4-1-2 商业卫星结构系统专利技术功效（122）

图4-1-3 商业卫星结构系统专利申请来源地分布（122）

图4-1-4 商业卫星结构系统专利申请主要来源地和目标市场流向（123）

图4-1-5 商业卫星结构系统全球主要申请人专利申请排名（124）

图4-1-6 卫星结构平台发展阶段（124）

图索引

图 4-1-7 美国仙童公司卫星公用平台（125）
图 4-1-8 卫星平台结构系统前十申请人专利申请排名（126）
图 4-1-9 分离结构发展阶段（131）
图 4-1-10 多星适配器（132）
图 4-1-11 卫星平台结构系统主要申请人专利申请排名（133）
图 4-1-12 展开机构发展阶段（138）
图 4-1-13 商业卫星平台专利技术发展路线（彩图3）
图 4-1-14 多星适配器专利技术发展路线（143）
图 4-2-1 商业火箭液体推进系统专利申请趋势（146）
图 4-2-2 液体推进系统主要技术构成（146）
图 4-2-3 液体推进系统重点技术专利技术功效（一）（147）
图 4-2-4 液体推进系统重点技术专利技术功效（二）（147）
图 4-2-5 火箭液体推进系统专利申请来源地分布（148）
图 4-2-6 液体推进系统技术专利申请主要来源地和目标市场流向（149）
图 4-2-7 液体推进系统领域全球主要申请人专利申请排名（149）
图 4-2-8 外加热式 N_2O 单组元推力室（150）
图 4-2-9 内加热式 N_2O 单组元推力室（150）
图 4-2-10 甲烷-氧气双组元推力室结构（151）
图 4-2-11 双组元液体火箭发动机推力室三大材料体系发展脉络（152）
图 4-2-12 整体式直流喷注器（153）
图 4-2-13 双组元离心喷注器（153）
图 4-2-14 三种不同类型喷嘴（154）
图 4-2-15 三种不同类型喷注器专利技术发展路线（155）
图 4-2-16 三种不同燃烧室专利技术发展路线（157）
图 4-2-17 涡轮泵主要结构类型对比（158）

图 4-3-1 发射设备全球专利申请随年份变化趋势（171）
图 4-3-2 发射设备专利技术构成（173）
图 4-3-3 发射设备重点技术专利技术功效分布（174）
图 4-3-4 发射设备重点技术专利主要关注性能分布（174）
图 4-3-5 发射设备全球主要技术来源地专利申请分布（175）
图 4-3-6 主要国家或地区发射设备领域技术分支专利申请分布（175）
图 4-3-7 发射设备的全球主要目标市场区域专利申请分布（175~176）
图 4-3-8 发射设备领域全球主要申请人专利申请排名（176）
图 4-3-9 塔架发射技术专利发展路线（177）
图 4-3-10 空中发射技术专利发展路线（183）
图 4-3-11 海上发射技术专利发展路线（184）
图 4-3-12 测试/诊断一体化软件原理（188）
图 4-3-13 划区降温设置示意（190）
图 5-1-1 中国和美国商业航天专利申请量对比（211）
图 5-1-2 中国和美国商业航天专利申请量随年份变化趋势（212）
图 5-1-3 中国和美国商业航天专利申请的商业化占比（212）
图 5-1-4 中国商业航天专利申请主要来源地（213）
图 5-1-5 美国商业航天专利申请主要来源地（213）
图 5-1-6 中国和美国商业航天专利技术构成对比（214）
图 5-1-7 中国商业航天专利技术构成对比（214）
图 5-1-8 美国商业航天专利技术构成对比（215）
图 5-1-9 中国商业航天专利技术构成商业占

287

比（216）
图 5-1-10 美国商业航天专利技术构成商业占比（216）
图 5-1-11 中国和美国商业航天各分支主要申请人专利申请对比（217）
图 5-2-1 中国和美国空间系统卫星分支专利申请量对比（219）
图 5-2-2 商业卫星空间系统中国和美国专利申请量随年份变化趋势（220）
图 5-2-3 商业卫星空间系统中国专利申请主要来源地（220）
图 5-2-4 商业卫星空间系统美国专利申请主要来源地（221）
图 5-2-5 中国和美国商业卫星空间系统专利申请技术构成（221）
图 5-2-6 中国商业卫星空间系统各分支专利申请趋势（222）
图 5-2-7 美国商业卫星空间系统各分支专利申请趋势（222~223）
图 5-2-8 中国和美国商业卫星空间系统排名前20名申请人类型（223）
图 5-2-9 中国和美国商业卫星空间系统前十申请人专利申请排名（224）
图 5-2-10 中国和美国商业运载火箭专利申请量（225）
图 5-2-11 中国和美国运载火箭专利申请量随年份变化趋势（225）
图 5-2-12 运载火箭中国专利申请主要来源地（226）
图 5-2-13 运载火箭美国专利申请主要来源地（226）
图 5-2-14 中国和美国运载火箭专利申请技术构成（227）
图 5-2-15 美国运载火箭技术分支专利申请趋势（227）
图 5-2-16 中国运载火箭技术分支专利申请趋势（228）
图 5-2-17 中国与美国商业运载火箭排名前20位申请人类型对比（229）
图 5-2-18 中国和美国运载火箭主要申请人专利申请对比（230）

图 5-2-19 商业飞船及空间站中国和美国专利申请量对比（230）
图 5-2-20 商业飞船及空间站中国和美国专利申请年度变化态势（231）
图 5-2-21 中国商业飞船及空间站专利技术来源地（231）
图 5-2-22 美国商业飞船及空间站专利技术来源地（232）
图 5-2-23 中国和美国商业飞船及空间站专利技术主要目标市场区域（232）
图 5-2-24 商业飞船及空间站中国和美国专利技术分支占比（233）
图 5-2-25 中国商业飞船及空间站技术分支专利申请趋势（233）
图 5-2-26 美国商业飞船及空间站技术分支专利申请趋势（234）
图 5-2-27 中国和美国商业飞船及空间站排名前15位申请人类型对比（235）
图 5-2-28 中国和美国商业飞船及空间站主要申请人专利申请对比（236）
图 5-2-29 商业地面设备中国和美国专利申请量对比（236）
图 5-2-30 商业地面设备中国和美国专利申请年份变化趋势（237）
图 5-2-31 地面设备中国专利技术来源地（237）
图 5-2-32 地面设备美国专利技术来源地（237）
图 5-2-33 商业地面设备中国和美国专利技术构成对比（238）
图 5-2-34 商业地面设备中国和美国专利主要申请人专利申请对比（239）
图 5-3-1 SpaceX 主要事件（242）
图 5-3-2 蓝箭航天主要事件（242）
图 5-3-3 星际荣耀主要事件（243）
图 5-3-4 商业航天高端制造主要申请人专利申请趋势对比（245）
图 5-3-5 商业航天高端制造主要申请人目标市场区域专利申请分布（246）
图 5-3-6 商业航天高端制造主要申请人不同技术分支专利申请分布（246）

图 5-3-7 商业航天高端制造主要申请人专利转让情况 (248)
图 5-4-1 动力垂直回收技术中国和美国专利申请趋势 (252)
图 5-4-2 动力垂直回收技术中国和美国主要申请人专利申请分布 (253)
图 5-4-3 动力垂直回收技术中国和美国专利技术构成 (253)
图 5-4-4 动力垂直回收技术中国和美国重点专利价值谱 (彩图4)

表 索 引

- 表1-1-1 美国商业航天各领域代表企业（5）
- 表1-3-1 商业航天技术分解（13~15）
- 表1-4-1 商业航天技术效果定义（16）
- 表2-2-1 航天装备检索结果（21）
- 表2-2-2 卫星具体技术指标筛选（27）
- 表2-2-3 卫星商业化筛选模型校验及补充（28）
- 表2-2-4 商业航天装备筛选结果（30）
- 表3-2-1 卫星空间系统各组成部分功能及分类（58~59）
- 表3-3-1 火箭技术分解表（69~70）
- 表3-3-2 商业火箭重要专利受让人汇总（78）
- 表3-3-3 商业火箭典型转让专利（79）
- 表3-3-4 全球主要中型商业火箭产品对比（一）（84）
- 表3-3-5 全球主要小型商业火箭产品对比（二）（87）
- 表3-5-1 探测器技术分解（100）
- 表3-6-1 地面设备技术分解（114）
- 表4-1-1 商业卫星结构系统技术分支（121）
- 表4-1-2 卫星结构平台主要申请人专利研究方向及典型专利（127~130）
- 表4-1-3 卫星结构平台主要申请人专利研究方向及典型专利（134~137）
- 表4-1-4 多星适配器相关重点专利（143~144）
- 表4-2-1 不同推进剂组合比冲性能比较（160）
- 表4-2-2 国内外主要液氧煤油发动机性能对比（163）
- 表4-2-3 流量调节器与氧化剂主路节流联合调节方案对比（165）
- 表4-2-4 国内部分液氧煤油发动机深度推力调节相关专利申请（165）
- 表4-2-5 国外主要氢氧发动机及其应用（167）
- 表4-2-6 国外主要氢氧发动机喷管材料和工艺（168）
- 表4-3-1 空中发射的不同方式（181）
- 表4-3-2 发射平台热防护申请人及专利数和研究方向（189）
- 表4-3-3 可选核心区防护材料（190~191）
- 表4-3-4 不同特点热防护涂层材料相关专利（191~192）
- 表4-3-5 国外空中发射专利及主要技术（193）
- 表4-3-6 美国和俄罗斯空中发射项目（194）
- 表4-3-7 美国空中发射重点专利（195~196）
- 表5-1-1 美国商业航天各领域代表企业（205~206）
- 表5-1-2 国家队商业航天产业参与主体概况（209）
- 表5-1-3 部分民营商业航天产业参与主体概况（209）
- 表5-1-4 中国和美国商业航天对比（210）
- 表5-1-5 中国和美国商业航天技术构成专利活跃度对比（218）
- 表5-2-1 商业卫星空间系统各技术分支活跃度（223）
- 表5-2-2 中国和美国商业运载火箭技术构成专利活跃度对比（229）
- 表5-2-3 中国和美国商业飞船及空间站技术构成专利活跃度对比（235）

表 5-2-4 商业地面设备各技术分支活跃度（239）

表 5-3-1 各商业企业拥有主要火箭对比（244）

表 5-3-2 主要申请人的专利技术分支分布（247）

表 5-4-1 动力垂直回收技术中国和美国重点专利（254~255）

书　号	书　名	产业领域	定价	条　码
9787513006910	产业专利分析报告（第1册）	薄膜太阳能电池 等离子体刻蚀机 生物芯片	50	9787513006910
9787513007306	产业专利分析报告（第2册）	基因工程多肽药物 环保农业	36	9787513007306
9787513010795	产业专利分析报告（第3册）	切削加工刀具 煤矿机械 燃煤锅炉燃烧设备	88	9787513010795
9787513010788	产业专利分析报告（第4册）	有机发光二极管 光通信网络 通信用光器件	82	9787513010788
9787513010771	产业专利分析报告（第5册）	智能手机 立体影像	42	9787513010771
9787513010764	产业专利分析报告（第6册）	乳制品生物医用 天然多糖	42	9787513010764
9787513017855	产业专利分析报告（第7册）	农业机械	66	9787513017855
9787513017862	产业专利分析报告（第8册）	液体灌装机械	46	9787513017862
9787513017879	产业专利分析报告（第9册）	汽车碰撞安全	46	9787513017879
9787513017886	产业专利分析报告（第10册）	功率半导体器件	46	9787513017886
9787513017893	产业专利分析报告（第11册）	短距离无线通信	54	9787513017893
9787513017909	产业专利分析报告（第12册）	液晶显示	64	9787513017909
9787513017916	产业专利分析报告（第13册）	智能电视	56	9787513017916
9787513017923	产业专利分析报告（第14册）	高性能纤维	60	9787513017923
9787513017930	产业专利分析报告（第15册）	高性能橡胶	46	9787513017930
9787513017947	产业专利分析报告（第16册）	食用油脂	54	9787513017947
9787513026314	产业专利分析报告（第17册）	燃气轮机	80	9787513026314
9787513026321	产业专利分析报告（第18册）	增材制造	54	9787513026321
9787513026338	产业专利分析报告（第19册）	工业机器人	98	9787513026338
9787513026345	产业专利分析报告（第20册）	卫星导航终端	110	9787513026345
9787513026352	产业专利分析报告（第21册）	LED照明	88	9787513026352

书　号	书　名	产业领域	定价	条　码
9787513026369	产业专利分析报告（第22册）	浏览器	64	
9787513026376	产业专利分析报告（第23册）	电池	60	
9787513026383	产业专利分析报告（第24册）	物联网	70	
9787513026390	产业专利分析报告（第25册）	特种光学与电学玻璃	64	
9787513026406	产业专利分析报告（第26册）	氟化工	84	
9787513026413	产业专利分析报告（第27册）	通用名化学药	70	
9787513026420	产业专利分析报告（第28册）	抗体药物	66	
9787513033411	产业专利分析报告（第29册）	绿色建筑材料	120	
9787513033428	产业专利分析报告（第30册）	清洁油品	110	
9787513033435	产业专利分析报告（第31册）	移动互联网	176	
9787513033442	产业专利分析报告（第32册）	新型显示	140	
9787513033459	产业专利分析报告（第33册）	智能识别	186	
9787513033466	产业专利分析报告（第34册）	高端存储	110	
9787513033473	产业专利分析报告（第35册）	关键基础零部件	168	
9787513033480	产业专利分析报告（第36册）	抗肿瘤药物	170	
9787513033497	产业专利分析报告（第37册）	高性能膜材料	98	
9787513033503	产业专利分析报告（第38册）	新能源汽车	158	
9787513043083	产业专利分析报告（第39册）	风力发电机组	70	
9787513043069	产业专利分析报告（第40册）	高端通用芯片	68	
9787513042383	产业专利分析报告（第41册）	糖尿病药物	70	
9787513042871	产业专利分析报告（第42册）	高性能子午线轮胎	66	
9787513043038	产业专利分析报告（第43册）	碳纤维复合材料	60	
9787513042390	产业专利分析报告（第44册）	石墨烯电池	58	

书　号	书　名	产业领域	定价	条　码
9787513042277	产业专利分析报告（第45册）	高性能汽车涂料	70	
9787513042949	产业专利分析报告（第46册）	新型传感器	78	
9787513043045	产业专利分析报告（第47册）	基因测序技术	60	
9787513042864	产业专利分析报告（第48册）	高速动车组和高铁安全监控技术	68	
9787513049382	产业专利分析报告（第49册）	无人机	58	
9787513049535	产业专利分析报告（第50册）	芯片先进制造工艺	68	
9787513049108	产业专利分析报告（第51册）	虚拟现实与增强现实	68	
9787513049023	产业专利分析报告（第52册）	肿瘤免疫疗法	48	
9787513049443	产业专利分析报告（第53册）	现代煤化工	58	
9787513049405	产业专利分析报告（第54册）	海水淡化	56	
9787513049429	产业专利分析报告（第55册）	智能可穿戴设备	62	
9787513049153	产业专利分析报告（第56册）	高端医疗影像设备	60	
9787513049436	产业专利分析报告（第57册）	特种工程塑料	56	
9787513049467	产业专利分析报告（第58册）	自动驾驶	52	
9787513054775	产业专利分析报告（第59册）	食品安全检测	40	
9787513056977	产业专利分析报告（第60册）	关节机器人	60	
9787513054768	产业专利分析报告（第61册）	先进储能材料	60	
9787513056632	产业专利分析报告（第62册）	全息技术	75	
9787513056694	产业专利分析报告（第63册）	智能制造	60	
9787513058261	产业专利分析报告（第64册）	波浪发电	80	
9787513063463	产业专利分析报告（第65册）	新一代人工智能	110	
9787513063272	产业专利分析报告（第66册）	区块链	80	
9787513063302	产业专利分析报告（第67册）	第三代半导体	60	

书 号	书 名	产业领域	定价	条 码
9787513063470	产业专利分析报告（第68册）	人工智能关键技术	110	
9787513063425	产业专利分析报告（第69册）	高技术船舶	110	
9787513062381	产业专利分析报告（第70册）	空间机器人	80	
9787513069816	产业专利分析报告（第71册）	混合增强智能	138	
9787513069427	产业专利分析报告（第72册）	自主式水下滑翔机技术	88	
9787513069182	产业专利分析报告（第73册）	新型抗丙肝药物	98	
9787513069335	产业专利分析报告（第74册）	中药制药装备	60	
9787513069748	产业专利分析报告（第75册）	高性能碳化物先进陶瓷材料	88	
9787513069502	产业专利分析报告（第76册）	体外诊断技术	68	
9787513069229	产业专利分析报告（第77册）	智能网联汽车关键技术	78	
9787513069298	产业专利分析报告（第78册）	低轨卫星通信技术	70	
9787513076210	产业专利分析报告（第79册）	群体智能技术	99	
9787513076074	产业专利分析报告（第80册）	生活垃圾、医疗垃圾处理与利用	80	
9787513075992	产业专利分析报告（第81册）	应用于即时检测关键技术	80	
9787513075961	产业专利分析报告（第82册）	基因治疗药物	70	
9787513075817	产业专利分析报告（第83册）	高性能吸附分离树脂及应用	90	
9787513081955	产业专利分析报告（第84册）	高端光刻机	70	
9787513082198	产业专利分析报告（第85册）	动力电池检测技术	120	
9787513082433	产业专利分析报告（第86册）	热交换介质	128	
9787513081962	产业专利分析报告（第87册）	商业航天装备制造	110	
9787513081924	产业专利分析报告（第88册）	电动汽车续航技术	120	

书 号	书 名	定价	条 码
9787513041539	专利分析可视化	68	
9787513016384	企业专利工作实务手册	68	
9787513057240	化学领域专利分析方法与应用	50	
9787513057493	专利分析数据处理实务手册	60	
9787513048712	专利申请人分析实务手册	68	
9787513072670	专利分析实务手册（第2版）	90	